江苏高校哲学社会科学重点研究基地
中 国 农 业 历 史 研 究 中 心
阶段成果

中国农业文化遗产 第一卷

中国农业文化遗产研究

◎王思明 李明 主编

中国农业科学技术出版社

图书在版编目（CIP）数据

中国农业文化遗产研究 / 王思明，李明主编 . —北京：中国农业科学技术出版社，2015.12

（中国农业文化遗产）

ISBN 978-7-5116-2403-1

Ⅰ . ①中…　Ⅱ . ①王…②李…　Ⅲ . ①农业—文化遗产—中国 Ⅳ . ① S

中国版本图书馆 CIP 数据核字（2015）第 300281 号

责任编辑　朱　绯　李　雪
责任校对　马广洋

出 版 者　中国农业科学技术出版社
　　　　　北京市中关村南大街 12 号　邮编：100081
电　　话　（010）82106626（编辑室）（010）82109704（发行部）
　　　　　（010）82109703（读者服务部）
传　　真　（010）82106626
网　　址　http://www.castp.cn
经 销 者　新华书店北京发行所
印 刷 者　北京科信印刷有限公司
开　　本　787 mm × 1092 mm　1 /16
印　　张　22
字　　数　520 千字
版　　次　2015 年 12 月第 1 版　2015 年 12 月第 1 次印刷
定　　价　60.00 元

《中国农业文化遗产》编委会

《中国农业文化遗产研究》编委会

总　序

农业虽有上万年的历史，但在社会经济以农业为主导、社会文明以农耕为特色的农业社会，农业是主流生产和生活方式，农业不可能作为文化遗产来被关注。农业作为文化遗产受到关注始于社会经济和技术发生历史性转变之际——工业社会取代农业社会、工业文明取代农业文明、现代农业取代传统农业的背景之下。

正因如此，50多年前，当中国农业科学院·南京农学院创建农业历史专门研究机构时，将之命名为“中国农业遗产研究室”，西北农学院将之命名为“古农学研究室”。

很长一段时间，中国农业遗产的研究侧重于农业历史，尤其是古代农业文献的研究。农业历史与农业遗产在研究内容上有广泛的交集，但并不完全一致。因为历史是一个时间概念，其内涵更加宽泛，绝大多数农业遗产都属农业历史的研究对象，但许多农业历史的内容却谈不上是农业遗产。这是由遗产的性质和特征所决定的。

在遗产保护方面，人们最早关注的是自然遗产和有形文化遗产。20世纪末，国际社会开始关注口传和非物质文化遗产。在这种背景下，农业文化遗产的保护工作逐渐进入人们的视野。2002年，联合国粮农组织（FAO）启动“全球重要农业文化遗产”项目（GIAHS）。

但FAO关于农业遗产的定义是为项目选择而设定的（农村与其所处环境长期协同进化和动态适应下所形成的独特的土地利用系统和农业景观，它要具有丰富的生物，而且可以满足当地社会经济与文化发展的需要，有利于促进区域可持续发展）。而实际上，农业文化遗产的内涵比这丰富得多。《世界遗产名录》分为“文化遗产”、“自然遗产”、“文化与自然双重遗产”、“文化景观遗产”和“口传与非物质文化遗产”5个类别。如果依据这个标准判断，农业遗产实际包含除单纯“自然遗产”外所有其他文化遗产门类。

农业遗产是人类文化遗产的重要组成部分，它是历史时期，与人类农事活动密切相关、有留存价值和意义的物质（tangible）与非物质（intangible）遗存的综合体系。它包括农业遗址、农业物种、农业工程、农业景观、农业聚落、农业工具、农业技术、农业文献、农业特产和农业民俗10个方面的文化遗产。

中国的农业遗产研究始于 20 世纪初期，大体经历了 4 个发展阶段。

1. 20 世纪初至 1954 年

1920 年，金陵大学建立农业图书部，1932 年又创建农史研究室，在万国鼎先生的倡导下开始系统搜集和整理中国农业遗产。他们历时 10 年，从浩如烟海的农业古籍资料中，搜集整理了 3 700 多万字的农史资料，分类辑成《中国农史资料》456 册。

2. 1954 年至 1965 年

1954 年 4 月，农业部在北京召开“整理祖国农业遗产座谈会”。不久，在国务院农林办公室和农业部的支持下，在原金陵大学农业遗产整理工作的基础上成立中国农业科学院・南京农学院中国农业遗产研究室，万国鼎被任命为主任。与此同时，西北农学院成立古农学研究室，北京农学院、华南农学院也相继建立了研究机构，逐渐形成了以“东万（万国鼎）、西石（石声汉）、南梁（梁家勉）、北王（王毓瑚）”为代表的中国农业遗产研究的 4 个基地。

3. 1966 年至 1977 年

由于“文化大革命”的缘故，本时期农业遗产研究专门机构被撤并，研究工作大多陷于停顿。

4. 1978 年至今

改革开放以后，科研工作逐步恢复正常。不仅“文化大革命”前建立的农业遗产研究机构陆续恢复，一些新的农史研究机构也陆续建立，如中国农业博物馆研究所、农业部农村经济研究中心当代农史研究室、江西省农业考古研究中心，等等。1984 年，中国农业历史学会在郑州宣告成立，广东、河南、陕西、江苏等省还组建了省级农业史研究会。农业史专门研究刊物也陆续面世，如《中国农史》、《农业考古》、《古今农业》等。

在农业遗产专门人才培养方面，1981 年，南京农学院、西北农学院、华南农学院、北京农业大学等被国务院批准具有农业史硕士学位授予权。1986 年，南京农业大学被批准具有博士学位授予权；1992 年，被授权为农业史博士后流动站。西北农林科技大学在农业经济管理学科设有农业史博士专业；华南农业大学在作物学专业设有农业史博士方向。具有农业史硕士学位授予权的高校还有中国农业大学、云南农业大学等。

过去几十年，中国农业遗产的研究在工作重心上发生过几次重要的变化。

1. 从致力于古农书校注和技术史研究向农业史综合研究和农业生态环境史研究转变

农业古籍是先人留给我们的宝贵遗产。经过万国鼎、王毓瑚、石声汉等前辈们的艰辛努力，摸清了中国农业遗产的“家底”，相继整理出版了《中国农学史》（上）、《中国农学书录》、《氾胜之书》、《齐民要术校释》、《四民月令辑释》、《四时纂要校释》和《农桑经校注》等专著，为后来研究的开展奠定了坚实的基础。

改革开放以后，农业遗产的研究重心出现了新的变化，逐渐由古农书的校注解读向农业科技史、农业经济史和农业生态环境史转变。本时期农业遗产研究有两项大的工程：一是《中国农业科学技术史稿》（国家科技进步三等奖）；二是《中国农业通史》（十卷，目前已出版 5 卷）。

2. 从单纯依托纸质历史文献研究向结合实物的考古学和民族学研究拓展

20世纪70年代，裴李岗、磁山、河姆渡等遗址陆续发掘，随之出土了大量农具、作物、牲畜骨骸等农业遗存，农业遗产学者开始有意识的把考古发现运用到农业起源的研究中。

游修龄、李根蟠、陈文华等先生很早就注重这方面的研究，发表了不少相关研究报告和论文，考古学者涉足农史研究者则更多。1978年，陈文华在江西省博物馆组织举办了“中国古代农业科技成就展览”，后来又创办了《农业考古》杂志，对该学科方向的发展起到了积极的推动作用。

3. 从单纯依赖历史文献学研究方法向借鉴多学科研究方法，特别是信息科技研究手段的变化

一方面，中国现存农业资料和历史文献浩如烟海，而且古籍在翻阅或利用过程中不可避免的发生损坏或丢失现象，不利于其本身的保护。另一方面，很多农业古籍被各家图书馆及科研单位视若珍宝，一般不能借阅，其传播和查询、阅览也受到诸多限制，影响了农业遗产研究的进一步深入和发展。

有鉴于此，近年来，国内农业遗产研究机构在将农遗资料与信息技术结合方面陆续进行了一些有益的尝试。2005年，在国家科技部专项资助下，中华农业文明研究院启动了中国农业古籍数字化工作，并制作完成了一批中国农业古籍学术光盘，17种800多卷。2006—2008年，中华农业文明研究院又陆续建设了“中国传统农业科技数据库”、“中国近代农业数据库”、“农史研究论文全文数据库”等农业遗产数据库，并创建了“中国农业遗产信息平台”。《中华大典·农业典》开始尝试开发和利用古籍电子资源进行编纂，相关数据库和应用软件基本研制成功；中华农业文明研究院也充分利用自己开发的各种数据库进行科学研究工作，尤其是《清史·农业志·清代农业经济与科技资料长编》6卷的编纂工作。一些以农业遗产为主题文化网站也相继创立，如南京农业大学中华农业文明研究院创办的“中华农业文明网”、中国科学院自然科学史研究所曾雄生创办的“中国农业历史与文化”、中国社会科学院经济研究所李根蟠先生创办的国学网“中国经济史论坛”，等等。

4. 从原来静止不变的农业遗产资料的研究向活体、原生态农业遗产研究和保护的转变

活体、原生态农业也是农业遗产的一个重要组成部分。中国是一个农业大国，拥有悠久的农业历史和灿烂的农业文化。在漫长的发展过程中，中国农民积累了丰富的农业生产知识和经验，创造了许许多多具有民族特色、区域特色并且与生态环境和谐发展的传统农业系统：桑基鱼塘系统、果基鱼塘系统、稻作梯田系统、稻鱼共生系统、稻鸭共生系统、旱地农业灌溉系统、粮草互养系统，等等。这些珍贵的文化遗产具有很高的科学价值和现实意义。

早在2000年，皖南乡村民居和四川都江堰水利枢纽工程就被联合国教科文组织列入《世界文化遗产名录》。近年来，在联合国粮农组织的倡导下，尤其是中国科学院自然与文化遗产研究中心的积极推动下，在这方面已经取得了长足的进展。2005年，浙江青田“稻鱼共生系统”被FAO列为首批全球重要农业文化遗产试点，2010年，云南红河“哈尼稻作梯田系统”和江西万年“稻作文化系统”也被列为试点。2011年6月10日，贵州从江“侗乡稻鱼鸭系统”成为中国第4处全球重要农业文化遗产保护试点。

注重动静相宜、科普与科研相结合的各种农业博物馆也相继成立，中国的农业遗产研究开始走出象牙塔，迈向社会。

1983年，在农业部的支持下，中国农业博物馆建立，开始大规模征集与古代和近代农业相关的文物，并成为全国科普教育基地。2004年，南京农业大学创办了中国高校第一个集教学、科研和科普为一体的中华农业文明博物馆。目前也是国家科普教育基地。2006年，西北农林科技大学博览园建成，一共设有5个馆，其中就有农业历史博物馆。各地关于农具、茶叶、蚕桑等专题博物馆则多达几十家。

应该说，截至目前，除了古农书的整理与研究，中国农业遗产的很多其他工作都仅仅是刚刚起步，例如，全国农业文化遗产的类型、数量、分布及保护情况，农业文化遗产保护相关理论、方法与途径等。哪些亟待保护？如何保护？如何实现社会、经济、文化和生态价值的平衡？所有这些问题都需要认真研究和探讨，需要多学科的协作和多方面的共同努力。2010年和2011年，中国农业科学院、中国农业历史学会和南京农业大学中华农业文明研究院在南京陆续举办了两届“中国农业文化遗产保护论坛”，集合政府、学术界和遗产保护地多方面的经验和智慧，探讨中国农业文化遗产保护中亟待解决的理论和实际问题。也是出于这些考虑，中华农业文明研究院决定继承原来编纂《中国农业遗产选集》的传统，启动《中国农业遗产研究丛书》，积极推进中国农业文化遗产研究工作的开展。

生态发展上，人们关注生物多样性的重要性；社会发展上，人们关注社会多元化的重要性；但在人类发展上，我们却常常忽视民族多样性和文化多样化的重要性。一个民族的文化遗产是这个民族的文化记忆，保护文化多样性就是保护人类文化的基因。它既是文化认同的依据，也是文化创新的重要资源。因此，保护农业文化遗产是保护人类文化多样性的一项非常有意义的工作。

中华农业文明研究院院长
王思明
2015年9月1日

目 录

第 1 章 绪 论 / 001

一、农业文化遗产的概念和特点 / 002
二、中国农业文化遗产调查研究 / 010
三、中国农业文化遗产保护体系与保护实践 / 016
四、中国农业文化遗产保护的理论研究 / 023

第 2 章 遗址类农业文化遗产调查与研究 / 031

一、遗址类农业文化遗产的调查研究 / 032
二、遗址类农业文化遗产的理论研究 / 037
三、遗址类农业文化遗产的保护实践 / 050

第 3 章 物种类农业文化遗产调查与研究 / 055

一、物种类农业文化遗产的调查研究 / 056
二、物种类农业文化遗产的理论研究 / 061
三、物种类农业文化遗产的保护实践 / 073

第 4 章 工程类农业文化遗产调查与研究 / 089

一、工程类农业文化遗产概述 / 090

二、工程类农业文化遗产的保护实践 / 094
三、工程类农业文化遗产的理论研究 / 105
四、工程类农业文化遗产保护的问题与建议 / 112

第 5 章　技术类农业文化遗产调查与研究 / 117

一、技术类农业文化遗产概述 / 118
二、技术类农业文化遗产保护概况 / 128
三、技术类农业文化遗产保护存在的主要问题 / 147
四、技术类农业文化遗产的保护建议 / 150

第 6 章　工具类农业文化遗产调查与研究 / 153

一、工具类农业文化遗产的概念、类型及价值 / 154
二、工具类农业文化遗产的保护利用实践 / 161
三、工具类农业文化遗产保护的理论研究 / 168
四、对工具类农业文化遗产保护与利用的思考 / 175

第 7 章　文献类农业文化遗产调查与研究 / 179

一、文献类农业文化遗产概况 / 180
二、文献类农业文化遗产保护及利用的实践活动 / 186

第 8 章　特产类农业文化遗产调查与研究 / 201

一、特产类农业文化遗产概述 / 202
二、特产类农业文化遗产调查研究 / 205

三、特产类农业文化遗产保护利用实践 / 219
四、特产类农业文化遗产保护利用理论研究 / 228

第 9 章　景观类农业文化遗产调查与研究 / 235

一、景观类农业文化遗产概念和价值 / 236
二、景观类农业文化遗产保护利用实践 / 242
三、景观类农业文化遗产保护利用理论研究 / 261

第 10 章　聚落类农业文化遗产调查与研究 / 273

一、聚落类农业文化遗产的概念和特点 / 274
二、聚落类农业文化遗产保护实践 / 278
三、聚落类农业文化遗产保护利用的理论研究 / 283

第 11 章　民俗类农业文化遗产调查与研究 / 295

一、民俗类农业文化遗产的历史境遇 / 296
二、民俗类农业文化遗产的类型 / 297
三、民俗类农业文化遗产的保护与利用 / 299
四、民俗类农业文化遗产保护利用的理论研究 / 303
五、民俗类农业文化遗产的保护利用实践 / 310

附录　中国农业文化遗产保护大事记 / 315

后　记 / 335

第1章 绪论

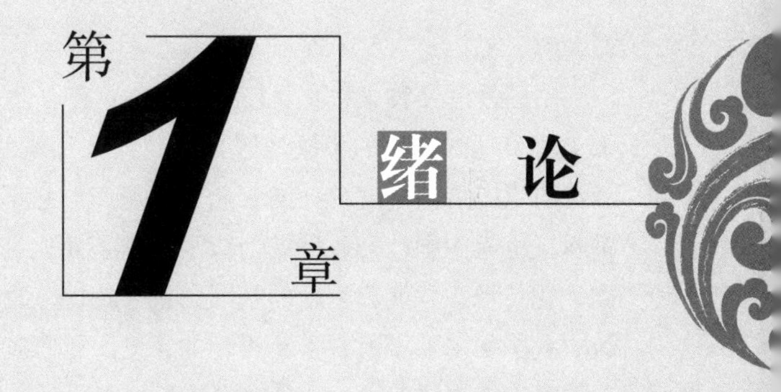

中国是世界农业的重要起源地之一，有着上万年的农业文明、从未中断过的农耕历史，加上幅员辽阔带来的不同地区自然与人文环境的巨大差异，诞生了种类繁多、特色鲜明、经济与生态价值高度统一的农业文化遗产。它不仅为历代中国人民提供了丰富的物质生活资料，也为中国社会的发展创造了基础条件；它也是中国传统文化遗产的核心部分，是中国文化传承、发展和创新的基因和重要资源。近代以来，随着工业文明的兴起，人们对传统农业文明采取了漠视甚至否定的态度，越来越多地使用现代化的农业工具、农业化学品来提高农作物的产量，对自然资源和生态环境造成了极大的破坏。进入21世纪后，中国工业化、城市化和农业"现代化"带来的种种弊端日益凸显，人们开始重新审视和重视传统农业，并逐步发展成为今天的农业文化遗产概念和农业文化遗产保护运动。其为解决农业可持续发展、传统文化传承、农村发展等提供更多思路和办法。

一、农业文化遗产的概念和特点

"农业文化遗产"的概念有狭义和广义之分。狭义"农业文化遗产"一般指全球重要农业文化遗产（GIAHS）和中国重要农业文化遗产（China-NIAHS），而广义"农业文化遗产"则相当于"农业遗产"。

（一）狭义"农业文化遗产"的概念

狭义"农业文化遗产"指历史时期创造并延续至今、人与自然协调、包括技术与知识体系在内的农业生产系统，特指联合国粮农组织（FAO）推进的全球重要农业文化遗产（GIAHS）与我国农业部推进的中国重要农业文化遗产（China-NIAHS）。[①]

① 闵庆文:《农业文化遗产的概念特点以及保护与发展》,《农民日报》2013年2月9日

2002年8月，在南非约翰内斯堡召开的可持续发展全球峰会上，联合国粮农组织（FAO）提出并发起了“全球重要农业文化遗产伙伴关系计划”，旨在保护和维持这些濒临灭绝的具有重要价值的农业系统。同年，联合国粮农组织（FAO）联合联合国开发计划署（UNDP）、全球环境基金（GEF）、联合国教科文组织（UNESCO）、国际文化遗产保护与修复研究中心（ICCROM）、国际自然保护联盟（IUCN）、联合国大学（UNU）等10多个国际组织或机构，启动了“全球重要农业遗产系统保护和适应性管理（Conservation and Adaptive Management of Globally Important Agricultural Heritage Systems）”项目。联合国粮农组织对“Globally Important Ingenious Agricultural Heritage Systems（GIAHS）”概念内涵的界定是：“农村与其所处环境长期协同进化和动态适应下所形成的独特的土地利用系统和农业景观，这些系统与景观具有丰富的生物多样性，而且可以满足当地社会经济与文化发展的需要，有利于促进区域可持续发展”。[①] 在农业部的有关文件中，中国重要农业文化遗产（China-NIAHS）被界定为“人类与其所处环境长期协同发展中，创造并传承至今的独特的农业生产系统，这些系统具有丰富的农业生物多样性、传统知识与技术体系和独特的生态与文化景观等，对我国农业文化传承、农业可持续发展和农业功能拓展具有重要的科学价值和实践意义。”

狭义“农业文化遗产”概念源自对英文GIAHS的翻译，联合国粮农组织最初使用的英文名称为Globally Important Ingenious Agricultural Heritage Systems，简称GIAHS。从2006年起，联合国粮农组织开始使用Globally Important Agricultural Heritage Systems的名称，仍然简称为GIAHS，其定义与内涵也没有改变。[②]

从联合国粮农组织提出的定义来看，狭义“农业文化遗产”即GIAHS与世界遗产类型中的文化景观十分相似，二者都强调对生物多样性的保护，自然与人类生活的协同进化以及人类对自然环境的适应。事实上很多已经被列为文化景观的遗产地同时也是全球重要农业文化遗产的试点，如菲律宾的伊富高梯田系统、中国云南的红河哈尼梯田等。农业文化遗产对于保存具有全球重要意义的农业生物多样性、维持可恢复生态系统和传承高价值传统知识和文化活动具有重要作用，它更强调人与环境共荣共存、可持续发展。从这个意义上来讲，狭义的农业文化遗产更像是文化景观的一部分，是关注传统农业的文化景观，即传统农业文化景观。

2012年4月，农业部正式启动了“中国重要农业文化遗产（China-NIAHS）发掘工作”，使中国成为世界上第一个开展国家级农业文化遗产（NIAHS）评选与保护的国家。在有关文件中，“中国重要农业文化遗产”被界定为“人类与其所处环境长期协同发展中，创造并传承至今的独特的农业生产系统，这些系统具有丰富的农业生物多样性、传统知识与技术体系和独特的生态与文化景观等，对我国农业文化传承、农业可持续发展和农业功能拓展具有重要的科学价值和实践意义。”“中国重要农业文化遗产”应在活态性、适应性、复

① 联合国粮农组织网站，http://www.fao.org/nr/giahs/whataregiahs/zh/

② 闵庆文:《关于“全球重要农业文化遗产”的中文名称及其他》,《古今农业》2007年第3期

合性、战略性、多功能性和濒危性方面有显著特征，具有悠久的历史渊源、独特的农业产品，丰富的生物资源，完善的知识技术体系，较高的美学和文化价值以及较强的示范带动能力。从其定义和特征的描述可以看出，China-NIAHS 项目与 GIAHS 项目是一脉相承的，其保护的对象是中国境内重要而独特的农业生产系统，也是一种狭义的“农业文化遗产”。

（二）广义“农业文化遗产”的概念

从“文化遗产”相关概念的演进过程可以发现，人类认识和处理自己历史的文化包容性在扩大，同时其态度和方法也更加科学和理性；[①] 对相关概念认识的不断深化，也意味着人们对“文化遗产”以及相关概念的理解更趋理性和深入的同时，赋予了它更多政治的、社会的和文化的意义。[②]

我们今天所说的“农业文化遗产”其实是一种“话语”（discourse），是一个极具鲜明时代“语境”（context）特征的概念，是一种特定时代背景下“人的观念”的“行动诉诸”。对“农业文化遗产”应从特定的历史语境中去认识，首先，要以历史的眼光来看待“农业文化遗产”的演变，其产生发展不能脱离其特定的时空背景和特定的共同体环境；其次，它是中国本土的“农业遗产”概念在与外来的“全球重要农业文化遗产（GIAHS）”概念碰撞后的产物。“农业文化遗产”概念的提出和 GIAHS 项目的实施为我们提供了一个新的研究视角和重新审视中国农业文化遗产保护问题的契机和动力。

农业文化遗产的概念应该从人类农业文化的创造、集体记忆和未来发展的角度来认识和理解。与生物通过遗传密码把物种的生物特征传递给后代一样，文化遗产涉及把人类各民族丰富多彩的文化特征传递给后人。如果说生物借助基因保证了生物的多样性，那么，人类则通过文化遗产保证了文化的多样性。[③] 农业文化遗产作为人类在改造自然时产生的一种特殊的遗产类型，它寄托了人类对大自然的崇敬、因地制宜的智慧和日夜劳作的辛勤，是人类和自然和谐相处的见证，是地域文化的杰出代表。[④] 保护我国农业文化遗产的目的既是保护农业生物多样性的需要，更是保护农业文化多样性的需要。

编者认为**“农业文化遗产是人类文化遗产的重要组成部分。它是历史时期人类农事活动发明创造、积累传承的，具有历史、科学及人文价值的物质与非物质文化的综合体系。”这里说的农业是“大农业”的概念，既包括农耕，也包括畜牧、林业和渔业；既包括农业生产的条件和环境，也包括农业生产的过程、农产品加工及民俗民风。在石先生相关论述的基础上适当扩展，将农业文化遗产细分为 10 个大类：既包括有形物质遗产（具体实物），也包括无形非物质遗产（技术方法），还包括农业物质与非物质遗产相互融合的形态。即：遗址类、物种类、工程类、技术类、工具类、文献类、特产类、景观类、聚落类、民俗类**

① 曹兵武：《文物与文化》，故宫出版社，2013 年，第 6 页

② 朱诚如：《文化遗产概念的进化与博物馆的变革——兼谈无形文化遗产对当代博物馆的影响》，《中国博物馆》2002 年第 4 期

③ 李军：《什么是文化遗产？——对一个当代观念的知识考古》，《文艺研究》2005 年第 4 期

④ 孙克勤：《遗产保护与开发》，旅游教育出版社，2008 年，第 117 页

10 种主要类型。

（三）广义“农业文化遗产”的分类

从外延上看，广义“农业文化遗产”的外延包括遗址类、物种类、工程类、技术类、工具类、文献类、特产类、景观类、聚落类、民俗类 10 种主要类型，在每种主要类型的农业文化遗产中又可以划分为若干基本类型，即二级分类（表 1–1）。

表 1–1 广义“农业文化遗产”的分类

主要类型	基本类型
A 遗址类农业文化遗产	AA 粟作遗址 AB 稻作遗址 AC 渔猎遗址 AD 游牧遗址 AE 贝丘遗址 AF 洞穴遗址
B 物种类农业文化遗产	BA 畜禽类物种 BB 作物类物种
C 工程类农业文化遗产	CA 运河闸坝工程 CB 海塘堤坝工程 CC 塘浦圩田工程 CD 陂塘工程 CE 农田灌溉工程
D 技术类农业文化遗产	DA 土地利用技术 DB 土壤耕作技术 DC 栽培管理技术 DD 防虫减灾技术 DE 生态优化技术 DF 畜牧养殖兽医渔业技术
E 工具类农业文化遗产	EA 整地工具 EB 播种工具 EC 中耕工具 ED 施肥积肥工具 EE 收获工具 EF 脱粒工具 EG 农田水利工具 EH 农用运输工具 EI 植物保护工具 EJ 加工工具 EK 生产保护工具 EL 渔具 EM 养蚕工具 EN 其他农具
F 文献类农业文化遗产	FA 综合性类文献 FB 时令占候类文献 FC 农田水利类文献 FD 农具类文献 FE 土壤耕作类文献 FF 大田作物类文献 FG 园艺作物类文献 FH 竹木茶类文献 FI 畜牧兽医类文献 FJ 蚕桑鱼类文献 FK 农业灾害及救济类文献
G 特产类农业文化遗产	GA 农业产品类特产 GB 林业产品类特产 GC 畜禽产品类特产 GD 渔业产品类特产 GE 农副产品加工品类特产
H 景观类农业文化遗产	HA 农（田）地景观 HB 园地景观 HC 林业景观 HD 畜牧业景观 HE 渔业景观 HF 复合农业系统
I 聚落类农业文化遗产	IA 农耕类聚落 IB 林业类聚落 IC 畜牧类聚落 ID 渔业类聚落 IE 农业贸易类聚落
J 民俗类农业文化遗产	JA 农业生产民俗 JB 农业生活民俗 JC 民间观念与信仰

1. 遗址类农业文化遗产

遗址类农业文化遗产体现农业起源及农耕文明历史进程，是指已经退出农业生产领域的早期人类农业生产和生活遗迹，这些遗产包括遗址本身以及遗址中发掘出的各种农业生产工具遗存、生活用具遗存、农作物和家畜遗存等重要考古遗存。这类遗产主要是指一些如村落遗址、房基、灰坑、窑址和墓葬等遗存以及遗址中发现的石器、骨器、蚌器等生产工具、生活用具以及动植物遗存等遗物。遗迹通常分为房屋、水井、村落、运河、墓葬等人工建筑和设施，是古代人类活动所遗留下来的、不可移动的文化遗存。遗物是指古代人类遗留下来的各种生产工具、生活用具、武器及装饰品等。遗址类农业文化遗产按照当时人类主要的农业生产活动可划分为粟作遗址、稻作遗址、渔猎遗址、游牧遗址、贝丘遗址等。

2. 物种类农业文化遗产

物种类农业文化遗产，指人类在长期的农业生产实践中驯化和培育的动物和植物（作物）种类，主要以地方品种的形式存在。物种类农业文化遗产可分为畜禽类物种和作物类物种。物种类农业文化遗产是经过人类加以驯化和培育的物种资源，单纯采集和捕猎，不属于农业生产范围。所以，天然资源（野生动植物资源）一般不属于农业遗产。渔业资源的传统利用方式主要是对江海湖泊中自然放养的鱼类资源的捕捞，人工养殖多始于现代，因此，此类遗产亦未包括鱼类资源。

3. 工程类农业文化遗产

工程类农业文化遗产，指为提高农业生产力和改善农村生活环境而修建的古代设施，它综合应用各种工程技术，为农业生产提供各种工具、设施和能源，以求创造最适于农业生产的环境，改善农业劳动者的工作、生活条件。工程类农业文化遗址不仅有水利工程设施这样的物质文化遗产，还有治水理念、水管理文化、农村防洪抗旱灌溉互助合作制度等非物质文化遗产，它们通过碑刻、典籍、农书、档案、族谱及乡规民约等形式流传下来。工程类农业文化遗产主要是农业水利设施，具体可以分为运河闸坝工程、海塘堤坝工程、塘浦圩田工程、陂塘工程、农田灌溉工程等类型。

4. 技术类农业文化遗产

技术类农业文化遗产，指农业劳动者在古代和近代农业时期发明并运用的各种耕种制度、土地制度、种植和养殖方法与技术。包括土地利用技术、土壤耕作技术、栽培管理技术、防虫减灾技术、生态优化技术、畜牧养殖兽医渔业技术等。中国传统农业以劳动集约为特点，技术上表现为精耕细作，中国传统农业技术的演化以继承为前提，其过程是一个由简单到复杂，由单一性到多样性的累积过程。

5. 工具类农业文化遗产

工具类农业文化遗产，指在古代和近代农业时期，由劳动人民所创造的、在现代农业中缓慢或已停止改进和发展的农业工具及其文化。涉及的农具主要包括依靠人力、畜力、水力、风力等非燃气、燃油动力的农具及其文化以及在由手工工具和畜力、风力、水力农具向机械化农具转变时期所创造的半机械农业工具及其文化。① 工具类农业文化遗产中既包括各个历史时期制作使用的农具实物（包括已经鉴定为保护文物和尚未鉴定为保护文物的农具实物）等物质文化遗产，也包括各类农具的制作工艺、使用方法及其在农村、农业、农民的民俗活动中的精神价值等非物质文化遗产。按照其功能和使用范围，属于农业文化遗产范畴的中国传统农具大致可分为 14 类：农业、林业、畜牧业生产中的整地工具、播种工具、中耕工具、积肥施肥工具、收获工具、脱粒工具、农田水利工具、农用运输工具、植物保护工具、加工工具、生产保护工具；副业生产中的渔具、养蚕工具和其他农具。

---

① 丁晓蕾，王思明，庄桂平：《工具类农业文化遗产的价值及其保护利用》，《湖南农业大学学报（社会科学版）》2014 年第 3 期

6. 文献类农业文化遗产

文献类农业文化遗产，指古代留传下来的各种版本的农书和有关农业的文献资料，在农业历史学界、图书馆学界等一般使用（古）农书、农业历史文献、农业古籍或古代农业文献来概括，包括综合性文献和专业性文献。综合性文献从体裁看，有按生产项目编排的知识大全类农书，有按季节编排的农家月令类农书，也有兼有两者特点的通书类农书；从内容所涉及范围看，有全国性大型农书，有地方性小型农书。中国早期古农书，以生产谷物、蔬菜、油料、纤维和某些特种作物（如茶叶、染料、药材）、果树、蚕桑、畜牧、材木、花卉等为主题的"整体农书"占大多数。专业性文献最早出现在相畜、兽医和养鱼等方面，晋唐以后逐步扩展到花卉、农器、植茶、养蚕、果树等方面，到明清时还出现了救荒和治蝗专书。总体来看，时代越往后，农业分工越细，专业性文献也越多。[①] 可以将文献类农业文化遗产分为综合性类、时令占候类、农田水利类、农具类、土壤耕作类、大田作物类、园艺作物类、竹木茶类、畜牧兽医类、蚕桑鱼类、农业灾害及救济类文献，共11类。

7. 特产类农业文化遗产

特产类农业文化遗产，即通常人们所指的传统农业特产，指历史上形成的某地特有的或特别著名的植物、动物、微生物产品及其加工品，有独特文化内涵或历史。特产类农业文化遗产具有以下几个特点：具有较长的生产历史；生长环境特殊，具有地域性特点，其独特的品质优势无法复制；其品质优异或独特，优于其他产地同类产品；其种养方式或加工方式特殊。特产类农业文化遗产可以分为农业产品类特产、林业产品类特产、畜禽产品类特产、渔业产品类特产和农副产品加工品类特产5个基本类型。

8. 景观类农业文化遗产

景观类农业文化遗产，即农业景观，它是由自然条件与人类活动共同创造的一种景观，由区域内的自然生命景观、农业生产、生活场景等多种元素综合构成，其景观所反映的是相关元素组成的复合效应，包括与农业生产相关的植物、动物、水体、道路、建筑物、工具、劳动者等，是一个具有生产价值和审美价值的系统。景观类农业文化遗产反映了当地居民长期生产生活下形成的与自然和谐共处的土地利用方式，生产价值、生态价值与审美价值的和谐统一。基于广义农业文化遗产的视角，并结合大农业结构分类，可以将景观类农业文化遗产分为农（田）地景观、园地景观、林业景观、畜牧业景观、渔业景观、复合农业系统。

9. 聚落类农业文化遗产

聚落类农业文化遗产，泛指人类各种形式的有重要价值的农业聚居地的总称，包括房屋建筑的集合体、与居住直接有关的其他生活、生产设施和特定环境等。它既是一种空间系统，也是一种复杂的经济、文化现象和社会发展过程，是在特定地理环境和社会经济背景中，人类活动与自然相互作用的综合结果。中国幅员辽阔、农业历史悠久、民族众多，地理、气候差异明显，文化多元，在漫长农业历史进程中形成了众多聚落类农业文化遗产。

① 阴法鲁等:《中国古代文化史（下）》，北京大学出版社，2008年，827页

聚落类农业文化遗产与周围环境的关系十分密切，不同地区的乡村，聚落内部的组成要素、结构与布局（如经济职能、村落形态、房屋建筑形式结构等）均有明显差异，聚落类型也不相同。聚落类农业文化遗产按主要经济活动类型可以分为农耕类聚落、林业类聚落、畜牧类聚落、渔业类聚落、农业贸易类聚落等。

10. 民俗类农业文化遗产

民俗类农业文化遗产，指一个民族或区域在长期的农业发展中所创造、享用和传承的生产生活习惯风尚，包括关于农业生产和生活的仪式、祭祀、表演、信仰和禁忌等。它起源于人类社会群体的生产生活，在特定的民族、时代和地域中不断形成、扩大和演变，为民众的日常生产生活服务。由于民俗类农业文化遗产是从当地人民生产、生活习惯中演变和形成的，受地理环境、当地人农业生产方式、历史传统的影响和制约，因而显示出浓烈的地方特色。民俗类农业文化遗产是原始艺术的重要组成部分，其特定的审美情趣和价值观念，潜移默化地影响和规束人们的道德意识和生活行为。它不仅是一个地区在历史积淀中形成的农业文化，而且是一种约定俗成并世代传承的农业生产制度和乡村行为规则。依据农业生产对象，民俗类农业文化遗产可以分为种植业、林业、渔业、畜牧业、副业民俗，而以种植业民俗为核心。依据应用层面，民俗类农业文化遗产可以分为农业生产民俗、农业生活民俗、民间观念与信仰三类。

（四）农业文化遗产的特点

总的来讲，农业文化遗产与一般的自然遗产和文化遗产是不同的，体现了自然遗产、文化遗产、文化景观遗产和非物质文化遗产的多重特征。

1. 多样性

农业文化遗产与一般意义上的人类遗产不同，是一类典型的生态—经济—社会—文化复合系统及其组成部分，更能体现出自然与文化的综合作用，也更能协调保护与发展的关系。它集自然遗产、文化遗产、文化景观、非物质文化遗产的多重特征于一身，既包括物质遗产部分、非物质遗产部分，也包括物质与非物质遗产融合的部分。农业文化遗产的物质部分所对应的是其自然组成要素，而非物质部分则主要呼应其文化组成要素。物质遗产部分包括各类农业遗址、农业工程、农业工具、农业文献、农业物种、农业特产等；非物质部分包括农业文化遗产系统内部的各类文化现象，如农业技术、农业民俗；物质与非物质遗产融合的部分包括农业景观（农业生产系统）、农业聚落。从概念上来看，狭义的农业文化遗产更接近于文化景观，其特点是更加清晰地体现出文化景观中农业要素的重要性，是人与自然在农业地区协同进化的典型代表，体现了自然遗产、文化遗产和文化景观的综合特点，是一类复合性遗产。而广义的农业文化遗产包括了农业生产系统、生活系统及其组成部分，既包括农业景观（农业生产系统）、农业聚落这样的复合系统，也包括农业工具、农业物种、农业特产、农业技术、农业民俗等组成部分。

2. 活态性

与其他遗产类型相比，狭义的农业文化遗产最大的不同在于它是一种活态遗产，不是被封闭起来保护的，而是以传承、发展和创新的形态存在，这些历史悠久的传统农业生产系统是发展着的，它联系着过去和未来，至今仍然具有较强的生产与生态功能。狭义的农业文化遗产是农业社区与其所处环境协调进化和适应的结果，如果将狭义的农业文化遗产看作一个整体的系统，这种系统就是有生命力的、能持续发展的活态系统，而不是固态、不变的系统。这种可持续性主要体现在这些农业文化遗产对于极端自然条件的适应、居民生计安全的维持和社区和谐发展的促进作用。①

农民既是农业文化遗产的重要组成部分，也是农业文化遗产重要的保护者、传承者和践行者，随着外界环境条件的变化，对遗产系统作出因应这种变化的调整和改变，使系统能够适应自然、社会、文化环境的变化。农业文化遗产保护的是一种农民仍在使用并且赖以生存的生产方式和生活方式，是众多农民的生计保障和乡村和谐发展的重要基础。农民就是以“村民”的身份真实地呈现给游客，而不是变成景区内的“演员”。世界遗产委员会对遗产保护的总体趋势已经体现出从“静态遗产”向“活态遗产”的转变，文化景观的出现就是活态遗产的典型代表。农民是农业文化遗产的重要组成部分，因为他们不仅是农业文化遗产的重要的保护者，同时也是农业文化遗产保护的主体之一。农民生活在农业文化遗产系统中，并不意味着他们的生活方式就要保持原始状态，不能随时代发展。农业文化遗产保护传统农业系统的精华，同时也保护这些系统的演化过程。农业文化遗产地居民的生活水平和生活质量需要随社会发展而不断提高。因此，农业文化遗产体现出一种动态变化性。

3. 战略性

农业文化遗产还是一种战略性遗产，这一特点从本质上体现出农业文化遗产的重要意义。在 2001 年 11 月联合国教科文组织大会第三十一届会议通过的《世界文化多样性宣言》中，就明确指出“文化遗产”乃是“创作的源泉”。② 文化遗产不仅关乎过去、现在，更重要的，是与人类未来紧密相关。同样，农业文化遗产不是关于过去的遗产，而是一种关乎未来的遗产。农业文化遗产强调对农业生物多样性、传统农业知识、技术等文化多样性的综合保护，对调整人与环境资源关系、应对经济全球化、全球气候变化、保护生物多样性、生态安全、粮食安全，解决贫困等重大问题的解决，促进农业可持续发展和农村生态文明建设具有重要的借鉴和科研价值。一旦这些农业文化遗产消失，其独特的、全球和地方水平上的农业生产、生活系统以及相关的环境和文化利益也将随之永远消失。因此，保护农业文化遗产不仅仅是保护一种传统，更重要的是在保护未来人类生存和发展的一种机会。从这个意义上来看，保护农业文化遗产是一种战略行为，是国家和地区可持续发展的重要组成部分。农业文化遗产是人类长期适应环境的产物，是人类优秀传统农业的杰出代表，其形成需要悠久的历史。漫长的历史发展过程中积淀的农业生产和生活经验对人类未来的发展具有重要意义，这也是全球重要农业文化遗产评选的重要标准。③

4. 多功能性

① 闵庆文，孙业红，等：《农业文化遗产的动态保护途径》，《中国乡镇企业》2013 年第 10 期

② 文化部外联局：《联合国教科文组织保护世界文化公约选编》，法律出版社，2006 年，第 51 页

③ 孙业红，闵庆文：《农业文化遗产的旅游资源特征研究》，《旅游学刊》2010 年第 10 期

多功能性即农业文化遗产具有多样化的物质性生产功能和突出的其他方面的功能，兼具食品保障、原料供给、就业增收、生态保护、观光休闲、文化传承、科学研究等多种功能。农业文化遗产长期以来一直在为人类的发展默默地履行其食品保障、原料供给等生产职能，而人们却忽视了其重要的生态保护、观光休闲、文化传承、科学研究等功能，这些功能在后工业社会的价值已日益凸显，重视农业文化遗产的多功能性是实现其更大价值的基础。例如，由于传统农业生产方式注重保护生物多样性，并充分利用临近农业系统周围的自然生态系统，这使得农业文化遗产地保存了良好的生物多样性、基因多样性和生态系统多样性，这些多样性又产生了多样的生态功能。

5. 适应性

农业文化遗产通过内部要素间的相互作用与互利共生机制，表现出自然生态、经济、文化与社会子系统的适应性。历经千百年传承至今的农业文化遗产，随着自然条件变化、社会经济发展与技术进步，为了满足人类不断增长的生存与发展需要，在系统稳定基础上因地、因时地进行结构与功能的调整，充分体现出人与自然和谐发展的生存智慧。农业文化遗产是一类典型的生态—经济—社会—文化复合系统及其组成部分，具有多样产出的经济系统、结构合理的自然生态系统和“天人合一”的文化系统，是人地和谐、可持续发展的典范。如中国的“稻田养鱼”是种植业与养殖业有机结合的生产方式，是融合我国传统的精耕细作农业、生态农业和现代高产低耗高效农业为一体的集约型综合生产方式，稻谷可为鱼类提供遮阳和有机物质，鱼类又可以通过搅动水起到增氧的作用，吞食有害昆虫，有益于养分循环，是典型的和谐发展的农业生产—生态系统。

6. 濒危性

濒危性主要是指由于工业化、城镇化、现代化以及社会经济发展阶段性比较效益的变化等原因，使得许多农业文化遗产面临着被破坏、被遗弃、被抛弃等不可逆变化，主要表现为农业生物多样性的减少和丧失、传统农业技术和知识体系的消失以及农业生态系统结构与功能的破坏等方面。①

全球化也加重了这些传统的、以小规模为主的农业系统的压力。全球商品驱动型市场的渗透使得农业文化遗产地的生产者或社区不得不与世界其他地区的集约化补贴农业生产的农产品竞争。所有这些威胁和问题可能会造成独特的全球重要农业生物多样性和相关知识的丧失、土地退化以及贫困化，从而威胁到许多农村和传统农业社区的生存和食物安全。②

二、中国农业文化遗产调查研究

开展调查是了解中国广义农业文化遗产情况、获取有关农业文化遗产信息的主要手段，

① 闵庆文:《农业文化遗产的概念特点以及保护与发展》,《农民日报》2013 年 2 月 9 日

② 熊礼明，李映辉:《农业文化遗产可持续发展价值与策略探讨》,《求索》2012 年第 5 期

是开展中国广义农业文化遗产保护、开发利用工作的前提和基础。中国农业文化遗产调查是调查主体为了实现一定的调查目的，依据广义农业文化遗产的分类体系，运用科学合理的调查方法，查明广义农业文化遗产相关信息及真实状况，从而可以全面系统地了解和掌握农业文化遗产基本情况，为农业文化遗产的评价、保护和开发利用奠定前提和基础，为农业文化遗产的管理和决策提供参考依据。

（一）中国农业文化遗产调查目的

中国农业文化遗产调查的目的就是调查主体通过搜集调查对象的真实资料；准确地描述调查对象，使调查对象能够在人们意识中真实地再现；正确地解释调查对象，推论多种现象。在进行我国广义农业文化遗产调查之前，首先要明确调查目的，即弄清目前的调查指向什么，经过调查后要实现什么。

中国农业文化遗产调查的目的包括：查明中国广义农业文化遗产的类型、数量、质量、特点、分布地域，周边经济、社会、文化、生态环境，保护、开发利用等基本情况，了解农业文化遗产的历史、审美、社会、经济、文化、生态和科学研究等方面的价值，并建立起中国广义农业文化遗产的档案数据库，即“摸清家底，了解现状”。

（二）中国农业文化遗产调查主体

调查主体是调查资料的需求者、利用者和调查者，其根据调查目的和任务的要求设计调查方案、实施凋查活动并提供、解释调查结果。在我国官方调查中，调查主体通常是由政府部门调查组织、企事业单位的调查组织和调查人员构成的。

中国农业文化遗产调查主体是本次农业文化遗产调查资料的需求者、利用者和调查行为的发动者、执行者和实际运作者，即南京农业大学中华农业文明研究院的有关研究人员。

（三）中国农业文化遗产调查客体

调查客体通常又称为调查对象，是指进入调查实践范围和认识范围的客观实在，是对调查主体来说构成调查实践和认识对象的那一部分客观实在，是农业文化遗产调查主体在调查过程中获取信息的对象和认识研究的对象。中国农业文化遗产调查客体是一种广义的农业文化遗产，具体而言，本次中国农业文化遗产调查客体包括：

1. 国内与农业有关已列入《世界遗产名录》、《中国世界文化遗产预备名单》的文化遗产项目

目前，已列入《世界遗产名录》与农业有关的国内文化遗产项目有：皖南古村落（西递、宏村）（安徽，2000 年）、都江堰（四川，2000 年）、开平碉楼与古村落（广东，2007 年）、福建土楼（福建，2008 年）、红河哈尼梯田文化景观（云南，2013 年）。

已列入《中国世界文化遗产预备名单》（2012 年 11 月 17 日）与农业有关的国内文化遗产项目有：哈尼梯田（现已列入《世界遗产名录》）；普洱景迈山古茶园（云南省澜沧拉祜族自治县）；山陕古民居：丁村古建筑群（山西省襄汾县）、党家村古建筑群（陕西省韩

城市）；侗族村寨（湖南省通道侗族自治县、绥宁县；广西壮族自治区三江县；贵州省黎平县、榕江县、从江县）；赣南围屋（江西省赣州市）；藏羌碉楼与村寨（四川省甘孜藏族自治州、阿坝藏族羌族自治州）；苗族村寨（贵州省台江县、剑河县、榕江县、从江县、雷山县、锦屏县）；坎儿井（新疆维吾尔自治区吐鲁番地区）。

2. 已列为全球重要农业文化遗产（GIAHS）项目国内保护试点或候选项目的农业文化遗产

目前，中国列入“全球重要农业文化遗产”保护试点的项目有 11 项：浙江青田“稻鱼共生系统”（2005 年）、云南红河“哈尼稻作梯田系统”（2010 年）、江西万年“稻作文化系统”（2010 年）、贵州从江县“侗乡稻鱼鸭系统”（2011 年）、云南“普洱古茶园与茶文化系统”（2012 年）、内蒙古“敖汉旱作农业系统”（2012 年）、河北“宣化传统葡萄园”（2013 年）、浙江绍兴“传统香榧群落”（2013 年）、江苏兴化垛田传统农业系统（2014 年）、福建福州茉莉花种植与茶文化系统（2014 年）和陕西佳县古枣园（2014 年）。

3. 已列入“中国重要农业文化遗产（China-NIAHS）”名单或候选项目的农业文化遗产

目前，已列入“中国重要农业文化遗产”的有 62 项，其中包含了列入“全球重要农业文化遗产”保护试点的 11 个中国项目。2013 年 5 月 17 日，农业部公布了第一批 19 项中国重要农业文化遗产名单。2014 年 6 月 12 日，农业部公布了中国第二批 20 项中国重要农业文化遗产名单。2015 年 10 月 10 日，农业部公布了第三批 23 项中国重要农业文化遗产名单。

4. 已列入《人类非物质文化遗产代表作名录》、《急需保护的非物质文化遗产名录》与农业有关的国内非物质文化遗产项目

已列入《人类非物质文化遗产代表作名录》与农业有关的有：中国蚕桑丝织技艺（2009 年）、贵州侗族大歌（2009 年）、朝鲜族农乐舞（2009 年）；已列入《急需保护的非物质文化遗产名录》与农业有关的有：羌年（2008 年）、黎族传统纺染织绣技艺（2008 年）等。

5. 已列入《国际灌溉排水委员会世界灌溉工程遗产名录》的工程类农业文化遗产

目前，已列入首批《国际灌溉排水委员会世界灌溉工程遗产名录》的我国工程类农业文化遗产共 4 处，即湖南新化紫鹊界秦人梯田（2014 年）、四川乐山东风堰（2014 年）、浙江丽水通济堰（2014 年）和福建莆田木兰陂（2014 年）。

6. 各级“文物保护单位”中的遗址类、工程类、景观类农业文化遗产

文物保护单位是我国对确定纳入保护对象的不可移动文物的统称，并对文物保护单位本体及周围一定范围实施重点保护的区域。中国文物保护单位级别分为文物保护点、区级文物保护单位、县级文物保护单位、市级文物保护单位、省级文物保护单位以及全国重点文物保护单位 6 个级别。其中，全国重点文物保护单位即中国国家级文物保护单位，具有重大历史、艺术、科学价值。

第一批全国重点文物保护单位 1961 年 3 月 4 日公布，共 180 处。第二批全国重点文物保护单位 1982 年 2 月 23 日公布，共 62 项。第三批全国重点文物保护单位 1988 年 1 月 13

日公布，共258项。第四批全国重点文物保护单位1996年11月20日公布，共250项。第五批全国重点文物保护单位2001年6月25日公布，共518项，与现有全国重点文物保护单位合并项目共23处。第六批全国重点文物保护单位2006年5月25日公布，共1 080项。与现有全国重点文物保护单位合并的项目共106处。第七批全国重点文物保护单位2013年5月3日正式对外公布，共计1 943处，另有与现有全国重点文物保护单位合并的项目共计47处。第一至第七批国保单位总数为4 295处。其中有大量与农业有关的遗址类、工程类、景观类农业文化遗产。

7. 各级“历史文化名镇”、“历史文化名村”中的聚落类农业文化遗产

中国历史文化名镇名村，是指由建设部和国家文物局从2003年起共同组织评选的，保存文物特别丰富且具有重大历史价值或纪念意义的、能较完整地反映一些历史时期传统风貌和地方民族特色的镇和村。2003年住房和城乡建设部、国家文物局公布第一批中国历史文化名镇10个，名村12个；2005年公布第二批中国历史文化名镇34个，村24个；2007年公布第三批中国历史文化名镇41个，名村36个；2008年公布第四批中国历史文化名镇58个，名村36个；2010年公布第五批中国历史文化名镇38个，名村61个。目前共有350个中国历史文化名镇名村，其中名镇181个，名村169个，分布范围已覆盖全国31个省、直辖市、自治区。它们在很大程度上代表了我国不同区域传统乡村聚落的地貌特点、文化类型以及民居形态特色。目前，除了国家级的350个历史文化名镇名村，各省、自治区、直辖市人民政府公布的省级历史文化名镇名村已达700余个。

8. 列入“传统村落”的聚落类农业文化遗产

2012年4月，住建部、文化部、国家文物局、财政部印发的《关于开展传统村落调查的通知》中，提出了传统村落保护的概念，“是指村落形成较早，拥有较丰富的传统资源，具有一定历史、文化、科学、艺术、社会、经济价值，应予以保护的村落”，并提出符合传统建筑风貌完整、选址和格局保持传统特色、非物质文化遗产活态传承3个条件之一，即可认定为传统村落。

2012年12月，住房城乡建设部、文化部、财政部公布了第一批列入中国传统村落名录的646个村落；2013年8月26日，住房城乡建设部、文化部、财政部共同公布了第二批列入中国传统村落名录的915个村落名单；2014年11月25日，住房和城乡建设部、文化部、国家文物局、财政部、国土资源部、农业部、国家旅游局等联合公布了列入第三批中国传统村落名录的994个村落名单。三批共计2 555个村落被列入国家级传统村落名单。

9. 国内各级“非物质文化遗产名录”中的民俗类农业文化遗产

非物质文化遗产（无形文化遗产）是被各社区、群体、有时为个人视为其文化遗产一部分的各种实践、表演、表现形式、知识和技能及其有关的工具、实物、工艺品和文化空间。

“非物质文化遗产名录”有世界级、国家级、省级、地市级和县级共五级。至2011年年底，我国入选联合国教科文组织的《人类非物质文化遗产代表作名录》的项目已达30个，列入《急需保护的非物质文化遗产名录》的中国项目有7个，是目前世界上拥有世界非物质文化遗产数量最多的国家。

中华人民共和国国务院分别于2006年、2008年、2011年和2014年先后批准命名了四批国家级非物质文化遗产名录共计1 517项。其中，2006年5月20日公布第一批国家级非物质文化遗产名录共计518项；2008年6月14日公布第二批国家级非物质文化遗产名录共计510项；2011年6月10日公布第三批国家级非物质文化遗产名录共计191项；2014年7月16日公布第四批国家级非物质文化遗产名录共计298项。

10. 各地各级博物馆、档案馆、图书馆的“馆藏文物”中的文献类农业文化遗产

馆藏文物指博物馆、图书馆和其他文物收藏单位收藏的具有文化价值的物品、物件等。博物馆、图书馆和其他文物收藏单位对收藏的文物，必须区分文物等级，设置藏品档案，建立严格的管理制度，并报主管的文物行政部门备案。按照文物藏品的定级标准，我国文物藏品分为珍贵文物和一般文物，其中珍贵文物又分为一级文物、二级文物和三级文物。截至2005年12月31日，中国文物系统文物收藏单位馆藏一级文物的总数已达109 197件，现已全部在国家文物局建档备案。在全国保存一级文物的1 330个收藏单位中，故宫博物院以8 273件（套）高居榜首。

11. 各级博物馆、农具馆、私人藏馆收藏的工具类农业文化遗产，仍在使用的具有重要价值的工具类农业文化遗产

目前，各级博物馆中收藏了种类丰富、数量较多的工具类农业文化遗产，如中国农业博物馆约有藏品1万余件，中华农业文明博物馆有古代农业生产工具1 000余件。许多地方还通过建设生态博物馆、农耕文化博物馆、农耕文化生态园、农具博物馆、农具展览馆等项目对工具类农业文化遗产进行保护和展示，如江苏苏州角直水乡农具博物馆、浙江绍兴传统农具博物馆、河南开封黄河文化博物馆等。此外，一些工具类农业文化遗产的制作工艺被列入全国及省市“非物质文化遗产名录”，如蒙古族勒勒车、拉萨甲米水磨坊、兰州黄河大水车等工具制作技艺入选国家级非物质文化遗产名录。

12. 被列入农业部“国家级畜禽遗传资源保护名录”以及各类生物种质资源保存机构保护的物种类农业文化遗产以及其他正在被种植、养殖的具有重要价值的农业种质资源

“种质资源”是指农作物、畜、禽、鱼、草、花卉等栽培植物和驯化动物的人工培育品种资源及其野生近缘种。2006年，农业部公布了《国家级畜禽遗传资源保护名录》，2014年的2月，农业部对《国家级畜禽遗传资源保护名录》进行了修订，确定八眉猪等159个畜禽品种为国家级畜禽遗传资源保护品种。据2009年国家科技基础条件资源调查统计，我国已经建成包括植物、动物和微生物在内的生物种质资源保存机构481个。

13. 入选农业部“农产品地理标志登记产品”和国家质量监督检验检疫总局“中国地理标志产品”的特产类农业文化遗产以及其他正在种植、养殖的具有重要价值的农业特产

农业部自2008年2月1日起全面启动农产品地理标志登记保护工作，截至2013年12月31日，农业部依据《农产品地理标志登记程序》和《农产品地理标志使用规范》，登记了912个农产品地理标志，其中特产类农业文化遗产719个，占获准农业部农产品地理标志登记总数的78.9%。两部门共批准1 580项特产类农业文化遗产，扣除36项重复特产，实际批准 1 544 项。

14. 文献中记载的和仍在使用的各地具有重要价值的技术类农业文化遗产

农业文献和农业生产中的春耕、夏耘、秋收、冬藏等各色农业生产知识与经验均属技术类农业文化遗产，如谷物选种育种技术、病虫害防治技术、制肥施肥技术等。

此外，调查客体还包括其他具有重要价值的农业文化遗产。

（四）中国农业文化遗产调查内容

中国农业文化遗产调查内容是指调查研究所要确定的调查项目和调查指标，反映了具体农业文化遗产的各种属性和特征。中国农业文化遗产调查内容根据调查目的决定，通常包括：

1. 农业文化遗产本体的调查

农业文化遗产本体的调查主要是根据农业文化遗产的相关属性进行调查，其基本内容包括：农业文化遗产类型、分布地点和区域、品质特征、历史发展沿革、实物及文献资料等。

遗产类型。包括农业文化遗产主要类型和基本类型，主要类型包括：遗址类、物种类、工程类、技术类、工具类、文献类、特产类、景观类、聚落类、民俗类等 10 种主要类型，在每种主要类型的农业文化遗产中又可以划分为若干基本类型。

遗产数量及分布地点和区域。指农业文化遗产的数量以及所属的行政或地理区域、应用或流布范围等。

遗产历史发展沿革。指农业文化遗产在历史发展过程中的变化，包括起源、发展、传承等的表述，以及各种有关的实物、传说、民俗文化和技术知识等内容。

遗产品质特征。指农业文化遗产在同类农业文化遗产中的代表性、独特性、原真性、完整性等属性特征。

相关实物及文献资料。包括农业文化遗产相关的实物、历史文献、照片、影音资料等。

2. 农业文化遗产环境调查

农业文化遗产环境调查是利用科学的方法，有目的、系统地收集能够反映与农业文化遗产有关的环境在时间上的变化和空间上分布状况的信息，为研究农业文化遗产变化规律，预测未来变化趋势，进行管理决策提供依据。

经济环境。是指构成农业文化遗产地发展的社会经济状况和国家经济政策，社会经济状况包括经济要素的性质、水平、结构、变动趋势等多方面的内容，涉及国家、社会、市场等多个领域。国家经济政策是国家履行经济管理职能，调控国家宏观经济和产业结构，实施国家经济发展战略的指导方针及政策等。

政治环境。是指一个国家或地区在一定时期内的政治大背景，包括一个国家或地区的政治制度、体制、方针政策、法律法规等方面。

社会环境。是指人类生存及活动范围内的社会物质、精神条件的总和。广义包括整个社会经济文化体系，狭义仅指农业文化遗产的直接环境。

自然环境。是指环绕农业文化遗产周围的各种自然因素的总和，包括大气、水文、植物、动物、土壤、温度等。

（五）中国农业文化遗产调查基本情况

本次调查历时两年，按照广义农业文化遗产的分类体系，共涉及中国农业文化遗产 1 121 项。

遗址类农业文化遗产 119 项，其中，粟作遗址 42 项，稻作遗址 46 项，渔猎遗址 11 项，游牧遗址 11 项，贝丘遗址 8 项，洞穴遗址 1 项。

物种类农业文化遗产 207 项，其中，畜禽类物种 134 个，包括畜品种有 91 个，禽品种有 40 个，其他品种有 3 个；作物类物种 73 个，水稻品种有 41 个，小麦品种有 20 个，棉花品种有 12 个。

工程类农业文化遗产 85 项，其中，运河闸坝工程 32 项，海塘堤坝工程 14 项，塘浦圩田工程 3 项，陂塘工程 11 项，农田灌溉工程 25 项。

技术类农业文化遗产 78 项，其中，土地利用技术 7 项，土壤耕作技术 14 项，栽培管理技术 26 项，防虫减灾技术 9 项，生态优化技术 14 项，畜牧养殖兽医渔业技术 8 项。

工具类农业文化遗产 161 项，其中，整地工具 36 项，播种工具 7 项，中耕工具 14 项，积肥施肥工具 7 项，收获工具 5 项，脱粒工具 9 项，农田水利工具 23 项，农用运输工具 17 项，植物保护工具 4 项，加工工具 13 项，生产保护工具 2 项，渔具 17 项，养蚕工具 7 项。

文献类农业文化遗产 90 项。其中，综合性类文献 23 项，时令占候类文献 6 项，农田水利类文献 5 项，农具类文献 6 项，土壤耕作类文献 6 项，大田作物类文献 6 项，园艺作物类文献 12 项，竹木茶类文献 8 项，畜牧兽医类文献 7 项，蚕桑鱼类文献 6 项，农业灾害及救济类文献 5 项。

特产类农业文化遗产 102 项，其中，农业产品类特产 62 项，林业产品类特产 2 项，畜禽产品类特产 10 项，渔业产品类特产 4 项，农副产品加工品类特产 24 项。

景观类农业文化遗产 106 项，其中，农（田）地景观 17 项，园地景观 20 项，林业景观 55 项，畜牧业景观 4 项，渔业景观 2 项，复合农业系统 8 项。

聚落类农业文化遗产 67 项，其中，农耕类聚落 44 项，林业类聚落 4 项，畜牧类聚落 6 项，渔业类聚落 1 项，农业贸易类聚落 12 项。

民俗类农业文化遗产 106 项，其中，农业生产民俗 22 项，农业生活民俗 45 项，民间观念与信仰 39 项。

三、中国农业文化遗产保护体系与保护实践

（一）中国农业文化遗产保护体系

中国尚未建立起广义农业文化遗产的统一保护，依然承袭计划经济时期条块分割的特

点，它分割的依据并非“遗产价值”，而是遗产的资产属性，对农业文化遗产的保护形成较大制约。广义的农业文化遗产管理涉及的职能管理部门非常多，从职能上看，包括了文化、文物、建设、档案、旅游、农林、水利等部门；从层级上看，涉及国家、省、市、县、乡五个层次（表 1-2）。

表 1-2 中国广义农业文化遗产保护体系

主管部门	保护体系	保护的农业文化遗产类型
国家文物局	《世界遗产名录》	部分聚落类、工程类、景观类农业文化遗产
文化部	《人类非物质文化遗产代表作名录》	部分民俗类农业文化遗产
水利部门	《世界灌溉工程遗产名录》	部分工程类、景观类农业文化遗产
文物部门	各级“文物保护单位”	部分遗址类、工程类、景观类农业文化遗产
住建部、国家文物局	“历史文化名镇（村）”	部分聚落类农业文化遗产
住建部、文化部、财政部	“中国传统村落名录”	部分聚落类农业文化遗产
文化部门	各级“非物质文化遗产名录”	部分民俗类农业文化遗产
国家档案局	“中国档案文献遗产”	部分文献类农业文化遗产
各级博物馆、档案馆、图书馆	“馆藏文物”	部分工具类、文献类农业文化遗产
农业部	“国家级畜禽遗传资源保护名录”	部分物种类农业文化遗产
农业部	“农产品地理标志登记产品”	部分特产类农业文化遗产
国家质量监督检验检疫总局	“中国地理标志产品”	部分特产类农业文化遗产
旅游部门	各级“风景名胜区”	部分工程类、景观类农业文化遗产
农林、水利等部门	农田水利设施	部分工程类、景观类农业文化遗产

具体来说，国家文物局负责管理列入《世界遗产名录》，成为“世界文化遗产”的部分聚落类、工程类、景观类农业文化遗产。

文化部负责管理列入《人类非物质文化遗产代表作名录》，成为“人类非物质文化遗产代表作”部分民俗类农业文化遗产。

国家水利部和中国国家灌溉排水委员会负责管理列入《世界灌溉工程遗产名录》，成为“世界灌溉工程遗产”的部分工程类、景观类农业文化遗产。

文物部门负责管理列入各级文物保护单位的部分遗址类、工程类、景观类农业文化遗产。

住建部、国家文物局负责管理列入“历史文化名镇（村）”的部分聚落类农业文化遗产。

住建部、文化部、财政部负责管理列入“中国传统村落名录”的部分聚落类农业文化遗产。

各级文化部门负责管理列入各级“非物质文化遗产名录”的部分民俗类农业文化遗产。

国家档案局负责管理列入“中国档案文献遗产”的部分文献类农业文化遗产。

各级档案馆、图书馆负责保管和管理属于“馆藏文物”的部分重要文献类农业文化遗产。

各级博物馆负责保管和管理属于“馆藏文物”的部分工具类、文献类农业文化遗产。

旅游部门负责管理列入各级“风景名胜区”的部分工程类、景观类农业文化遗产。

农业部负责管理列入“国家级畜禽遗传资源保护名录”的部分物种类农业文化遗产。

国家质量监督检验检疫总局负责管理列入“中国地理标志产品”的部分特产类农业文化遗产。

农林、水利等有关部门负责管理作为农田水利设施正在使用的部分工程类、景观类农业文化遗产。

综上所述，中国广义农业文化遗产保护体系的构成主体是多部门管理体制，实行的是双轨并行的分级属地管理体制。这种双轨并行的一条管理系统是在业务上接受自上而下的文化、文物、建设、档案、旅游、农林、水利等部门垂直管理，采用中央政府部委—省（市）厅局—县（区）局—乡镇站所，即所谓的“条条管理”，为纵向多层级管理；另一条管理系统是在行政上接受所属省（市、区、县）的分级领导，即所谓的“块块管理”。在这种条块管理的宏观管理体制下，一方面，广义农业文化遗产管理机构的行政隶属关系归属地方各职能部门，接受其专业上的业务指导；另一方面，在广义农业文化遗产的保护和管理上，地方政府的其他职能部门也赋有相应的职权范围，是横向分部门管理。它们共同构成了广义农业文化遗产保护管理中的横向分部门管理与纵向分级管理相交叉的格局。

总的来看，这样虽然适应了广义农业文化遗产种类多样、管理复杂的现状，但各职能管理部门间存在职能重叠，管理规则和依据的标准也往往不同，而且各职能管理部门的利益并不完全一致，这使得各部门之间容易产生利益冲突和相互牵制，阻碍了管理效率的提高和保护工作的展开，农业部门在协调和执行方面则显得无能为力。

（二）农业文化遗产有关的法律法规

从全球范围看，目前尚缺乏关于全球重要农业文化遗产（GIAHS）保护与管理的专门法律，支持全球重要农业文化遗产（GIAHS）保护的法律是零散的。在国际法层面上，主要有《联合国生物多样性公约》（CBD）、《联合国防止沙漠化公约》（CCD）、《联合国气候变化框架协议》（FCCC）以及《粮食和农业植物遗传资源国际条约》（ITPGR）、《土著和部落人民公约》（ILO No.169）、《国际湿地公约》（Ramsar Convention）、《保护世界文化和自然遗产公约》（WHC）和《华盛顿公约》（CITES）。支持 GIAHS 保护的国际宣言和决议主要是《21 世纪议程》、《关于森林问题的原则声明》、《约翰内斯堡可持续发展宣言》、《联合国土著人民权利宣言》、《联合国千年宣言》等。① 以菲律宾为例，在国内法中对农业文化遗产的保护主要表现在地区和土著社区的自治权以及对森林和清洁空气的保护上。②

① 闵庆文等：《中国农业文化遗产研究与保护实践的主要进展》，《资源科学》2011 年第 6 期

② 吴莉：《农业文化遗产的法律保护》，华中科技大学硕士论文，2011 年

全球重要农业文化遗产项目，在准备阶段制定的《全球重要农业文化遗产系统和地点的选择标准》中“项目实施标准”一节，指标中特别要求候选地点所在的“国家批准了《联合国生物多样性公约》（CBD）、《联合国防止沙漠化公约》（CCD）、《联合国气候变化框架协议》（FCCC）以及《粮食和农业植物遗传资源国际条约》（ITPGR）”。以上的4个条约不仅是农业文化遗产候选点在参加遴选之前必须具备的条件，同时也意味着被选为农业文化遗产的系统保护应当遵守这些条约，并对公约条款的履行有所贡献。

中国在保护全球重要农业文化遗产方面除了遵守上述的国际公约外，主要表现在通过对农业文化遗产地社区自治权力的确认、对环境资源的保护、对非物质文化遗产的保护，建立一个大的保护框架，同时通过国家和地方立法的形式保护农业文化遗产。①

中国现有的与文化遗产保护有关的法律体系是由《中华人民共和国文物保护法》、《中华人民共和国非物质文化遗产法》、《中华人民共和国土地管理法》、《中华人民共和国环境保护法》、《中华人民共和国城乡规划法》、《中华人民共和国森林法》、《中华人民共和国风景名胜区条例》、《中华人民共和国自然保护区条例》等一系列法律、法规、部门规章等构成，尚无一部全国性的农业文化遗产保护管理的专项法律。目前，作为中国文化遗产保护的基本法律，《中华人民共和国文物保护法》和《中华人民共和国非物质文化遗产法》的立法重点分别是文物（即物质文化遗产）保护和非物质文化遗产保护。实际上，许多农业文化遗产的管理是在现行文物保护和非物质文化遗产保护的法律体系框架内根据农业文化遗产本身的特点加以变通所实现的，农业文化遗产保护的法律地位有待进一步提升。

近年来，我国在国家和地方层面陆续颁布了一些农业文化遗产管理方面的法律法规。2013年10月，农业部国际合作司组织起草了《中国全球重要农业文化遗产管理办法（征求意见稿）》，公开向社会征求意见，目前已完成社会公开征求意见与公示阶段。其中指出，为加强对我国“全球重要农业文化遗产”的保护与管理，依据《中华人民共和国农业法》、《风景名胜区条例》等法律法规，并参考《生物多样性公约》、《保护非物质文化遗产公约》、《保护世界文化和自然遗产公约》等国际条约，制定了该管理办法。2014年5月，为规范中国重要农业文化遗产的管理，促进中国重要农业文化遗产的动态保护，推动中国重要农业文化遗产地经济社会可持续发展，农业部印发了《中国重要农业文化遗产管理办法（试行）》（农办加〔2014〕10号），从2014年10月1日起施行。这是全球第一部专门针对农业文化遗产的国家级制度文件，将为全国开展农业文化遗产管理工作提供指导。2015年7月30日，中国农业部常务会议审议通过《重要农业文化遗产管理办法》（农业部公告第2283号），并于8月28日正式颁布实施，这为中国狭义农业文化遗产即全球重要农业文化遗产和中国重要农业文化遗产保护管理提供了有力的法律保障。

作为全球重要农业文化遗产的红河哈尼梯田是红河州宝贵的历史文化遗产和物质财富，根据红河州经济社会发展和申报世界文化遗产的需要，红河州人大常委会制定了《云南省

① 周章，张维亚，汤澍，等：《国际法律和公约背景下的农业文化遗产保护研究》，《金陵科技学院学报（社会科学版）》2009年第2期

红河州哈尼梯田保护管理条例》。2012 年 5 月 31 日，云南省第十一届人民代表大会常务委员会第三十一次会议审议批准了该条例，并于 7 月 1 日起施行。《云南省红河州哈尼梯田保护管理条例》的颁布实施，为哈尼梯田保护管理工作提供了法律保障，有助于形成保护管理的合力。

中国诸多专门针对文化遗产的法规、规章大多只停留在政策性层面，且多以国务院及其部委或地方政府制定颁布的“指示、办法、规定、通知”等文件形式出现，严格意义上的法律法规很少。[①] 没有相关法律体系对广义农业文化遗产的管理制度、机构设置、各方面责任与义务进行明确，也没有相关法规对保护运行过程中具体管理操作所涉及的法律问题予以规定。[②] 再加上我国文化遗产管理组织结构比较混乱，使得农业文化遗产的保护和管理工作难以有效进行。不同层次和不同部门颁布的法律、法规、规章之间还存在着衔接和协调问题。由于缺乏对广义农业文化遗产保护专门法规的指导，各行业管理部门、各地政府在制定相关法律、法规、标准时，往往从部门和地方利益角度出发，而不是将农业文化遗产保护本身放在第一位。可以说，现存的法律体系对于农业文化遗产保护缺乏足够的力度。

（三）相关农业文化遗产保护项目立项与进展情况

近年来，中国农业文化遗产的保护工作主要依靠各类项目来推动，直接与农业文化遗产保护有关的有“全球重要农业文化遗产动态保护与适应性管理”项目（2002 年）和“中国重要农业文化遗产发掘工作”（2012 年）；间接相关的有“中国民族民间文化保护工程”（2004 年）、“指南针计划——中国古代发明创造的价值挖掘与展示”（2005 年）、“中华古籍保护计划”（2007 年）、“中国传统村落名录”（2012 年）等。

自 2002 年联合国粮农组织（FAO）发起全球重要农业文化遗产（GIAHS）保护计划以来，GIAHS 项目得到了世界各国的积极响应，截至目前，全球已经有中国、秘鲁、智利、印度、日本、韩国、菲律宾、阿尔及利亚、摩洛哥、突尼斯、肯尼亚、坦桑尼亚和阿联酋等 14 个国家具有典型性和代表性的 32 个传统农业系统被评选为 GIAHS 保护试点。中国是最早参与这个项目并实施最成功的国家之一。目前，入选“全球重要农业文化遗产”保护试点 11 个传统农业系统。

2012 年 4 月，为加强我国重要农业文化遗产的挖掘、保护、传承和利用，农业部下发《农业部关于开展中国重要农业文化遗产发掘工作的通知》，正式启动了“中国重要农业文化遗产（China-NIAHS）发掘工作”，目标是“以挖掘、保护、传承和利用为核心，以筛选认定中国重要农业文化遗产为重点，不断发掘重要农业文化遗产的历史价值、文化和社会功能，并在有效保护的基础上，与休闲农业发展有机结合，探索开拓动态传承的途径、方法。”这也使我国成为世界上第一个开展国家级农业文化遗产评选与保护的国家。“中国重要农业文化遗产”项目计划从 2012 年起，每两年发掘和认定一批中国重要农业文化遗产，

---

① 胡杰飞，赵建玲：《中国世界文化遗产立法与管理体制初探——以北京市六处世界文化遗产为例》，《法制与经济》2011 年第 3 期

② 王晓梅，朱海霞：《中外文化遗产资源管理体制的比较与启示》，《西安交通大学学报》2006 年第 3 期

各省（自治区、直辖市）及计划单列市上报的候选项目原则上不超过2个。目前，农业部已经先后分三批认定了62个传统农业系统入选中国重要农业文化遗产名单（表1-3）。其中，2013年5月17日，农业部公布了第一批19项中国重要农业文化遗产名单；2014年6月12日，农业部公布了第二批20项中国重要农业文化遗产名单；2015年10月10日，农业部公布了第三批23项中国重要农业文化遗产名单。

表1-3　已列入中国重要农业文化遗产名单的项目

项目名称	列入时间
河北宣化传统葡萄园	2013年5月
内蒙古敖汉旱作农业系统	2013年5月
辽宁鞍山南果梨栽培系统	2013年5月
辽宁宽甸柱参传统栽培体系	2013年5月
江苏兴化垛田传统农业系统	2013年5月
浙江青田稻鱼共生系统	2013年5月
浙江绍兴会稽山古香榧群	2013年5月
福建福州茉莉花种植与茶文化系统	2013年5月
福建尤溪联合梯田	2013年5月
江西万年稻作文化系统	2013年5月
湖南新化紫鹊界梯田	2013年5月
云南红河哈尼稻作梯田系统	2013年5月
云南普洱古茶园与茶文化系统	2013年5月
云南漾濞核桃作物复合系统	2013年5月
贵州从江侗乡稻鱼鸭系统	2013年5月
陕西佳县古枣园	2013年5月
甘肃皋兰什川古梨园	2013年5月
甘肃迭部扎尕那农林牧复合系统	2013年5月
新疆吐鲁番坎儿井农业系统	2013年5月
天津滨海崔庄古冬枣园	2014年6月
河北宽城传统板栗栽培系统	2014年6月
河北涉县旱作梯田系统	2014年6月
内蒙古阿鲁科尔沁草原游牧系统	2014年6月
浙江杭州西湖龙井茶文化系统	2014年6月
浙江湖州桑基鱼塘系统	2014年6月
浙江庆元香菇文化系统	2014年6月
福建安溪铁观音茶文化系统	2014年6月
江西崇义客家梯田系统	2014年6月
山东夏津黄河故道古桑树群	2014年6月
湖北羊楼洞砖茶文化系统	2014年6月
湖南新晃侗藏红米种植系统	2014年6月
广东潮安凤凰单丛茶文化系统	2014年6月

（续表）

项目名称	列入时间
广西龙脊梯田农业系统	2014年6月
四川江油辛夷花传统栽培体系	2014年6月
云南广南八宝稻作生态系统	2014年6月
云南剑川稻麦复种系统	2014年6月
甘肃岷县当归种植系统	2014年6月
宁夏灵武长枣种植系统	2014年6月
新疆哈密市哈密瓜栽培与贡瓜文化系统	2014年6月
北京平谷四座楼麻核桃生产系统	2015年10月
北京京西稻作文化系统	2015年10月
辽宁桓仁京租稻栽培系统	2015年10月
吉林延边苹果梨栽培系统	2015年10月
黑龙江抚远赫哲族鱼文化系统	2015年10月
黑龙江宁安响水稻作文化系统	2015年10月
江苏泰兴银杏栽培系统	2015年10月
浙江仙居杨梅栽培系统	2015年10月
浙江云和梯田农业系统	2015年10月
安徽寿县芍陂（安丰塘）及灌区农业系统	2015年10月
安徽休宁山泉流水养鱼系统	2015年10月
山东枣庄古枣林	2015年10月
山东乐陵枣林复合系统	2015年10月
河南灵宝川塬古枣林	2015年10月
湖北恩施玉露茶文化系统	2015年10月
广西隆安壮族“那文化”稻作文化系统	2015年10月
四川苍溪雪梨栽培系统	2015年10月
四川美姑苦荞栽培系统	2015年10月
贵州花溪古茶树与茶文化系统	2015年10月
云南双江勐库古茶园与茶文化系统	2015年10月

这些项目虽然都已启动并取得了一定成果，但保护范围和保护遗产类型有限，难以满足对我国大量珍贵的农业文化遗产全面保护的迫切需要。例如，“中国重要农业文化遗产发掘工作”本身存在诸多的局限性：其一是涉及的遗产类型相对单一，主要局限于农业生产系统；其二是每年（原先是每两年）发掘和认定一批“中国重要农业文化遗产”，各省级单位上报的候选项目不超过两个，申报数量仍然很有限，难以实现对我国大量不同类型农业文化遗产的有效保护；其三是该项目工作重点为发掘和申报，对具体怎样保护缺少足够的制度保障和财政支持，而且该项目的管理机构为农业部乡镇企业局（农产品加工局）休闲农业处，其职能范围和协调能力比较有限，难以对众多的管理主体和复杂的管理对象进行充分地协调和管理。因此，该项目对我国农业文化遗产保护所起的作用仍然是有限的。

保护类型多样、内容丰富、数量庞大的中国广义农业文化遗产是一项非常复杂、困难的工作，不能单纯依靠目前的少数保护项目，而应该将农业文化遗产管理和保护体系化。因此，应在国家层面上构建农业文化遗产战略性保护体系（框架），逐步形成“政府主导、民众主体、社会参与”的农业文化遗产保护体系。

四、中国农业文化遗产保护的理论研究

在近一个世纪的发展历程中，中国农业文化遗产研究和保护工作经历了跌宕起伏的发展变化。21世纪初，“农业文化遗产”概念的提出和GIAHS项目的实施为农业文化遗产学科发展提供了一个新的机遇，一个促使我们重新审视中国农业文化遗产学科发展和保护实践创新的契机和动力。

中国是最早响应并积极参与GIAHS项目的国家之一，并且农业文化遗产及其保护工作走在世界前列。自2004年开始，在联合国粮农组织的支持下，在GIAHS项目秘书处、FAO北京代表处，有关地方政府的积极配合、相关学科专家和遗产地人民的积极参与下，中国农业文化遗产保护工作在示范点选择与推荐、保护利用与经验推广、科学研究与科学普及等方面开展了卓有成效的探索，初步培育了农业文化遗产这一新兴的多学科交叉的重要研究方向，成为国际农业文化遗产研究的重要力量。中国科学院地理科学与资源研究所、南京农业大学、中国农业博物馆、华南农业大学、浙江大学、中国农业大学、中国艺术研究院等科研机构和高等学校，围绕农业文化遗产的史实考证与历史演进、农业生物多样性与文化多样性特征、气候变化适应能力、生态系统服务功能与可持续性评估、动态保护途径以及体制与机制建设等为基础开展了较为系统的研究，相关学术交流平台也逐步建立起来。

（一）相关研究者（研究机构）基本情况

主要研究机构包括中国科学院地理科学与资源研究所自然与文化遗产研究中心、南京农业大学中国农业历史研究中心、中国农业大学和中国农业博物馆等。

中国科学院地理科学与资源所自然与文化遗产研究中心成立于2006年6月10日。当时，全国人大常委会副委员长、中国科学院院长路甬祥建议“在科学院地理资源所内开辟一个方向，建一个3~5人的研究小组，加强与院内、国内以及国际有关单位和部门的协作，研究中国的自然和文化遗产的保护、申请及其合理利用与发展”。正是在这样的背景下，中国科学院地理科学与资源研究所自然与文化遗产研究中心成立。该中心以农业文化遗产保护为切入点，以自然遗产保护为重点，开展遗产地保护与利用的自然与文化综合研究，系统研究探索自然与文化遗产的形成规律、评价的理论与方法、遗产地的动态变化、动态保护与可持续利用范式，开展遗产保护知识普及，促进遗产保护学科建设，为遗产地申报和有效管理提供科学依据，提高全社会的遗产保护意识。目前，该中心在浙江青田稻鱼共生系统、云南哈尼梯田稻作系统等全球重要农业文化遗产的申报、启动及保护规划编制、研

究项目申请等方面开展了许多工作，主办了“全球重要农业文化遗产（GIAHS）国际论坛”等多次有影响的学术会议，并通过《农业遗产的启示》等系列专题片和“农业文化遗产地保护成果展”，全面地展现了全球重要农业文化遗产保护的中国实践。[①] 先后组织出版了《农业文化遗产及其动态保护探索（一至五）》、《农业文化遗产保护的多方参与机制：“稻鱼共生系统”全球重要农业文化遗产保护多方参与》、《农业文化遗产地的农业生物多样性研究——以贵州省从江县为例》、《农业文化遗产及其动态保护前沿话题（一至二）》、《农业文化遗产地旅游发展潜力研究》等系列农业文化遗产丛书10余本，是当前中国农业文化遗产研究的重要机构。

南京农业大学中华农业文明研究院前身为中国农业科学院农业遗产研究室，其历史最早可追溯至1920年创建的金陵大学农业史资料组。1955年，组建了由中国农业科学院和南京农学院双重领导的中国农业遗产研究室，成为国内第一个也是唯一的以研究中国农业历史和文化为主要任务的国家级专业性研究机构。1984年，更名为中国农业科学院·南京农业大学中国农业遗产研究室。2001年6月，对相关学科力量进行整合，组建中华农业文明研究院。作为一个以研究、传承中国农业历史文化为宗旨的专业学术机构，中华农业文明研究院的主要研究方向有中国农业科技史、中国农业经济史、农村社会史、中国农业历史文献研究与整理及近现代农业史等。1981年研究室被国务院批准为农业史硕士学位授权点，1986年被批准为国内唯一的农史博士学科授权点，1992年被批准为农学类博士后流动站农业史站点。1993年被评定为国家农业部重点学科。1998年被评定为理学类博士后流动站科学技术史站点。1999年再度被评为农业部重点学科。2006年被评为江苏省重点学科，2008年被评为江苏省一级学科重点学科。2009年被评为江苏省高校哲学社会科学重点研究基地，同年被批准为国家重点学科培育点。2014年，与浙江农林大学中国农民发展研究中心、农业部农村经济研究中心等单位联合创建“中国名村变迁与农民发展协同创新中心”。自2012年起，南京农业大学中华农业文明研究院科学技术史学科点开始了将农业文化遗产研究引入高等院校研究生教育体系的尝试，在科学技术史专业设立了“农业文化遗产保护”方向，每年招收该专业方向的博士、硕士研究生。并且，为科学技术史专业博士研究生开设了《农业文化遗产专题》选修课程，为科学技术史专业硕士研究生开设了《农业文化遗产概论》必修课程。近年来，该研究机构日益重视农业文化遗产的保护与利用研究，先后承担教育部人文社科研究项目“农业文化遗产价值评价体系研究”，江苏省高校哲学社会科学重点研究基地重大招投标项目“江苏农业文化遗产调查研究”、“江苏农业文化遗产保护与共同体构建”，江苏高校哲学社会科学研究重点项目“江苏农业文化遗产保护与经济社会发展关系研究”等多项课题研究任务，出版了《江苏农业文化遗产调查研究》、《农业文化遗产学》、《农业：文化与遗产保护》、《农业文化遗产保护研究》、《江苏茶文化遗产调查研究》等著作，组织和承办了“第一届中国农业文化遗产保护论坛”和“第二届中国农业文

① 孙庆忠，关瑶：《中国农业文化遗产保护：实践路径与研究进展》，《中国农业大学学报（社会科学版）》2012年第03期

化遗产保护论坛"，在学术界产生了广泛的影响。

中国文化遗产研究院是国家文物局直属的文化遗产保护科学技术研究机构。其前身可追溯至成立于1935年的"旧都文物整理委员会"；1949年更名为"北京文物整理委员会"，是新中国第一个由中央政府主办并管理的文物保护专业机构；1973年更名为"文物保护科学技术研究所"；1990年与文化部古文献研究室合并为中国文物研究所；2007年8月更名为中国文化遗产研究院。根据国家文物局的要求，中国文化遗产研究院目前的主要职责是：开展国家文化遗产资源的调查、登录工作；承担国家水下文化遗产保护相关工作；承担文化遗产科学的基础研究、专项研究，开展文化遗产保护应用技术研究，推广科学技术研究成果；承担国家重要文化遗产保护规划编制、维修及展示方案设计；开展文化遗产保护科学技术的国际合作、学术交流和教育培训工作等。其主要研究领域涵盖文物保护科技、古代建筑及岩土遗址保护、设计规划以及博物馆、水下考古等多个学科方向，形成了社会科学、自然科学、工程技术科学各具特色又交叉融合的文物保护专业体系。对于农业文化遗产的保护，中国文化遗产研究院与相关机构、部门的合作空间广阔。

（二）相关科研课题立项情况

中国农业文化遗产保护的理论研究刚刚起步，从2005年浙江青田的稻鱼共生系统被列为全球重要农业文化遗产保护试点开始，农业文化遗产的学术研究也越来越受到关注，越来越多的学者加入到该领域研究中来，国内外学者对于农业文化遗产研究的数量逐渐增多。国内学者纷纷基于各自的研究领域和专长提出了不同见解，在参与到农业文化遗产保护研究中来的农业历史学、农业民俗学、农业生态学、考古学、管理学、地理学等学科之间，由于各自理论基础、研究对象、研究方法及表达方式等要素的不同，使不同学科内部形成了各自不同的学科规范和标准，在农业文化遗产保护对象、保护方法、保护机制等许多理论问题上尚未形成共识。

目前，以"农业文化遗产"为主题的研究课题有20余项，主要包括：FAO-GEF/GIAHS项目"全球重要农业文化遗产保护与适应性管理"（GCP/GLO/212/GEF）；国际合作项目"FAO-GEF-GIAHS（全球重要农业文化遗产）保护与适应性管理"（06Y60030AN）；中国工程院咨询研究重点项目"中国重要农业文化遗产保护与发展战略研究"（2013-XZ-22）；国家自然科学基金项目"农业文化遗产地旅游社区灾害风险认知及适应过程研究：以云南红河为例"（41201580）；中国博士后科学基金"农业文化遗产旅游资源开发及其可持续利用模式研究"（20110490569）；教育部人文社会科学研究青年基金项目"农业文化遗产价值评价体系研究"（13YJC850005）；教育部人文社会科学研究青年基金项目"徽州古村落农业文化遗产活态保护与遗产旅游整体开发模式研究"（12YJCZH320）；江苏省高校哲学社会科学基地重大招投标项目"江苏农业文化遗产调查研究"（苏教社政〔2010〕1号）、"江苏农业文化遗产保护与共同体构建"（2012JDXM015）、江苏高校哲学社会科学研究重点项目"江苏农业文化遗产保护与经济社会发展关系研究"（2011ZDIXM013）、江苏省社科基金一般项目"农业文化遗产视角下的江苏传统村落保护研究"（15SHB003）、湖南省哲学社会科学基金项目“农业文化遗产保护与旅游开发互动研究——以湖南紫鹊界梯田为例”（09YBA011）等。

2014年12月，李文华院士等以中国工程院重点咨询项目“中国重要农业文化遗产保护与发展战略研究”为依托，完成的咨询报告《关于加强我国农业文化遗产研究与保护工作的建议》，得到刘延东副总理批示。

（三）相关著作出版情况

目前，国内关于农业文化遗产保护研究的著作已经有20余部（表1-4），主要有李文华院士主编的由中国环境科学出版社出版的“农业文化遗产研究丛书”，包括《农业文化遗产及其动态保护探索（一至五）》、《农业文化遗产与“三农”》、《农业文化遗产保护的多方参与机制：“稻鱼共生系统”全球重要农业文化遗产保护多方参与》、《农业文化遗产地的农业生物多样性研究——以贵州省从江县为例》、《农业文化遗产及其动态保护前沿话题（一至二）》、《农业文化遗产地旅游发展潜力研究》、*Dynamic Conservation and Adaptive Management of China's GIAHS: Theories and Practices*（Ⅰ~Ⅱ）。王思明教授主编的由中国农业科学技术出版社出版的《中国农业遗产研究丛书》，包括《江苏农业文化遗产调查研究》、《农业：文化与遗产保护》、《中国农业文化遗产保护研究》等。除了少数专著外，大部分著作以论文汇编为主，研究内容比较广泛，但总体上理论研究深度存在不足，研究内容则缺乏系统性。

表1-4 近年来有关农业文化遗产著作出版情况

著作名称	著作类型	作者	出版社	出版时间
农业文化遗产保护的多方参与机制	编著	闵庆文	中国环境科学出版社	2006年10月
农业文化遗产与“三农”	专著	徐旺生，闵庆文	中国环境科学出版社	2008年11月
农业文化遗产及其动态保护探索	编著	闵庆文	中国环境科学出版社	2008年6月
农业文化遗产及其动态保护探索（二）	编著	闵庆文	中国环境科学出版社	2009年6月
Dynamic Conservation and Adaptive Management of China's GIAHS: Theories and Practices	编著	闵庆文	中国环境科学出版社	2009年9月
农业文化遗产及其动态保护前沿话题	编著	闵庆文	中国环境科学出版社	2010年5月
农业文化遗产及其动态保护探索（三）	编著	闵庆文	中国环境科学出版社	2010年10月
农业文化遗产地旅游发展潜力研究	专著	孙业红	中国环境科学出版社	2011年9月
农业：文化与遗产保护	编著	王思明，李明	中国农业科学技术出版社	2011年10月
江苏农业文化遗产调查研究	编著	王思明，李明	中国农业科学技术出版社	2011年10月
农业文化遗产地农业生物多样性研究	专著	张丹	中国环境科学出版社	2011年12月
农业文化遗产及其动态保护前沿话题（二）	编著	闵庆文	中国环境科学出版社	2012年3月
农业文化遗产及其动态保护探索（四）	编著	闵庆文，刘某承，何露	中国环境科学出版社	2012年8月

（续表）

著作名称	著作类型	作者	出版社	出版时间
Dynamic Conservation and Adaptive Management of China's GIAHS: Theories and Practices（Ⅱ）	编著	闵庆文，白艳莹，焦雯珺	中国环境科学出版社	2012年8月
中国农业文化遗产保护研究	编著	王思明，沈志忠	中国农业科学技术出版社	2012年12月
农业文化遗产及其动态保护探索（五）	编著	闵庆文，刘某承	中国环境科学出版社	2013年8月
农业文化遗产学	专著	李明，王思明	南京大学出版社	2015年6月

资料来源：根据网络信息统计整理

（四）相关论文发表情况

近十年来，国内关于中国广义农业文化遗产研究的层面主要包括农业文化遗产的概念界定、遗产保护意义、遗产保护机制、遗产保护与开发、遗产保护个案研究、发展回顾等；在已发表的论文中，农业文化遗产、旅游开发、传统农业、生态农业等关键词相对集中；研究文献在文化、旅游、农业经济、生态学等学科领域相对较集中；多数研究集中于狭义的农业文化遗产即“全球重要农业文化遗产”及保护试点。主要研究机构有中国科学院地理科学与资源研究所、南京农业大学、中国农业大学等。

根据中国知网的检索数据，近年来以“农业文化遗产”为篇名的期刊学术论文发表数量逐渐增多，专家学者在各类学术期刊发表了200余篇研究论文。论文发表数量以2006年为分水岭，2006年以前学术论文发表数量年均不足1篇，2006以后学术论文发表数量开始有明显的增加，2006—2008年年均近10篇，2009—2010年年均20余篇，2011—2013年年均30余篇，2014年已达到80篇（表1-5）。其原因是：一方面自2004年开始，在FAO的支持下，在GIAHS项目秘书处、FAO北京代表处，有关地方政府的积极配合、相关学科专家和遗产地人民的积极参与下，中国GIAHS保护工作在示范点选择与推荐、保护利用与经验推广、科学研究与科学普及等方面开展了探索；另一方面，2005年“中国浙江青田稻鱼共生系统”成为首批GIAHS保护试点，引起了学者们的关注；持续增长的趋势也说明“农业文化遗产”已渐成学者理论研究的热点。

表1-5　近年来以“农业文化遗产”为篇名的期刊学术论文发表情况

年　份	1995	1996	1997	1998	1999	2000	2001	2002	2003	2004
论文篇数	1	0	1	1	1	1	0	1	0	1
年　份	2005	2006	2007	2008	2009	2010	2011	2012	2013	2014
论文篇数	1	9	9	10	20	25	33	38	38	80

资料来源：根据中国知网数据统计整理

（五）相关学术交流平台建设

有关“农业文化遗产”的学术交流平台包括专门性学术团体、专业学术期刊、学术会议、专业学术网站等。

目前，已经成立了“东亚地区农业文化遗产研究会”、“中国农学会农业文化遗产分会”等多个专门性学术团体。在2013年8月于韩国举办的中日韩农业文化遗产保护研讨会上，中国专家鉴于中日韩三国农业历史文化渊源、现有的农业文化遗产研究与试点工作及国际影响，提出了建立三国之间学术交流机制、促进农业文化遗产及其保护健康发展的建议，得到了日本和韩国与会专家的积极响应，随后经进一步征求三国农业主管部门和相关科研机构的意见，决定正式成立“东亚地区农业文化遗产研究会（ERAHS）”。ERAHS的基本任务是：在三国轮流举办年度学术研讨会以促进农业文化遗产的信息交流与经验分享；开展合作研究和培训等活动共同应对农业文化遗产保护中所面临的挑战；依托通讯、网站和其他出版物等多种方式交流农业文化遗产保护与发展的成功经验和相关信息，促进东亚地区农业文化遗产的动态保护与可持续发展。

中国农学会农业文化遗产分会是在李文华院士等倡导下成立的，是以农业文化遗产及其保护的理论与方法研究和实践为主体的跨行业、跨部门、跨学科的科技人员、农业文化遗产保护管理人员和热心农业文化遗产保护与发展事业的其他各界人士自愿组成的联合体，挂靠在中国科学院地理科学与资源研究所。2014年1月17日，中国农学会十届三次常务理事会批准了成立“农业文化遗产分会”的申请。经过10个月的积极筹备，“中国农学会农业文化遗产分会成立暨学术研讨会”于11月15~16日在云南省昆明市召开。大会选举产生了第一届理事会、常务理事，选举李文华院士为主任委员、朱有勇院士等5人为副主任委员、闵庆文研究员为秘书长。

通过全球重要农业文化遗产国际论坛、东亚地区农业文化遗产学术研讨会、中国农业文化遗产保护论坛、全球重要农业文化遗产（中国）工作交流会等学术会议，从事农业文化遗产研究的专家学者、政府官员、遗产地代表得以相互交流学习，有力地推动了中国农业文化遗产保护工作的顺利开展。其中，由联合国粮农组织（FAO）主办的全球重要农业文化遗产国际论坛是全球重要农业文化遗产管理的重要协商和交流平台，原则上每两年召开一次，每次均设有一个主题。[①] 其目的是交流GIAHS动态保护的经验，讨论GIAHS项目管理方面的重要议题和通过一些重要的法律文件。

目前，一些专业学术期刊和科普杂志已纷纷开辟有关农业文化遗产的专栏。在*Journal of Resources and Ecology*、《资源科学》、《中国农史》、《中国农业大学学报（社会科学版）》、《中国生态农业学报》等学术期刊上开设“农业文化遗产专栏”；《中华遗产》、《世界遗产》、《人与生物圈》、《中国国家地理》、《生命世界》、《世界环境》等科普杂志也刊发“农业文化遗产”专栏或专题文章，《科技日报》、《中国科学报》、《光明日报》、《农民日报》也纷纷发表以“农业文化遗产”为主题文章甚至开辟了“全球重要农业文化遗产”专栏。由全球重要农业文化遗产（GIAHS）中国项目办公室、中国科学院地理科学与资源研究所自然与文化遗产研究中心主办的《农业文化遗产简报》自2012年起已出版了近20期，其中设立了“学术论文摘要”等栏目。

① 闵庆文：《全球重要农业文化遗产国际论坛》，《农民日报》2013年7月12日，第4版

此外，中央电视台、意大利广播电视台、北京气象台等新闻媒体分别制作了《农业遗产的启示》、《天人合一》、《红河哈尼梯田地区特色饮食文化》等农业文化遗产题材的纪录片。一些网站也开始设立有关农业文化遗产的栏目，介绍中国农业文化遗产的理论研究和保护实践进展，如魅力城乡（http://www.365960.com/）网站下设了“全球重要农业文化遗产（GIAHS）”栏目，专门介绍全球重要农业文化遗产（GIAHS）保护试点和候选点的一些基本情况，转载一些全球重要农业文化遗产有关的新闻报道。此外，还有 GIAHS 中文网站（http: //www. fao. org/nr/giahs/giahs-home/zh/）、WIPO 中文网站（http: //www. wipo. int/portal/index. html. zh）、WIPO 的传统知识、遗传资源和民间文学艺术表达的网站（http: //www.wipo.int/tk/en）、中国农业文化遗产网（http: //giahs-china. net/），等等。

农业文化遗产培训班也是一种有效的交流平台。2014 年 6 月，中国政府与 FAO 签署了“南南合作”框架下开展 GIAHS 工作合作协议，FAO 与中国农业部于 2014 年 9 月、2015 年 9 月举办了两期“GIAHS 高级别培训班”，有 30 多个国家的 60 人次到中国学习考察，促使更多国家加入农业文化遗产保护的行列。这一开创性的活动，对于促进更多国家的农业文化遗产保护意识和全球重要农业文化遗产申报产生了极为重要的影响。此外，利用中欧、中韩等农业合作平台和东亚地区农业文化遗产研究会（ERAHS）及其他国际研讨会等学术交流平台，中国的农业文化遗产保护经验正不断影响着世界。①

① 闵庆文:《中国的 GIAHS 事业：从艰难起步到蓬勃发展》,《世界遗产》2015 年第 10 期

遗址类农业文化遗产调查与研究

遗址类农业文化遗产是广义农业文化遗产的重要组成部分。中华农业文明历史悠久，已有大约 1 万年的历史。在人类进入新石器时代以后，就开始了农业文化遗产产生的最初历程。“据不完全的统计，现在全国已知的新石器时代遗址总数约上万处，既有距今万年左右的，也有很多是距今 4 000~9 000 年。”[①] 旧石器时代先民以渔猎和采集为主，新石器时代先民以驯化作物和饲养家畜为主，因此大多数史前遗址与农业息息相关。

一、遗址类农业文化遗产的调查研究

（一）遗址类农业文化遗产的概念

遗址类农业文化遗产即农业遗址，主要是指一些早期农业遗址，尤其是新石器时代的农业遗址。这些遗址保存到今天，并被发掘出来，成为退出农业生产领域的农业文化遗产。

一般来说，遗址类农业文化遗产除了遗址本身之外，还包括遗址遗存的灌溉系统、植物种子、工具等，还有遗址所展现的当时人们的一些生活习俗，包括墓葬、祭祀遗迹等。农业遗址概念的变化也体现了遗址保护观念的转变。在此之前，很多情况下的遗址保护就是仅仅保护遗址本身，将出土文物发掘出运送至博物馆或当地文物保护部门，原址则是划区保护。通过几十年的发展，遗址保护的观念由单体向整体转变，由点向线、面转变，大遗址保护和考古遗址公园的建设就是转变的体现。大遗址和考古遗址公园不仅保护遗址本身，还争取对遗址完整性的保护和遗址存续环境的保护，特别是如何避免保护性破坏、利用性破坏和建设性破坏。在保护遗址同时争取保存整体环境，尽可能还原当时情景。如在良渚遗址基础上建设考古遗址公园，除基本的农业遗址、遗迹之外，还有一系列与之配套的系统。

① 张江凯，魏峻:《新石器时代考古》，文物出版社，2004 年，第 17 页

作为考古学对象的实物资料包括遗迹和遗物两大部分，遗迹和遗物又统称为文化遗存。遗址类农业文化遗产既包括遗址本身，如村落遗址、房基、灰坑、窑址和墓葬等遗存，也包括遗址中发现的石器、骨器、蚌器等生产工具、生活用具以及动植物遗存等遗物。

遗迹通常分为房屋、水井、村落、运河、墓葬等人工建筑和设施，是古代人类活动所遗留下来的、不可移动的文化遗存。村落遗址是新石器时代人们的聚居地。村落聚居地的发展与原始氏族部落社会的发展有着密切的关系。各地新石器时代村落，多数选择在浅山区或丘陵区靠近河流或湖泊的台地上，只是到了新石器时代晚期，才有部分村落扩展到平原地区的高地。当时村落所以选择这些地理环境，一方面是为了饮水与狩猎的方便，另一方面也是为了有利于从事农耕生产。到目前为止，较完整的原始聚落遗址发掘并不多，发掘较多的是房基、灰坑、文化堆积层与墓葬等。

遗物是指古代人类遗留下来的各种生产工具、生活用具、武器及装饰品等。一般而言，遗物都经过人类有意识的加工和使用。在新石器时代遗物中，生产工具和生活用具占据了主要部分。生产工具主要有石器、骨器、蚌器等，生活用具主要是陶器。

考古学对人类所遗留下来的各种遗物的研究，不应仅限于类别、类型的研究及年代的鉴定和用途的确定，而且要通过对遗物的研究去了解人类古代社会的社会生活、生产技术水平及文化面貌。同时，既要研究同一时期各地区人类社会的相互影响和传播关系，也要探讨人类社会在不同时期的继承、演变和发展的过程和规律。

（二）遗址类农业文化遗产的类型

从中国已经发现的遗址类农业文化遗产来看，中国是世界农业起源中心之一。且中国地域辽阔，气候条件、地理环境、农作物祖本的自然资源以及居民文化背景等差别较大，形成了不同的农业生产类型，因而遗址类农业文化遗产可以分为粟作遗址、稻作遗址、贝丘遗址、渔猎遗址、游牧遗址和洞穴遗址。这些遗址类农业文化遗产的分布也具有一定的相关性。

粟作遗址一般分布于中国北方地区。粟作农业也称旱作农业，以种植粟、黍以及后来从西方传入的麦作等较耐旱作物为主。如河北武安磁山遗址、内蒙古赤峰兴隆沟遗址所出土粟的文化遗存年代最早，距今约 8 000 年。其余大多为新石器时代晚期，以属仰韶文化时期西安半坡遗存为早。较晚的龙山文化遗存，距今 4 000 年左右。除数量可观、品种优质粟的遗存被发现外，粟作遗址还曾出土石铲、石刀、石镰以及磨盘、磨棒等用于开垦翻土、收割、加工用的粟作农业工具。

稻作遗址一般分布于中国南方大部分地区，以种植水稻为主。如江西万年仙人洞和吊桶环遗址出土的植硅石重点反映了人们从采集野生稻到出现栽培稻的渐进演变历程。湖南道县玉蟾岩遗址发现了最早的古栽培稻壳实物，是研究稻作起源、陶器起源又一重要例证。在长江下游的浙江浦江县上山遗址出土夹炭陶胎中含大量稻谷壳和茎叶末，从谷壳形态观察属栽培稻，同时陶片中还分析出有稻属植硅石。湖南彭头山遗址、浙江跨湖桥遗址、河姆渡遗址等较晚的遗址也出土了较多的稻壳和稻米粒。此外由于南方水源相对北方较为充足，因而稻作遗址中渔猎业较北方发达，出土的渔猎工具和水生物遗骸也较多。

贝丘遗址大多分布于中国的华南沿海、辽东半岛和山东半岛等地区，以文化层中包含人们食余弃置的大量贝壳为显著特征。所含贝类基本上分为海生和淡水两大类。其堆积层中往往发现文化遗物、鱼骨和兽骨等，有的还有房基、窖穴和墓葬等遗迹。这种遗址反映出渔捞活动在经济生活中占有相当的比重。如广东古椰贝丘遗址和蚝岗贝丘遗址，其中蚝岗贝丘遗址出土了大量开蚝的尖状器和砸击器、砺石、石拍、网坠、锛、斧等工具。而古椰贝丘遗址出土的 20 粒形态稻谷为研究岭南稻作起源提供了珍贵的实物资料，意义重大。

渔猎遗址主要分布在东北地区及长城以北地区。当地河流水源充足，分布有多条淡水河和多个淡水湖，渔猎成为主要食物来源。黑龙江省的昂昂溪遗址是渔猎遗址的典型代表，遗址出土的大量鱼骨、蚌壳和兽骨等证明了当时人类是以渔猎为生存手段。

游牧遗址主要分布在西北地区和青藏高原，这与当地的气候和人们的生活习惯有关。如新疆东黑沟遗址，遗址出土较多骨器，主要有加工或使用痕迹的羊或马、牛的距骨，多成群出土。但由于游牧的流动性较大，发现的遗址较少。

洞穴遗址是古代人类利用山岩自然洞穴生活或埋葬死者，从而留有原生文化堆积的一种人类居住遗址类型。中国新石器时代的洞穴遗址，以华南石灰岩溶洞发育区的最为突出，数量较多，具有代表性的有广西桂林甑皮岩遗址等。

（三）遗址类农业文化遗产的调查设计

1. 调查目的

对中国境内有重要价值的遗址类农业文化遗产的基本情况进行系统调查和梳理，建立中国遗址类农业文化遗产名录，并对其社会、经济、文化等方面进行价值评估，找出最具有典型性和最应具有挖掘利用价值的部分。

2. 调查对象

调查对象以历次列入全国重点文物保护单位的史前遗址为基本条件。新中国成立以来，自 1961—2013 年公布七批全国重点文物保护单位。此外，还包括有以文化命名的遗址、中国历年十大考古发现、20 世纪中国百项考古大发现等。遗址类农业文化遗产顺序则按照华北地区、东北地区、华东地区、中南地区、西南地区、西北地区和台港澳地区等行政区划进行排列。

3. 调查方法

根据遗址类农业文化遗产收录范围，结合各级各地政府网站资料、地方志、年鉴、书籍、刊物、报纸等资料，从现存的数千个遗址类农业文化遗产中初步筛选出 200 多个遗址类农业文化遗产名录。对筛选出的遗址类农业文化遗产，再从文化层分布、现存情况及其在史前农业发展中的地位等方面进行比较，选出具有代表性的遗址类农业文化遗产，并进一步搜集、完善调查内容。

（四）遗址类农业文化遗产的空间分布格局

中国幅员辽阔，各个地区的地理形势、河流和山川的走向、南北方沿海和内陆的气温、雨量、植被和动植物的分布等生态因素都各不相同。这些不同的地理和生态特征是影响我国遗址类农业文化遗产的分布及特点、质量的重要原因。遗址类农业文化遗产分布范围遍布全国 33 个省区市，呈现出以腾冲—黑河一线为界，东部多于西部，北方多于南方，并明显的以河南、陕西中部为中心向四周递减的同心圆格局（图 2-1）。[①]

1. 以腾冲—黑河一线为界，东多北多

遗址类农业文化遗产主要分布于我国北方地区，尤其是华北平原一带，这和当地的地形地貌、气候条件等因素息息相关。水是人类生存的必要条件，也是定居的首要选择。我国大量的遗址类农业文化遗产是沿黄河、长江流域分布的。

黄河流域的河南、山东和陕西是遗址类农业文化遗产分布最多的地区（图 2-2），这与黄河流域自然条件适宜密切相关。黄土高原地区土壤肥沃、土层深厚、土质疏松、蓄水性好，且位于内陆地区，雨水较东南沿海较少，气候较干燥，有利于物品保存，所以该地区发掘的遗址类农业文化遗产质量较高，遗迹明显，遗物丰富。在这一地区，发现了大量约公元前 6 000 年的已

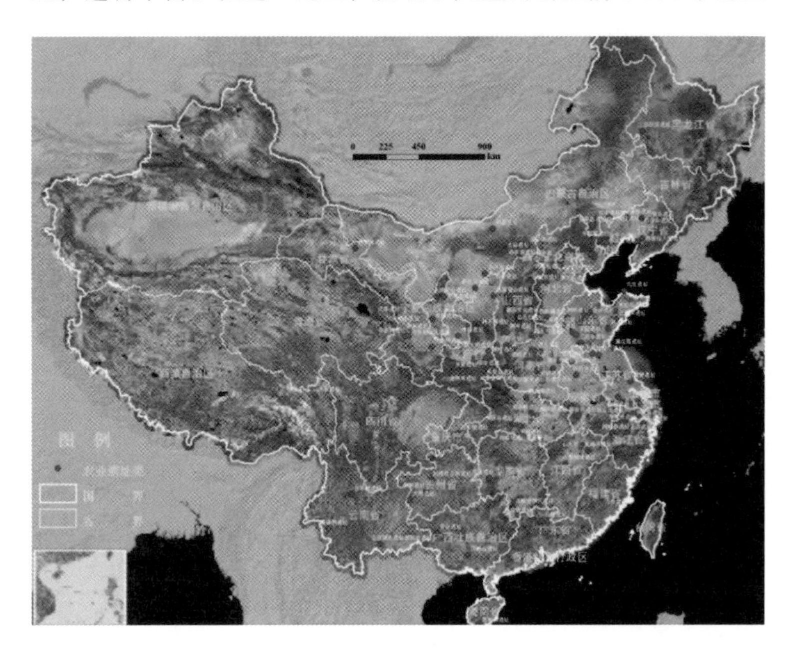

图 2-1　中国遗址类农业文化遗产的空间分布格局
（资料来源：孙业红，闵庆文，成升魁：《中国的农业文化遗产及其分布特征》，载王思明，张柏春主编《技术：历史与遗产》，中国农业科学技术出版社，2010 年，第 48 页）

① 孙业红，闵庆文，成升魁：《中国的农业文化遗产及其分布特征》，载王思明，张柏春主编：《技术：历史与遗产》，中国农业科学技术出版社，2010 年，第 47—49 页

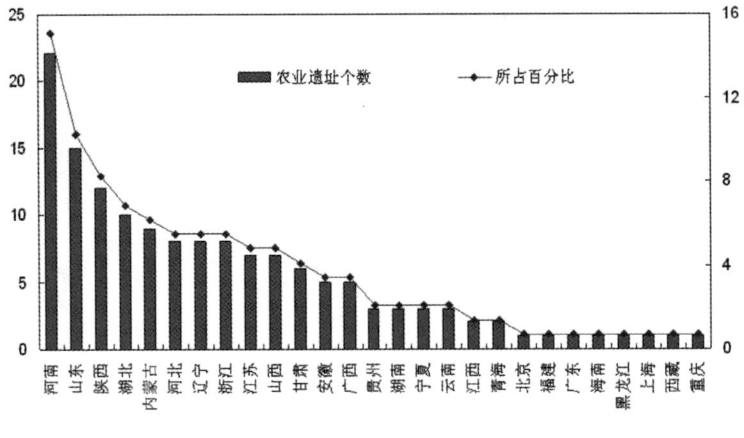

图 2-2　中国遗址类农业文化遗产类遗产的省区分布差异
（资料来源：孙业红，闵庆文，成升魁：《中国的农业文化遗产及其分布特征》，载王思明，张柏春主编：《技术：历史与遗产》，中国农业科学技术出版社，2010 年，第 48 页）

经进入锄耕时代的遗址类农业文化遗产，最典型的有河南新郑裴李岗遗址、河北武安磁山遗址和甘肃秦安大地湾遗址等。黄河流域遗址类农业文化遗产的分布规律是早期遗址分布于太行山脉与华北平原北段的交汇地区，一部分地理位置偏北的遗址则分布在河流的二级阶地上。新石器时代中期前段的遗址所处的地理位置一部分在秦岭与渭河平原的过渡地区或秦岭山地中的一些河流沿岸的台地上，一部分分布在太行山脉和豫西山地与华北平原的过渡地区；黄河下游的新石器时代中期前段遗址分布于泰沂山脉北侧的山前冲积平原地带或泰沂山脉南侧及西侧的湖东山前平原地带。新石器时代中期后段和新石器时代晚期遗址则扩展到渭河平原、黄河中下游平原和黄淮平原。

而长江流域则以江西、湖北、湖南、江苏、浙江等省极具典型性。长江流域水资源丰富，支流较多，尤其中、下游有几条较重要的一级支流和湖泊。汉水是长江最长的支流，发源于秦岭南麓，在武汉注入长江。洞庭湖和鄱阳湖都直接与长江相连接。湘江、资水、沅江和澧水注入洞庭湖，再由洞庭湖入长江。赣江等水系注入鄱阳湖，鄱阳湖再入长江。武汉以东的长江两岸则为长江中下游平原。镇江以东则为长江三角洲，系长江上中游的入海泥沙堆积而成的沉积平原。长江流域新石器时代早期、中期和晚期遗址的分布规律是：新石器时代早期遗址分布于临近水源的山麓地带的石灰岩洞穴内；新石器时代中期前段遗址的分布大体有三种：其一是分布于大型山脉与平原之间的过渡地带的岗地或低丘上，其二是分布于河流沿岸的一二级阶地上或低山岗上，其三是分布于河流或湖泊沿岸的台地上。新石器时代中期晚段和新石器时代晚期遗址的分布地域都扩展到河流中下游的平原地区，遗址一般都位于临近水源的台地或低丘上。

2. 以腾冲—黑河一线为界，西少南少

以腾冲—黑河一线为界，遗址类农业文化遗产类遗产主要分布于我国东部和中部地区，西部遗址类农业文化遗产分布较少，尤其是西南和西北地区。这也是对我国农业发展历史的直观表现。其中，云南、四川、贵州、青海、西藏几省区的遗址类农业文化遗产数量尤其偏少，这些省区西南多高山、高原，西北在高山的隔绝下干旱少雨，高原缺氧，人类迁徙流较少到达这里，人烟稀少，农业不发达，以游牧业为主。西北地区气候干旱、雨量少、气温温差大，不利于农业的发展，遗址主要分布在河流、山前冲击地带等有水处，如天山东部地区东黑沟遗址。西南地区遗址主要分布在高山两侧河谷处，地势较平坦。

在整体数量偏少的西部地区，甘肃省遗址类农业文化遗产数量相对较多，其中著名的有大地湾遗址、马家窑遗址和齐家坪遗址，出土文物较多，反映了当时的农业生产较发达，生活水平较高。

二、遗址类农业文化遗产的理论研究

自 20 世纪 20 年代近代考古学引入我国以后，经过近一个世纪的工作，中国的新石器时代考古学体系已经建立。特别是改革开放以来，随着国民经济和各项文化事业的蓬勃发展，中国新石器时代考古也进入了快速发展期。学术氛围空前，学术会议和学术刊物增多；随着考古调查与发掘在全国范围内的普遍开展，发现并确认了许多属于新石器时代的新遗址和新文化。公布调查、发掘报告及研究性文章大幅度增加；关于史前农业文化遗址的研究也是硕果累累。

（一）有关课题立项情况

为落实《国家中长期科学和技术发展规划纲要》，科技部已将《文化遗产保护关键技术研究》和《大遗址保护关键技术研究与开发》等 2 个项目列入“十一五”国家科技支撑计划，重点解决我国文化遗产保护领域的关键技术、共性技术和公益技术问题，以提高国家文化遗产保护重点工程项目的科技保障和支撑能力。其中，有关遗址类农业文化遗产的国家自然科学基金委资助科研项目和国家社会科学基金项目近年来有明显增长趋势（表 2-1，表 2-2）。

此外，近年来还出现了一些有关遗址类农业文化遗产的横向科研项目，如中国社会科学院重大课题项目“生态环境的变迁与黄河中下游地区古代文明的形成和发展之间的关系”；复旦大学“金穗”文科科研推进计划课题和浙江国际良渚学中心课题；陕西省重大科技攻关项目（2009k01-43）；陕西省教委产业化项目（02JC48）；陕西省社科基金资助项目（04F006S）；西安市社会科学规划项目“西安大遗址保护与利用研究”课题（07L14）；江苏省高校自然科学基金项目（09KJB420002）；江苏测绘科研项目（JSCHKY201111）和江苏高校优势学科建设工程项目资助；中国科学院基金资助“江苏海岸线变迁及趋势预测”合作项目等。

表 2-1　国家自然科学基金委资助的有关科研项目

项目编号	课题名称	申请单位	主持人	起迄年份
30070463/C130401	淮河上游地区史前稻作农业的起源与发展	中国科学技术大学	张居中	2001.1-2003.12
40371110/D011004	河南双自河流域史前人类生存环境研究	河南省科学院	张震宇	2004.1-2007.12
40472087/D0209	河南贾湖新石器时代遗址考察与研究	中国科学技术大学	张居中	至 2007 年完成
40571155/D011004	西辽河上游地区生态环境演变与北方旱作农业起源和发展的关系	中国社会科学院考古研究所	赵志军	2006.1-2008.12
40571168/D0104	我国中原地区全新世早－中期文化演进与环境演变之间的相互作用研究	北京大学	夏正楷	2006.1-2008.12
40862002/D020101	贵州毕节八儿崖遗址邻近地区史前遗址考察与研究	贵州科学院	张璞	2009.1-2011.12
50978153/E080201	喀什文化区聚落遗产保护与环境可持续发展研究	清华大学	张杰	2010.1-2012.12
41002056/D0209	河南申明铺遗址区晚全新世环境变迁与人类适应	中国科学院大学	司彬	2011.1-2013.12
41071051/D010106	陇西黄土高原全新世中期农业发展与环境变化研究	兰州大学	安成邦	2011.1-2013.12
71173173/G0313	大遗址文化产业集群优化与管理机制研究	西北大学	朱海霞	2012.1-2015.12
41171163/D0104	气候－海面变化对江苏新石器时代文明进程影响的环境考古研究	南京大学	朱诚	2012.1-2015.12

表 2-2　有关国家社会科学基金项目

项目编号	课题名称	申请单位	主持人	起始
91BKG002	白泥窑遗址发掘报告	内蒙古社会科学院历史所	崔睿	1991
91BKG006	从遗址文化层孢粉分析研究长江下游新石器时期人与环境的相互关系		王开发	1991
92BKG001	拉萨曲贡遗址发掘报告	中国社会科学院考古研究所	王仁湘	1992
93BKG004	黄梅塞墩遗址发掘报告	中国社会科学院考古研究所	任式楠	1993
94BKG006	从胶东半岛的贝丘遗址看史前人类与自然环境的关系	中国社会科学院考古研究所	袁靖	1994
95BKG003	敖汉赵宝沟——新石器时代聚落	中国社会科学院考古研究所	刘晋祥	1995

（续 表）

项目编号	课题名称	申请单位	主持人	起始
96BKG002	武昌放鹰台遗址发掘报告	湖北省文物考古研究所	王劲	1996
96BKG008	安徽蒙城尉迟寺遗址史前聚落遗存研究	中国社会科学院考古研究所	吴加安	1996
96AKG004	山东地区新石器早期考古学文化研究	山东省文物考古研究所	郑笑梅	1996
96AKG007	澧县城头山新石器时代古城址	湖南省文物考古研究所	何介钧	1996
96BKG001	通过植物微体化石研究黄淮地区新石器时代的农业经济	中国社会科学院考古研究所	王增林	1996
97BKG002	辉县孟庄遗址发掘报告	河南省文物考古研究所	袁广阔	1997
97BKG001	肇源白金考古学报告	吉林大学	朱永刚	1997
98BKG002	高邮龙虬庄新石器时代遗址考古发掘报告	南京博物院	张敏	1998
98BKG004	兴隆洼——新石器时代聚落遗址发掘报告	中国社会科学院考古研究所	杨虎	1998
98EKG001	老关庙遗址发掘与奉节史前考古	吉林大学	赵宾福	1998
99BKG001	马桥遗址发掘报告	上海博物馆	宋建	1999
99BKG002	凌家滩遗址考古发掘报告	安徽省文物考古研究所	张敬国	1999
00BKG006	金坛三星村遗址考古发掘报告	南京博物院	王根富	2000
01AKG001	八十垱遗址整理	湖南省文物考古研究所	尹检顺	2001
02BKG004	陕西神木新华遗址考古报告	陕西考古研究所	王炜林	2002
02BKG001	大山前遗址发掘与半支箭河中游调查	中国社会科学院考古研究所	朱延平	2002
03BKG001	藤花落遗址考古发掘报告	南京博物院	林留根	2003
04XKG002	长江上游古文化与中国文明的起源——从宝敦文化、三星堆文化到金沙遗址	四川民族研究所	李绍明	2004
04BKG001	郑州小双桥商代遗址	河南省文物考古研究所	宋国定	2004
04BKG002	邺城遗址勘探与发掘报告（1983—1994 年）	河北文物研究所	段宏振	2004
04BKG004	济南大辛庄遗址考古发掘报告	山东大学	方辉	2004
05BKG001	白燕遗址发掘报告	吉林大学	李伊萍	2005
05BKG005	居延遗址调查发掘报告	中国人民大学	魏坚	2005
06BKG002	洪江市高庙新石器时代遗址	湖南省文物考古研究所	贺刚	2006
06BKG004	山西芮城清凉寺史前墓地	山西考古研究所	薛新明	2006
07CKG001	华北地区从旧石器向新石器时代过渡阶段研究——以陶器为中心	中国科学院研究生院科技史与科技考古系	王涛	2007

（续表）

项目编号	课题名称	申请单位	主持人	起始
07CKG002	云贵高原新石器时代至青铜时代的文化发展及族群研究	云南大学	彭长林	2007
08FKG002	安徽繁昌窑遗址发掘与研究	中国科技大学	杨玉璋	2008
08BKG001	八连城 2004—2009 年珲春八连城遗址田野考古报告	吉林大学	王培新	2008
08AMZ001	青藏高原史前考古与史前史研究	南京师范大学	汤惠生	2008
09XKG003	元代集宁路故城遗址的考古发掘研究	内蒙古师范大学	陈永志	2009
09AKG001	河南省内黄县三杨庄汉代聚落遗址研究	河南省文物考古研究所	刘海旺	2009
09BKG007	平城遗址考古报告（2003—2008）	山西考古研究所	张庆捷	2009
09CKG001	西安鱼化寨遗址发掘报告	西安市文物保护考古所	张翔宇	2009
10FKG001	周原 2002 年度田野考古发掘报告	陕西考古研究院	孙周勇	2010
11&ZD026	大遗址保护行动跟踪研究	中国文化遗产研究院	柴晓明	2011
11AKG001	禹州瓦店遗址 2007—2010 年考古发掘报告	河南省文物考古研究所	方燕明	2011
11BKG001	李家崖遗址考古发掘报告	陕西考古研究院	吕智荣	2011
11CKG002	北京东胡林遗址出土石器的微痕分析	郑州大学	崔天兴	2011
11XGL019	西安大遗址旅游容量的优化调控研究	西安文理学院	崔琰	2011
10XKG006	基于空间信息技术的大型土遗址考古与保护研究		张永兵	2011
11CKG003	从史前洞穴考古淀粉残留物探讨华南农业起源	厦门大学	葛威	2011
11KKG001	新疆史前晚期社会的考古学研究	中国社会科学院考古研究所	郭物	2011
12&ZD191	哈民忙哈 – 科尔沁沙地新石器时代遗址发掘与综合研究	吉林大学	朱永刚	2012
12&ZD193	东大杖子墓地及相关遗址勘探、发掘资料的整理与研究	辽宁文物考古所	华玉冰	2012
12&ZD194	邹平丁公遗址发掘报告	山东大学	栾丰实	2012
12&ZD195	陕西淳化枣树沟脑遗址发掘报告	西北大学	钱耀鹏	2012
12&ZD196	河南灵宝西坡遗址综合研究	中国社会科学院	李新伟	2012
12XJY009	文化大繁荣背景下遗址保护与都市圈和谐共生机制研究	陕西社会科学院	裴成荣	2012
12BKG002	湖北省郧县人遗址发掘研究报告	北京联合大学应用文理学院	冯小波	2012
12BKG003	蓝田新街遗址考古发掘报告	陕西考古研究院	杨亚长	2012
12BKG005	安乡汤家岗遗址整理与研究	湖南省文物考古研究所	尹检顺	2012
12XKG006	青海省共和盆地东部新石器——青铜时代植物遗存研究	青海省文物考古研究所	任晓燕	2012

（续 表）

项目编号	课题名称	申请单位	主持人	起始
12BKG004	中朝中俄邻境地区新石器至青铜时代考古学文化比较研究	吉林大学	赵宾福	2012
12CKG002	华南与东南亚新石器时代的比较考古研究	广西师范大学	陈洪波	2012
12CKG011	新石器时代墓葬和祭祀坑集中埋藏猪下颌现象的研究——以河南邓州八里岗遗址为个案	北京大学考古文博学院	王华	2012

（二）有关著作和论文集出版情况

近年来，关于遗址类农业文化遗产的研究方兴未艾，专家学者出版了一些著作和论文集，涉及内容既广且深，有力推动了相关研究工作。

张松林编著《裴李岗文化研究文集》（科学出版社，2010 年 1 月），该书汇编了 20 世纪 70 年代裴李岗文化——中国新石器时代具有代表性的考古学文化的发现与研究状况，探讨了裴李岗文化的内涵、年代、分期、葬式葬俗、生产生活、社会发展阶段、文化源流等问题。

国家文物局编《大遗址保护洛阳高峰论坛文集》（文物出版社，2010 年 10 月），2009 年 10 月 31 日 ~11 月 1 日，国家文物局与河南省人民政府在洛阳市联合举办了“大遗址保护洛阳高峰论坛”，来自北京、西安、杭州、成都等 22 个城市的有关领导出席了论坛，该书反映了此次论坛的重要成果。

科学技术部社会发展科技司、国家文物局博物馆司与社会文物司编《大遗址保护关键技术研究与开发》系列（文物出版社，2010 年 11 月），是“十一五”文化遗产保护领域国家科技支撑计划重点项目论文集。该书是“十一五”期间已经顺利通过科技部结项验收的、国家文物局组织的国家支撑课题成果汇编，包含多篇研究论文，具有重要的科技研究价值。

孙满利、王旭东、李最雄著《土遗址保护初论》（科学出版社，2010 年 4 月），系统介绍了土的组成、结构和性质，土遗址的环境、建筑形制、价值评估和病害等土遗址保护的基础理论，以及土遗址保护规划编制和土遗址保护工程的勘察、设计、施工和监理的基本程序和要求。

周双林编《土遗址保护非水分散体材料研制及土遗址加固研究》（文物出版社，2011 年 8 月），在对已有加固剂存在的问题、遗址土质、加固剂性质和加固过程分析研究的基础上，研制出一种渗透能力强，加固后颜色变化不大，不泛白，表面不起壳等性能的非水分散加固材料，并对 BU 材料作出有理有据的总结。

聂跃平、杨林著《遥感原理与方法及其在大遗址保护中的应用》（科学出版社，2012 年 1 月），对遥感技术发展进行了简要介绍，分析了遥感技术的应用领域，并在此基础上重点分析了遥感技术在大遗址保护中的应用流程、技术方法以及其经典应用范例。最后该书对遥感技术在大遗址保护中的应用优势和局限性进行论述。

孟宪民、于冰、李宏松、乔梁编著《大遗址保护理论与实践》（科学出版社，2012 年

1月），分上、下两篇。上篇为理论篇，包括从学术和文物保护工作发展的背景回顾大遗址保护的兴起历程、大遗址的概念与分类、大遗址保护面临的问题及意义、现行大遗址保护工作相关流程介绍、大遗址保护相关技术应用情况介绍、大遗址保护工作未来展望与建议；下篇为案例研究篇，包括三个方面的案例研究：如运河类综合性、跨地区大遗址的相关保护研究，包括空间信息技术在大遗址保护中的应用研究（以京杭大运河为例）课题开展的京杭运河调查等。

邵九华、赵晓波、黄渭金编著《远古文化之光——河姆渡遗址博物馆》（中国大百科全书出版社，2012年7月），主要内容包括：震惊世界的发现；中国河姆渡氏族村；七千年前的奇迹；河姆渡——中华民族远古文化的摇篮；中国南方史前文化的一座丰碑。

（三）有关报刊论文发表情况

近年来，在学术期刊和报纸上发表的关于遗址类农业文化遗产的论文逐渐增多，以下是对有关论文及其观点的概述。

杜金鹏《大遗址保护与考古遗址公园建设》（《东南文化》2010年第1期）认为，建设考古遗址公园是新时期大遗址保护新模式，是建设和谐社会和中华民族共同精神家园的重要举措。建设考古遗址公园的根本目的是保护遗址、服务考古。考古遗址公园建设必须科学规划，严肃论证，循序渐进，稳妥扎实。考古学家应积极支持考古遗址公园建设。文物管理部门应对考古遗址公园建设热情支持，善加引导，健全规章，严格管理。

陈仲玉《论台湾高山地区的史前聚落——以曲冰遗址为例》（《东南文化》2010年第2期）指出，台湾省的史前遗址多达2 300余处，普遍分布在各大小溪河流域中，并且多顺着河流延伸入高山地区。遗址的面积大多有数公顷，甚具规模，显然多是族群的聚落。关于台湾先民深入高山的原因，学者们常有不同的看法。或说是因族群成长，人口产生压力；或说某些族群因逃避某种疾病（如疟疾）。先民们之所以选择较高的山地，原因有：迁入移民优先找寻适合于他们生活的生态环境；族群社会结构的生态取向；回避“瘴疠之气”；族群繁衍的扩张，等。

郑育林《我国大遗址保护与利用相关问题的研究》（《西北大学学报·哲学社会科学版》2010年第3期），通过对近十几年来大遗址保护与利用有关研究的分析总结，指出目前关于大遗址本体的研究较多，而作为一个特殊区域研究的较少；单一领域研究的较多，而多学科全面系统的研究较少。当前我国大遗址的保护与利用已成为涉及社会各方面的综合性问题，建立科学的大遗址观，构建国家级大遗址保护特区，应是解决这一综合性社会问题的有效对策。

王传明、赵新平、靳桂云《河南鹤壁市刘庄遗址浮选结果分析》（《华夏考古》2010年第3期）指出，鹤壁刘庄遗址仰韶时代晚期大司空类型土样中，浮选到比较丰富的炭化植物遗存，包括粟、黍等农作物和非农作物黍亚科、野大豆、豆科等，为了解该聚落生业经济形态提供了重要的资料。量化分析结果显示，粟是刘庄遗址主要的农作物，刘庄遗址在平面布局上可能已经有了一定的功能区划分。

沈尉、汪永平《城郊背景下的大遗址保护模式探索——以南京高淳薛城遗址为例》（《江苏建筑》2010 年第 3 期），概述了大遗址保护的概念，从实际工程操作中发现的一些问题以及解决方法，对薛城遗址方案中的具体设计过程及原因进行了研究，力求在大遗址保护中达到回归自然、可持续发展的规划设计的效果。

杨春、徐坤、赵志军《吉林省白城市孙长青遗址浮选结果分析报告》（《北方文物》2010 年第 4 期）指出，2009 年吉林省文物考古研究所对孙长青遗址进行了抢救性发掘，在此期间进行了浮选工作，获得了包括粟、黍、小麦、荞麦等在内的丰富的炭化植物遗存。该遗址先民应属于以种植粟、黍为主的北方典型旱作农业。

吴传仁、刘辉、赵志军《从孝感叶家庙遗址浮选结果谈江汉平原史前农业》（《南方文物》2010 年第 4 期），研究发现江汉平原在屈家岭文化晚期拥有高度发达的稻作农业经济。另外，结合杂草和稻谷基盘的出土情况，还可以进一步推测当时社会拥有种植、加工到利用水稻资源一整套的步骤，是社会生业的主要支柱。在浮选结果中还发现了少量的粟，叶家庙的古人在已拥有稻作这一优势作物技术的情况下，如何利用粟类作物是值得进一步思考的问题。

杨春、梁会丽、孙东文、赵志军《吉林省德惠市李春江遗址浮选结果分析报告》（《北方文物》2010 年第 4 期）介绍，李春江遗址是 2008 年基于哈大高速铁路的施工建设而开展的抢救性考古发掘，发掘面积 2 000 平方米。为了能系统地获取遗址文化堆积中所埋藏的古代植物遗存，进而探讨李春江遗址古代先民的生业模式，在发掘过程中开展了尝试性的浮选工作。

刘昶、方燕明《河南禹州瓦店遗址出土植物遗存分析》（《南方文物》2010 年第 4 期），从文化因素和环境背景两个方面对这一现象进行了分析，认为文化因素可能起到了更大的作用。瓦店浮选结果中发现了原产于西亚的小麦，说明至迟在距今 4 500 年前后小麦已经传入中原的腹心地区。

王银平《大遗址价值评价体系与保护利用模式初探——以昙石山遗址保护与利用规划为例》（《东南文化》2010 年第 6 期）指出，中国的大遗址保护问题正日益受到重视，但目前还未有成熟经验。正确认识大遗址的整体价值才能对其实行有效的保护和合理的利用。在对昙石山遗址价值的定量评价中，将大遗址的历史文化价值、科学研究价值、艺术价值、社会文化价值和附加值 5 大类 16 项评价因子组成大遗址价值评价指标体系，并通过特尔菲法进行赋值，以此来判定大遗址的级别，为保护利用的整体模式选取提供参考。

陈洪波、宁海珍《台湾大遗址保护与开发的经验及启示——以卑南遗址为例》（《东南文化》2011 年第 4 期）认为，中国台湾地区通过完善制度、健全机构、加强考古调查发掘与研究、推动公众积极参与等多种方法和手段，在大遗址保护与开发领域取得了较显著的成效，特别是卑南遗址的保护与开发，在制订保护规划、强化公众遗产保护意识、建立遗址文化公园并重视经营管理与宣传、加强学术研究、积极培养人才等方面，积累了丰富的实践经验，为进一步推动中国大遗址保护与开发提供了有益的借鉴。

孙伟、杨庆山、刘捷《尊重史实——城头山遗址展示设计构思》（《低温建筑技术》

2011年第1期）通过分析城头山古文化遗址展示设计的思路，阐释展示设计中体现的尊重史实的设计宗旨，本文揭示古文化遗址保护和利用之间的矛盾关系，探讨古文化遗址利用和展示的设计理念，从诠释遗址核心价值的角度，研究遗址保护区展示设计的方法。

李成《渭水流域仰韶文化灶址的初步研究》（《考古与文物》2011年第2期）指出，渭水流域是仰韶文化分布的中心区域。20世纪50年代至今，该地区发现了大量的仰韶文化灶址遗迹，然而目前学术界对这一遗迹现象尚缺乏细致而全面的研究。该文搜集了渭水流域仰韶文化各典型遗址中的灶址资料并对其进行分类，试图就其时空演变过程作一探讨，以期促进相关研究工作的开展。

仪明洁、高星、张晓凌等《青藏高原边缘地区史前遗址2009年调查试掘报告》（《人类学学报》2011年第2期）介绍，2009年6~7月，在青藏高原边缘地区调查、试掘了6处遗址，获得一批石制品、动物骨骼残片、火塘等材料。石制品多数个体较小，类型包括石核、石片、工具、断块、细石核、细石叶等。通过对比出土材料及部分遗址测年数据判断，6处遗址的年代处于距今13 000年左右的晚更新世至全新世。

赵志军、陈剑《四川茂县营盘山遗址浮选结果及分析》（《南方文物》2011年第3期）指出，植物考古的文章都涉及在四川地区开展的浮选工作，其主要研究内容是通过对浮选结果的分析，探讨四川地区的早期农业生产特点。文章对今后深入探讨四川地区的古代农业生产的特点和变化，乃至当地古代文化的发展和相互交流都具有重要的参考价值。

李洋《古灾难遗址发掘的现实意义——以青海民和喇家遗址为例》（《青海社会科学》2011年第4期）指出，青海民和喇家遗址是我国考古发现的并经科学印证的第一处史前灾难遗存。这一重要发现的科学意义超出了考古学的学科界限，为多学科交叉和综合研究提供了依据，对探讨史前4 000年左右生态环境、自然灾害对古人类活动的影响等方面有重要意义。

朱晓渭《考古遗址公园文化展示问题探讨》（《理论导刊》2011年第4期）指出，中国有着数目众多的考古遗址类文物，体现着中国悠久的历史文化发展脉络。目前，考古遗址保护已经成为文物保护领域的重头戏，各地掀起了建设考古遗址公园的热潮。遗址展示已经成为考古遗址公园建设的重要手段，而文化展示在这方面发挥的作用依然有限。利用考古遗址公园平台进行优秀传统文化展示，对于考古遗址公园具有重要的现实意义。

丛宇、姚军、成斌《浅析我国考古遗址公园发展历程》（《安徽建筑》2012年第1期）尝试对考古遗址公园概念中的“考古遗址”与“公园”的定位进行了辨析和界定，突出了考古遗址的重要性。进而对我国考古遗址公园的发展历程进行梳理并且分析总结各阶段的特征，同时对近年来考古遗址公园建设的政策和纲领性文件进行整理，使读者在实践和理论层面对我国考古遗址公园发展历程有清晰的认识，为考古遗址公园保护模式的探索和发展提供有益思考。

孙新民《河南考古六十年，保护科研结硕果》（《华夏考古》2012年第2期）指出，河南省文物考古研究所成立于1952年，60年来配合国家、省、市建设项目，相继开展了大量文物普查和考古发掘工作，并为解决学术课题进行了一系列主动发掘项目，取得了许多重要考古发现及重大学术突破。在旧石器时代向新石器时代过渡研究、裴李岗文化研究、仰韶文化研究、中国古代文明起源研究、夏商文化研究、古代冶金研究、古代陶瓷研究等诸多重要考古研究课题中取得突出成就，文物保护、科技考古等工作也得到了长足发展。科研合作硕果累累，编著出版大型考古报告专集、图录与论文集、学术专著 180 余部，在专业刊物上累计发表考古发掘报告、简报、简讯、研究论文和其他文章 2 500 余篇，取得了丰硕的科研成果。

汤惠生、李一全《高原考古学：青藏地区的史前研究》(《中国藏学》2012 年第 3 期）指出，借助现代科技手段，对青藏高原早期人类遗存进行检测的结果表明，青藏高原不仅不是人类最初的起源地之一，相反却是世界上最后一块被人类占据的土地。最早的人类迁徙到青藏高原的路线及生存环境如何，作者提出可以用高原考古学的体系新辟一个研究方向。

刘慧中、周广明《文化遗产视野下的大遗址考古（考古发现篇）：以江西樟树筑卫城为例》(《南方文物》2012 年第 3 期）指出，从古物—文物—文化遗产这一组概念的演化及发展，是人类认知由注重物质，向注重文化、注重精神领域转化的结果。从此观点上看，由“文物保护”走向“文化遗产保护”，绝不是相互取代，而是一脉相承，是在更高层面上的继承与发展。它归纳总括了文化遗产保护在认识上的转变即文化遗产的概念更为宽广、综合、深刻、更加深入人心。在新的文化遗产概念和视野下，我们如何进行大遗址考古，这是作为一个考古人应该值得深思的问题。该文以江西境内典型的具有代表性的大遗址——筑卫城遗址为例，阐述了对于大遗址考古的思考，认为文化遗产视野下的大遗址考古，应唱好四篇文章，即考古发现篇、遗产保护篇、公共考古篇、报告出版篇。本文就考古发现篇予以展开相关的思考。

张小虎《青海官亭盆地植物考古调查收获及相关问题》(《考古与文物》2012 年第 3 期）认为，目前对于甘青地区青铜时代的经济状况存在不同认识。青海官亭盆地的植物考古调查结果显示，青铜时代的齐家文化和辛店文化农业皆是以粟、黍为主的旱作农业；辛店文化时期新出现了大麦和小麦等麦类作物，且以大麦为主；辛店文化时期黍的相对增加可能与气候变干有关。本次植物考古研究的结果不支持甘青地区青铜时代经济形态是从农业向畜牧业转型的观点。

聂勇《吉林省镇赉县史前遗址调查与遗存分类》(《东北史地》2012 年第 5 期）指出，镇赉县境内史前遗存比较丰富，文化面貌复杂多样，经过分析归纳可划分出五类遗存：A 类，黄家围子类型；B 类，以麻点纹及菱格纹为代表的遗存；C 类，左家山三期文化；D 类，以散乱刻花纹为代表的遗存；E 类，古城类型（白金宝二期文化）。

周进《聚落考古研究对遗址博物馆展示的启示》(《理论界》2012 年第 5 期）从聚落考古研究着眼，列举中国目前通行的遗址保护的两种模式——营造遗址博物馆的建设遗址公园和具体做法，提出聚落考古研究对遗址地的遗址保护、复原和展示具有启示性作用，并对陕西汉阳陵帝陵博物馆的实践进行了初步分析。

陈丽华、彭辉《圩墩遗址发掘四十周年的回顾与思索》(《东南文化》2012 年第 5 期）

指出，圩墩遗址是太湖流域西北部地区发现年代最早、文化内涵最丰富、文化特点最鲜明的马家浜文化史前遗址之一。自1972年首次试掘，圩墩遗址前后共经历了五次大规模的发掘，出土了一批具有鲜明地域特色的文化遗物，对马家浜文化研究的确立和深入研究提供了重要依据。作为太湖西北岸的典型边缘性遗址，圩墩遗址与这一地区一批新材料的发掘，为研究太湖流域文化变迁提供了新的思索。

杨林、裴安平、郭宁宁、梁博毅《洛阳地区史前聚落遗址空间形态研究》(《地理科学》2012年第7期）以中原核心地区洛阳地区（以洛阳盆地为主）为例，作为史前聚落群聚形态和社会演变的代表与典范展开研究。以仰韶文化时期与龙山文化时期的洛阳盆地为研究重点，基于GIS技术对该地区已发现的史前聚落遗址的数量、规模、空间分布、空间相互关系以及与地形、地貌的空间关联等进行可视化的表达分析，并充分挖掘空间及属性信息，揭示“聚落群”与“聚落群团”的组织形态特点，辅助分析该地区聚落形态和社会演变规律，为史前文明进程的研究提供空间分析支撑。

李昊辰、曾磊《我国遗址遗迹类旅游资源研究进展》(《理论研究》2012年第23期）认为，遗址遗迹类旅游资源的研究是一个古老而常新的话题，目前我国众多城市进入快速发展期，基础设施建设与当地遗址遗迹保护的矛盾日益凸显，众多古迹的命运再次成为社会关注的焦点。文章利用文献调查法，对我国遗址遗迹类旅游资源研究内容作细致梳理，从基本概念、开发、保护、综合案例等几个方面进行综述，从而归纳出目前遗址遗迹类旅游资源及其利用研究的特点及展望。

《保护大遗址　让湖湘文化根深枝繁叶茂》(《中国文物报》2012年4月27日）介绍，澧县城头山遗址在失去几次保护发展机遇后，2011年急起直追，县委书记亲自抓，遗址区征地拆迁这个老大难问题快速得到解决，周围环境整治、道路建设、遗址博物馆设计等稳步向前推进。同时，县委县政府还把眼光从城头山一个点扩展到了史前遗址丰富的澧阳平原。

熊莲珍《澧阳平原史前遗址群保护探索》(《中国文物报》2012年6月29日）介绍了遗址群保护经验，一方面配套基础设施建设，在城头山、彭头山、八十垱等重要遗址区改造民房、修建路桥，改善群众的生产生活条件，另一方面又尽量控制土地，维持原貌，少作征地改造、规模拆建的事情，既为群众生活质量的提高创造了条件，同时又确保文化遗址得到了有效保护。

（四）有关会议论文发表情况

陈洪波《台湾考古遗址保护与管理现状之启示》[①] 根据台湾学者提供的有关资料对古遗址保护与管理进行分析。台湾地区考古遗址数量不菲，这些考古遗址资料，建构了台湾的史前史，丰富了台湾历史文化的内涵，是珍贵的文化资产。随着经济建设的发展和土地开

① 2010年中国桂林·史前文化遗产国际高峰论坛暨中国博物馆协会史前遗址博物馆专业委员会第八届学术研讨会，2010年

发范围的扩大，为数甚多的遗址不断遭受到毁坏。

高强《守望与责任——半坡遗址新保护大厅建设过程中的文物保护工作概要》[①] 指出，半坡遗址新保护大厅建设工程项目的名称为“西安半坡遗址保护大厅改造工程”，属于文物保护项目。而拆除旧的遗址保护大厅并在原地建设新的遗址保护大厅，尚无先例可资借鉴。

王银平《大遗址价值评价体系与保护利用模式初探——以昙石山遗址保护与利用规划为例》[②]，在深入分析大遗址本质与特征、功能与价值的基础上，对其价值进行了定性与定量评价；其中定量评价选取历史文化价值、科学研究价值、艺术价值、社会文化价值和附加值 5 大类 16 项评价因子组成大遗址价值评价指标体系。

张中华《略谈北京东胡林人遗址的发掘、研究与保护》[③]，介绍了北京市门头沟区东胡林人遗址的发掘历程和收获，以及学术界目前对该遗址的研究状况，对下一阶段遗址的保护工作提出了可供参考的意见。

陈远琲《关于甑皮岩遗址保护的讨论》[④] 指出，甑皮岩遗址的地理位置和特殊地质结构增添了遗址保护工作的复杂性。文章对遗址保护中的具体问题进行讨论，诸如遗址地下水对遗址产生过危害，但又是遗址文化遗物得以保存的有利因素等问题。

韦军《桂林谷地史前洞穴遗址的分布及其认识》[⑤] 指出，桂林谷地史前洞穴遗址共有 72 处，可分为峰丛型、峰林开阔型、峰林密集型 3 类，部分遗址可归为甑皮岩聚落群、大岩聚落群、庙岩聚落群三个群体，并存在轿子岩等迁徙路线上的遗址。

周海《桂林甑皮岩国家考古遗址公园建设的若干思考——桂林史前文化遗产保护发展模式的探索》[⑥] 认为，以甑皮岩遗址为代表的桂林洞穴遗址群是桂林市独特、并具有世界性学术影响的史前文化遗产，与城市建设发展关系密切。依据对桂林洞穴遗址群的文化内涵与科研价值、保护面临的挑战、与城市的空间关系、桂林城市建设发展的客观要求，对桂林史前文化遗产保护发展模式进行探讨。

陈坚《试论柳州史前遗址资源的保护》[⑦] 指出，柳州已发现的史前遗址资源丰富、价值巨大，亟需妥善保护；通过分析史前遗址保护现状的成绩与不足，探讨了柳州史前遗址资源未来的保护思路及保护中需要注意的问题。

---

① 2010 年中国桂林 · 史前文化遗产国际高峰论坛暨中国博物馆协会史前遗址博物馆专业委员会第八届学术研讨会，2010 年

② 2010 年中国桂林 · 史前文化遗产国际高峰论坛暨中国博物馆协会史前遗址博物馆专业委员会第八届学术研讨会，2010 年

③ 2010 年中国桂林 · 史前文化遗产国际高峰论坛暨中国博物馆协会史前遗址博物馆专业委员会第八届学术研讨会，2010 年

④ 2010 年中国桂林 · 史前文化遗产国际高峰论坛暨中国博物馆协会史前遗址博物馆专业委员会第八届学术研讨会，2010 年

⑤ 2010 年中国桂林 · 史前文化遗产国际高峰论坛暨中国博物馆协会史前遗址博物馆专业委员会第八届学术研讨会，2010 年

⑥ 2010 年中国桂林 · 史前文化遗产国际高峰论坛暨中国博物馆协会史前遗址博物馆专业委员会第八届学术研讨会，2010 年

⑦ 2010 年中国桂林 · 史前文化遗产国际高峰论坛暨中国博物馆协会史前遗址博物馆专业委员会第八届学术研讨会，2010 年

史建兴、谢利民《国内外史前考古遗址公园建设与当地社会经济发展》[①]就国内外史前考古遗址公园和当地社会经济发展进行了论述，提出要保护好史前文化遗址，应坚持科学发展观，走一条遗址保护与经济发展相结合的道路。

罗怡倩《遗产文化景观——考古遗址公园的核心》[②]指出，任何类别的文化遗产都具有文化景观的内涵，如洞穴聚落时代的古人类为了生产生活的需要，选择靠山面水、坐南朝北的自然环境，于是人类文化与自然环境有机的融合，构成了考古遗址的“文化景观”。

陆海英《从地域文化的角度认知史前文明——以沈阳及新乐遗址为例》[③]以沈阳及新乐遗址为例探讨史前文明，近年在中华大地掀起了地域文化研究的热潮，以行政区划为范畴的文化研究正在蓬勃开展而且成绩斐然，而这以地域文化为主要内容的研究中，对史前文化的研究却显得不足，对于史前文化在地域文化研究中的地位不够重视。

周立《郑州大河村考古遗址公园的持续性展示探索》（转型与重构——2011 中国城市规划年会论文集，2011 年 9 月）指出，考古遗址公园是近两年兴起的遗址保护概念，以重要考古遗址及其背景环境为主体，具有科研、教育、游憩等功能，在考古遗址保护和展示方面具有全国性示范意义的特定公共空间。其特征是“公共的”，即社会属性，遗址的展示与阐释是其核心内容之一。但现阶段考古遗址公园的管理与评定尚处于试行阶段，没有形成系统的、具有普遍适用性的展示模式。

周宗尧、余国春、董学发等《河姆渡早期文化发展中断原因初探——来自田螺山剖面的新证据》（2011 年华东六省一市地学科技论坛，2011 年）通过对浙江余姚市田螺山遗址剖面系统采样，在前人研究的基础上，采用地层学的研究方法，通过地层对比、古地磁、孢粉与微古分析 C14 测年等手段，认为河姆渡早期文化发展中断可能是由于海啸或风暴潮灾害作用的结果。

（五）有关学位论文发表情况

赵文斌《国家考古遗址公园规划设计模式研究》（北京林业大学博士论文，2012）基于风景园林专业的背景研究国家考古遗址公园的规划设计模式，对于我国国家考古遗址公园的相关理论建设具有积极的现实意义，为中国考古遗址公园规划设计研究做了积极探索和有益补充。文章按照理论与实践相结合的研究方法，在系统总结国外大遗址保护利用经验和中国考古遗址公园发展历程的基础上，深入研究中国现有考古遗址公园案例，结合大遗址保护规划、风景名胜规划、文物保护单位保护规划等相关规划理论对国家考古遗址公园的规划设计进行探讨，在个性提炼和共性归纳的基础上，创造性地提出国家考古遗址公园

① 2010 年中国桂林 · 史前文化遗产国际高峰论坛暨中国博物馆协会史前遗址博物馆专业委员会第八届学术研讨会，2010 年

② 2010 年中国桂林 · 史前文化遗产国际高峰论坛暨中国博物馆协会史前遗址博物馆专业委员会第八届学术研讨会，2010 年

③ 2010 年中国桂林 · 史前文化遗产国际高峰论坛暨中国博物馆协会史前遗址博物馆专业委员会第八届学术研讨会，2010 年

规划设计的系统工作模式。

张贺君《河南省大遗址保护研究——以洛阳片区为中心》（郑州大学博士论文，2012）指出，2006 年《“十一五”期间大遗址保护总体规划》颁布实施至今，河南省在大遗址保护利用方面响应国家政策，积极进行了大遗址保护的实践和探索。既积累了大量宝贵的经验，也发现了一些客观存在的问题。在此背景下，及时对河南省大遗址保护利用工作进行回顾，总结经验，吸取教训，寻找对策，献计于下一步全省大遗址保护利用的全局工作显得尤为必要。全文内容共分八个部分对这一问题进行总结。

田庄《海岱地区史前城址研究》（南京师范大学硕士论文，2011），依据已有的考古发现和研究，本文从个体和群体两个方面对史前城址进行综合研究。个体方面，从年代、分布及个体形态等方面对史前城址的特征进行归纳与研究，揭示出当时的社会性质正发生显著变化；群体方面，以聚落群聚形态研究为基础，对海岱地区史前城址的社会属性进行研究，认为其社会属性有聚落群、聚落群团、聚落集团级三种类型，进而来认识史前城址在社会组织结构中的地位和等级。

方玲《下冯塘遗址研究——兼论新安江上游地区先秦遗存》（安徽大学硕士论文，2011），通过对下冯塘遗址出土遗物的分析和研究，特别是以 2010 年 7 月第二次发掘的资料为支撑，对出土遗物从制作、形态到使用情况上进行分类和比较，尽可能全面地进行介绍，探讨下冯塘遗址的文化面貌与文化性质，并对其所反映出的社会经济形态、社会组织结构等进行初步分析。

周舟《遗址公园地域性景观设计研究——以湖南炭河里国家考古遗址公园为例》（湖南农业大学硕士论文，2012）指出，遗址公园作为遗址保护的一种全新的模式，已经得到了大众广泛的认可。随着遗址公园建设的加快，如何正确把握遗址的历史文脉和地域文化特征，如何适应当地自然生态条件和塑造优美的地域文化空间，已成为社会深刻思考的问题，同时也是本论文研究目的所在。论文借助遗址公园和地域性景观等相关理论研究，运用了文献综合、调查分析、实践论证等研究方法，结合实地考察，总结出遗址公园地域性常见表现手法，提出了遗址公园地域性景观的理论框架。

周金富《河姆渡遗址植物景观分析与生态修复研究》（浙江农林大学硕士论文，2012），在对河姆渡遗址相关材料的总结与现场调查的基础上，为有效保护河姆渡遗址植物景观的多样性，并进行生态修复，展开古植物、古生态环境的具体分析，重点对河姆渡遗址及其周边的现状植物景观进行分析，并提出生态修复理论与模式。

惠昭《史前遗址的展示问题研究——以龙岗寺遗址为例》（西北大学硕士论文，2012）面对展示史前遗址困境，论文不同于以往仅对展示方式的简单探讨，针对史前遗址的特性、参观者现状，总结展示困境，分析探讨史前遗址的展示路径。以全方位呈现史前遗址，带动遗址发展，满足参观者多样的心理需求，吸引不同参观者。

娄欣利《村头聚落生业复原研究》（暨南大学硕士论文，2012），旨在复原村头周边地区的自然环境及人们适应环境的模式，重点分析村头遗址居民的生计方式，并科学推断其生产关系和分配情况。论文主要运用考古资料，并利用生态、地方志、民族志、地理等学科的知识和研究成果，尝试探讨全面系统地把握村头遗址的考古资料等项目的研究。

三、遗址类农业文化遗产的保护实践

有关中国遗址类农业文化遗产的保护实践体现在遗址保护工程（项目）、学术会议和相关网站建设等诸多层面。

（一）大遗址保护工程

大遗址是中国近来从遗产保护和管理工作角度提出的一个重要概念，专指中国文化遗产中规模特大、文物价值突出的大型考古遗址。大遗址由遗存本体与相关环境组成，具有遗存丰富、历史信息蕴涵量大、现存景观宏伟，年代久远、地域广阔、类型众多、结构复杂等特点。在整体价值上可谓我国几千年文明发展史的主要载体，具有不可再生、不可替代的价值与地位，是国家文化资源的精髓。在已公布的六批 2 351 处全国重点文物保护单位中，有 500 余处是大遗址，占总数的 1/4 左右，其中一部分已被列为世界文化遗产或作为世界文化遗产的重要组成部分。

2002 年 11 月，国家文物局在调查研究的基础上向国务院提交了《“大遗址”保护“十五”计划》，根据中国大遗址的保护现状和实际情况，开始了 50 处大遗址保护的重点实验项目。《中国文物古迹保护准则》确定了文物古迹保护工作的行业规则和评价标准；并对文物保护法律相关条款做了专业阐述，对保护程序、原则、工程等做了规定，这符合国际原则，又符合中国文物保护法的体系框架，为中国大遗址的保护提供了法律和专业的依据。

2005 年国际古迹遗址理事会第 15 届大会形成的《西安宣言》，呼吁世界各国深入认识并采取有效措施将保护范围扩大至遗产周边环境以及环境所包含的一切历史、社会、精神、习俗、经济和文化的活动。这一新的文化遗产保护理念，反映了国内外学者对文化遗产保护观念由单纯注重遗产本体保护，延伸到与遗产有相关联系的空间区域内生态环境、人文环境的整体保护。

2009 年年底，国家文物局颁布《国家考古遗址公园管理办法（试行）》，大遗址保护由部门行为向上升为一种国家战略进行尝试。2010 年 6 月 12 日是中国的第五个文化遗产日，中共中央政治局常委李长春同志发表《保护发展文化遗产建设共有精神家园》的重要文章对保护文化遗产提出了更高的要求，这也是做好文化遗产事业的指导方针。2011 年 2 月 25 日，第十一届全国人民代表大会常务委员会第十九次会议通过了《中华人民共和国非物质文化遗产法》，并在 6 月 1 日开始施行，这标志着大遗址保护又走上了新的阶段。

考古遗址公园理念，是当前中国城市建成区和城乡接合处最具现实意义的一种大型考古遗址保护途径，也是新时期大力创新文化遗产保护理念的重要体现。考古遗址公园是基于考古遗址本体及其环境的保护与展示，融合了教育、科研、游览等多项功能的城市公共文化空间。

2011 年 5 月 16 日，桂林在遗址保护和开放方面又迈出了新的一步——作为国家首批 23 个国家考古遗址公园立项建设项目之一，桂林甑皮岩国家考古遗址公园破土动工。在"十二五"开局之年，甑皮岩遗址作为第一批 23 个国家考古遗址公园立项项目开工，是全国文化遗产保护的一件大事。

2011 年 12 月 31 日，以保护和展示中国史前文明大地湾遗址出土的文物及重大考古发掘成果的大地湾博物馆全面建成，并正式向公众免费开放。

（二）有关学术会议

2011 年 12 月 22 日，"农业文化遗产保护与乡村文化发展专家座谈会暨 GIAHS 中国项目专家委员会 2011 年度工作会议"在中科院地理科学与资源研究所召开。此次会议由中国工程院农业学部、中国科学院地理科学与资源研究所、中国农学会农业文化遗产分会主办，地理资源所自然与文化遗产研究中心承办，得到了联合国粮农组织驻华代表处、农业部国际合作司和乡村企业局、中国农学会和中国农业历史学会的支持。座谈会上，云南农业大学教授朱有勇、华南农业大学教授骆世明、中国农业博物馆研究员曹幸穗，分别以"元阳梯田经久不衰的水稻品种"、"发掘中国传统农业的'秘密'"、"'文化兴农'的思考与建议"为题作了主题报告。

2012 年 1 月 10 日，杭州良渚遗址管理区管理委员会召开 2012 年度良渚遗址保护管理工作会议。回顾总结 2012 年度良渚遗址保护管理工作，客观分析良渚遗址保护和申遗工作新形势、新问题，提出 2013 年新思路、新要求。会议通报 2012 年度管理区文物保护工作考核结果，并对先进单位和先进个人进行表彰。

2012 年 4 月 6~7 日，2012 年全国考古工作会议在浙江省杭州市举行。国家文物局指出，大遗址考古成绩突出，促进了大遗址保护和国家考古遗址公园建设工作的开展。2010 年至 2011 年，国家文物局共批复 20 余处大遗址的中长期考古工作计划，实施了 40 余项大遗址考古项目。考古工作者积极参与规划编制、保护工程实施、遗址展示利用工作，出谋划策，献计建言，切实做到了将考古工作贯穿于大遗址保护的始终。

2012 年 4 月 19 日，农业部在京召开了中国重要农业文化遗产发掘工作座谈会，向各地农业部门做出工作部署。专家认为，中国重要农业文化遗产是人类与其所处环境长期协同发展中，创造并传承至今的独特的农业生产系统，具有丰富的农业生物多样性、传统知识与技术体系和独特的生态与文化景观，对我国农业文化传承、农业可持续发展和农业功能拓展具有重要的科学价值和实践意义。通过深入发掘其中的精萃和重要遗产并以动态保护的形式进行展示，能够向社会公众宣传农业文化的精髓及承载于其上的优秀思想，进而带动全社会对民族文化的关注和认知，有力促进中华文化的传承和弘扬。

2012 年 6 月 1~2 日，江苏省文物局在徐州组织召开了"江苏大遗址"保护规划编制工作座谈会。来自 8 个"江苏大遗址"所在市文化（文物）局分管大遗址保护工作的处长（文管办主任）、8 个"江苏大遗址"所在县（区）文化（文物）局分管领导和"江苏大遗址"具体管理机构的负责人、省考古所负责人近 40 人参加了会议。会议由省文物局博物馆处束有春处长主持，省文物局刘谨胜副局长出席并讲话。2011 年 6 月，江苏省文物局公布了首批江苏大遗址名录，8 个“江苏大遗址”分别是“南京明孝陵、徐州汉楚王墓群、姜堰天目山遗址、张家港黄泗浦遗址、无锡阖闾城遗址、高邮龙虬庄遗址、盱眙大云山遗址、连云港藤花落遗址”。在“2011 年文化遗产日暨第五届江苏省文物节”开幕之际，开幕式领导为这八个江苏大遗址授牌。4 月召开的全省文物工作会议上，省政府明确提出了考古遗址公园的建设目标：到 2015 年，每个省辖市建成 1 处以上大型考古遗址公园。省文物局召开“江苏大遗址”保护规划编制工作座谈会，旨在推动“江苏大遗址”保护规划编制工作深入开展，提高“江苏大遗址”保护规划编制的科学性，总结交流前一阶段工作，研究部署下一阶段工作。

2012 年 6 月 9 日，中国第七个“文化遗产日”之际，国家考古遗址公园联盟第二届联席会议在圆明园遗址公园隆重召开。这次会议的主题是：高效保护，和谐共生，回报社会。这次座谈的主要论题包括：如何发挥 12 个国家考古遗址公园在中国大遗址保护事业中的引领和示范作用？如何深化联盟单位之间的互利共赢合作？如何处理好大遗址保护、利用和文化产业开发之间的关系？国家考古遗址公园如何回报社会，服务民众？大遗址保护和利用如何赢得社会舆论的广泛关注和支持？以建设遗址公园的形态来保护大遗址，是立足于遗址及其背景环境的保护、展示与利用，兼顾考古研究的一种国际通行且可持续发展的保护方式。在具体实践过程中，如何兼顾社会效益和经济效益，如何处理保护、利用与产业开发之间的关系，做到“鱼和熊掌兼得”，是目前我国大遗址保护事业面临的紧要问题，也是这次座谈会将要讨论的核心。

2012 年 10 月 12 日，在浙江萧山举行的第三届跨湖桥文化国际学术研讨会暨中国史前遗址博物馆馆长高峰论坛，作为第三届中国国际（萧山）跨湖桥文化节的十大主体活动之一，以跨湖桥遗址为主线，共将开展五大主题的研讨，包括史前遗址博物馆的管理、保护、研究、利用和可持续发展；跨湖桥遗址与国内史前遗址文化类型的比较研究；跨湖桥遗址原址保护及研究经验交流；跨湖桥独木舟脱水保护及国内木质文物保护方法比较；史前遗址博物馆的运行、管理与文化产业发展。

2012 年 10 月 25~28 日，在杭州举办了 2012 良渚论坛—国际文化景观科学委员会年会暨良渚遗址遗产展示专家咨询会，旨在为良渚遗址遗产保护、展示和申报世界文化遗产工作把脉出招、建言献计。

2012 年 12 月 15~20 日，在南京由南京农业大学中华农业文明研究院和英国雷丁大学考古学系联合举办的农业起源与传播国际学术研讨会在南京农业大学学术交流中心举行。中外学者共同研讨了世界农业的起源与传播问题，进一步促进中外农业学术交流。

2012 年 12 月 25 日，在马鞍山市含山县举行了首届含山凌家滩文化论坛。这是在凌家滩遗址发掘 25 周年之际，由中国考古学会、安徽省文物局、马鞍山市政府主办的“凌家滩文化论坛”，论坛从多角度、全方位讨论了遗址的文化内涵、价值及其保护利用。

（三）有关网站建设

一些以农业遗产为主题的文化专题网站也相继创立，其中比较成熟的有中华农业文明网和中国农业历史与文化网。

中华农业文明网（http://www.icac.edu.cn/home.asp）是中国农业遗产研究室的主页网站，由南京农业大学中华农业文明研究院创办。它是一个以农业历史和文化为主题，学术性与普及性兼顾的专题文化网。中华农业文明网下属之中国农业遗产信息平台是以农史研究文献为主要数据源的集成数据库，分为题录库、全文库、图文库三大类型。各数据库的文献资源经农史专家精心选择，类型多样，专业性强，覆盖面广，数据量大，填补了目前农史数字资源的空白。

中国农业历史与文化网（http://www.agri-history.net）由中国科学院自然科学史研究所曾雄生创办，主要栏目有新闻旧事、农业历史、农业典籍、农家者流、农业技术、农业生物、农器图谱、文化杂谈、吾土吾民、三农文摘、组织机构、学人档案、学术书刊、动态连线、博客空间等。通过该网站可以了解古代农业典籍、近代农业史及最新专题研究资料。

此外还有诸如京都热线——考古遗迹（http://www.btxx.cn）；由中国社科院经济研究所李根蟠先生创立的中国经济史论坛（http://eco.guoxue.com）；宁波文化遗产保护网（http://www.nbwb.net）；中国历史文化遗产保护网（http://www.wenbao.net）；中国文化遗产研究院（http://www.cach.org.cn）；中国古迹遗址保护协会所属的网站（http://www.icomoschina.org.cn）；中国文化遗产网（http://www.cchmi.com）；中华人民共和国国家文物局文化遗产保护科技平台（http://www.kj.sach.gov.cn）；良渚文化博物院（http://www.lzmuseum.cn）；南京大学文化与自然遗产研究所（http://www.njucni.com）；中国社会科学院考古研究所文化遗产保护研究中心（http://www.kaogu.cn）以及各省市文物局文物网等等。

第3章 物种类农业文化遗产调查与研究

物种类农业文化遗产是广义农业文化遗产的重要组成部分。中国是世界上物种资源最为丰富的国家之一。由于幅员辽阔，地理、气候、生态条件多样，农业历史悠久，有众多的民族，不同的生活习惯，因此孕育了丰富多样的动植物品种。据初步统计，在中国与农业和人类生活密切相关的物种有 1 万个左右，其中相当数量属于物种类农业文化遗产。

一、物种类农业文化遗产的调查研究

（一）物种类农业文化遗产的概念

物种类农业文化遗产，是指人类在长期的农业生产实践中驯化和培育而成，并且传承至今的传统畜禽和作物物种资源，主要以地方品种的形式存在。畜禽类包括各种役畜，提供肉、蛋、乳的家畜、家禽，鱼、蚕、蜂，人工繁殖的昆虫和软体动物等也归入此类。作物类包括各种粮食（供给淀粉的各种种子、块根、块茎等）、蔬菜、果树、药材、花卉、纤维、油料、糖料、饮料、染料、香料植物和绿肥作物等经过人工栽培的作物。

物种类农业文化遗产涉及畜禽与作物品种资源，种类丰富，数量巨大。本章从中选取既有重要的历史价值、经济价值和社会价值，又具有地方代表性，而且传承至今的传统物种资源，特别是历史悠久、亟需保护的品种。因篇幅所限，畜禽类主要选取猪、牛、羊、鸡、鸭、鹅等主要畜禽品种，以农业部颁布的 2000 年 8 月《国家级畜禽品种资源保护名录》及 2006 年 6 月颁布的《国家级畜禽遗传资源保护名录》为主要参考标准。作物类主要选取稻、麦、棉等主要大田作物的代表性品种资源，这些品种曾在农业生产中发挥过重要作用，目前虽大多已不在大田生产中大面积栽培，而是保存在品种资源库中，但仍有重要的历史价值，并以其优良特性在今后的育种中具备潜在的种质资源价值，起到保持生物多样性的重要作用，因此加以收录。园艺作物如蔬菜、果树、花卉等主要收录于特产类农业遗产中。

（二）物种类农业文化遗产的类型及分布

动物类农业遗产主要是现存的传统地方畜禽品种。中国是世界上畜禽遗传资源最丰富的国家之一，畜禽遗传资源约占世界总量的 1/6。目前中国生产上利用的畜禽品种资源仍以传统地方品种最为重要。据《中国畜禽遗传资源状况》（2004 年）的记载，中国畜禽遗传资源主要有猪、鸡、鸭、鹅、特禽、黄牛、水牛、牦牛、绵羊、山羊、马、驴、骆驼、兔、梅花鹿、马鹿、水貂、貉、蜂等 20 个物种，已认定畜禽品种（或类群）576 个，其中地方品种（类群）426 个（占 74%）、培育品种有 73 个（占 12.7%）、引进品种有 77 个（13.3%）。地方品种按畜种划分猪品种有 72 个，禽品种有 134 个，牛品种有 88 个，羊品种有 74 个，其他品种有 58 个。这些地方品种不仅数量众多，而且大多具有独特的遗传性状，如繁殖力高、肉质鲜美、产绒性能好、抗逆性强等，至今仍广泛应用于畜牧业生产，是培育新品种不可缺少的素材，在畜牧业可持续发展中发挥着重要作用，是重要的物种类农业文化遗产。①

作物类农业遗产类型丰富，各种作物的地方品种数以万计。目前，中国的栽培作物有 661 种（不包括林木），其中粮食作物 35 种，经济作物 74 种，果树作物 64 种，蔬菜作物 163 种，饲草与绿肥 78 种，观赏植物（花卉）114 种，药用植物 133 种。②

粮食作物主要包括禾谷类作物、豆类作物、薯类作物等，其中禾谷类作物占 80% 以上。水稻、玉米和小麦是中国最主要的作物，2006 年的栽培面积分别占禾谷类作物的 35.10%、32.13% 和 27.19%，是影响中国粮食安全和社会经济最重要的三大作物。水稻主要种植于南方广大地区和东北部分地区，玉米主要种植于从东北到西南的狭长地带，而小麦则主要种植于黄淮海地区。在食用豆类作物中，以主要种植于东北、西北和西南地区的普通菜豆和主要种植于西北、西南和江浙一带的蚕豆为主。马铃薯和甘薯是主要的薯类作物，马铃薯主要种植于北方地区，甘薯则主要种植于南方地区。粮食作物中的次要作物包括谷子（主要种植于北方部分省区）、黍稷（主要种植于北方）、大麦（主要种植于西北、西南等地）、荞麦（主要种植于山西和西南地区）、燕麦、小黑麦、黑麦、绿豆、豌豆、小扁豆等。

经济作物包括油料作物、糖料作物、纤维作物、嗜好作物等。种植于东北和黄淮海地区的大豆、南方的油菜，是栽培面积仅次于水稻、玉米和小麦的两大油料作物；另外，花生也是中国种植面积较大的油料作物。栽培面积位于第 6 位的棉花种植于黄淮海、长江流域和新疆地区，中国 93% 的天然纤维来自棉花。栽培面积超过 100 万公顷的经济作物还包括烟草、甘蔗、茶和向日葵。主要种植于中国热带地区的甘蔗栽培面积占糖料作物的 88.15%。种植于南方的烟草和茶树也是中国主要的经济作物。向日葵分布广泛，主要有油

---

① 臧荣鑫，杨具田：《地方畜禽品种种质资源的保护手段与途径》，《西北民族大学学报（自然科学版）》，2008 年第 29 期；于福清，杨军香：《中国畜禽遗传资源保护与利用的现状分析》，《中国畜牧杂志》，2007 年第 24 期；杨红杰：《中国畜禽遗传资源保护利用现状与展望》，《中国家禽》2011 年第 10 期

② 王述民等：《中国粮食和农业植物遗传资源状况报告（Ⅰ）》，《植物遗传资源学报》2011 年第 1 期

用和食用两类。经济作物中的次要作物包括油料作物芝麻、油用亚麻、蓖麻和红花，糖料作物甜菜，嗜好作物咖啡，工业原料作物高粱、啤酒花和橡胶等。

园艺作物种类繁多。在种植面积超过 100 万公顷的蔬菜作物中，全国广泛栽培的大白菜排名第一，西瓜排名第二（亦可归类到水果），其次是萝卜、黄瓜、甘蓝、番茄、茄子、芦笋等。蔬菜作物中的次要作物包括绿叶蔬菜，如芹菜、菠菜、莴苣、苋菜、蕹菜、茼蒿、落葵等；瓜果类蔬菜，如辣椒、甜瓜、南瓜、西葫芦、冬瓜、丝瓜、瓠瓜、苦瓜等；豆类蔬菜，如菜豆、长豇豆、扁豆、刀豆等；芥菜、芜菁、不结球白菜、青花菜、芥兰等属于次要蔬菜，但种植范围广泛；块根块茎蔬菜作物中包括生姜、山药、魔芋、菊芋等，生姜是重要的调味蔬菜，也是中国出口蔬菜的拳头产品，魔芋是重要的淀粉兼蔬菜作物；香料和调味蔬菜，如葱、姜、蒜、茴香、花椒、八角等；多年生蔬菜，如黄花菜、百合、枸杞、芦笋、竹笋等；根菜类蔬菜胡萝卜和水生蔬菜，如莲藕、茭白、荸荠、慈姑、菱、芡实、莼菜等也是不可或缺的次要蔬菜。上述次要蔬菜虽然种植面积较小，但种植范围广。

在种植面积超过 100 万公顷的果树作物中，在南方广泛种植的柑橘排名第一，包括柑、橘、橙、柚、金橘、柠檬等种类。其次是主要种植于北方的苹果、李和梨。栽培面积不超过 100 万公顷的果树作物包括柿、桃（含油桃）、葡萄、芒果、香蕉、核桃、栗子、菠萝、槟榔、油棕、椰子、杏、枣、木瓜、樱桃、无花果、草莓、橄榄等。在北方桃、杏的种类极多；山楂、枣、猕猴桃在中国分布很广，野生种多；草莓、葡萄、柿、石榴也是常见水果。香蕉种类多，生产量大；荔枝、龙眼、枇杷、梅、杨梅为中国原产；椰子、菠萝、木瓜、芒果等在海南等地和台湾普遍种植。干果中核桃、板栗、榛也广泛种植于山区。①

从作物的类型和品种总量来看，中国已收集的作物遗传资源以地方品种为主，约占 85%。但是各种作物差别较大。一般来说，主要作物的地方品种所占比例相对比次要作物的少，这是因为大宗作物育种历史悠久，育成了大批优良品种（系）。正因为如此，大宗作物在生产上利用的品种几乎都是育成品种；而小宗作物的地方品种仍在生产上种植，但随着小宗作物育种的不断发展，有的正在被育成品种或杂交品种所替代。

地方品种在生产上利用的一个特点是，边远山区种植的较多，不但种植品种数目多，且作物的种类亦多。地方品种仍被农民保留种植的主要原因是：第一，育成品种不能适应当地生态区，特别是气候冷凉、干旱或水涝和盐碱、贫瘠及酸性土壤地区；第二，一些地方品种具有良好的抗逆性或抗病性，或品质较好，还有的地方品种有着特殊的利用价值，如紫糯稻有药理作用。

总的来看，随着育种技术的进步和生产上的变化，种植应用的品种数量总体呈现明显的下降趋势，地方品种的数量不断减少，少数新选育的品种占据了相当大的栽培面积。例如，20 世纪 40 年代中国种植的水稻品种有 4.6 万多个，基本上是传统的地方品种；而现在种植的不到 1 000 个，其中面积在 1 万公顷以上的只有 300 个左右，而且半数以上是杂交稻。20 世纪 40 年代中国种植的小麦品种有 1.3 万余个，其中 80% 以上是地方品种，而 20

① 王述民等：《中国粮食和农业植物遗传资源状况报告（I）》，《植物遗传资源学报》2011 年第 1 期

世纪末种植的品种只有 500~600 个，其中 90% 以上是选育品种。[①]

（三）物种类农业文化遗产的价值

在漫长的农业社会里，农作物和畜禽既是主要的劳动对象，也是主要的生活资料，与农民的物质与精神文化均有最重要的关系。因此，物种类农业文化遗产包含了多重价值。

1. 历史价值

保护农业文化遗产最重要的意义之一，就是藉此认识自身的农耕文明。物种类农业文化遗产在这一方面具有不可替代的历史价值。传承至今的古代农书等典籍和出土农具等文物，只是静态地反映传统农业的某一个方面。而传承下来的丰富多样的物种类农业文化遗产，与其他农业遗产最大的区别在于其是有生命的、活态的。因此，以“活态”传承为基本特征的农业文化遗产在认识历史的过程中具有其他途径所无法替代的作用，即它完全可以以某种活态的方式，展示人类历史上的某种农耕知识与经验。比如，通过万年贡谷，人们可以认识数百年前先民选种和种稻的知识和经验。

2. 经济价值

丰富多样的地方品种是农业生产上的战略性资源。大量的地方品种，尤其是传统畜禽和园艺作物品种仍然是当前种植和养殖的主要种类；通过利用地方品种，培育了大批现代品种，不但增加了产量，保障了粮食安全，同时也提高了收入，增加了就业机会并维护了粮价的稳定。通过利用多样化的传统物种资源，开创了多样化的产品市场，为农民增收提供了机会。

3. 生态价值

在农业生态方面，物种类农业文化遗产的最大价值在于维系生物多样性。一个优良的地方品种是人类在漫长的农耕实践中，经反复筛选、淘汰而培育出来的，是长期适应当地生态环境条件的结果。通过直接利用地方品种，可以有效保持作物种间和种内多样性，增强生产系统的稳定性。近年来，由于大量使用遗传单一的品种并不断扩大其种植面积，导致遗传脆弱性的发生。利用田间作物多样性可以抵抗新病虫害的蔓延以及气候的异常变化。如当病虫害发生时，单个品种可能易受病虫害的感染，但是多个品种则很有可能部分或全部抵抗病虫害的侵袭。研究表明，种植多样化的品种，能够提高作物产量和生态效益。而这种多样性的需要，必须依赖丰富多样的地方品种来满足。

地方品种资源也是生态环境保护的原材料，以直接或间接方式，促进粮食生产，通过作物的碳固存，提高物质积累。也可采用深根草地物种有效控制水土流失。

4. 文化价值

农业遗产都是文化遗产。农业遗产首先是文化的结晶体，价值体现上首先要具有重要的文化价值。农业遗产学的分析不应只考虑物的价值。保护农作物和畜禽的传统品种，不仅是保护物种的多样性、农产品的多样性的需要，同时也是保护人类农耕文化多样性的需

---

① 王述民等:《中国粮食和农业植物遗传资源状况报告（Ⅰ)》,《植物遗传资源学报》2011 年第 1 期

要。许多独具特色的传统地方品种一旦消失，与之相关的传统耕作技术、农耕习俗等地方文化，也将因得不到系统传承而消亡。如水稻传统品种资源一旦消失，与之相关的稻田养鱼技术以及开秧门仪式、鞭春牛仪式、薅草锣鼓等文化习俗，都会随之消失。充分挖掘利用物种类农业文化遗产的文化内涵，可以在农业旅游和生态旅游中发挥重要作用。如江西万年围绕稻作起源和万年贡谷打造万年国际稻作旅游节，取得了很好的效果。

5. 社会价值

作为生物种质资源的重要内容，物种类农业文化遗产是一种国家重大战略性基础资源，是社会、经济和环境可持续发展的物质基础，关涉国家的经济安全、文化安全及环境安全。保护和利用物种类农业文化遗产是确保国家粮食安全、食品安全的需要，也是提高人民生活水平的需要。

传承至今的地方物种，多半是经过数代、数十代甚至数百代人的不懈努力培养出来的优秀遗产，千百年来为人类提供必需的米、面、菜、肉、蛋、奶、毛、皮等优质产品。是人类生存和社会发展的物质基础，也是文明传承和发展的重要介质。随着转基因技术等现代育种技术的普及，畜禽品种和农作物品种已呈现出明显的单一化倾向，在短期内提高产量的同时，也给农业生产带来许多新的问题。如农作物品种的单一化，很容易为病虫害传播和暴发创造条件；与当地自留种子的传统做法相比，由特定种子商提供农作物种源的供种模式，也很容易因种子基地的绝收，而导致更大范围的绝种绝收。因此，保护丰富多样的地方品种，保持农业生产的多样性，是保障国家粮食安全和食品安全的有效而必要的措施。

地方品种资源能为消费者提供更好、更健康的营养物质。长期以来中国的新品种选育主要着眼于提高产量，以解决温饱问题。但单一的品种带来单一的营养和口味，而且往往高产的品种品质较差。因此，为满足提高人民生活水平的需要，具有特殊品质的传统物种和地方品种有不可或缺的价值。例如，水稻地方品种云南香米、贵州香禾香气浓郁，云南紫米、鸭血糯等有滋补强身作用，云南省特有的软米米饭软、甘甜爽口。

6. 科学价值

传统的农业品种，带有十分丰富的原生基因，具有不同的特性，如优质、抗病虫、抗逆、适应性强等。既是农业科学和生命科学研究的重要资源，也是未来新品种的基因库。某些物种、品种、品系、种群具有珍贵的遗传密码顺序、特殊的生理特性和适应能力，亦可为生物模型的研究提供机会。如云南等地的水稻农家品种适应性强，传承数百年而不衰；五指山微型猪具有体小、遗传性稳定、皮薄、脂肪少瘦肉多等特点，是实验动物和生命科学研究方面选用的优良品种。

在目前动植物野生种日渐灭绝、生产上的品种越来越单一的情势下，其价值显得尤为重要。保护传统品种，对于认识科学规律，利用有利基因，进而应对气候变化，减缓自然灾害与生物灾害的影响，促进低碳农业发展和资源持续利用都具有重要的意义。

二、物种类农业文化遗产的理论研究

在 2005 年青田稻鱼系统入选全球重要农业文化遗产之前，物种类农业文化遗产相关研究还比较少，主要集中于两个方向：一是农业历史研究领域对于历史上农作物品种和畜禽品种的分析，二是农业科研工作者对种质资源搜集、整理与保护的研究。前者主要依据农业古籍的整理与研究，偏重历史价值，对古代品种的保存和传承现状及其现实价值关注较少，但也有部分农史工作者在诸如“传统农业与现代农业”等研究中兼及此方面。后者的研究立足地方品种的搜集与保存，侧重从品种资源的生物学、经济学特性方面进行研究，因而偏重于传统物种和品种的现实价值。

（一）相关研究机构情况

中国农业科学院作物科学研究所作物种质资源保护与研究中心是国家级作物种质资源保护与研究机构。中心是由原作物品种资源所的稻类、麦类、玉米、食用豆、杂粮、抗病虫、抗逆、品质、种质保存、种质信息、国外引种等研究室组成。该中心的重点研究方向为：①作物种质资源保护生物学研究，包括种质资源的考察、收集、原生境保护、非原生境保护（库、圃）和数据库建设；②作物种质资源遗传多样性研究及核心样品构建；③作物种质资源鉴定与评价；④野生近缘植物优异基因的高效转移与种质创新；⑤未被充分利用作物的有效开发与民族植物研究。现设有小麦资源、水稻资源、豆类资源、玉米资源、杂粮资源、大麦资源、资源抗病虫、资源抗逆性、种质保存、种质信息、资源引种、遗传多样性评价、资源利用等 10 多个研究课题组。中心拥有国家作物长期种质库、国家作物中期种质库各 1 座，农业部作物品种资源监督检验测试中心 1 个，国外引种隔离检疫基地 1 个。还拥有 180 种作物、38 万份种质信息的国家农作物种质资源数据库。

中国农业科学院北京畜牧兽医研究所成立于 1957 年，隶属于农业部，是全国综合性畜牧科学研究机构，是国家昌平综合农业工程技术研究中心——畜牧分中心和动物营养学国家重点开放实验室的依托单位。以畜禽和牧草为主要研究对象，以资源研究和品种培育为基础，以生物技术为手段，以营养与饲养技术研究为保障，以生产优质安全畜禽产品为目标，开展动物遗传资源与育种、动物生物技术与繁殖、动物营养与饲料、草业科学和动物医学五大学科的应用基础、应用和开发研究。拥有动物营养学国家重点实验室等科研与检测平台。建所以来，研究所先后共取得科技成果 160 余项，获得国家级奖励 20 余项，取得了一系列国家发明专利、动植物新品种及新产品，发表学术论文 1 800 余篇，出版著作近 300 部。动物遗传资源研究是该所研究重点之一，研究工作以畜禽品种遗传资源的保护理论和方法、遗传多样性和家养动物遗传资源信息学为发展重点。对国内外畜禽种质资源材料进行收集、保存、分类、鉴定和评价，建立畜禽品种资源数据库；对中国地方品种特有的 DNA 资源分离和鉴定，对主要畜禽遗传资源功能基因组进行研究；畜禽品种遗传资源的起源、分类、进化和信息学的研究及应用。从“六五”开始主持多项国家课题，完成全国畜禽品种资源的普查研究，在畜禽品种资源调查、编目、收集、整理、动态信息、资源数据库、品种遗传关系、迁地活体和冷冻保护、保护和开发利用技术等方面作了大量系统性研究工作，建立了“中国畜禽品种资源数据库”，完成了“畜禽遗传多样性调查”，提出了“畜禽遗传资源保存”方案。

（二）GIAHS 关于物种类农业文化遗产的研究

全球重要农业文化遗产（GIAHS）强调遗产项目中生物多样性。在 GIAHS 的相关研究中，大多涉及动植物品种并探讨了物种在农业遗产系统中的地位和作用。

农业文化遗产的概念是 2002 年由联合国粮农组织（FAO）提出，旨在建立全球重要农业遗产（GIAHS）及其有关的景观、生物多样性、知识和文化保护体系，这些系统与景观具有丰富的生物多样性，而且可以满足当地社会经济与文化发展的需要，有利于促进区域可持续发展，使之成为可持续管理的基础。目前已在智利、秘鲁、中国、印度、日本、菲律宾、阿尔及利亚、摩洛哥、突尼斯、肯尼亚和坦桑尼亚等国选出具有典型性和代表性的传统农业系统作为试点。GIAHS 项目的一个核心就是保护生物多样性。例如，秘鲁安第斯高原农业系统因为海拔较高，起着调节世界气候的重要作用，当地保留了上百种马铃薯传统和地方品种，与其他物种一起构成了该地区丰富的生物多样性。智利智鲁岛是玉米、芒果和草莓等物种的起源地，这里也同样保留着上百种马铃薯品种。北非的绿洲系统不仅有丰富的棕榈品种，还有丰富的农作物、蔬菜、药材等，其历史悠久，可以追溯到 8 400 多年前。[①]

中国自 2005 年开始参与全球重要农业文化遗产项目，目前中国已有 6 个项目入选：浙江青田“传统稻鱼共生农业系统”、云南红河“哈尼稻作梯田系统”、江西上饶“万年稻作文化系统”、贵州从江“侗乡稻鱼鸭复合系统”、云南普洱“普洱古茶园与茶文化系统”及内蒙古赤峰“敖汉旗旱作农业系统”。

GIAHS 项目的一个核心就是保护生物多样性。因而，在大量 GIAHS 的相关研究中，大多涉及到动植物品种并探讨了物种在农业遗产系统中的地位和作用。其中关于水稻品种资源的研究尤为突出。浙江青田“传统稻鱼共生农业系统”、云南红河“哈尼稻作梯田系统”、江西上饶“万年稻作文化系统”与贵州从江“侗乡稻鱼鸭复合系统”4 处系统中，水稻均居于核心的位置。学术界普遍讨论了稻的丰富的地方品种及鱼、鸭等地方品种资源对于维护该系统及其生物多样性的作用，及面临的传统品种逐渐被现代选育品种（如杂交稻）取代的困境。云南普洱“普洱古茶园与茶文化系统”包含丰富的野生古茶树、过渡型和栽培型古茶树资源；内蒙古赤峰“敖汉旗旱作农业系统”依然保存着以粟、黍为代表的传统旱作农业系统耕作模式。

---

① Mary Jane Dela Cruz：《GIAHS 项目主要进展情况》，闵庆文主编：《农业文化遗产及其动态保护前沿话题》，中国环境科学出版社，2010 年 05 月，第 330 页

（三）物种类农业文化遗产价值研究

众多学者在对物种类农业文化遗产的保护与利用研究中，首先探讨了遗产的价值问题。研究重点是传统物种与品种的经济价值、科学价值与生态价值，尤其是对生物多样性保护和育种工作的意义。而对此类遗产的其他价值分析还存在不足。

1. 生物多样性价值的研究

传统农业系统一般具有丰富的生物多样性，保护农业生物多样性也是 GIAHS 项目的核心内容之一。农业生物多样性指与食物及农业生产相关的所有生物以及相关知识的总称，一般还包括农田以及农业系统之外的利于农业发展和提高系统功能的生境和物种。农业生物多样性正不断遭到破坏或丧失，对其保护已成为全球可持续农业研究中的热点。传统文化和本土知识对于生物多样性保护和自然资源管理的意义已被世界各地广泛认可。农业文化遗产在传统耕作方式的基础上形成了独特的文化，对生物多样性的保护起着重要的作用。①

农业遗产视域下的生物多样性及其保护是以传统物种和地方品种为核心的。因此，苑利、徐旺生、王献溥、曾雄生等强调物种类农业文化遗产在生物多样性保护中的特殊价值。朱有勇、骆世明等农业生态学家对云南元阳和贵州从江稻田生物多样性的研究，揭示了水稻品种多样性的生态学价值。

苑利认为，对传统农业遗产保护，首先应该从对传统农业品种的保护开始，因为它是发展现代农业的重要基石。优良的农作物品种既是人类农耕实践的精华，也是人类农耕文明的重要载体。但是，随着人工杂交技术与转基因技术的大规模普及，大量传统农业品种已经在不知不觉中被当代杂交品种以及转基因品种所取代，农业品种已呈现出日趋明显的单一化倾向，给农业发展带来的巨大潜在危害，主要表现在：单一化品种为各种病虫害的传播创造了条件，影响到人们对农副产品口味的多重选择，影响到全球物种的多样性，从而给人类带来更大的灾难。因此，地方品种在今天具有特别重要的意义。为避免品种单一化，保持生物的多样性，一方面可通过建立国家物种基因库的方式保留珍惜地方物种，一方面也可让民间有意识地保留下更多的地方农作物品种，以便为日后农作物品种的更新保留更多的种源。②

徐旺生对近年来传统品种灭绝或濒危、农业生物单一化的现状表示担忧。在《物种的家底：安与危？》一文中，他引用种质资源学家的观点，指出物种（或品种）的灭绝并不仅仅意味着一个物种（或品种）的消失，更重要的是它所携带的遗传基因也随之消失，而丧失的遗传资源用任何高新技术都无法再生。如果大量的品种资源被替代或丧失，会导致品种遗传多样性的降低和一致性的增强，其后果是容易导致品种的遗传脆弱性和病虫等自然灾害的频发，造成毁灭性的灾难。因此，生物物种资源的拥有和开发利用程度已成为衡量

① 闵庆文，张丹，何露，等:《中国农业文化遗产研究与保护实践的主要进展》,《资源科学》2011 年第 6 期

② 苑利:《保护农业文化遗产的历史与现实意义》,《世界环境》2011 年第 1 期；苑利:《农业文化遗产保护与我们所需注意的几个问题》,《农业考古》2006 年第 6 期

一个国家综合国力和可持续发展能力的重要指标之一。[①]

王献溥等从外来生物物种和生物文化的入侵这一角度，分析了多样性丧失的原因和应对措施。近年来，由于外来物种和品种有意无意地大量涌进，对本地的生物多样性和文化多样性造成了严重的威胁，特别令人关注的一个问题，就是各地作物、果蔬、绿肥经济植物、畜禽和水产的品种被抛弃所造成的基因资源的广泛流失。新品种的引入虽然可望得到高产，但它们的基因单一，在大面积单作条件下极易感染病虫害，如果管理跟不上去还会减产。因此，应尽可能保持原有的作物、果蔬、经济植物、畜禽和水产的地方品种，并利用现代科学技术培育各个区域所要求的稳产、高产、抗病虫害和抗逆境的品种，以满足农业发展的要求。[②]

骆世明指出，农业生物多样性是农业文化遗产的重要方面，应当给予特别的重视。发掘传统农业生物多样性优势，促进现代农业科学发展是中国农学家面临的一个紧迫课题。农业中的遗传多样性的保护与利用可分为迁地保护和就地保护。迁地保护可以采用种子资源保护库或冷冻胚胎或精子的方法保存农家品种。就地保护尚在发展，农家品种的选择过程和农业学家选择的过程不同，农民一般采用混合选择法，有种子选育遗传背景比较丰富，不容易退化，对环境适应能力比较强，而且村民之间进行民间交换，使种子遗传背景非常丰富。[③]

云南是中国稻种最大的遗传和生态多样性中心及优异资源的富集地区，尤其是滇西南地区，其稻种的多样性与环境多样性和民族的多样性息息相关，哈尼族保存、栽培并积累了大量的传统稻作品种，丰富了当地稻作品种的多样性。[④]

角媛梅、张丹丹对云南红河哈尼梯田这一全球重要农业文化遗产的相关研究成果进行了总结，从中可以发现关于哈尼梯田生物多样性的研究已相当深入，尤以水稻品种多样性研究最为突出。[⑤]云南农业大学农业生物多样性应用技术国家工程中心朱有勇、高东等人通过分析水稻品种的基因微卫星（SSR）来确定其多样性。对元阳新街镇4个寨子的40份白脚老粳品种进行分析表明，该种遗传多样性丰富。[⑥]元阳梯田中栽种多年的3个优良地方品种和3个被淘汰的改良品种对比研究，结果显示元阳地方品种的等位基因数多于改良品种。可见元阳地方品种的内部遗传异质性高，而且地方品种在户与户之间遗传多样性变化也较

① 徐旺生：《物种的家底：安与危？》，《中华遗产》2008年第6期

② 王献溥，于顺利，陈宏伟：《从传统农业的衰落谈农业遗产的继承与发展》，《安徽农业科学》2007年第8期；王献溥：《传统农业对生物多样性保护和持续发展的作用》，《天目山》1999年第1期

③ 骆世明：《农业生物多样性的保护和利用》，闵庆文主编：《农业文化遗产及其动态保护前沿话题》，中国环境科学出版社，2010年5月，266-272页

④ 曾亚文，李自超，杨忠义，等：《云南稻种主要性状多样性分布中心及其规律研究》，《华中农业大学学报》，2000年第6期；冯建孟，何汉明，朱有勇，等：《云南地区稻作品种多样性的地理分布格局与不同民族人口分布之间的关系》，《安徽农业科学》2010年第16期

⑤ 角媛梅，张丹丹：《全球重要农业文化遗产：云南红河哈尼梯田研究进展与展望》，《云南地理环境研究》2011年第5期

⑥ 高东，王云月，何霞红，等：《元阳白脚老粳水稻地方品种内遗传异质性及意义》，《分子植物育种》2009年第2期

高，带来的选择性压力较小，为地方品种提供了宽泛的适应性。[①] 由于长期品种多样性形成了病菌生理小种的多样性，使病菌在该地区难以形成优势小种，病害难以流行。[②] 该方面的研究充分体现了元阳梯田水稻品种的多样性。

云南省农业科学院徐福荣等采用进户调查，根据当地农民和农技人员辨识水稻品种，进而分析元阳哈尼梯田种植的稻作品种的多样性，结果在调查的 30 个村寨 750 个农户中共有 135 个品种（组合），其中 100 个是传统品种。表明元阳哈尼梯田的稻作品种丰富，且绝大多数为传统稻作品种，这一多样性取决于当地高度异质的生态环境和民族文化习俗。[③]

此外，张丹以贵州省从江县为例，对农业文化遗产地的农业生物多样性进行了较全面的分析。[④]

徐嵩龄尝试从经济学角度提出定量分析生物多样性价值的思路。他提出生物多样性的价值是由生物多样性的功能、人类对生物多样性功能的感知、生物多样性的存在状况三方面因素决定的。并据此就生物多样性价值计量中尚未得到关注的问题（包括生物多样性价值的可计算性，价值计量方法的恰当性，价值分量的可加性和可解析性，价值误差测算）提出解决思路。这方面的研究可为定量分析生物多样性价值提供借鉴和启发。[⑤]

2. 动植物遗传资源研究普遍涉及地方品种价值问题

谷继承对畜禽遗传资源保护与利用工作的重要意义进行了总结：畜禽遗传资源是培育新品种、保护生物多样性、实现畜牧业可持续发展战略的物质基础，是重要的生物资源。目前，生物种质资源的拥有和开发利用程度，已成为衡量一个国家综合国力和可持续发展能力的重要指标之一。中国是世界上畜禽遗传资源最为丰富的国家之一。这些资源大多具有繁殖力高、肉质鲜美、适应性强、耐粗饲等特性，这些禀赋是中国畜牧业自主创新、提高竞争力的优势所在。保护好、利用好这些资源，对保持生物多样性、实现可持续发展，对培育优良品种、促进畜牧业发展，对增加农民收入、繁荣农村经济具有重要意义。[⑥]

王述民、张宗文分析了作物遗传资源对粮食安全和可持续农业的贡献。[⑦] 遗传资源在确保粮食安全方面发挥多种作用，为农村和城市消费者生产更多和更好的食物，为人们提供更健康的营养物质；提供收入来源并促进农村发展。地方品种和农民品种为现代植物育种提供了丰富遗传多样性的同时，也一直是当地粮食生产和安全的坚实基础。在农业生产方面，种质资源是战略性资源。一方面种质资源可直接利用，保持作物种间和种内多样性，增强生产系统的稳定性。利用田间多样性可以抵抗新病虫害的蔓延以及气候的异常变化，

---

① 高东，毛如志，朱有勇：《水稻地方品种与改良品种内部遗传异质性的比较分析》，《分子植物育种》2010 年第 3 期

② 林菁菁，李进斌，刘林，等：《云南元阳哈尼梯田稻瘟病菌遗传多样性分析》，《植物病理学报》2009 年第 1 期

③ 徐福荣，汤恩凤，余腾琼：《中国云南元阳哈尼梯田种植的稻作品种多样性》，《生态学报》2010 年第 12 期

④ 张丹：《农业文化遗产地的农业生物多样性研究——以贵州省从江县为例》，北京：中国环境科学出版社，2011 年

⑤ 徐嵩龄：《生物多样性价值的经济学处理：一些理论障碍及其克服》，《生物多样性》2001 年第 3 期

⑥ 谷继承：《全面推进中国畜禽遗传资源保护与利用工作》，《中国牧业通讯》2010 年第 9 期

⑦ 王述民，张宗文：《世界粮食和农业植物遗传资源保护与利用现状》，《植物遗传资源学报》2011 年第 3 期

种植多样化的品种，能够提高作物产量和环境效率。另一方面种质资源支撑作物育种，提供各种特性和基因来源，包括高产、优质、抗病虫、抗除草剂等。遗传多样性是创造新品种的基础，是育种家的储备库，是支撑农业可持续发展的物质源泉。种质资源的保护与利用促进了经济发展和收入增加，各国通过利用遗传资源培育了大批现代品种，不但增加了产量，保障了粮食安全，同时也提高了收入，增加了就业机会并维护了粮价的稳定。

朱有勇从品种资源保护的角度论述了传统水稻品种的价值。他指出在云南元阳县的哈尼人代代相传的水稻品种存在以下几种特性：种子形态数据无差异，微观组织结构无差异，DNA 片段碱基无差异，至少 1891 年至今未变，功能基因中 SNP 频率和基因多样性丰度极高，等位基因比现代品种平均高 3.18 倍，蕴藏着丰富的抗病、抗逆、耐瘠、耐冷等基因资源。哈尼梯田中所使用的传统品种连续种植数百年仍经久不衰，这对于保护濒危品种和解析不衰之谜意义极为重大。他同时指出，保护哈尼梯田传统稻作品种，对于应对气候变化，减缓自然灾害与生物灾害的影响，促进低碳农业发展和资源持续利用都具有重要的意义。①

3. 农业遗产价值研究亦多强调物种类农业文化遗产的特殊价值

作为文化学者，苑利在农业遗产研究方面强调理论问题的研究。在分析农业遗产的经济价值、研究价值和生态价值的同时，更关注到以传统农业品种为代表的农业遗产具有的文化价值和历史价值，揭示其在人类认识和传承自身农耕文明、保护文化多样性方面的独特价值。他认为，优秀的农作物品种是人类历经千万年农业生产实践而培育出来的农业核心技术，是人类农业文明的重要载体。一个民族的农业文明能否代代相传，优良品种的传承是关键。通过对农作物良种的保护，不仅保护了物种的多样性、粮食品种的多样性，同时也保护了农耕文化的多样性。许多独具特色的农作物品种一旦消失，与之相关的传统耕作技艺、农耕节日、农耕仪式等都会随之消失。因此，他强调对传统品种的保护不应仅限于良种基因库这一形式，而要将各地有特色的农业品种以“种植”等最传统的方式传承下去，不但保护农作物品种，同时也要保护与之相关的农业生产技术，以确保农作物品种与农耕文化的活态传承。②

在《农业文化遗产与“三农”》一书中，徐旺生、闵庆文等分析了农业遗产的重要价值，他们认为，从总体来说，物质文化遗产的价值相对要大于非物质文化遗产的价值，因为物质文化遗产有失而难再得的特点，而品种是物质遗产的主要内容；越是古老的农业品种遗产，越具有独特的价值。农业文化遗产中传统动植物品种的价值主要体现两个方面：一是保护生物多样性，避免生物单一性所造成的不利局面；二是给未来育种工作提供丰富的基因资源。并具体分析了野生稻、野生大豆及传统水稻品种、滇南小耳猪、五指山猪、中国地方黄牛等传统动植物品种在育种工作中的重要意义。③

① 闵庆文，何露：《保护农业文化遗产促进乡村文化发展——“农业文化遗产保护与乡村文化发展专家座谈会暨 GIAHS 中国项目专家委员会 2011 年度工作会议”纪要》，《古今农业》2012 年第 1 期

② 苑利，顾军，徐晓：《农业遗产学学科建设所面临的三个基本理论问题》，《南京农业大学学报（社会科学版）》2012 年第 1 期

③ 徐旺生，闵庆文：《农业文化遗产与“三农”》，北京：中国环境科学出版社，2008 年，第 80–92 页

农业文化遗产不但承载着人类从事农业活动的智慧和记忆，维系人们赖以生存的农业生态系统，保持农业生物多样性，更有助于保障人类的粮食安全。农业文化遗产对粮食安全的保障作用体现在 3 个方面：能够实现系统内部物质和能量的良性循环、能够减少自然灾害和极端天气对农业生产的影响、能够保障农业系统生态平衡和优质高产。[①]

闵庆文等在实地调查的基础上，按照全球重要农业文化遗产的标准，对普洱古茶园农业文化遗产价值进行了分析，认为普洱古茶园与茶文化系统是具有全球重要意义的农业文化遗产：具有丰富的生物多样性和文化多样性，体现了人与自然的和谐共处、人与环境的协同进化，蕴含着丰富的生态思想；历史悠久的茶叶栽培和生产，促进了当地社会经济的可持续发展；无污染、高品质的茶叶，保证了当地居民的食物与生计安全；历史悠久的茶文化与古茶园栽培和管理方式，形成了当地特有的社会组织与文化和知识体系。[②]

（四）物种类农业文化遗产保护与利用研究

1. 综合性研究

物种类农业文化遗产的保护与利用，不仅关系到农业生产和农村经济的可持续发展，更关系到农业生物安全、环境保护和农业生物多样性的维持。

苑利等对如何保护农业遗产，提出就地保护、活态保护、整体保护的原则，他认为应把保留有诸多传统农作物品种作为遗产传承地选定的重要条件。整体保护原则要求对农业遗产本身和与农业遗产相关的整个周边环境实施整体保护，因此应有意识地保留更多的地方农作物品种，并要对农业遗产赖以生存的人文环境和自然环境实施有效保护，只有保护好包括森林植被、山川水系、空气土壤在内的自然环境与包括村落风貌、民居建筑、宗教信仰、风俗仪礼在内的人文环境，农业遗产才能得到真正的整体性保护。[③]

部分学者从制度选择与法律保护的角度，对包括传统动植物品种在内的遗传资源的保护方法进行了探讨。

宋敏，刘丽军从制度选择的角度，分析维护植物遗传资源主权的国际战略问题、遗传资源保护与利用中的农民权利保护问题。保护、研究开发和使用植物遗传资源是一个由许多当事人共同参与的复杂系统。在这个系统中，虽然植物遗传资源是生物技术研发不可或缺的投入要素之一，但对资源的提供者所做出的贡献却没有任何补偿机制。因此，如何正确协调当事人之间的利益分享关系，调动各方面的积极性是维持“植物遗传资源系统”持续运转的关键。作者主要分析中国可以考虑的制度选择，提出维护植物遗传资源主权的国际战略和在国内建立一套保障农民权利实现的制度机制与措施。[④]

薛达元对《生物多样性公约》中遗传资源、传统知识的概念进行了解读，并探讨了生

---

① 汪俊枝，汪培梓，梁少民：《农业文化遗产保护与粮食安全》，《粮食科技与经济》2012 年第 4 期

② 闵庆文：《普洱古茶园农业文化遗产价值》，《世界遗产》2012 年第 4 期

③ 苑利，顾军，徐晓：《农业遗产学学科建设所面临的三个基本理论问题》，《南京农业大学学报（社会科学版）》2012 年第 1 期

④ 宋敏，刘丽军：《中国保护与利用植物遗传资源的制度选择》，《中国软科学》2008 年第 7 期

物多样性的法律保护问题。①

有学者从国家主权、人权、环境权等多维视野对遗传资源的法律保护进行分析，认为多元化的分析有利于更好地认识遗传资源保护的本质目标和理论基础，有利于平衡发展中国家和发达国家之间的利益，有利于建立更加合理的遗传资源保护模式。因此，应该从全新的角度认识遗传资源的保护问题，将人权、环境权等人类共同利益作为保护的基础，在国家主权的框架下建立完善的遗传资源保护体系。②

农业植物遗传资源存在形态的多样性以及在农业生产中的重要性，产生了农业植物遗传资源的产权化需求。刘旭霞、胡小伟指出，在对农业植物遗传资源进行权利保护时，必需界定权利客体、确定权利主体、赋予权能内容。这方面的研究可为中国农业植物遗传资源的产权化进程提供一定的借鉴。③

杨红朝认为，对于遗传资源，不能简单适用物权的保护，也不能作为现代知识产权的保护对象，遗传资源权是一种新型的专有性财产权，是生物技术知识产权的在先权利。新修订的《中华人民共和国专利法》，虽将遗产资源来源披露要求纳入了专利申请程序，但并不能替代对遗传资源保护进行专门的立法。遗传资源权应界定为遗传资源的所属国、拥有者和传统社区对于过去、现在和将来在保存、改良和提供资源方面所做的贡献给予法律上的认可，从而确保这些主体所依赖的遗传资源得到保护并保障其可以被持续利用，公平分享遗传资源开发所产生的利益的权利。从这一视角出发，中国农业遗传资源保护还存在诸多缺陷，应尽快制定一部《生物多样性法》，建立多部门协调管理的模式，立法确立农业遗传资源权制度，探索和建立公众参与机制，积极参与国际对话。④

2. 对传统畜禽品种资源的保护利用研究

中国畜禽品种资源极为丰富，共有 20 个物种，576 个品种和类群。近年来由于外来品种的引入和地方品种的杂交改良，使得中国地方品种数量不断减少甚至消失。面对地方品种濒临灭绝或者已经灭绝的威胁，如何有效的保护和利用中国现有的畜禽种质资源已成为学术界的研究重点之一。

谷继承指出加强国家级畜禽保种场、保护区和基因库建设的重要意义，中国是世界上畜禽遗传资源最为丰富的国家之一，保护好、利用好这些资源，对保持生物多样性、实现可持续发展，对培育优良品种、促进畜牧业发展，对增加农民收入、繁荣农村经济具有重要意义。目前，在保种过程中，主要采取畜禽保种场、保护区和基因库三种手段，通过活体保种和遗传物质保存相结合，对濒危资源实施抢救性保护，对国家级、省级保护品种实施重点保护。实践证明，对资源实行分级保护，以保种场、保护区和基因库三种手段开展保种工作，是适合中国国情的，是行之有效的。但中国畜禽遗传资源保护工作面临着以下问题：一是“重引进、轻培育，重改良、轻保护”的现象普遍存在，资源的遗传丰富度不

---

① 薛达元:《中国民族地区遗传资源及相关传统知识的保护与惠益分享》,《资源科学》2009 年第 6 期

② 孙昊亮:《多维视野下遗传资源的法律保护分析》,《西北大学学报（哲学社会科学版）》2010 年第 3 期

③ 刘旭霞，胡小伟:《中国农业植物遗传资源权利保护分析》,《江淮论坛》2009 年第 6 期

④ 杨红朝:《遗传资源权视野下的中国农业遗传资源保护探究》,《法学杂志》2010 年第 2 期

断降低，猪、牛等大家畜种公畜的血统数锐减。二是资金投入少，国家畜禽资源保护专项经费比前几年有了很大增长，达到了 3 200 万元，但与中国众多的品种资源相比，用于保种的资金还是明显不足，列入国家保护名录的 138 个品种都不能做到年年有经费。三是保种体系不健全，目前，仍有 43 个畜禽品种没有国家级保种场保护区，场、区、库三位一体的保护体系和遗传物质交换机制尚未建立，特别是对于濒危资源，缺乏有效的抢救性保护措施。四是种质评价工作滞后，品种登记、性能测定等工作尚未有效开展，只有 23 个国家级保护品种有国家标准或者行业标准。五是尚未形成科学合理的资源利用体系，多数保种单位处于被动保种，缺乏创新机制。

针对当前在畜禽遗传资源保护与利用上存在的问题，编者提出：一要正确把握加快畜牧业发展与保护品种资源之间的关系，一些在当前看来生产性能不高的地方品种，其蕴藏的科学价值和经济价值也许是巨大的，即使暂时看不出它的实用价值，但从保护生物多样性的角度，从未来发展的角度，也应当予以保护。二是正确把握资源保护与开发利用之间的关系，保护是前提，利用是目的。三是正确把握政府企业个人在资源保护与利用工作中的关系。畜禽遗传资源保护与利用工作是一项公益性、社会性的事业，也是一项长期性的任务，资源保护主要还是国家行为，以国家为主，鼓励和支持有关单位、个人依法开展畜禽遗传资源保护。今后要从加强组织与领导，加强基础能力建设，深入开展畜禽遗传资源调查、加强资源种质特性的科学评价，加强监督管理、严格执行畜禽遗传资源处理审批制和责任追究制，加大资金投入，加强人才队伍建设和技术指导、加强国际交流与合作等方面全面推进重点畜禽遗传资源保护工作。[①]

于福清、杨军香对中国畜禽遗传资源保护与利用的现状进行了分析，总结了中国畜禽遗传资源保护的成果：政府加大了用于畜禽遗传资源保护工作的经费投入；先后制定了一系列法律法规和政策性文件，使资源管理工作逐步进入法制化、规范化轨道；开展全国性畜禽遗传资源调查和种质特性、遗传多样性等方面基础性研究，在保种理论、方法和技术等方面取得了一定成果；初步建立畜禽遗传资源保护体系；加强畜禽遗传资源保护的同时，注重畜禽遗传资源的选育和产业化开发工作，选育一大批新品种和专门化品系，其中绝大部分是以地方品种为素材培育而成的，并得到大面积推广运用。作者同时指出目前中国畜禽遗传资源保护和利用工作的不足。长期以来，由于单纯追求畜牧业发展的数量，忽视其独特的资源特性和生态意义，缺乏对畜禽品种资源的足够认识，普遍存在“重引进、轻培育，重改良、轻保护”的现象，再加上投入不足，基础设施和技术条件落后，致使中国畜禽遗传资源的保护和可持续利用面临严峻挑战。一是受外来高产品种强烈冲击，中国许多畜禽品种资源数量急剧下降，全国有 40% 以上的地方品种群体数量有不同程度的下降，相继有 44 个地方品种被确定为濒危资源，有 15 个品种为濒临灭绝资源，17 个品种已经灭绝。二是保护体系建设严重滞后，保种场的管理体制滞后，不适应市场经济发展的需要。

① 谷继承:《全面推进中国畜禽遗传资源保护与利用工作》,《中国牧业通讯》2010 年第 9 期；谷继承:《中国畜禽遗传资源保护与管理工作的现状和发展》,《中国牧业通讯》2010 年第 18 期

三是尚未形成科学合理的资源开发利用体系，对地方品种的优良特性认识不足，挖掘不够，保护与开发利用脱节，资源优势尚未转化成经济优势。编者提出今后中国畜禽遗传资源应依法保护、科学利用；根据中国畜禽遗传资源状况，建立国家和地方层次分明、结构合理的保护体系，构成以活体保种和生物技术保存相结合的保护模式；在区域布局上，原产地保护和异地集中保存相结合，在产地建立保种场和保护区，对珍贵、稀有、濒危的畜禽遗传资源实行重点保护；保护机制上，畜禽遗传资源保护以国家为主，鼓励和支持有条件的企业和个人参与保护、开发和利用，形成多元化保护与开发的格局。①

陈守云、徐海涛总结了中国地方畜禽品种的特点，指出中国畜禽品种资源保护主要采取原地保护、异地保存两种方式，分析了地方畜禽资源开发利用的途径，并提出畜禽遗传资源保护策略建议：首先要开展畜禽种质资源的收集、调查；采取原产地保护和迁地保护两种方式，抢救濒临灭绝及极度濒危畜禽品种；探索畜禽种质资源开发利用途径，在对濒危种质资源进行保护的同时，应积极探索、寻找开发利用途径，采取主动保种战略，以促进和巩固保护效果。②

杨红杰分析了当前中国畜禽遗传资源保护的重要意义和现状，对资源保护和管理工作进行了总结（《中国家禽》2011 年第 33 卷第 10 期）。吉文林对中国水禽种质资源概况、资源保护现状、存在问题以及发展方向作了探讨（《中国家禽》2010 年第 32 卷第 11 期）。

针对特定地方品种资源的研究较为丰富，学者们对淮猪、湖南地方猪种、南京六合山猪、嵊县花猪、鲁西黄牛、延边黄牛、安西牛、大尾寒羊、陕北白山羊、和田羊、柯尔克孜羊、三黄鸡、藏鸡、贵州地方鸡种、和田黑鸡、洪山鸡、瓢鸡、麻鸭等品种资源的保护与开发利用进行了大量研究。

3. 对传统作物品种资源的保护利用研究

王述民等对中国作物遗传资源的保护利用状况进行了系统总结。他们的报告指出，近 10 多年来，中国政府十分重视粮食和农业植物遗传资源的保护和可持续利用，并根据 FAO《粮食和农业植物遗传资源全球行动计划》20 项优先领域，通过制定和完善相关的法律法规，加强了粮食和农业植物遗传资源的管理；通过培训和科普宣传，提高了公众意识；通过国际合作和协作网建设，实现了信息、人员和植物遗传资源的交流与交换；通过各种国家计划和项目的实施，建立和完善了植物遗传资源保护体系，实现了植物遗传资源的安全保存和可持续利用，为中国乃至世界植物育种和粮食安全发挥了较大作用。尽管中国在粮食和农业植物遗传资源保护和利用方面取得了显著成绩，但还面临许多挑战，需要加强与其他国家和国际组织的合作，获得国外植物遗传资源和相关技术；继续进行植物遗传资源，特别是野生植物遗传资源、边远地区古老农家品种的调查及考察与收集，进一步建设和完善植物遗传资源保护体系，实现本国植物遗传资源的全面保护；系统深入地鉴定评价已保存的植物遗传资源，提供育种家利用，拓宽育种材料的遗传基础；实现更加充分的资源共

① 于福清，杨军香：《中国畜禽遗传资源保护与利用的现状分析》，《中国畜牧杂志》2007 年第 24 期

② 陈守云，徐海涛：《中国地方畜禽资源的保护及其利用》，《青海畜牧兽医杂志》2010 年第 3 期

享和利益分享，进一步提高资源利用效率。[①]

王述民、张宗文还根据联合国粮农组织 2010 年发布的《第二份世界粮食和农业植物遗传资源现状报告》及相关资料，对世界粮食和农业植物遗传资源保护与利用现状进行了分析，内容包括种质多样性概况、原生境保护、非原生境保护、评价与利用、国家计划与管理、国际和地区合作、获取与利益分享以及对粮食安全和可持续农业的贡献。文章最后分析了中国存在的差距，提出了加强粮食和农业植物遗传资源保护和发展的建议。[②]

对传统水稻品种的保护与利用研究较多。前述关于云南红河哈尼梯田生物多样性的研究成果，多探讨了对多样化的地方水稻品种的保护与利用问题。余忠效分析了江西万年贡谷保护与利用中存在的问题，如由于万年贡谷对生长环境要求极为苛刻，生长周期长，产量低，因此种植面积一直不大，还有进一步减少的趋势。因此，需要相关部门大力宣传，在全社会营造浓厚的爱护物种、保护环境的氛围，使广大群众树立良好的行为规范；增加万年贡米原产地和东乡野生稻的投入，所需经费列入财政预算；要求各级有关部门进一步明确职责，强化责任，切实规范生物物种资源保护、采集、收集、繁殖、科研、买卖、交换进出口、出入境等活动，加大执法力度，严厉打击和严肃查处各种涉及生物物种资源的违法犯罪行为，切实加强对生物物种资源的保护和监管；制订万年贡米和东乡野生稻开发利用的规划，使资源优势尽快地跟上产业优势。[③] 赵飞、吴志才《关于农业遗产旅游开发的思考——基于增城丝苗米的实证研究》以国家原产地保护产品增城丝苗米的发源地增城市朱村街为案例，指出，除了文献记载，朱村街有关丝苗米的历史文化几乎没有了载体，丝苗米的种植面积有限。朱村街应充分认知“丝苗源头”这一农业遗产的品牌价值，采取“以稻为媒，联动开发，综合发展”的思路，通过发展大旅游、大流通，实现农业遗产动态保护与地方经济发展双赢局面。[④]

茶树品种资源以传统品种为主，相关研究成果也较为丰富。古茶树资源不仅具有生态价值，有利于保护生物多样性，提供茶叶的种质资源，还具有经济价值，能够促进当地的经济可持续发展，同时还具有承继茶叶起源与茶文化发展的文化价值。何露等通过实地考察和现有研究资料分析澜沧江中下游古茶树资源的现状，认为其具有生态、经济和文化价值等多重价值。在价值分析的基础上进一步认为古茶树资源具有农业文化遗产特征，包括活态性、动态性、适应性、复合性、战略性、多功能性、可持续性，认为其符合全球重要农业文化遗产的申报标准，并可以作为农业文化遗产进行动态保护。[⑤] 此外，沈培平、宋永

---

① 王述民等:《中国粮食和农业植物遗传资源状况报告（I）》,《植物遗传资源学报》2011 年第 1 期

② 王述民，张宗文:《世界粮食和农业植物遗传资源保护与利用现状》,《植物遗传资源学报》2011 年第 3 期

③ 余忠效:《万年稻作文化的保护与发展》. 闵庆文主编:《农业文化遗产及其动态保护前沿话题》，中国环境科学出版社，2010 年 5 月，80–85 页

④ 沈志忠:《保护农业遗产 弘扬民族文化——首届中国农业文化遗产保护论坛会议综述》,《中国农史》2010 年第 4 期

⑤ 何露，闵庆文，袁正:《澜沧江中下游古茶树资源、价值及农业文化遗产特征》,《资源科学》2011 年第 6 期

全、齐丹卉等亦对云南古茶树资源的现状、价值与保护对策进行了研究。①

叶雨盛等对地方种质资源在中国玉米育种中的作用、利用成就和现状进行了分析。种质资源狭窄是当前中国玉米育种和生产的突出矛盾。据调查显示，全国 61% 的玉米生产面积仅依赖 5 个自交系，反映出中国玉米育种遗传基础的狭窄与脆弱。② 玉米引入中国已有 500 年的历史，经过栽培驯化、人工和自然选择，形成了丰富的适应各种生态条件的地方玉米品种。据《全国玉米种质资源目录》记载，经农艺性状评价存入国家长期库保存的玉米品种资源有 11 562 份，约占世界玉米资源的 1/6。③ 经过长期的栽培驯化和选择，并因气候和生态环境的不同，中国地方玉米品种发生了复杂的变异分化。所以，不论在形态性状方面还是在遗传成分方面，中国地方种质资源都具有十分丰富的遗传多样性。在中国玉米品种改良历程中，地方种质资源占有举足轻重的作用。20 世纪下半叶，中国玉米品种经历了 4 次大的更换，这 4 次更新换代均引起中国玉米单产和总产的大幅度提高，每次更新换代所产生的优良自交系都得益于地方种质资源的开发利用④。因此，作者提出，筛选地方种质初级杂种优势群，是开发创新中国玉米杂种优势群和杂种优势模式的基础。对优良地方种质进行群体改良。利用地方种质与其他种质组建群体，在严格筛选地方玉米种质初级杂种优势群的基础上，掺和优良的外来种质，开发创新中国玉米杂种优势模式。⑤

王力荣在《中国果树种质资源科技基础性工作 30 年回顾与发展建议》一文中回顾了中国果树种质资源工作的发展历史，总结了中国 30 余年果树种质资源工作在种质资源的考察、收集与保存、评价、基础研究及共享利用等方面取得的成就。并指出中国在果树种质资源工作上还存在的亟须解决的问题。一是果树种质资源收集、保存力度不够。截至 2008 年年底，中国果树资源圃保存的数量仅为美国的 35.81%。二是资源保存方式单一，存在安全隐患。三是资源评价不够深入，针对性不强。四是共享体制建设不完善。因此，今后应以广泛收集、妥善保存、系统评价、规范整理、深入挖掘、共享利用为宗旨，重点保证正常运转，保证已保存种质树体的正常生长，继续进行特异地方品种资源的收集，不断进行数据采集、完善共性与特性数据库建设，进行种质资源的繁殖、更新和编目工作，建立更为有效的共享机制，提供更加有效的共享服务。⑥

此外，学术界对麦类、大豆等大田作物传统农家品种的文化遗产价值和保护进行了研究。一些学者就砀山梨、鲁西梨等果树资源，川渝芍药、乐山茶花等园艺作物资源的遗产

① 沈培平，郝春，刘学敏，等:《云南省古茶树资源价值及保护对策研究》,《中国流通经济》2007 年第 6 期；宋永全，苏祝成:《云南古茶树资源现状与保护对策》,《林业调查规划》2005 年第 5 期；陈杖洲，陈培钧《丰富的古茶树资源是世界茶树原产地的最好证明》,《农业考古》2007 年第 5 期；齐丹卉，郭辉军，崔景云，等:《云南澜沧县景迈古茶园生态系统植物多样性评价》,《生物多样性》2005 年第 3 期

② 赵吉春，毕长海，张太俊，等:《基于中国玉米的瓶颈效应论拓宽种质资源的重要性》,《现代农业科技》2011 年第 21 期

③ 王永普，刘继平，姜鸿勋:《中国玉米地方种质资源在育种中的应用》,《中国种业》2003 第 10 期

④ 佟屏亚:《 20 世纪中国玉米品种改良的历程和成就》,《中国科技史料》2001 第 2 期

⑤ 叶雨盛，宇文强，戴保威，等:《地方种质资源在中国玉米育种中的利用》,《山地农业生物学报》2005 年第 5 期

⑥ 王力荣:《中国果树种质资源科技基础性工作 30 年回顾与发展建议》,《植物遗传资源学报》2012 年第 3 期

价值与保护利用进行了较广泛的探讨。

在物种类农业文化遗产的研究方面，大量文献主要是从农学、生物学或农史学的角度进行分析。以农业文化遗产的视角进行研究，主要集中在云南省的水稻、茶树等作物，相关研究整体上还比较薄弱。这对深入、全面地认识物种类农业文化遗产的价值，更好地保护与利用物种类农业文化遗产是远远不够的。

三、物种类农业文化遗产的保护实践

（一）各类相关法律、法规的公布与实施

1. 中国物种类农业文化遗产的相关管理体制与机构

为了积极履行《生物多样性公约》（CBD）的规定，中国在 1993 年成立了由国家环保局（现为国家环保总局）牵头，有外交部、国家计委（现为发展与改革委员会）、国家科委（现为科技部）、财政部、建设部、农业部、林业部（现为林业局）、中国科学院、海关总署、国家专利局（现为国家知识产权局）、国家海洋局、国家中医药管理局等 13 个部门参加的“中国履行《生物多样性公约》工作协调机构”（以下简称为“协调机构”）。协调机构的办公室设在国家环保局自然保护司。该协调机构的主要职能就是协调各政府部门履行 CBD 的工作。

2003 年，由国家环保总局牵头，中国建立了由发展改革委、教育部、科技部、财政部、建设部、农业部、商务部、卫生部、国家环保总局、海关总署、国家工商总局、国家质检总局、国家林业局、国家食品药品监督管理局、国家知识产权局、国家中医药管理局、中国科学院等 17 个部门组成的生物物种资源保护部际联席会议。中国还成立了“国家生物物种资源保护专家委员会”，为生物物种资源的保护提供科学支持。[①]

2001 年，农业部成立了农业野生植物保护领导小组，主要负责研究提出解决农业野生植物保护相关重大问题的对策和原则意见，组织协调野生植物保护执法管理工作，组织制定全国野生植物保护工作的计划、规划，研究提出野生植物保护工作的重大措施，指导各级农业部门野生植物保护的执法管理工作。

2004 年，农业部与林业局共同成立了中国野生植物保护协会。协会的宗旨是在国家保护野生植物方针指导下，团结组织社会各方面的力量，宣传国家有关政策和法令，普及和推广野生植物知识，提高全民族的野生植物保护意识，有效保护、合理利用野生植物资源，推动中国野生植物保护事业的发展。

2007 年成立了国家畜禽遗传资源委员会，负责畜禽遗传资源的鉴定、评估和畜禽新品种、配套系的审定、畜禽遗传资源保护和利用规划论证等。各省也成立了相应的从事地方物种资源保护利用的管理与科研机构。

---

① 秦天宝:《遗传资源获取与惠益分享管制体制的考察及中国的选择》,《美中法律评论》2005 年第 11 期

2. 立法现状

《中华人民共和国宪法》第 9 条和第 26 条分别规定，国家保障自然资源的合理利用，保护珍贵动植物；禁止任何组织和个人利用任何手段侵占或破坏自然资源。《中华人民共和国刑法》中规定了破坏环境资源罪。中国制定的《中华人民共和国环境保护法》、《中华人民共和国海洋环境保护法》行政法规也涉及对农业遗传资源的保护。

近 10 余年来，农业遗传资源保护的法律体系逐步建立和健全。“十一五”期间，国家颁布实施了《中华人民共和国畜牧法》(2006 年，下简称《畜牧法》)，出台了《畜禽遗传资源进出境和对外合作研究利用审批办法》、《畜禽遗传资源保种场保护区和基因库管理办法》等 10 个配套法规。《畜牧法》及其配套法规的颁布实施，是畜禽遗传资源保护法制建设的重要里程碑。《畜牧法》明确提出了国家建立畜禽遗传资源保护制度，畜禽遗传资源保护经费列入财政预算，为全面加强畜禽遗传资源保护和管理提供了坚实的法律保障。建立了包括畜禽资源在内的生物物种资源保护部际联席会议制度。为进一步加强畜禽遗传资源保护利用开发工作，维护生物多样性，促进现代畜牧业可持续发展，2011 年 12 月，农业部根据《畜牧法》有关规定，制定了《全国畜禽遗传资源保护和利用“十二五”规划》。

作物遗传资源法规体系建设逐步健全。1996 年以来，中国政府颁布实施了《中华人民共和国种子法》(2000 年)(下简称《种子法》)等涉及植物遗传资源的法律，《种子法》规定，国家依法保护种质资源，禁止采集或者采伐国家重点保护的天然种质资源。国家有计划地收集、整理、鉴定、登记、保存、交流和利用种质资源，国务院农业、林业行政主管部门应当建立国家种质资源库、种质资源保护区或种质资源保护地。

根据农业生物多样性保护与可持续利用的需求，国务院和相关部委制定了一系列法规条例，促进了农业生物多样性的保护工作。《中华人民共和国野生植物保护条例》(1996 年)规定任何单位和个人都有保护野生植物资源的义务，禁止任何单位和个人非法采集野生植物或破坏其生长环境。在国家重点保护野生植物的天然集中分布区域建立自然保护区。对生长受到威胁的国家重点保护野生植物应当采取拯救措施，必要时应当建立繁育基地、种质资源库或采取迁地保护措施。

《农作物种质资源管理办法》(2003 年)明确指出，国家依法保护和监督农作物种质资源及其收集、整理、鉴定、登记、保存、交流、利用和管理等活动，任何单位和个人不得侵占和破坏种质资源；国务院农业、林业行政主管部门应当建立国家种质资源库、种质资源保护区或者种质资源保护地。对植物种质资源的收集、整理、鉴定、登记、保存、交流、共享和利用等各项工作进行了规范。同时，制定了国家种质库(圃)管理细则，建立了植物种质资源统一编号制度和优异种质资源评审、登记制度，建立了植物种质资源分发利用制度等，构建了较完善的植物种质资源政策法规体系，为中国植物遗传资源的有效管理和高效利用奠定了基础。

国际法方面，中国于 1992 年签署了《生物多样性公约》，积极参与国际合作，推动资源获取与利益分享。植物遗传资源获取和利益分享方面最重要的国际法规是《粮食和农业植物遗传资源国际条约》，建立了一个植物遗传资源获取和利益分享的多边系统，涵盖了 64 种对粮食安全重要的作物，缔约国同意把公共机构持有的资源向多边体系提供，并依据一定条件实行利益分享。中国目前尚未加入《粮食和农业植物遗传资源国际条约》，但自始至终参加了该条约的谈判，同意和支持植物遗传资源方便获得、实现利益分享的原则，并努力推动中国植物遗传资源的对外交流和交换，为全球粮食安全和农业可持续发展做出贡献。

目前，中国还没有建立专门的植物遗传资源获取和利益分享的法律体系。中国在新《中华人民共和国专利法》第 5 条新增的第 2 款规定："对违反法律、行政法规的规定获取或者利用遗传资源，并依赖该遗传资源完成的发明创造，不授予专利权。"第 26 条新增的第 5 款规定，"依赖遗传资源完成的发明创造，申请人应当在专利申请文件中说明该遗传资源的直接来源和原始来源；申请人无法说明原始来源的，应当陈述理由。"与之相适应，《专利实施条例》和《审查指南》也作了相应的修改。在专利法中强化遗传资源保护，有利于鼓励和促进遗传资源方面的发明创造和科学技术的发展，进而有利于保护生物多样性。

（二）物种类农业文化遗产保护体系建设情况

中国已初步建立以保种场为主、保护区和基因库为辅的畜禽遗传资源保种体系。按照"分级管理、重点保护"的原则，农业部修订并公布了《国家级畜禽遗传资源保护名录》（表 3-1），对 138 个珍贵、稀有、濒危的畜禽品种实施重点保护。各省（区、市）也相继公布了省级畜禽遗传资源保护名录。

表 3-1　国家级畜禽遗传资源保护名录（2006）

类别	国家级畜禽遗传资源
猪	八眉猪、大花白猪（广东大花白猪）、黄淮海黑猪（马身猪、淮猪、莱芜猪、河套大耳猪）、内江猪、乌金猪（大河猪）、五指山猪、太湖猪（二花脸、梅山猪）、民猪、两广小花猪（陆川猪）、里岔黑猪、金华猪、荣昌猪、香猪（含白香猪）、华中两头乌猪（通城猪）、清平猪、滇南小耳猪、槐猪、蓝塘猪、藏猪、浦东白猪、撒坝猪、湘西黑猪、大蒲莲猪、巴马香猪、玉江猪（玉山黑猪）、河西猪、姜曲海猪、关岭猪、粤东黑猪、汉江黑猪、安庆六白猪、莆田黑猪、嵊县花猪、宁乡猪
鸡	九斤黄鸡、大骨鸡、鲁西斗鸡、吐鲁番斗鸡、西双版纳斗鸡、漳州斗鸡、白耳黄鸡、仙居鸡、北京油鸡、丝羽乌骨鸡、茶花鸡、狼山鸡、清远麻鸡、藏鸡、矮脚鸡、浦东鸡、溧阳鸡、文昌鸡、惠阳胡须鸡、河田鸡、边鸡、金阳丝毛鸡、静原鸡
鸭	北京鸭、攸县麻鸭、连城白鸭、建昌鸭、金定鸭、绍兴鸭、莆田黑鸭、高邮鸭
鹅	四川白鹅、伊犁鹅、狮头鹅、皖西白鹅、雁鹅、豁眼鹅、酃县白鹅、太湖鹅、兴国灰鹅、乌鬃鹅
羊	辽宁绒山羊、内蒙古绒山羊（阿尔巴斯型、阿拉善型、二狼山型）、小尾寒羊、中卫山羊、长江三角洲白山羊（笔料毛型）、乌珠穆沁羊、同羊、西藏羊（草地型）、西藏山羊、济宁青山羊、贵德黑裘皮羊、湖羊、滩羊、雷州山羊、和田羊、大尾寒羊、多浪羊、兰州大尾羊、汉中绵羊、圭山山羊、岷县黑裘皮羊
牛	九龙牦牛、天祝白牦牛、青海高原牦牛、独龙牛（大额牛）、海子水牛、富钟水牛、德宏水牛、温州水牛、延边牛、复州牛、南阳牛、秦川牛、晋南牛、渤海黑牛、鲁西牛、温岭高峰牛、蒙古牛、雷琼牛、郏县红牛、巫陵牛（湘西牛）、帕里牦牛
其他品种	百色马、蒙古马、鄂伦春马、晋江马、宁强马、岔口驿马、关中驴、德州驴、广灵驴、泌阳驴、新疆驴、阿拉善双峰驼、敖鲁古雅驯鹿、吉林梅花鹿、藏獒、山东细犬、中蜂、东北黑蜂、新疆黑蜂、福建黄兔、四川白兔

“十一五”以来，农业部组织实施了畜禽良种工程、种质资源保护项目等，先后投入3亿多元资金，建设了一批重点畜禽保种场、保护区和基因库。自2006年以来，农业部分两批公布了国家级畜禽保种场109个、保护区22个和基因库6个，江苏、福建等省（区、市）建立了省级畜禽保种场、保护区和基因库，初步建立了以保种场、保护区保护为主、基因库保存为辅的畜禽遗传资源保种体系，抢救了一批濒危的畜禽品种，保存了大量珍贵的育种素材。目前，基因库的战略储备作用开始显现，已将延边牛、鲁西牛、新疆黑蜂等品种（类型）的遗传物质返还原产地，特定类型得到了复壮，血统得到了丰富。

在作物物种和品种保护方面，中国亦已初步建立起农业植物遗传资源保护体系。对主要粮食和农业植物野生种进行了系统调查和编目，建立了116个原生境保护点，包括野生稻、野生大豆、小麦野生近缘植物、野生蔬菜等，有效遏制了野生植物遗传资源的快速灭绝现象。建成和完善了1座国家长期库、1座国家复份库、10座国家中期库、29座省级中期库、32个国家种质资源圃（含2个试管苗库），另外7个种质圃正在建设中。基本形成了较为完善的国家植物遗传资源保护体系，长期保存植物遗传资源397 067份。繁殖更新了286 604份植物遗传资源，充实了中期库，极大地提高了植物遗传资源分发和供种能力。仅2001—2007年就向全国2 650个单位，提供了13.2万份次植物遗传资源。国家投资1.8亿元人民币，于2003年建成了“作物基因资源与基因改良国家重大科学工程”，为植物遗传资源具有重大应用前景的新基因基因型鉴定、发掘提供了条件平台。[①]

（三）相关农业文化遗产保护项目立项与进展情况

1. 全球重要农业文化遗产（GIAHS）

农业文化遗产的概念是2002年由联合国粮农组织（FAO）提出，旨在建立全球重要农业遗产（GIAHS）及其有关的景观、生物多样性、知识和文化保护体系，这些系统与景观具有丰富的生物多样性，而且可以满足当地社会经济与文化发展的需要，有利于促进区域可持续发展，使之成为可持续管理的基础。目前已在智利、秘鲁、中国、印度、日本、菲律宾、阿尔及利亚、摩洛哥、突尼斯、肯尼亚和坦桑尼亚等国选出具有典型性和代表性的传统农业系统作为试点。

中国自2005年开始参与全球重要农业文化遗产项目，目前中国已有11个项目入选。GIAHS项目的一个核心就是保护生物多样性。因而，GIAHS项目特别强调保护传统的动植物品种。如浙江青田“传统稻鱼共生农业系统”、云南红河“哈尼稻作梯田系统”、江西上饶“万年稻作文化系统”与贵州从江“侗乡稻鱼鸭复合系统”4处系统中，水稻均居于核心的位置。云南普洱“普洱古茶园与茶文化系统”首先保护的是野生古茶树、过渡型和栽培型古茶树资源；内蒙古赤峰“敖汉旗旱作农业系统”则是以粟、黍等旱地作物为代表的传统旱作农业系统耕作模式。

① 王述民等:《中国粮食和农业植物遗传资源状况报告（I）》,《植物遗传资源学报》2011年第1期

2. 畜禽种质资源保护项目

从 1995 年开始，国家启动了畜禽种质资源保护项目，保护对象以传统畜禽品种为主。国家财政每年拨专项经费用于全国畜禽遗传资源保护事业。根据“重点、濒危、特定性状”的保护原则和急需保护品种资源的分布情况，重点围绕农业部公布的国家级畜禽遗传资源保护名录开展保护，同时适当兼顾一些濒危的省级保护品种。随着国家经济实力的提高和对资源保护工作的重视，从 2001 年开始，用于畜禽遗传资源保护工作的中央财政经费显著增加，截至 2006 年年底，农业部实施了 407 个保种项目，共投入 12 195 万元。在农业部公布的国家级畜禽保护品种中，有 88 个品种享受过中央财政保种补贴（占 63.8%）；在全国所有畜禽品种中，有 131 个品种享受过中央财政保种补贴（占 22.7%）。①

“九五”期间，畜禽种质资源保护专项实施的良种工程项目建立了 120 多个重点资源保种场、保护区和基因库。2008 年农业部公告确定了 119 个国家级保种场、保护区和基因库，抢救了五指山猪、矮脚鸡、晋江马等一批濒临灭绝的畜禽品种，有效保护了 100 多个重点资源。国家家禽基因库保存了 28 个地方鸡种。建立的两个国家地方水禽资源基因库（江苏泰州、福建石狮）保存了 16 个地方品种。首批国家级鸭遗传资源保种场 6 个，首批国家级鹅遗传资源保种场 7 个，第二批国家级鹅遗传资源保种场两个。②

3. 农作物种质资源国家计划

1994 年，中国政府发布了《中国 21 世纪议程》和《中国生物多样性保护行动计划》，1996 年发布了《国民经济和社会发展“九五”计划和 2010 年远景目标纲要》，2006 年发布了《国家中长期科学和技术发展规划纲要（2006—2020 年）》，这些国家规划和计划都把粮食和农业植物遗传资源的保护和利用作为重点领域或优先主题，并在国家“973”、“863”、科技支撑、科技基础条件平台建设等四大国家主体科技计划以及“种子工程”、“农业野生植物资源保护”等重大专项中，共设立和实施了 12 个关于粮食和农业植物遗传资源保护和利用的国家项目，取得了显著成效。

2000 年农业部启动了农作物种质资源保护与利用项目，繁殖更新了 286 604 份农作物种质资源，开展了农作物种质资源的精准鉴定和评价。2003 年科技部启动了农作物种质资源平台建设项目，研究制定了 120 种作物种质资源的描述规范、数据标准和数据质量控制规范，出版了《农作物种质资源技术规范丛书》110 册；完成了 15.2 万份种质资源的整合、标准化整理、编目和数字化表达。1998 年开始实施“973”项目“农作物核心种质构建、重要新基因发现与有效利用研究”，利用现代生物技术，特别是植物基因组学的理论与方法，研究开发中国丰富的作物种质资源，解决育种亲本遗传基础狭窄问题，为中国农业的持续发展奠定基因资源基础。

2002 年启动的农业野生植物考察收集和原生境保护计划（2002—2010），旨在查清《国家重点保护野生植物名录》（农业部分）191 个物种的分布状况，选择有代表性的居群建

① 于福清，杨军香：《中国中国畜禽遗传资源保护与利用的现状分析》，《中国畜牧杂志》2007 年第 24 期

② 杨红杰：《中国畜禽遗传资源保护利用现状与展望》，《中国家禽》2011 年第 10 期

立农业野生植物原生境保护区（点）。目前已基本查清了大部分农业野生植物物种的分布状况，建立了86个农业野生植物原生境保护点，其中以野生稻、野生大豆和小麦野生近缘植物为主。2005年启动的“农作物野生近缘植物保护与可持续利用计划（2005—2011）”，目标是将野生近缘物种的保护与农业生产相结合，促进中国作物野生近缘植物保护的可持续发展，增加农民收入。此外，“十一五”科技支撑项目“农业基因资源发掘与种质创新利用研究”、“973”项目“农作物骨干亲本遗传构成和利用效应的基础研究”、“云南及周边地区农业生物种质资源调查”及“沿海地区抗旱耐盐碱优异性状农作物种质资源的调查”等多个国家重大科技计划正在实施，极大地促进了中国粮食和农业植物遗传资源的保护和利用。[①]

（四）资源调查与基础性研究工作

1. 开展畜禽遗传资源调查和基础性研究

畜禽遗传资源调查是畜禽遗传资源保护与管理工作的一项主要内容，是发展畜牧业生产的一项重要基础性工作。为了摸清中国畜禽遗传资源家底，20世纪70年代后期到80年代中期，农业部组织全国农、科、教各部门，开展了新中国成立后的第一次较大规模的畜禽遗传资源调查，历时9年，基本摸清全国交通比较发达地区的资源状况，并出版《中国家畜家禽品种志》；1995年又对西南、西北偏远地区进行一次补充调查，发现79个畜禽遗传资源。畜禽遗传资源属于可变性资源和可更新性资源，畜禽遗传资源调查是一项阶段性与持续性相结合的工作。中国已有20年以上没有开展全国性的资源调查。为摸清资源最新状况，农业部在“十一五”期间组织完成了第二次全国畜禽遗传资源调查。据不完全统计，各地共组织6 900多人，投入4 500余万元，调查了1 200余个畜禽品种（类型），历时5年完成了资源调查和数据分析，掌握了大量第一手资料，摸清了现阶段中国畜禽遗传资源状况。通过调查，发现了槟榔江水牛等86个新资源，对“同名异种”等问题进行了科学界定，品种数量增加300多个。调查中有15个地方畜禽品种资源未发现，超过一半以上的地方品种的群体数量呈下降趋势。在资源调查的基础上，历时两年，编纂完成了《中国畜禽遗传资源志》，志书共分7卷，其中《蜜蜂志》和《特种畜禽志》为国内首次出版。志书系统论述了畜种的起源、演变，品种形成的历史，详细介绍了每个品种的产地分布、外貌特征、生产性能、保护利用状况及展望等，对于产业发展、科学研究、人才培养具有重要的参考价值。

同时，加强畜禽遗传资源的基础研究，先后启动了“畜禽遗传资源保存理论与技术研究”、“畜禽系统保种研究”、“中国地方畜禽品种遗传距离测定”等项目，开展种质特性和遗传多样性等方面研究，在保种理论、方法和技术等方面取得了一定成果，为中国畜禽遗传资源的保护和利用工作提供了科技支撑。[②]

2010年，南京农业大学中国农业历史研究中心组织江苏省高校哲学社会科学基地重大

---

① 王述民等：《中国粮食和农业植物遗传资源状况报告（I）》，《植物遗传资源学报》2011年第1期

② 于福清，杨军香：《中国畜禽遗传资源保护与利用的现状分析》，《中国畜牧杂志》2007年第24期

招投标项目“江苏农业文化遗产调查研究”，开展有关调研活动，对本省物种类农业文化遗产进行了调查。选取淮猪、太湖猪、海子水牛、湖羊、海门山羊、狼山鸡、溧阳鸡、高邮鸭、昆山麻鸭、太湖鹅等重要畜禽地方品种资源，对其分布区域、保存现状、历史沿革、地域特征、珍稀度、保护措施、开发利用情况、历史价值、社会价值、经济价值、文化价值、生态价值、学术价值进行了调查。

2. 作物遗传资源调查工作

（1）农业野生近缘植物普查

2002—2009 年，中国农业科学院作物科学研究所组织全国农业科研单位、大专院校和农业环保系统的专家对列入《国家重点保护野生植物名录》中农业野生近缘植物的 191 个植物物种进行了调查，在广泛搜集各物种已有的记载资料基础上，调查这些物种在各地的分布状况，以便掌握这些作物野生近缘植物地濒危状况。基本查清了这些物种的分布区域（到县级）、生态环境、植被状况、伴生植物、形态特征、保护价值、濒危状况等基本情况。经过整理和分析，编写了《国家重点保护农业野生植物要略》。

（2）重要农业野生近缘植物调查

重要农业野生近缘植物调查的主要目标是调查各物种的种群分布状况，掌握各物种遗传多样性水平的丰富度。经过 6 年的野外调查，基本掌握了野生稻 3 个种、野生大豆 3 个种、小麦野生近缘植物 87 个种、水生植物 8 个种、芸香科植物 8 个种以及冬虫夏草、蒙古口蘑、发菜等物种的资源现状。野生稻调查涉及海南、广西、广东、云南、湖南、福建、江西等 7 个省区 53 个县。调查结果表明，与 20 世纪 80 年代初相比，普通野生稻、药用野生稻和疣粒野生稻分布点大量丧失或面积急剧下降，普通野生稻、药用野生稻和疣粒野生稻分布点丧失的比例分别约 70%、55% 和 30%。同时，分别在云南、海南和广西发现 8 个疣粒野生稻和 35 个普通野生稻新分布点。一方面大量的野生稻资源遭受严重破坏；另一方面，由于交通条件改善，使得以前调查难以达到的极端偏远地区的野生稻资源得以重新被发现。

野生大豆调查范围包括 15 个省 186 个县（市），调查原分布点 1 200 多个，发现新分布点 200 多个和 2 个多年生野生大豆分布点。表明野生大豆在中国分布广泛，不仅存在一年生野生种，也存在多年生野生种，且一年生野生种能够在高纬度、高海拔等高寒地区正常生长。

小麦野生近缘植物调查主要在西北和西南 9 省区 133 个县（市）进行，调查小麦野生近缘植物 8 属 87 种 690 多个居群。发现了二倍体冰草、偃麦草、赖草和大颖草等防沙、固沙、保护荒漠生态系统的重要物种。

此外，还对主要水体的水生植物、华中地区芸香科植物和麻类植物、长江流域茶树、华北和长江中下游果树、西北和西南地区的冬虫夏草、华北地区的发菜和内蒙古口蘑等濒危植物资源进行了调查。结果表明，拟纤维茨藻等水生植物在中国大陆可能已濒临灭绝，其他水生植物种群数量稀少，已处于濒危或灭绝状态。

2010 年，南京农业大学中国农业历史研究中心选取江苏省重要作物地方品种资源进行了调查研究。涉及稻的品种如黄壳早廿日、一时兴、飞来凤、老来青、金坛糯、鸭血糯；麦类品种如南通大黄皮、江宁赤壳、江东门、四棱白壳、常熟紫筋；棉花品种如长丰黑子、江阴白子、海门青茎鸡脚棉；蔬菜如宜兴百合、宿迁金针菜、如皋萝卜、矮脚黄青菜；果树如陆林桃、早黄李、菜籽黄杏、照钟枇杷、吴县青梅、无锡杨梅；茶如阳羡茶、虎丘茶、蜀岗茶、碧螺春；花卉如广陵芍药、常州月季等。对其分布区域、保存现状、历史沿革、地域特征、珍稀度、保护措施、开发利用情况、历史价值、社会价值、经济价值、文化价值、生态价值、学术价值进行了调查。

（五）物种类农业文化遗产保护与保存工作

近年来，中国非常重视生物种质资源保存工作，在设施建设等方面投入了大量资源。据2009年国家科技基础条件资源调查统计，中国已经建成包括植物、动物和微生物在内的生物种质资源保存机构481个，其中，北京市的数量最多，为60个；其次是广东省和四川省，分别为47个和46个。同时，广东省于2005年建成全国最大的生物种质资源库，有效地保存了大量种质资源，取得了很好的效果①。

1. 畜禽类遗产的保护与保存工作

20世纪50年代，中国建立一批种畜禽场。到80年代，国家投入上亿元资金在全国各地建立一大批各具特色的优良地方品种保种场和种公牛站。“八五”期间，农业部又确认83个国家级重点种畜禽场，对一些优良地方品种保种场的基础设施进行建设；各省、地、县根据当地的资源优 势和特点，也建立一批地方种畜禽场，划定保护区，制定保种方案和进行良种登记，有计划地开展保种选育工作。“九五”期间，中国又启动畜禽遗传资源保护项目，通过实施“畜禽良种工程”项目，先后建立100多个重点资源保种场、保护区和基因库。根据“重点、濒危、特定性状”保护原则，采取原产地保种和异地基因库保存相结合的方式，抢救独龙牛、荷包猪、鹿苑鸡等一批濒临灭绝的畜禽品种，100多个重点遗传资源得到保护。2008年农业部公告确定了119个国家级保种场、保护区和基因库，抢救了五指山猪、矮脚鸡、晋江马等一批濒临灭绝的畜禽品种，有效保护了100多个重点资源。初步建立起场、区、库三位一体的畜禽遗传资源保护体系，为畜牧业的可持续发展奠定了基础。②

中国还成立了国家畜禽遗传资源委员会，其职能是鉴定、评估畜禽遗传资源，审定畜禽新品种、配套系，承担畜禽遗传资源保护和利用规划论证及有关畜禽遗传资源保护的咨询工作，协助完成全国畜禽遗传资源保护和管理，开展畜禽遗传多样性和种质特性评价工作。③

目前，中国畜禽品种资源保护主要采取两种方式：原地保护、异地保存。

原产地品种资源保护以活体保种为主，活体保种是通过在资源原产地建立保种场和保

① 吕萍，王蕾：《中国生物种质资源保存机构建设的区域差异分析》，《科技管理研究》2012年第24期
② 于福清，杨军香：《中国畜禽遗传资源保护与利用的现状分析》，《中国畜牧杂志》2007年第24期
③ 杨红杰：《中国畜禽遗传资源保护利用现状与展望》，《中国家禽》2011年第10期

护区等方式进行活体保存。其优点是品种来源丰富，品种的适应性强，需要时能迅速扩充品种的数量。缺点是需占用较大场地，组织管理工作复杂，受环境影响较大（自然条件和疫病等因素）所需保种维持费用较高，优秀群体和个体生理利用年限短；同时原产地活体保种对技术要求较高，需要地方政府在政策和资金等方面的大力支持。目前条件下，大多数原产地活体保种由于受到资金、技术、管理等客观条件的限制，保种效果较差，保种效率较低，要做到严格按照保种理论，达到保持品种遗传结构不变的目标难度很大。为加强对地方品种的保护，国家投入了大量资金，在全国各地建立了一大批各具特色的优良地方品种资源场，保证了中国畜禽品种资源保护工作的有序进行。

异地保种也分异地活体保种和异地生物技术保种。中国畜禽品种大多数仍在原产地活体保护，仅有少数品种迁移出原产地进行保护，同时开展一些科学研究工作。如家禽中的北京油鸡、丝毛乌骨鸡、萧山鸡等，引入到江苏省家禽研究所，建立保种群进行保种研究。猪品种中的香猪、五指山猪引入北京市中国农业大学和中国农业科学院畜牧研究所进行纯繁。与原产地保种相比，这种方式容易导致畜禽品种发生风土、驯化等影响原品种特点的变化。[①] 异地生物技术保种是畜禽品种资源保护的重要手段，可采取保存畜禽精液、卵母细胞、胚胎、基因组 DNA（在此基础上构建 DNA 文库）和其他可用于保种的现代生物技术。目前人工授精技术已广泛用于畜牧业生产，这项技术对家畜品种性能的提高起到了巨大作用，为家畜繁殖新技术在畜牧业生产上的应用提供了便利条件，而且世界多数国家都在建立各种动物精液库、基因库。家畜精液冷冻保存不受时间、空间的限制，冷冻精液制作适于现代化生产，人工授精技术的普及提高了种公畜的配种效能。目前奶牛、黄牛、水牛、牦牛、绵羊、山羊的人工授精技术已在畜牧业生产中广泛应用。[②]

2. 作物类遗产的保护与保存工作

目前，中国作物品种资源保护主要采取两种方式：原生境保护、非原生境保存。

（1）原生境管理现状

虽然原生境保护工作开展得相对较晚，但近 10 年来也有了很大发展，原生境保护进入了一个快速发展时期。

一是设立自然保护区。截至 2009 年年底，全国共建立各种类型、不同级别的自然保护区 2 395 个，保护区总面积 15 153 万公顷，陆地自然保护区面积约占国土面积的 15.16%。与 1993 年相比，自然保护区数量分别增长近 2 倍，面积也增长 1 倍多。中国自然保护区分为自然生态系统、野生生物、自然遗迹保护区 3 大类，其中自然生态系统类自然保护区无论在数量上还是在面积上均占主导地位。虽然在已建的自然保护区中保存着一定数量的植物遗传资源，但以植物为主要保护对象的保护区相当少，其数量和面积仅分别占总数的 6.6% 和 1.192%，并且其保护的植物中极少包含与粮食和农业相关的植物。

二是设立作物野生近缘植物原生境保护点。作物野生近缘植物大多分布于农、牧区，

① 马月辉，陈幼春，冯维祺，等:《中国家养动物种质资源及其保护》,《中国农业科技导报》2002 年第 4 期

② 陈守云，徐海涛:《中国地方畜禽资源的保护及其利用》,《青海畜牧兽医杂志》2010 年第 3 期

生态环境破坏严重，生境片断化致使作物野生近缘植物群落分布面积较小，不宜以保护区方式进行管理。为了保证作物野生近缘植物遗传资源不致在自然环境中消失，2001 年起，农业部开始进行作物野生近缘植物原生境保护点建设，确立了围栏、围墙、天然屏障、植物篱笆等几种适合中国国情的保护方式，制定了原生境保护点建设技术规范、管理技术规范和监测预警技术规范，从而使作物野生近缘植物原生境保护工作步入科学化、规范化和制度化的轨道。截至 2009 年年底，全国 26 个省（市、自治区）共建成 116 个作物野生近缘植物原生境保护点，另有 30 个已列入计划待建。这些原生境保护点涉及野生稻、野生大豆、小麦野生近缘植物、野生莲、珊瑚菜、金荞麦、冬虫夏草、野生苹果、野生海棠、野生甘蔗、野生柑橘、苦丁茶、野生猕猴桃、中华水韭、野生茶、野生荔枝、野生枸杞、野生兰花等 26 类野生近缘植物。

三是保护区外农业生态系统的保护。其一是采用与农业生产相结合的方式保护作物野生近缘植物。在全球环境基金（GEF）资助下，农业部启动了“作物野生近缘植物保护与可持续利用”项目，在全国 8 个省（区）选择 8 个野生稻、野生大豆和小麦野生近缘植物分布点作为示范点，借助国际组织的资金、技术和经验，通过消除代表中国不同社会经济状况的 8 个示范点对野生植物生存构成威胁的因素及其根源，更好地保护中国珍贵的作物野生近缘植物资源。通过建立可持续激励机制、完善法律法规、提高地方政府和农民的保护意识、增加保护知识等措施，将野生近缘植物保护与农业生产相结合，使其成为农业生产活动的重要组成部分。其二是采用生态系统方式保护农业生物多样性。在欧盟（EU）和德国经济技术合作公司（GTZ）的支持下，农业部于 2005 年启动了“中国南部山区农业生物多样性保护”项目，在海南、湖南、安徽、湖北、重庆等 5 省（市）选择 14 个县的 28 个村进行农业生物多样性保护的试点工作。其基本思路是：将农业生物多样性保护与农业生产相结合、与扶贫和改善农民生活质量相结合、与妇女和儿童教育相结合、与新农村建设相结合、与农田保护和土地整理项目相结合、与农村清洁工程相结合、与农村劳动力转移相结合，通过宣传、教育、培训和技术指导，使农民不再依赖于日益减少的农业生物多样性，从而达到保护的目的。目前该项目已完成前期调研和规划，并开始实施。其三是结合病虫害综合防治保护农作物地方品种。针对农业生物多样保护与利用、农业病虫害防治的需要，解决农业生物多样性应用技术中的重大科学问题，国家改革与发展委员会在云南农业大学建立了第一个农业生物多样性应用技术国家工程研究中心。该研究中心通过建立品种优化搭配，优化群体种植模式的技术参数、技术标准和技术规程，建成 10 个万亩农业生物多样性应用技术示范点，不仅使示范区内病害防治效果达到 70% 以上，而且恢复使用和保护了 230 多个农作物地方品种。

（2）非原生境管理现状

粮食与农业植物遗传资源收集、保存、鉴定、分发和利用活动主要是通过“国家粮食与农业植物遗传资源工作协作网”完成的。该协作网由牵头单位、核心单位及协作单位组成。牵头单位为中国农业科学院作物科学研究所，其主要职责是受农业部委托，负责全国粮食与农业植物遗传资源的收集、鉴定、评价、编目、引进、交换、保存、供种分发和设施建设等方面国家项目的规划与组织实施。核心单位包括中国农业科学院作物科学研究所、棉花研究所、油料作物研究所、蔬菜花卉研究所、草原研究所等 40 余个单位，主要负责某一种（类）植物遗传资源收集、鉴定、评价、编目、引进、中期保存、繁种更新、供种分发。协作单位包括各省（市）农业科学院、有关农业大学等，主要参与植物遗传资源某一项具体活动，如收集或鉴定评价等。

粮食和农业植物遗传资源必须经过试种观察或检疫、基本农艺性状鉴定、去除重复、编入《全国作物种质资源目录》后，才能成为国家种质资源收集品，并繁殖入国家种质库（圃）长期保存，而后进行深入鉴定评价并提供分发利用。目前，已初步建立国家粮食和农业植物遗传资源保存体系，包括国家长期库 1 座、国家复份库 1 座、国家中期库 10 座、国家种质圃 32 个（含 2 个试管苗库）。收集品总量为 397 067 份，其中种子收集品为 356 940 份，植株和试管苗收集品 40 127 份（表 3-2，表 3-3，表 3-4）。据初步统计，在种子收集品中，国内收集品约占 82%，国外收集品约占 18%。在国内收集品中，地方品种约占 56%，稀有、珍稀和野生近缘植物约占 10%。

表 3-2　国家长期库保存的作物种质资源数

作物	入库份数	物种数	作物	入库份数	物种数
水稻	66 179	21	麻类	5 233	7
野生稻	5 885		油菜	6 300	13
小麦	41 761	134	花生	6 591	16
小麦近缘植物	2 009		芝麻	5 119	1
大麦	18 833	1	向日葵	2 739	2
玉米	19 998	1	特种油料	5 075	4
谷子	26 633	9	西、甜瓜	2 086	2
大豆	25 020	4	蔬菜	29 482	135
野生大豆	6 644		牧草	3 712	387
食用豆	29 658	17	燕麦	3 408	3
烟草	3 407	22	荞麦	2 610	3
甜菜	1 389	1	绿肥	663	71
黍稷	8 713	1	其他	2 176	2
高粱	18 319	1			
棉花	7 298	19	合计	356 940	735

注：科、属、种的合计已剔除重复

资料来源：王述民等:《中国粮食和农业植物遗传资源状况报告（I）》,《植物遗传资源学报》2011 年第 1 期

表 3-3 国家中期库保存的作物种质资源数

序号	中期库名称	作物	份数
1	国家农作物种质保存中心（北京）	禾谷类、大豆、食用豆、杂粮	175 600
2	国家水稻种质中期库（杭州）	稻类	50 768
3	国家棉花种质中期库（安阳）	棉花	5 350
4	国家麻类作物种质中期库（长沙）	麻类作物	4 426
5	国家油料作物种质中期库（武汉）	油料作物	20 769
6	国家蔬菜种质中期库（北京）	蔬菜	22 265
7	国家甜菜种质中期库（哈尔滨）	甜菜	906
8	国家烟草种质中期库（青岛）	烟草	2 500
9	国家牧草种质中期库（呼和浩特）	牧草	2 200
10	国家西甜瓜种质中期库（郑州）	西瓜、甜瓜	1 820
合计			286 604

注：科、属、种的合计已剔除重复

资料来源：王述民等:《中国粮食和农业植物遗传资源状况报告（Ⅰ）》,《植物遗传资源学报》2011 年第 1 期

表 3-4 国家种质圃保存的作物种质资源数

序号	资源圃名称	作物	份数	物种数
1	国家野生稻种质圃（广州）	野生稻	4 220	20
2	国家野生稻种质圃（南宁）	野生稻	3 504	21
3	国家小麦野生近缘植物圃（廊坊）	小麦野生近缘植物	2 246	220
4	国家甘薯种质圃（广州）	甘薯	572	3
5	国家野生棉种质圃（三亚）	野生稻	552	36
6	国家苎麻种质圃（长沙）	苎麻	1 465	19
7	国家野生花生种质圃（武昌）	野生花生	166	30
8	国家水生蔬菜种质圃（武汉）	水生蔬菜（12 种类）	1 408	32
9	国家茶树种质圃（杭州）	茶树	2 804	5
10	国家桑树种质圃（镇江）	桑树	2 158	13
11	国家甘蔗种质圃（开远）	甘蔗	1 921	14
12	国家橡胶种质圃（儋州）	橡胶树	6 060	6
13	国家甘薯种质试管苗库（徐州）	甘薯	1 066	10
14	国家马铃薯种质试管苗库（克山）	马铃薯	1 712	11
15	国家多年生牧草种质圃（呼和浩特）	多年生牧草	480	171
16	国家果树种质梨苹果圃（兴城）	梨	384	14
		苹果	327	27
17	国家果树种质寒地果树圃（公主岭）	寒地果树（28 种类）	357	79
18	国家果树种质桃草莓圃（北京）	桃	340	4
		草莓	260	9
19	国家果树种质桃草莓圃（南京）	桃	574	10
		草莓	317	13
20	国家果树种质柑橘圃（重庆）	柑橘	639	24

（续表）

序号	资源圃名称	作物	份数	物种数
21	国家果树种质核桃板栗圃（泰安）	核桃	227	13
		板栗	215	7
22	国家果树种质云南特有果树及砧木圃（昆明）	云南特有果树	512	147
23	国家果树种质新疆特有果树及砧木圃（轮台）	新疆特有果树	414	31
24	国家果树种质枣葡萄圃（太谷）	枣	315	2
		葡萄	361	13
25	国家果树种质桃葡萄圃（郑州）	桃	618	22
		葡萄	604	24
26	国家果树种质砂梨圃（武昌）	砂梨	363	6
27	国家果树种质荔枝香蕉圃（广州）	香蕉	256	7
		荔枝	103	1
28	国家果树种质龙眼枇杷圃（福州）	龙眼	78	2
		枇杷	172	8
29	国家果树种质柿圃（杨凌）	柿	562	7
30	国家果树种质李杏圃（熊岳）	李	569	8
		杏	642	8
31	国家果树种质山楂圃（沈阳）	山楂	229	10
32	国家果树种质山葡萄圃（左家）	山葡萄	355	3
合计			40 127	941

注：科、属、种的合计已剔除重复

资料来源：王述民等:《中国粮食和农业植物遗传资源状况报告（I）》,《植物遗传资源学报》2011 年第 1 期

作物种质资源信息化方面，研究制定了农作物种质资源描述规范、数据标准和数据质量控制规范 336 个，形成了农作物种质资源科学分类、统一编目、统一描述的规范标准体系，已出版《农作物种质资源技术规范》丛书 110 册。建成了拥有 180 种作物、39 万份种质信息的国家农作物种质资源数据库系统，包括国家作物种质库管理、青海复份库管理、国家种质圃管理、国家中期库管理、农作物特性评价鉴定、优异资源综合评价、国内外种质交换、农作物种质资源调查和种质图像等 11 个子系统，近 700 个数据库，135 万条记录，数据量达 100GB。1996 年，建立了中国作物种质信息网（http：//www. cgris. net），2007 年，建立了国家植物种质资源信息共享网站，已向 100 多万人次提供了作物种质资源信息共享服务。成功研制了中国作物种质资源电子地图系统、中国主要农作物种质资源特性分布信息系统、主要作物种质资源 WebGIS，设计了作物种质资源指纹图谱自动识别系统（GEL）、种质库种子繁殖更新专家系统（RES）、农业野生植物 GIS/GPS 等一系列应用软件。[①]

① 王述民等:《中国粮食和农业植物遗传资源状况报告（I）》,《植物遗传资源学报》2011 年第 1 期

表 3-5 中国作物种质资源信息系统（CGRIS）的数据库及其记录数

序号	数据库名	作物种类	记录数
1	农作物种质资源特性评价鉴定数据库	180	38.1 万
2	国家种质库管理数据库	141	33.3 万
3	青海国家复份库数据库	130	33.1 万
4	国家野生作物种质圃管理数据库	32	1.3 万
5	国内外种质交换数据库	136	10.7 万
6	中期库国家交换种质数据库	52	15.4 万
7	中国作物种质资源地理分布图库	82	512 幅
8	优异种质资源评价创新数据库	40	1.0 万
9	作物种质资源指纹图谱数据库	6	0.1 万
10	中国农作物审定品种数据库	49	0.1 万
11	中国主要农作物区试数据库	3	0.1 万
12	作物种质分发数据库	52	0.5 万
13	国家种质库种质监测数据库	141	1.8 万
14	作物种质资源图象数据库	200	1.0 万

（六）相关农业文化遗产开发利用情况

1. 畜禽类遗产开发利用概况

畜禽遗传资源的开发利用取得显著成效。近 20 年来，运用现代育种技术和手段，选育一大批新品种和专门化品系，形成集育种、生产、加工于一体的畜禽资源开发利用模式，使许多畜禽地方品种的主要优良性状得以保持，生产性能有较大提高。

通过对畜禽遗传资源的开发，许多地方品种生产性能有了显著提高，如山麻鸭、绍兴鸭、豁眼鹅等品种的产蛋量世界领先，经选育的辽宁绒山羊产绒量提高近 1 倍。运用现代育种技术，以地方品种为基本素材，培育了京海黄鸡、夏南牛、巴美肉羊等 90 个畜禽新品种（配套系）。黄羽肉鸡成功利用矮小基因（dw）育种，实现父母代种鸡节粮 15%~20%，黄羽肉鸡出栏占肉鸡出栏总量近 50%。猪、牛和羊地方品种的专门化选育和开发利用已经起步，在一定程度上降低了对国外引进品种的依赖程度，满足了人们对畜产品多样化、优质化、特色化的需求。①

畜禽遗传资源的合理利用，促进资源优势向经济优势转化，形成畜产品的多样化、优质化和特色化，为畜牧业增产增效和农牧民增收做出重要的贡献。

2. 作物类遗产开发利用概况

通过利用传统作物品种资源，在作物育种方面取得了重要成果。

（1）高产育种

高产始终是中国作物育种最重要的目标，发掘和利用植物遗传资源中具有潜在高产特性的种质或基因就显得十分重要。20 世纪 50 年代，中国广东省利用从水稻品种“南特”

① 于福清，杨军香：《中国畜禽遗传资源保护与利用的现状分析》，《中国畜牧杂志》2007 年第 24 期

中发现的矮秆自然变异株育成“矮脚南特”，利用“矮仔占”品种育成“广场矮”、“珍珠矮”；台湾省利用地方品种“低脚乌尖”育成“台中本地 1 号”等水稻良种，促进了中国水稻的矮化、高产。20 世纪 70 年代，中国在杂交稻的培育过程中，成功地利用原产海南省的败育型野生稻和国际稻 26 号等选育了不育系和恢复系，从而成功地实现了三系配套。

（2）优质育种

中国作物育种已从单纯追求产量转变为产量和品质的协同提高，新育成品种的品质有了明显的改善。例如 1993—2004 年选育的 605 个大豆品种中，蛋白质含量在 45% 以上的有 103 个，占 17.0%，脂肪含量在 22% 以上的品种有 71 个，占 11.7%。其中大量利用大豆地方品种和野生大豆种质资源。在桃优质育种方面，利用中国蟠桃地方品种陈国蟠桃、百芒蟠桃，改良商业栽培桃和油桃品种，育成了 20 多个新蟠桃品种，克服了地方品种果实软、裂顶和产量低等缺点，保持了蟠桃香甜的优点。

（3）抗病虫育种

在抗病虫育种方面，更加注重携带广谱抗性基因、新基因、抗多种病虫害基因的遗传资源的利用。如 50 年代中期美国发生的大豆孢囊线虫病曾对大豆生产造成严重威胁。后因从 3 000 多份大豆种质资源中筛选出原产中国的北京黑豆品种作为抗源，通过杂交将其中的抗病基因转育于栽培品种，从而有效地控制了该病的危害。

（4）抗旱育种

近年来，在水稻、小麦、玉米等主要粮食作物育种中，抗旱、节水育种已成为主要育种目标之一，并取得了显著成效。例如，利用筛选出的小麦优异抗旱资源晋麦 63 和 82230-6，并提供小麦育种家利用，育成新品种 6 个，适应范围跨越中国黄淮冬麦区旱地、北方冬麦区旱地和北方冬麦区水地三大生态区。

（5）植物多样化种植

植物多样化种植是中国农业的优良传统，近年来不仅得到进一步加强，而且利用同一作物不同品种的搭配种植，控制病虫害。例如，云南农业大学与 IRRI、Bioversity 合作，从 1998 年起在云南、四川、江西等省开展了利用水稻地方品种多样性，进行抗、感水稻品种混合种植，以控制稻瘟病的发生。利用高产杂交水稻汕优 63、汕优 22 与感稻瘟病优质糯稻品种黄壳糯、紫糯进行混合间植，与优质糯稻品种单植相比较，混植田块的稻瘟病严重度减少 80% 左右，增加产量 6.5%~8.7%，增加收益约 10%。

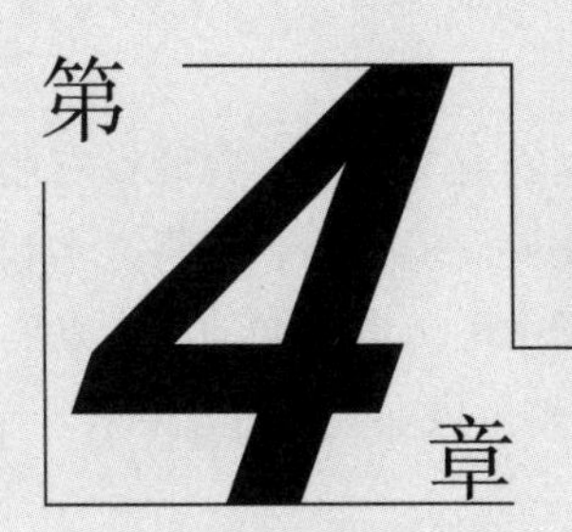

工程类农业文化遗产调查与研究

由于中国特有的地理位置和自然环境，工程类农业文化遗产曾经在农业历史发展中扮演过非常重要的角色，是中华民族生存和发展的重要保障，历朝都将兴水利、除水害作为国事之重。工程类农业文化遗产的发展全面体现了中国历史时期的社会发展状况以及与政治、文化、经济之间的紧密联系，也揭示了不同时期的农业建设理念和农业工程水平。

一、工程类农业文化遗产概述

在中国，农业生产的发展、盛衰与工程类农业文化遗产有着密切的关系，具体表现在：一是对中国农业经济区的形成和转移有重大影响。如秦、汉时期，一系列大规模灌溉渠系陆续兴建，由此而形成了关中、成都平原和冀、鲁、豫等几个重要农业经济区。东汉至魏、晋，陂塘水利灌溉事业的发展，使江淮之间成为重要农业经济区。中唐以后，长江下游塘浦圩田水利的发展为农业经济重心逐渐南移江南地区创造了条件。二是水利促进了一些地区耕作栽培制度的发展。如长江流域沮洳下湿地区，随着塘浦圩田水利的发展，排灌技术的进步，耕作栽培制就由一年一熟逐步演进为稻、麦两熟和两稻一麦的制度。三是水利使一些地区的作物组成发生变化。黄河流域自西周迄至春秋，主要农作物为黍、稷；而到战国、秦、汉时期，粟、菽（大豆）、麦则成为主要农作物。菽、麦对水分的要求较高，水利灌溉事业的发展是促成这一变化的重要原因之一。再就是农田水利排灌事业的发展，促使一些低产地区变成为农业高产区。[①]

（一）工程类农业文化遗产概念

工程类农业文化遗产，指为提高农业生产力和改善农村生活环境而修建的古代设施，

① 阴法鲁等:《中国古代文化史（下）》，北京大学出版社，2008 年，796-797 页

它综合应用各种工程技术，为农业生产提供各种工具、设施和能源，以求创造最适于农业生产的环境，改善农业劳动者的工作、生活条件。[①] 工程类农业文化遗址具有重要的科学价值、生态价值，在区域历史文化中具有重要地位。这些遗产中不仅有水利工程设施这样的物质文化遗产，还有治水理念、水管理文化、农村防洪抗旱灌溉互助合作制度等非物质文化遗产，它们通过碑刻、典籍、农书、档案、族谱及乡规民约等形式流传下来。

工程类农业文化遗产主要是农业水利设施，具体可以分为运河闸坝工程、海塘堤坝工程、塘浦圩田工程、陂塘工程、农田灌溉工程等类型。水利是中国独有的名词，最早出现于先秦时期，《吕氏春秋·孝行览·慎人》中有“以其徒属掘地财，取水利”，[②] 这里的“取水利”泛指捕鱼水产带来的利益。从司马迁在《史记》中的记载得知，最晚至西汉时期，人们所说的水利就开始囊括了各种围绕水利开展的活动，并且已经变得很普遍。现代意义上的“水利”一词，内涵更加丰富。《中国水利百科全书》定义为：各种采取人工措施对自然界的水进行控制、调节、治导、开发、管理和保护，以减轻和免除水旱灾害，并利用水资源，适应人类生产，满足人类生活需要的活动”。[③] 而水利遗产是水利文化的遗留物，是人类在水利活动及其相关的历史实践中创造出来的具有历史、文化、科学、技术等价值的遗存。

（二）工程类农业文化遗产分类

1. 运河闸坝工程

运河闸坝工程指用以沟通地区或水域间水运的人工水道及其附属的水闸、水坝等工程设施，具有航运、灌溉、分洪、排涝、给水等多种功能。运河在穿过山岭和跨越河流、河谷时，运河的河岸和河床须有防止浸蚀、渗漏的保护设施；其船闸建筑通常采用梯级式多级船闸，或采用在两闸间相隔一小段河道的梯段式船闸；蓄水库的建设应有向高处供水的高水位水库，弥补过闸泄水和蒸发的损失；另须建筑低水位水库，以容受船只频繁过闸时所泄入的水量。

2. 海塘堤坝工程

海塘堤坝工程指为阻挡浪潮、防御潮水灾害而人工修建的堤防。在中国东南沿海，海塘对于当地农业生产和生活具有重要屏障意义。自汉、唐起，江、浙、闽沿海人民为防御潮水灾害而开始修建江海堤防。海塘从局部到连成一线，从土塘逐渐演变为土石塘、石塘，五代时采用“石囤木桩法”，北宋时采用了“坡坨法”石塘技术，建筑技术水平不断提高。明、清时，海塘工程更受重视，投入的人力、物力之多以及技术上的进步都超过其他历史时期。目前的海塘主要分布在江苏、浙江两省以及福建省、上海市等。尤其在杭州湾两岸，海塘绵延，用以保护塘内耕地和平民生活。

---

① 李明，王思明:《农业文化遗产学》，南京大学出版社，2015 年 6 月，第 78 页

② （秦）吕不韦:《吕氏春秋》卷十四，商务印书馆，1929 年

③ 《中国水利百科全书》编辑委会员:《中国水利百科全书》，水利水电出版社，2006 年

3. 塘浦圩田工程

塘浦圩田工程是古代太湖地区劳动人民的创造。在浅水沼泽或河湖滩地取土筑堤围垦辟田，筑堤取土之处必然出现沟洫；为了解决积水问题，又把这类堤岸、沟洫加以扩展，于是逐渐变成了塘浦；当发展到横塘纵浦紧密相接，设置闸门控制排灌时，就演变成为棋盘式的塘浦圩田系统。隋、唐、宋时期，太湖流域的塘浦圩田大规模兴修尤为突出。宋代范仲淹在《答手诏条陈十事》（1043 年）中描述道："江南旧有圩田，每一圩方数十里，如大城，中有河渠，外有闸门，旱则开闸引江水之利，潦则闭闸拒江水之害，旱涝不及，为农美利。"太湖地区的塘浦圩田形成于唐代中叶以后。五代时吴越国利用军队和强征役夫修浚河堤，加强管理护养制度，设立"都水营田使"官职，把治水与治田结合起来。这些措施对塘浦圩田的发展和巩固起到了良好作用。北宋初，太湖流域塘浦圩田废而不治，中期又着手修治。南宋时大盛，作了不少疏浚港浦和围田置闸之类的工程。

4. 陂塘工程

陂塘工程指利用自然地势，经过人工整理的贮水工程，适建于丘陵地区，起始于淮河流域，汝南、汉中地区也颇发达，其功能是蓄水溉田。2 000 多年前的文献中已有利用陂池灌溉农田的记载。著名的芍陂由春秋时楚相孙叔敖主持修建，是中国最早的一座大型筑堤蓄水灌溉工程，今天的安丰塘就是其残存部分。汉代，陂塘工程修建已很普遍，东汉以后，陂塘工程修建加速发展。从云南、四川出土的东汉陶陂池模型，可看出当时已在陂池中养鱼，进行综合利用。中小型陂塘适于小农经济的农户修筑，南方地区雨季蓄水以备干旱时用，因此修建很多。元代王桢《农书·农器图谱·灌溉门》说："惟南方熟于水利，官陂官塘处处有之。民间所自为溪堨、水荡，难以数计"。

5. 农田灌溉工程

农田灌溉工程，指从水源向农田引水、输水、配水、蓄水、灌水以及排水等各级渠沟或管道及相应建筑物和设施的总称。农田灌溉工程包括灌溉渠系工程、井灌工程等类型。

灌溉渠系工程，一般由取水枢纽（渠首工程）、灌溉渠道、渠系建筑物和田间工程四部分组成，其主要作用是把从水源引取的灌溉水输送到农田。商、周时期农田中出现沟洫。战国时期，大型渠系建设迅速兴起，魏国西门豹在今河北临漳一带主持兴建漳水十二渠，为中国最早的大型渠系。公元前 3 世纪，蜀守李冰主持修建了举世闻名的都江堰工程为无坝引水渠系，至今历时 2 000 多年仍在使用，整个工程规划布局合理，设计构思巧妙，管理运用科学，施工维修经济，为中国古代灌溉渠系中不可多得的优秀工程。关中平原上的郑国渠是规模最大的一个渠系工程，由水工郑国主持修建。渠西引泾水，东注洛水，干渠全长 300 余里（1 里 =500 米），计划灌溉面积达 4 万顷。西汉时，灌溉渠系工程继续有发展，关中地区建成了白渠、六辅渠、成国渠、蒙茏渠、灵轵渠等，西汉以后，灌溉渠系工程的发展基本上处于停滞状态，只是在少数地方略有兴建而已。

井灌，是利用地下水的一种工程型式。在中国浙江省余姚河姆渡遗址第二文化层有木结构水井，是已发现的最原始的水井，距今 5 700 余年。春秋时期已用桔槔提取地下水灌溉。中国北方许多地方地表水不足，故重视发展井灌。战国以来，北方井灌相当流行，在战国遗址中曾发现用于农田灌溉的水井，瓦圈水井就是当时打井技术进步的一个标志。唐代开始应用水车提取井水。明、清时，在今陕西关中，山西汾水下游，河北、河南平原地区形成了井灌区。明代徐光启在《农政全书》的《旱田用水疏》中，根据不同的砌护材料将水井分为石井、砖井、苇井、竹井和木井等。坎儿井，是新疆地区利用天山、阿尔泰山、昆仑山上积雪融化的雪水经过山麓渗漏入砾石层的伏流或潜水而灌溉的一种独特形式。坎儿井在西汉时就有了。人们根据当地雨量稀少，气候炎热，风沙大的特点，在地下水流相通的地带开凿成列的竖井，其下有横渠（暗渠），然后通过明渠（灌溉渠道）把水送到农田里。

（三）中国工程类农业文化遗产概况

中国特有的地理位置和自然环境决定了水利是中华民族生存、发展的必然选择。水利与中华文明同时起源，并贯穿于其整个经济社会发展进程中。历代各朝都将兴水利、除水害作为头等国事，兴建了各类水利工程。古代水利工程与工程类农业文化遗产类型多样，按功能可以分为防洪、灌溉、水运、园林等类，按建筑型式可分为拦河坝、溢流坝、渠道、闸门、分水堰、水道制导工程、堤防等。工程类农业文化遗址包括水利遗址，如堤坝塘堰水库渠沟洫、坎儿井、都江堰，还包括仓储等遗址，用于灌溉、耕作。古代水工程具有重要的科学价值、生态价值，在区域历史文化中具有重要地位。

调查以全国水利遗产名录的数据为主，分析了工程类农业文化遗产表现出的区域分布特征、类型特征及其影响因素，并对其中具有代表性的工程类文化遗产的分布区域、历史沿革、保存现状、经济文化生态价值、未来发展等进行了整理，这对于理解中国工程类农业文化遗产的保护现状和发展具有现实意义。但是由于资料获取的局限性和书籍篇幅的限制，只是选取了各地区具有代表性的遗产进行分析概括和总结。

在中国境内现今依然保存了大量的古代水利工程的遗迹，有文献可考的最早水利工程当首推安徽寿县城南 30 千米的芍陂，传为春秋时楚国丞相公孙敖所建造，后来改名为安丰塘。此外还有扬州地区的邗沟、西安地区的郑国渠、广西兴安的灵渠等都是两千多年前的古迹。四川成都附近的都江堰，是至今仍然发挥效益的水利工程。目前灵渠、大运河、郑国渠首、木兰陂、安丰塘、它山堰等被列入了全国重点文物保护单位。古代的一些水利工程与现在的工程相比，虽然规模小，但历史作用不容小视。中华文明史是一部水利文明的历史，水利的历史与中华文明史同样源远流长。世代居住的人民以多样化的自然资源为基础，通过因地制宜的生产实践活动，创造、发展、管理着许多独具特色的水利工程系统。这些在本土知识和传统经验基础上所建立起来的古代水利工程巧夺天工，充分反映了人类及其文化多样性和与自然环境之间深刻关系的演进历程。①

水利工程都是与水紧密联系在一起，所以工程的设计规划几乎都是体现出与大自然的和谐融合。如无坝引水工程都江堰。都江堰创建于秦昭王末年 (公元前 256 年—前 251

① 罗哲文:《世界遗产专题——文物古迹保护与旅游事业的发展》,《中国旅游报》, 2004 年 6 月 23 日

年），由秦蜀郡守李冰主持兴建。传说是李冰开凿了进水口并修建了引水渠道，将岷江水引入成都平原。根据现代地质调查表明岷江原来有1条支流，自都江堰市分出，流经成都平原，至新津归回岷江，李冰利用当地的地形条件凿宽进口，整治河道，增加进水量，这个进口即为都江堰永久性进水口，因为形状如瓶状而名为“宝瓶口”。据《华阳国志》记载，李冰还在白沙邮(渠道上游约1千米处，今为镇)筑了三个石人，立于水中“与江神要(约定)，水竭不至足，盛不没肩”。[①] 这代表了他对水位流量关系已经有了一定的认识，接着还提出了有利于下游用水的大致水位标准。据《史记·河渠书》的记载，早期的都江堰主要是进行航运，同时还有灌溉效益，后来才逐步演变成为以灌溉为主。[②] 最晚在魏晋时，就已经具备了分水、溢洪、引水三大主要工程设施的雏形。这些水利遗产的特点是充分利用河流水文以及地形特点布置工程设施，使工程既满足引水、防洪、通航的需求，又不改变河流原来的自然特性。所以目前在建设水利工程的过程中，人与自然和谐相处的理念越来越受到大家的重视。

中国工程类农业文化遗产数量众多、具有极高的文化价值，还拥有悠久的历史。但同时也呈现出分布区域不均衡的情况。经过调查发现，华东地区的江苏、浙江、山东，华中地区的河南等地分布的数量较多，而像辽宁、吉林、黑龙江、海南和西藏地区则数量很少。这也和中国的国情相对应，华东河流众多，水网密布，利于开发水利，而其他地区缺乏发展水利的必要条件。

水利是国之命脉、农业之本，中国境内形式多样、内容丰富的众多水利遗存是先民们智慧的结晶。经历数千年，中华民族在认识自然、开发自然、利用自然的过程中，为民族生存与发展，在实践中创造了丰富的水利工程类农业遗产，是中华民族传统文化的重要组成部分。自从2012年农业部启动了“中国重要农业文化遗产”发掘工作以来，国家对文化遗产保护工作的重视程度日益加强，工程类农业文化遗产也需要进行发掘、整理，并建立起专门的保护政策。

二、工程类农业文化遗产的保护实践

（一）保护活动概述

工程类农业文化遗产保护自2000年以来，经历十多年的发展已逐步被社会重视，但其保护规模和重视程度依然没有像非物质文化遗产保护受重视。最近十年来中国对工程类农业文化遗产保护整体上有了一个更深层次的进步，不断在范围上扩大，涉及全国多个地区的水利遗址，而且地方上挖掘力度也空前加大，使得很多新类型的工程类农业文化遗产被发掘与保护。

① （东晋）常璩:《华阳国志》

② （西汉）司马迁:《史记·河渠书》，中华书局，1959年

2013 年 5 月，“新疆吐鲁番坎儿井农业系统”被列入第一批中国重要农业文化遗产名单。坎儿井是新疆吐鲁番绿洲特有的农业工程文化景观。吐鲁番绿洲的坎儿井总长度约 5 000 千米，是迄今世界上最大的地下水利灌溉系统，被誉为中国的地下万里长城，同时也是中国古代最伟大的三大工程之一。坎儿井的独特之处就在于巧妙运用地下暗渠输水，使得用水既不受季节、风沙的影响，又极大减少蒸发量，保持流量稳定，可以常年进行自流灌溉。坎儿井作为吐鲁番盆地的农业文化遗产具有重要的文化内涵，已成为 2 000 多年人类文明史上的里程碑，亦是世世代代居住在吐鲁番盆地的各族劳动人民改造和利用自然的巧妙创造。目前，当地政府正按照农业部中国重要农业文化遗产保护工作要求，制定了保护规划和管理办法，采取有效措施保护坎儿井，使这一伟大农业文化遗产得以继承。

2000 年 11 月，联合国教科文组织评价都江堰是“世界上历史最悠久、设计最科学、保存最完整、至今发挥作用最好、以无坝引水为特征的大型水利生态工程”。2000 多年来，都江堰工程不仅得到了持续利用，而且蕴含其中的治水思想和历史文化绵延发展。都江堰的建成直接促进了成都平原的经济发展，使之成为了天府之国。工程的创建对城镇规划产生了直接影响，改善了成都平原的景观环境、人居环境。一批精美的建筑群落、独具特色的都江堰水文化依托工程而产生，在中国历史文化中占有了一席之地。都江堰不仅是我们民族的物质财富，更是民族长远的精神文化资源。大运河自隋朝开凿，历经千年，是中国东部沟通内河、联系海港的水运交通干线。它的开凿繁荣了南北经济，促进了南北方文化的交流。大运河已被列入了第六批全国文物保护单位。运河蕴含的非物质文化遗产十分丰富，历史时期大运河在两岸非物质文化遗产的传播和发展过程中发挥了不可替代的作用。运河曾经是沟通中国南北经济的大动脉，是祖先用双手为我们民族构筑的南北母亲河。①

2000 年以来，随着国内外遗产保护工作对于运河的重视不断深入发展，联合国教科文组织世界遗产委员会（WHC）在 2005 年《实施世界遗产公约的操作指南》规定“遗存运河”作为新的世界遗产种类进行保护和规划。在联合国教科文组织关于《保护世界文化和自然遗产公约》的最新一版《行动指南》中，遗存运河和文化线路作为新的世界遗产种类已经赫然在列。② 作为申请世界文化遗产的重要项目，近十年来其保护力度空前，大运河作为中国历史上重要的水利工程遗址，其主要作用并不是灌溉，而更侧重于航运，但我们不能忽视其在农田水利灌溉上所起到的作用。不光大运河主航道上有很多农田灌溉的实例，其沿岸众多的农田水利灌溉工程遗址至今仍发挥着重要的作用，所以大运河也是我们工程类农业文化遗产的重要研究对象。

中国大运河于 2006 年被国务院以“古建筑”类型公布为第六批全国重点文物保护单位，并于同年列入《中国世界文化遗产预备名单》。自 2006 年以来积极参与了国家文物局领导下大运河文化遗产保护的研究和规划多项工作，主要研究成果已经成为当前运河保护

① 赵英霞：《古代水利工程在推动当代社会和谐进步中的意义与作用不可替代——访中国文物研究所所长张廷皓》，《中国水利》2007 年第 2 期

② 《略论遗址类大运河文化遗产的判别和分类——以隋唐大运河开封段为例》，http://www.ccrnews.com.cn/102788/87501.html，2012-03-23

及申遗的重要科技支撑。2007 年 9 月，在社会各界的共同关注下，大运河申报世界遗产的工作正式启动。2014 年 6 月 22 日，在第 38 届世界遗产委员会上，中国大运河项目正式列入《世界遗产名录》。中国大运河既包括明清至今的京杭大运河也包括隋唐大运河等历史运河。根据大运河存在现状对其分类并依据各种不同的运河类型制定出不同的保护规划是目前大运河申遗工作中的一个重要课题。京杭运河沟通海河、黄河、淮河、长江、太湖及钱塘江六大水系，全长 2 000 多千米，与长城同为代表中华文明的标志性工程。其科技与历史价值在世界范围内都是绝无仅有的。由于清末漕运废止以来缺乏管理，尤其是近几十年大规模的基础建设，京杭运河工程形态及环境遭到严重破坏，水利功能及水环境严重蜕化。水利部于 2009 年部署了京杭运河保护与管理总体规划水利专项编制任务，而水科院水利史所作为国内唯一长期从事水利史与水文化遗产研究的单位。

大运河申遗项目涉及北京、天津、河北、山东、河南、安徽、江苏、浙江 8 个省（市）35 个地市。在以往保护工作的基础上，2009 年大运河的保护申遗进入到正式工作程序：1 月，温家宝、贾庆林、李克强、刘延东等党中央、国务院领导同志在国务院办公厅秘书三局《关于大运河保护和申遗的报告上》作出重要批示，同意将大运河作为中国 2014 年申报世界文化遗产项目。2009 年 4 月，大运河保护和申遗省部际会商小组成立，成员包括国家发改委、财政部、国土资源部、环境保护部、住房和城乡建设部、交通运输部、水利部、文化部、国务院法制办、国家测绘局、国家文物局、教科文全委会、国务院南水北调办等 13 个部委办及大运河沿线 8 个省（市）政府领导。会商小组办公室设在国家文物局。会商小组成立后，先后于 2009 年、2010 年和 2011 年召开了三次会议。2011 年 3 月，大运河保护和申遗省部际会商小组第三次会议在京召开，并原则通过了《大运河遗产保护和管理总体规划》和《大运河申报世界文化遗产预备名单》。大运河是中国 2014 年申报世界文化遗产提名项目。各地应在 2012 年 5 月底前基本完成大运河申遗点段保护和环境整治主体工程。国家文物局将在 6 月底前检查申遗预备名单遗产点段的保护整治工作，确定最终申遗范围。9 月底前，申遗文本将提交联合国教科文组织预审，2013 年 1 月底前正式提交联合国教科文组织，8 月底前完成全部申遗准备工作，并接受国际专家现场考察评估，2014 年夏提交联合国教科文组织第 38 届世界遗产大会审议。根据国家关于大运河申遗工作的倒计时安排，当前各地应尽快确定申遗点段，并责成大运河沿线政府组织实施大运河保护和整治工程，确保在 2012 年 5 月底前完成主体工程，同时尽快启动申报文本编制等其他申遗前期准备工作。[①] 各省文物局已根据国家文物局的要求，制定了《大运河（浙江段）申遗工作方案》。

2004 年 7 月，中国水利博物馆在浙江杭州设立，由水利部和浙江省人民政府共同管理。国家主席、时任浙江省委书记习近平同志亲临博物馆现场视察，指导筹建工作。中国水利博物馆由浙江省水利厅负责筹建，自 2005 年 3 月开工以来，经过 5 年艰苦奋战，已顺

① 鲍贤伦：《鲍贤伦局长在省历史文化遗产保护管理委员会扩大会议上的讲话》，浙江文物网 http://www.zjww.gov.cn/magazine/2011-10-20/14766150.shtml，2011 年 10 月 20 日

利建成，并于2010年3月22日“世界水日”开馆。博物馆地处杭州钱塘江南岸，建筑面积3.65万平方米，高128.9米，采用塔馆合一的设计，实现了古典风格、现代材料和先进技术的完美结合，成为“漂在水上”的水晶宝塔。中国水利博物馆综合了收藏、展陈、科普、宣传、教育、研究、交流和休闲等功能，核心展区分为水利千秋、水中万象和龙施雨沛三大部分。水利千秋展区采用场景复原、文物陈列、图文展示、视频演绎和多媒体特效应用等五位一体的模式，生动展现中华民族5 000多年水利历史和文化；水中万象展区采用参与互动的方式，让观众尽情遨游水科技和水资源的知识海洋；龙施雨沛展区通过在传统龙钮印章雕塑上镌刻边款铭文，诠释中国水利的起源和文化内蕴，表达人与自然和谐相处的美好愿景。同时，中国水利博物馆依托周边正在建设的以水科技、水文化、水民俗、水生态等为主要内容的水博览园，真正做深、做透、做强水的文章，让观众通过近水、亲水、观水、戏水和识水，了解水的历史，认识水的哲理，体会水的重要，重视水的保护，增强水的法制观念。承载着数千年厚重而辉煌的水利历史，中国水利博物馆正以自己的方式弘扬水文化，传播水文明，在观众灵魂深处浇筑起一座人水和谐的“精神大坝、思想水库”。①

2005年开始，由中国水科院水利史研究所主持实施鲍屯乡村水利工程保护项目。这一项目的实施得到了水利部、文物保护、城乡规划等各级领导和各方面专家学者的鼎力相助。2011年，中国贵州安顺鲍家屯明代古水利工程中的水碾房维修工程，荣获联合国教科文组织亚太遗产保护委员会授予的亚太遗产保护“卓越奖”。这是亚太遗产保护的最高奖项。当年共有10个国家、34个项目参与竞争，鲍家屯的项目脱颖而出，获此大奖。亚太遗产保护奖的颁奖词对项目作了高度评价，称：“该项目树立了在中国进行农业景观保护的卓越范例，并展示了在现代化发展的压力下，保护正在迅速消失的亚洲文化景观的重要意义。鲍家屯古代水利工程是一项既普通又非同寻常的水利工程。它的普通，是因为它灌溉面积仅及800亩，这类水利工程曾遍布中国农村；它的非同寻常，是因为它持续运用长达600年。它是屯堡文化的标志性工程，也是长效水利工程的经典案例。②

2005年12月国务院颁发了《关于加强文化遗产保护的通知》，指出“加强文化遗产保护刻不容缓。古代水利工程比其他的遗存更容易遭受自然灾害、人类活动的破坏，能够保留下来的十分难得的。地方各级人民政府和有关部门要从对国家和历史负责的高度，从维护国家文化安全的高度，充分认识保护文化遗产的重要性，进一步增强责任感和紧迫感，切实做好文化遗产保护工作”。国务院的通知规定了2006年起，每年6月的第二个星期六为中国的“文化遗产日”。中国第一个文化遗产日有助于呼吁全社会重视水利文化遗产和古代水利工程的保护与利用。而在水利界尤其应当以对历史对民族负责高度，将古代水利工程的保护和利用纳入水利管理范畴，为子孙后代守护好这份可以自傲于世界的中国水利的

① 《中国水利博物馆简介》，中国水博网 http://www.nwmc.cn/news_detail.aspx?id=667&classid=175，2010-03-22

② 鲍世行《贵州安顺鲍家屯荣获国家“水利遗产保护奖”》http://xz4.2000y.net/131417/index.asp?xAction=xReadNews&NewsID=1605，2012年7月21日

文化财富。[①]

2009年6月5日，淮安市政府常务会议通过并公布了第四批淮安市文保单位43处，第二批市级“非遗”名录66项，这是该市文化遗产保护工作的最新成果。[②]高良涧进水闸，该闸紧临洪泽县高良涧镇西北，洪泽湖大堤上，1951年11月17日开工建设，1952年6月25日竣工，后经多次加固维修。闸身为钢筋混凝土结构，16孔，总长173.6米，总宽80米。闸孔净高4米，净宽4.2米。配有卷扬式启闭机8台。高良涧进水闸为洪泽湖控制工程之一，系苏北灌溉总渠的渠首工程，起着排洪、灌溉、航运等重要作用，是20世纪50年代新中国在治淮水利工程上的一座重要水工建筑。三河闸位于洪泽县蒋坝镇三河头，洪泽湖东南角。民国二十四年（1935年），国民政府导淮委员会勘定在此处建60孔活动大坝，不久因日军进犯工程停工。新中国成立初，苏北治淮指挥部经水利部批准，开始重新设计建设三河闸，于1952年10月1日开工，次年7月25日竣工，7月26日举行放水典礼，水利部长傅作义等出席剪彩仪式。之后刘少奇等党和国家领导人曾到此视察。三河闸工程总造价2 676.76万元，共63孔，闸总长155.50米，总宽697.75米，闸孔净高6.2米，每孔净宽10米，闸顶高程17米。它是20世纪50年代新中国在治淮水利工程上的第一座大型水工建筑物，是中国大型的水利节制闸之一。二河闸位于洪泽县高良涧镇砚台集陈庄。是入海水道、分洪入沂的总口门，洪泽湖控制工程之一，供给淮安、盐城、连云港、宿迁四市1 030万亩农田灌溉用水和连云港市工业、生活用水，发挥着泄洪、灌溉、引沂济淮等综合效益。该闸由江苏省水利设计院设计，江苏省水利厅第二工程队施工，江苏省水利厅、淮阴专员公署验收。1957年11月11日开工，1958年6月30日竣工，工程造价1 636.12万元。闸总长232.35米，闸总宽401.82米，共35孔，每孔净宽10米，净高8米。该闸建造至今已有50余年，是淮安重要的水利工程遗产。[③]

2009年北京“文化遗产日”以“保护文化遗产，促进科学发展”为主题，以“关爱文化遗产，建设人文北京”为口号，以回顾新中国成立60周年和北京市文物局建局30周年文物保护历程以及第三次全国文物普查、大运河保护申遗等为主要内容，传播人文北京理念和宣传文化遗产保护。开展大运河专项调查和保护规划编制工作，为大运河申报世界文化遗产奠定基础。目前已组织专家初步确定了运河相关遗产名单，北京段大运河沿线涉及各类文化遗产30余处，其中包括河道6处、为运河提供水源的湖泊2处、泉2处、闸等水利工程7处、桥梁5处、码头2处、仓储及古代运河管理机构3处、与运河相关的古建筑、古遗址及石刻11处。

2009年11月19日由水利部主办的首届中国水文化论坛在济南开幕。论坛以“水文化与可持续发展水利”为主题。水利部部长陈雷表示，“水具有强大的文化功能，水管理本身应该被视为一种文化进程。但目前全社会对水的文化属性仍然重视不够，对水工程承载的

---

① 谭徐明：《认识古代水利的科学价值，保护和利用好水利文化遗产——写在中国第一个文化遗产日之际》，http://www.mwr.gov.cn/sldq/jhslz/dzyz/200606/t20060607_59879.html，2006年6月7日

② 张文浩：《文化遗产，淮安历史和文明的根》，《淮海晚报》，2009年6月13日

③ 张文浩：《文化遗产，淮安历史和文明的根》，《淮海晚报》，2009年6月13日

文化内涵认识不足；水文化研究和建设力量还比较薄弱，与解决现实水问题的结合还不够紧密；对水文化遗产整理、发掘、保护的力度还不够，一些水文化遗产已经或正在消亡。”他在之前不久为水文化论坛撰写的论文《弘扬和发展先进水文化，促进传统水利向现代水利转变》中提到，为切实加强传统水利遗产的发掘和保护，水利部将组织开展水利遗产普查，全面了解水利遗产的种类、数量、分布状况、生存环境、保护现状及存在的问题，研究制订物质和非物质水文化遗产评价标准和申报程序，分期分批确定水文化遗产保护名录，逐步建立国家级和省、市、县级水文化遗产名录体系，最终建成一个全国性的水文化遗产数据库。此次论坛收到各类论文 300 多篇，范围涉及水文化与治水实践、水文化与民族精神和时代精神、水文化与现代水利、可持续发展水利、水文化的传承弘扬和发展创新等多个方面。①

2010 年 4 月，根据上级水利部门《关于开展用古代水利工程与水利遗产调查工作》的文件精神，龙游县水利局开展古代水利工程与水利遗产调查。此次调查工作进一步了解了全县的古代水利工程与水利遗产，体会到古人的智慧和才干及凝心聚力兴修水利的精神。②

2010 年，水利部组织了在用古代水利工程与水利遗产的调查。调查历时一年半，这是中国首次全国范围内展开水利文化遗产的调查。根据调查结果，中国水利文化遗产类型、数量十分丰富，其中以古代水利工程为多。但是，多数工程经过不断改造，而仍然保持原有工程形态的古代水利工程占总数不到 30%。调查始于 2010 年 1 月，2011 年 6 月完成，历时一年半，调查范围为 1911 年以前兴建的水利工程与水利遗产，主要包括灌溉工程、防洪工程、城市水利、园林水利、水运工程、水土保持工程、水电工程、供排水工程、海塘工程和水力工程等。其中水力工程是指利用水能的灌溉、粮食加工机械或机具（如水碾、水磨、轮式水车等）。调查以在用的古代水利工程重点，对具有重要历史文化影响的水利工程与遗产，其时限可延长至 1949 年。调查内容主要包括工程位置、工程类别、工程主要效益、始建年代、保存和利用现状、管理部门、存在问题等 6 个方面。调查确认古代水利工程与水利遗产 379 处、584 项，其中包括世界文化遗产 2 处，全国重点文物保护单位 33 处，省级文物保护单位 47 处。③

2011 年，志丹苑元代水利工程遗址博物馆 6 月建成。普陀区的志丹苑元代水利工程遗址博物馆，整座 700 年前的水利工程完好无损，至今保存着带有铁吊和铁环的水闸闸门、被铁锭榫铆接得天衣无缝的青石板以及层层麻条石垒成的驳岸。④

2011 年 4 月 22 日，“国家水下文化遗产保护武汉基地”揭牌成立。作为中国首个内陆水下文化遗产保护基地，此举标志着中国内陆水下文化遗产的保护正式提上工作日程。中国水下文化遗产保护工作起步时间较晚，真正开展科学工作不超过 20 余年，但发展迅

① 《首届中国水文化论坛举行 水利部明确加强水文化建设》，新华网，2009 年 11 月 19 日

② 徐佳：《龙游：寻古代水工程 弘扬水利文化》，龙游县水利局网站 http://water.qz.gov.cn/user/index.do? action=view&id=5，2010 年 4 月 19 日

③ 邓俊，王英华：《古代水利工程与水利遗产现状调查》，《中国文化遗产》2011 年第 6 期

④ http://www.shanghai.gov.cn/shanghai/node2314/node2315/node4411/u21ai486132.html

速，尤其是作为中国“十一五”文物事业发展规划的重要内容，受到社会各界重视和支持。2009年，中国正式成立了“国家水下文化遗产保护中心”；2010年，又成立了国家水下文化遗产保护宁波基地和青岛基地。国家文物局已将内陆水下文化遗产保护工作纳入“十二五”全国文化遗产事业规划，实施内陆水下文化遗产保护的重大工程。[①]

2011年2月25日，河南省文物局的大运河河南段文物遗产保护和环境整治工作启动，至7月份，大运河遗产本体保护、展示和环境整治工程全面铺开。[②]

2011年10月23~25日，中国农业历史学会第五届会员代表大会暨第二届中国农业文化遗产保护论坛在南京农业大学学术交流中心隆重举行。本次会议由中国农业历史学会、中国科学技术史学会农学史专业委员会、江苏省农史研究会、中国农业科学院中国农业遗产研究所和南京农业大学中华农业文明研究院共同主办。来自中国社会科学院、中国艺术研究院、中国农业博物馆、日本北海道大学、南京大学、复旦大学、中国农业大学、西北农林科技大学等50多家研究机构的近200位代表参加了会议。此次论坛上来自上海师范大学尹玲玲的参会论文《明清时期广济江堤筑防史论略》从历史学的角度和较微观的层面详述了明清时期的堤坝类农业水利工程——鄂东广济江堤的修防史。天津师范大学曹志敏在《试论清代对黄运减水闸坝利害的认识及其下河治理方案》一文中从历史学的角度对清代运河闸坝类农业水利工程——黄河、运河减水闸坝的修筑建立的河工理论基础、建立过程、历代变迁的基本概况、启放制度的形成以及启放减税闸坝给沿岸地区造成的人为自然灾害等问题进行了探讨。南京师范大学张希涛在他的论文《民国时期华北灌井推广原因、分配与绩效的考察》中从经济学的角度探究了民国时期华北地区重要的农田灌溉设施——灌井的推广原因、分配和灌溉效率问题。[③]

山东省南旺分水枢纽工程遗址考古工作计划于2012年1月11日获得批复。南旺分水枢纽遗址、鲁国故城、大汶口遗址3个考古遗址公园项目被列入国家首批立项名单。3个遗址的考古工作计划书已于2011年9月底报送国家文物局。以南旺分水枢纽工程遗址保护工程为例，现在，工程正式纳入汶上县城乡建设总体规划，建立了作为南旺水利枢纽大遗址保护管理的专门机构南旺文物管理所。分水龙王庙古建筑群的维修工程、水工科技馆建设基本完成，考古遗址公园初具规模。运河河道、小汶河、闸口、斗门的考古发掘和保护维修工程也已启动。

2012年2月11日，水利部项目《京杭运河保护与管理总体规划（水利专项）》专家咨询会在北京召开。与会专家听取了项目组对本规划内容的介绍后，对规划的定位、体例、保护措施提出了意见和建议。目前京杭运河约90%的遗产项目在水利管理的范围内，本专

---

① 《中国首个内陆水下文化遗产保护基地在武汉揭牌》来源：中国新闻网 http://www.chinanews.com/df/2011/04-23/2993074.shtm l. 2011年04月23日

② 《河南启动大运河文物遗产保护和环境整治工作》，新华网河南频道，http://henan.qq.com/a/20111003/000002.htm，2011年10月03日

③ 李明，沈志忠，陈少华：《多学科视角下的农业文化遗产保护理论研究与实践探索——中国农业历史学会第五届会员代表大会暨第二届中国农业文化遗产保护论坛会议综述》，《中国农史》2012年第1期

项规划是水利部针对水利遗产编制首部保护规划，对京杭运河水利工程遗产、水域和岸域环境保护具有重要意义。与会专家一致认为本规划的编制和实施对推动京杭运河的有效保护和有序利用具有实际价值，对水利遗产的保护对策和措施做了开拓性探索。①

2012 年 2 月 24 日，中国水利政研会工作会议暨水文化建设研讨会在青岛黄海饭店举行。水利部党组成员、中纪委驻水利部纪检组组长董力在会上强调，要进一步挖掘传承水文化遗产，认真梳理水文化遗产的科学精华和合理内核，切实保护好各种物质和非物质水文化遗产。目前全国范围内正在进行水文化遗产的调查工作，下一步中国水利政研会将组织专家研究、探索建立水文化遗产的认定和评估体系，分别从水文化历史遗产的历史、艺术、科学、社会、自然与历史景观等自身价值及其保存、使用、管理等方面进行全方位的评价，提出评估结果和主要问题，进一步加强水文化遗产的保护和利用。②

2012 年 3 月，农业部下发《关于开展中国重要农业文化遗产发掘工作的通知》，决定开展中国重要农业文化遗产发掘工作。

2012 年 4 月 16 日，永定河河道两侧发掘很多水利设施遗迹，其中最为壮观的一处是金门闸，位于北京与河北交界处，目前归属河北省管辖。据资料记载，金门闸建于清康熙四十年（1701 年），其作用为引莽牛河水入永定河借清刷浑。后因河底淤滞，高于莽牛河，原闸被废弃。乾隆三年（1738 年）移建减水石坝于今之位置，宣统元年（1909 年）又重建金门闸，现为全国重点文物保护单位。金门闸遗址如今置身荒野，保存现状堪忧。在永定河水文化考察过程中，已经找到了北京最早的水利工程戾陵堰和车厢渠的遗迹位置，它们始建于曹魏时期，距今 1 700 多年。另外还有求贤灰坝、记录水位的古代水志等历史遗迹。不论从水利研究还是文物保护方面，这些古代水利工程遗址都有重要价值。

2012 年 5 月 21 日，考古专家在张家港举行的中国文明起源与形成学术研讨会上表示，良渚遗址发现的水利设施年代，将中国水利史推早至距今 4 800 年左右。浙江省文物考古研究所副所长刘斌研究员当天介绍中华文明探源工程项目良渚遗址 10 年考古收获时说，中国水利史一般从距今 4 000~4 100 年的大禹治水的传说开始讲起，现存最早的大型水利工程遗迹则晚到春秋和战国时期，距今不超过 2 500 年。"而良渚遗址发现的塘山和岗公岭等水利设施年代，可能早到（距今）4 800 年左右"。

2012 年 5 月 23 日，国家水利部门在贵州省安顺市西秀区大西桥镇鲍家屯村现场，召开颁奖大会，将"水利遗产保护"集体奖，授予鲍家屯村，并将个人奖授予鲍世行等四人。

2012 年 6 月 7~8 日，"永定河论坛——水文化遗产调查与保护研讨会"在京召开。此次论坛贯彻水利部《水文化建设纲要》"深入挖掘传统水文化遗产的要求，本着摸清传统水文化遗产情况，认真梳理传统水文化遗产的科学内核，切实保护好各种物质的和非物质的水文化遗产"的精神。来自中国水科院、北京市社科院、北京市城市规划设计研究院、北

① 《京杭运河水利遗产保护与管理总体规划（水利专项）》，水利史研究所网 http://www.iwhr.com/zgskyww/xmdt/webinfo/2012/02/1327807884434350.htm，2012-02-17

② 刘丽娜：《加强水文化遗产保护利用中国水利政研会暨水文化建设研讨会在青召开》，《青岛日报》2012 年 2 月 24 日

京市水利普查办公室、有关区县水利普查办公室、水管单位、文物部门、有关大学的专家学者近 50 人参加了学术交流，并赴永定河 5 处水文化遗产开展现场考察活动。日本中国水利史研究会理事、神户大学教授神吉和夫应邀在会上介绍了日本土木工程遗产保护和利用的经验。会议重点对永定河历史上著名的水利工程戾陵堰和车厢渠的遗址位置、隋唐大运河北京段的行迹问题以及水文化遗产调查和保护问题进行了讨论。并达成共识，提高保护水文化遗产的意识，进一步深化对北京地区水文化遗产调查研究，发掘水文化遗产的价值，为弘扬古都文化和大运河申遗做贡献。[①]

2012 年 8 月 12 日，金华市开展白沙溪 36 堰历史文化遗产调查，金华市河道管理处会同市文物局、婺城区水务局、市水利水电勘测设计院及婺城区有关乡镇，到白沙溪琅琊镇段开展保护白沙溪 36 堰历史文化遗产的调查。[②]

2012 年 8 月 22 日，中国近代著名水利学家、教育家李仪祉先生纪念馆在泾阳县建成开馆。作为陕西省内水文化建设的标志性工程，纪念馆集融展示收藏、教育宣传、文物保护、研究交流等功能为一体，集中展示了李仪祉先生治水丰功伟绩和近现代水利建设辉煌成就，描绘了“十二五”及未来陕西水利发展的宏伟蓝图，得到了全国水利行业和省内各界的广泛赞誉，成为爱国主义和省情水情、廉政教育示范基地。

2012 年 10 月 29 日，安徽省柳孜运河码头遗址二期考古发掘工作取得重要收获，新发现了唐至明清时期的文化层、运河北侧宋代石桥墩、金代跨河驿道和宋代“木岸狭河”等重要遗存，出土残木船一条，以及大量的陶瓷器、石器、钱币等遗物。其中，宋代“木岸狭河”遗存的发现，则让古老的水利技术“木岸狭河”在安徽得到了印证。[③]

2012 年 11 月 28 日，为了收集、抢救、保护北京城的水文化遗产，年初启动首次普查，数百名普查员历时近一年，实地走访、调查整理，共记录下建于 1950 年以前的水文化遗产 416 处。历时近一年的本市首次水文化遗产普查基本完成，共普查出 416 处水文化遗产，其中包括 1950 年以前修建的堤坝、桥梁等水利工程，也包括与水文化有关的庙宇、碑刻等遗迹，年代最远可追溯到金代。水文化遗产家底摸清后，将继续挖掘整理，编制并实施相应的保护与利用规划。[④]

2012 年 11 月 30 日，中国水利博物馆水利遗产保护与传承工作研讨会暨《全国水文化遗产分类图录》（以下简称《图录》）首发式在北京举行。水利部部长陈雷为《图录》作序。中国水利博物馆作为中国水文化研究、传承、建设的重要窗口、平台和基地，在宣传治水方针政策、展示水利发展成果、弘扬水利行业精神等方面发挥着重要作用。作为全国第一部专门展示水文化遗产资源的工具书，《图录》的出版，填补了当前水文化研究领域的一项

① 《“水文化遗产调查与保护研讨会”在京召开》，北京市科学技术协会 http://www.meeting.edu.cn/meeting/news/Meeting News!detail.action?id=38546，2012 年 6 月 12 日

② 《县文管所：修复历史遗迹 保护水利文物信息》，http://www.xixia.gov.cn/html/402881061ae7e1e6011ae7e93e8b000b/2012042712574478.html，2012 年 4 月 27 日

③ 王小英：《古代水利技术在安徽得到印证》，《合肥在线 – 江淮晨报》2012 年 10 月 30 日

④ 闫雪静：《416 处水文化遗产摸清家底：包括堤坝、桥梁等水利工程，最远可追溯到金代》，《北京日报》2012 年 11 月 28 日

空白，对于普及推广水文化遗产知识，进一步加快水文化遗产保护和研究步伐，充分发挥水文化遗产的教育、启迪、激励和凝聚功能，必将产生积极而深远的影响。当前水利遗产的内涵和价值得到进一步挖掘与深化，水文化遗产的概念与分类日渐专业化、规范化，水利遗产的保护与传承走向复合型、体系化。[①]

2012 年 12 月，山东省聊城市被列为“2011 年度全国十大考古新发现”的土桥闸遗址保护维修工程即将完工。工程完工后，土桥闸在恢复历史原貌的基础上，还将承担起输送南水北调东线工程部分水源的重任。土桥闸遗址位于东昌府区梁水镇土闸村，建于明成化七年（1470 年），清乾隆二十三年（1758 年）重修，是当时运河上的重要水利设施。2010 年 8 月至 11 月，山东省文物考古研究所对土桥闸遗址进行了全面发掘。据参与土闸桥挖掘的文物专家孙淮生介绍，土闸由青石堆砌而成，结构基本完整，包括闸门、墩台、东侧的月河及运河两岸的进水闸、减水闸等。该闸闸口宽 6.2 米、深约 7 米，燕翅宽 56 米，底部采用木质梅花桩、碎石灌浆等固基技术，闸墩砌石采用燕尾扣连接，整个工程设计合理，施工精心，虽历经数百年，仍非常坚固。[②]

（二）有关法律法规

中国古代水利工程具有丰厚的文化价值，有些领域是现代水利工程尚未超越的，如水权理论、水利管理中的人文内涵。西方现代水权和概念水权的运用在中国古代的水利管理中有很生动的体现。水利建设中，古代也重视制定专门法规。西汉元鼎六年（公元前 111 年）兴建六辅渠，还同时制定了“水令”，是中国第一个灌溉管理制度。唐代《水部式》是现存最早的全国性水利管理法规。唐代《水部式》作为国家的水利法规，首先对郑白渠以法律的形式提出了国家水权的主张，即首先是灌溉需求，其次是水磨、水碾等粮食加工的需求。北宋在王安石变法时期对于兴修水利特别重视，熙宁二年（1069 年）曾颁布《农田水利约束》，这是中央政府为促进兴修农田水利工程而颁布的政策性法令。民间乡规民约对水权同样有严格的规定，维护了水利工程的正常运行。[③] 而随着新中国成立后中国法律制度的不断健全，对工程类农业文化遗产的立法仍然没有明确的规定。

21 世纪以来，地方上出现了一些地方性的条规，这对于中国水利工程类农业文化遗产立法有很大的帮助，也促进了保护和发展。目前有关保护的法规文件多以国务院及其部委或地方政府及其所属部门颁布、制定的“指示”、“办法”、“规定”、“通知”等文件形式出现，部门立法、地方立法的大部分文件由于缺乏正式的立法程序，严格意义上都不能算作国家或地方的行政法规，法律和法规的比例很少，上述政策性文件和措施则在相当长一段时间内行使着国家或地方法规的职能。由此反映出中国的保护仍过多依赖于行政管理，过多依赖于“人治”而不是“法制”的现实状况。

在没有一个全国性的立法来系统的保护遗产的情况下，各地的遗产保护只能是各自为

① 《中国水利博物馆水利遗产保护与传承工作研讨会在京举行》http://www.nhri.cn/hyxw/2012120408433856ddad.aspx

② 《聊城七级码头和土桥闸无愧考古发现》，聊城新闻网，2012 年 4 月 16 日

③ 邓俊，王英华：《古代水利工程与水利遗产现状调查》，《中国文化遗产》2011 年第 06 期

政，各种立法之间由于缺乏协调和配合，甚至不同法律、法规之间衔接不好、相互矛盾，造成执法困难。地方性法规在文化遗产保护都存在一些通病，如法律效力低，在各种法律文件中效力比较低，执行力较弱，且其效力范围只及于一省一地。《四川省世界遗产保护条例》是由四川省人大常委会制定通过，作为世界文化遗产的都江堰水利工程的建设、管理和保护则在该保护条例第二十五条规定按《四川省都江堰水利工程管理条例》的规定执行。其设立的四川省都江堰管理局负责都江堰水利工程的统一管理，并具体负责渠首枢纽、干渠、分干渠及各支渠分水枢纽等水利工程的管理。(《四川省都江堰水利工程管理条例》第五条）而《四川省世界遗产保护条例》则规定四川全省世界遗产保护利用的监督管理是由省人民政府建设、文化行政管理部门管理。从文化遗产保护的立法体系设置上看，对非物质文化遗产的法律保护缺失。在现行文化遗产保护的法律规范中，“法律、行政法规和部门规章中与文物保护管理相关的共计约 800 余部”，而关于非物质文化遗产方面，除中国于 2004 年 8 月加入“保护非物质文化遗产公约”，1997 年国务院颁布的《传统工艺美术保护条例》之外，在国家层面上法律法规方面几乎是空白。这种立法现状与已经开展的非物质文化遗产保护实践——中国民族民间文化保护工程、中国民间文化遗产保护工程以及非物质文化遗产代表作国家名录的实施相比，是严重滞后的。[①]

党和国家历来重视文化遗产的保护工作，2002 年全国人民代表大会常务委员会颁布了《中华人民共和国文物保护法》(简称《文物保护法》)。《文物保护法》把“文物”一词及其包括的内容用法律形式固定下来。中国 1991 年 10 月加入联合国科教文组织世界文化和自然遗产委员会（WHC），2004 年加入了联合国科教文组织《保护非物质文化遗产公约》，2005 年设立了“文化遗产日”，2007 年人大常委会进一步修改《文物保护法》，使文化遗产保护的任务更明确，保护工作得到很大的推进。但在实际工作中，对水利文化遗产如何实施保护，客观上还存在着一些问题。因此，对水利文化遗产保护现状进行分析，探讨如何进一步弘扬水文化精神，加强水利文化遗产的保护和管理，以及合理开发和利用的问题很有必要。2007 年修改《文物保护法》的规定，“有价值的近代现代重要史迹、实物、代表性建筑”也属于不可移动的物质文化遗产。这意味着，有些近、现代重要的有价值的在用的水利工程，也将成为文化遗产保护对象。由于这些近、现代代表性的水工建筑物，大多是正在发挥功能的新的文化遗产，它和已失去作用的古代文化遗产相比，必然存在着保护方法和管理方法上的很大差异。建议由水主管部门与文物部门共同评估，按照《中华人民共和国水法》、《中华人民共和国防洪法》和《中华人民共和国文物保护法》的要求共同实施保护和管理。

2006 年 5 月，国务院将“京杭大运河”公布为第六批全国重点文物保护单位。同年 12 月，国家文物局将大运河列入《中国世界文化遗产预备名单》。此后，大运河流经的各个城市开始制定大运河遗产保护规划。2010 年 8 月 20 日由徐州市人民政府和东南大学建筑设计研究院共同编制的《大运河（徐州段）遗产保护规划》，经各有关部门细致研究和编制单

① 田圣斌，匡小明，姜艳丽:《中国文化遗产保护立法评述》，湖北荆楚文化研究会网，2009 年 10 月 19 日

位最终修改完善，由市政府公布实施。[①]2011 年 12 月 15 日，由常州市政府和东南大学建筑设计研究院共同编制的《大运河（常州段）遗产保护规划》，经各有关部门细致研究和编制单位最终修改完善，近日由常州市政府批准公布实施。[②]

由此看来，今后我们需要不断完善包括水利工程遗产在内的农业文化遗产保护管理体制。有必要设立古代水利工程与水文化遗产管理指导委员会，组织制定必要的法律法规，成立国家级别在用古代水利工程及水利遗产的申报标准和认定程序，建立各级保护管理制度，执行对其保护、管理和利用的监督。颁布《用古代水利工程及水利遗产保护规划编制要求》、《用古代水利工程及水利遗产保护规划规范》等规范性文件，对在用古代水利工程的保护提出强制性要求：涉及古代水利工程（范围可逐步扩大至 50 年以上的现代工程）的改建、扩建、施工等要有专项规划、报批手续，按程序审批。此外，完善法律体系。为了推动水利文化遗产保护工作的开展，必须节制盲目开发和非科学活动，惩治破坏行为，将单位及个人的保护责任用法规和法律的形式固定下来，使保护工作有法可依。建议在已有的各相关法律法规的基础上，组织制定适于中国国情的《古代水利工程及水利遗产保护管理条例》，明确在用古代水利工程及水利遗产身份的认定、保护、管理等方面内容。

三、工程类农业文化遗产的理论研究

进入 21 世纪以来，中国学术界越来越重视工程类农业文化遗产相关的学术研究，并且取得了重要进展，其中著作与论文方面数量不断增多，而研究范围也由以往关注较多的几处较大水利遗址，不断的向小区域、小领域扩展，研究内容与方法也不断地丰富。

目前，专业性研究机构不断增多，学术期刊对工程类农业文化遗产保护方面的论文加大刊发力度。数量逐年增多。《中国农史》、《资源科学》、《文化遗产》、《中国水利》、《水利发展研究》、《中国文化遗产》、《农业考古》、《古今农业》、《贵州社会科学》，此外《南京农业大学学报》、《湖南师范大学学报》等多家国内高校学报对水利工程遗产类的文章都有所刊登。

李映发在论文《世界文化遗产保护应充分考虑都江堰工程的独特性》[③] 中从都江堰水利工程的管理体制与规章等角度，结合世界遗产的保护与管理进行了解读。

朱兴华的论文《洪泽湖大堤历史文化价值与世界文化遗产申报》[④] 认为，必须做好洪泽湖大堤整护工作，洪泽湖大堤保护及申报世界历史文化遗产，政府应在政策、立法、策划、

---

① 王逾婷：《徐州出台规划保护大运河遗产》，中国徐州网 http://news.eastday.com/m/20100820/u1a5404038.html，2010 年 8 月 20 日

② 《江苏省常州市运河遗产保护规划正式出炉》，http://www.sach.gov.cn/tabid/299/InfoID/31324/Default.aspx，2011 年 12 月 15 日

③ 李映发：《世界文化遗产保护应充分考虑都江堰工程的独特性》，《四川水利》2002 年第 1 期

④ 朱兴华：《洪泽湖大堤历史文化价值与世界文化遗产申报》，《江苏水利》2002 年第 10 期

规划、资金等方面发挥出应有的作用。

张卫东，赵英霞在《中国一些尚在利用的古代水利工程简介》[1]一文中指出，在中国传统的农耕社会，历代王朝都十分重视农业基础设施建设，兴修了无数种类型的水利工程，有力地促进了农业生产和发展。直至今天，由于地形、水源条件，一些具有科学思想的古代水利工程仍在不同程度地发挥着作用。

2007年《中国水利》刊发了对中国文物研究所所长张廷皓的一篇专访《古代水利工程在推动当代社会和谐进步中的意义与作用不可替代——访中国文物研究所所长张廷皓》[2]一文。文章认为尚在利用的古代水利工程是我们民族的活文物，是民族精神的载体，是民族发展的依托，我们应该重视它们的使用价值，在保护中合理利用。在经济社会发展的新阶段，我们要借鉴先人在探索古代水利工程传承与创新、利用与保护、管理与发展过程中得出的宝贵经验，遵循自然规律，在维护古代水利工程历史文化神韵的同时，使其能够持续利用，不断焕发生机与活力。对于部分功能丧失的古代水利工程，要在保护优先的前提下，根据时代要求，赋予其新的功能，满足经济社会发展的现实需求，推动社会和谐进步。

2007年10月9日，朱兴华、张友明编著的介绍洪泽湖大堤历史、科学、文化价值的普及读物《千年古堰洪泽湖大堤》付梓出版，书共3编、18章，反映了洪泽湖大堤历史演变的最新研究成果，收录了古今洪泽湖大堤工程技术和治水人物、典籍文物，介绍了洪泽湖大堤旅游资源和申报世界文化遗产工作，从侧面展示了三河闸管理处建处50多年来精心管护水利工程、确保安全运行的辉煌成就，反映了技术干部勤于思考、精于实践、热爱事业的精神面貌。

徐仲才的论文《浅说历史文化遗产之地高家堰》[3]研究认为，中国的古代水坝是中国河流文明的一个重要组成部分，其历史与中华的文明史一样久远。在丰富的古代典籍中有关水坝的记载多不胜举。都江堰、高家堰、京杭大运河等人水和谐、天人合一的古代工程，创造了浑厚的水文化。古坝高家堰（今洪泽湖大堤），保留至今，使用至今，是世界上最古老、规模最大的有坝引水工程，蕴藏着深厚的历史文化内涵，是世界上独一无二的历史文化遗产。

蔡显宏在《水利工程现代化管理技术在都江堰水闸上的应用》[4]一文中认为，都江堰渠首水闸监控系统的建成和运用，提高了都江堰灌区水利工程建设与工程管理的水平，在水闸工程管理自动化控制上进行了初步尝试并取得了成功，为其他水利工程的建设和管理积累了宝贵经验。

琚胜利，陆林在《水利旅游开发研究以淠史杭灌区为例》[5]中指出，水利旅游是水利工

① 张卫东，赵英霞：《中国一些尚在利用的古代水利工程简介》，《中国水利》2006年第1期

② 赵英霞：《古代水利工程在推动当代社会和谐进步中的意义与作用不可替代——访中国文物研究所所长张廷皓》，《中国水利》2007年第2期

③ 徐仲才：《浅说历史文化遗产之地高家堰》，《水利发展研究》2007年第7期

④ 蔡显宏：《水利工程现代化管理技术在都江堰水闸上的应用》，《四川水利》2007年第2期

⑤ 琚胜利，陆林：《水利旅游开发研究以淠史杭灌区为例》，《资源开发与市场》2007年第10期

程综合效益的体现。泾史杭灌区为世界七大人工灌区之一，是发展水利旅游的典型区域。对泾史杭灌区开发水利旅游的资源条件、现状和存在的问题进行了较为系统的分析，提出了联动开发、展示水利文化、合理整合资源、多种开发模式等发展策略。泾史杭灌区内人文、自然旅游资源丰富，具有很高的观赏、科考、文化价值，它以其异彩纷呈的壮丽画卷享誉中外，吸引着众多的中外人士前来旅游。

王辛石在《诠释岁月沧桑的五门堰》[①]中指出：城固五门堰始建于汉代，至今已有两千多年历史，是陕西省保存最完整、年代最久远、至今仍发挥灌溉作用的古代水利工程之一，素有“陕西都江堰”之称。如果从灌溉面积来讲，城固县五门堰在当代陕西水利工程中的地位和作用微乎其微。但作为修建于汉代且至今发挥作用的古代水利工程，五门堰却有着其独特的历史价值和作用。在其地设置的博物馆收藏有水利修建碑、水利纠纷碑、清查田亩碑、水利保护碑、章程碑、歌功碑、堰产碑、书画碑等历代碑石 53 通。这些碑石从不同角度全面系统地记载了五门堰的创修、管理及历史沿革，不仅为研究中国古代农田水利提供了珍贵的实物资料，还有极高的鉴赏价值。

赵长生的论文《中国古代水利成就和历史意义》[②]认为，中国从大禹治水开始，几千年来，历朝历代的统治者莫不把兴修水利作为一件兴国兴民的大事来抓，水利兴则国兴，发展农田灌溉排水事业在中国有着悠久的历史。根据史书记载，从进入农业社会开始，中国就有了农田灌溉事业。搞好农田水利建设，是摆脱农业靠天吃饭的必然选择。

王鹤，刘奔腾，董卫的论文《人文视野下的建筑遗产保护——以木兰陂为例》[③]认为福建省莆田市的全国重点文物保护单位木兰陂始建于北宋治平元年（1064 年），是中国现存最完整和最具有代表性的古代水利工程之一，具有极高的文物价值、社会价值与现实意义。

舒肖明，方玲在《宁波它山堰古代水利工程旅游开发探讨》[④]中认为，古代水利工程是劳动人民智慧的结晶，蕴含了丰富的历史、科学、艺术价值，在人类社会的文明演进中发挥了不可替代的作用。世界上的文明古国都是在大河流域产生发展起来的，在人与水害的斗争中，相继建造了许多水利工程。中国由于传统的农耕生产方式的需要，历代王朝都十分重视农业基础设施建设，兴修了无数各种类型的水利工程，有力地促进了农业生产和发展。中国古代留下的水利遗存不少，其中较为著名的是四大古代水利工程：都江堰、郑国渠、灵渠与它山堰。古代水利工程具有较高的文物价值和参观游览功能，对游客有较强的吸引力。通过对它山堰古代水利工程的实地考察，结合相关文献的参阅，提出其旅游开发对策，对于更好地保护与利用古代水利工程具有现实指导意义。

王双怀的论文《中国古代的水利设施及其特征》[⑤]研究发现，中国古代以农业立国，对

① 王辛石：《诠释岁月沧桑的五门堰》，《中国水利》2007 年 18 期

② 赵长生：《中国古代水利成就和历史意义》，《中国新技术新产品》2008 年第 9 期（下）

③ 王鹤，刘奔腾，董卫：《人文视野下的建筑遗产保护——以木兰陂为例》，《2008 中国城市规划年会论文集》，大连出版社，2008 年 9 月

④ 舒肖明，方玲：《宁波它山堰古代水利工程旅游开发探讨》，《商场现代化》，2009 年 9 月（下旬刊）总第 588 期

⑤ 王双怀：《中国古代的水利设施及其特征》，《陕西师范大学学报》（哲社版），2010 年第 2 期

水利建设比较重视，在数千年的历史岁月中，兴建过数以万计的水利设施。这些水利设施涉及生活用水、农田灌溉、防洪排涝、漕运航运等诸多领域，在经济社会生活中发挥过重要作用。从大量资料来看，中国古代的水利设施经历了发展变化的过程，并在不同的时段和不同的地区呈现出不同的特点。尽管这些水利设施并不是持续发展的，有些设施甚至经历了由先进到落后的转变，但毋庸置疑，许多设施起源甚早，科技含量甚高，在一定程度上体现了中国古代的农业文明，至今仍有一定的借鉴意义。这些水利设施是中国人民在长期的生产实践中因地制宜创造出来的，涉及日常生活、农田灌溉、防洪排水、航运漕运等诸多领域，应用范围相当广泛。在一定程度上体现了中国古代的农业文明，并对日、韩等国产生过重要的影响。

柳泽、毛锋、周文生、李强在《基于空间数据库的大遗址文化遗产保护》[①]中认为，为获取和利用大遗址文化遗产保护中数据，必需构建空间信息技术在中国文化遗产大遗址保护中的应用流程，建立大遗址保护空间数据库建设的技术方法。

卢勇在《明清时期洪泽湖大堤的建筑成就》[②]一文中探讨了高家堰大堤的建筑成就，高家堰大堤是中国第四大淡水湖洪泽湖的东岸堤防，其起源最早可追溯到东汉建安时期，至今已有近 2 000 年的历史，其文对高家堰大堤的建筑技术成就做了细致的考察。他的另一篇文章《洪泽湖高家堰大堤的历史与人文价值》[③]指出，洪泽湖大堤是一座在用古代水利工程，任何时候必须确保防洪安全。发展演变中保留了许多历史文化价值，不仅防洪保安能力得到了提高，还传承和发展了水文化。文章诠释这座千年古堰的新生过程，探索其水文化文化价值内涵。重点从人文价值诠释千年古堰洪泽湖高家堰大堤，重点通过技术价值的探索发掘其水文化价值内涵。发展演变中保留了许多历史文化价值，不仅防洪保安能力得到了提高，还传承和发展了水文化，为洪泽湖周边各地重视的保护工作，它的历史文化、遗迹和自然风光等。

刘延恺、谭徐明在《水利文化遗产现状及保护的思考》[④]中认为，水利文化遗产承载着底蕴丰厚的水文化，是中华民族智慧的结晶和财富，也是中华民族传统文化的重要组成部分。针对水利文化遗产保护现状和问题，结合北京市对水利文化遗产保护的经验，提出水利工作者应增强水利文化遗产保护意识，介入保护与管理，以及在河道生态治理过程中应该融入水文化内涵的建议。

毛锋的论文《中国的运河遗产及其保护面临的问题》[⑤]研究发现，为突破自然河流的局限性和更好地利用水资源或治水防洪，人类很早就开始了运河的开凿。运河遗产保护不仅因其反映了人类和国家的政治、经济、军事、农业、水利等方面演进的历史而显得格外重

① 柳泽，毛锋，周文生，等：《基于空间数据库的大遗址文化遗产保护》，《清华大学学报》（自然科学版）2010年第50卷第3期

② 卢勇：《明清时期洪泽湖大堤的建筑成就》，《安徽史学》2011年第4期

③ 卢勇：《洪泽湖高家堰大堤的历史与人文价值》，《产业与科技论坛》2011年第11期

④ 刘延恺，谭徐明：《水利文化遗产现状及保护的思考》，《北京水务》2011年第6期

⑤ 毛锋：《中国的运河遗产及其保护面临的问题》，《中国文化遗产》2011年第6期

要，运河遗产保护中的遗产调查、遗产评估、保护规划、遗产管理、遗产监测等各方面都因其时空演变复杂、跨水系甚至跨流域、遗产体量巨大、动态性和在用性等特征表现为尤其困难. 中国是最早开凿和利用运河的国家之一，也是拥有运河数量最多、长度最大的国家，同时也是运河保护面临问题最多、最尖锐的国家。以拟申遗的中国大运河为例，阐述中国快速城市化进程背景下运河遗产保护面临的新的历史机遇和挑战，期望对解决中国运河遗产保护的现实问题有所裨益。

黄晓枫、龚小雪、魏敏在《都江堰——惠泽千秋的水工遗产》[①] 中指出，都江堰是当今世界年代久远、唯一留存、以无坝引水为特征的宏大水利工程。它的创建，以不破坏自然资源为前提，充分利用自然资源为人类服务，变害为利，使人、地、水三者高度和谐统一，开创中国古代水利史上的新纪元，标志着中国水利史进人一个新阶段，在世界水利史上写下了光辉的一章。2000 年 11 月 29 日，“青城山—都江堰”被列为世界文化遗产，其恒久的文化价值为世界公认。

张骅的论文《古代典籍与古代水利》[②] 专门探究了中国古代典籍中水利记述和专著，文章列其梗概，并指出，在神话传说、游记散文、诗词歌赋、哲学政论等典籍中都留存有关于水利的作品。

王思明，李明主编的《江苏农业文化遗产调查研究》中第三章专题介绍了江苏省工程类农业文化遗产，包括邗沟、破冈渎与上容渎、丹徒水道、江南堰埭、高淳水阳江古代水利设施、练湖、无锡古运河遗存、瓜洲渡口、京口闸、苏北海堤（范公堤）、苏松海塘、扬州五塘、历代太湖水利工程、溧水胭脂河天生桥、广通坝、淮安高家堰、徐州大龙湖埽工遗迹、高淳相国圩、龟山运河、淮阴水利枢纽、无锡古堰、坝、闸等几十个江苏省水里遗址，对其进行了系统的介绍，为其保护和开发提供了学术上的理论支撑。

汪健，陆一奇在《中国水文化遗产价值与保护开发刍议》[③] 一文中指出：水文化遗产作为中国优秀文化遗产的重要内容和形式，具有十分重要的价值。进一步认识和明晰水文化遗产的宝贵价值，明确水文化遗产保护开发的紧迫形势和艰巨任务，对于树立有中国特色的水利科学发展观和推进水利现代化建设，具有重要的现实意义。水文化遗产的内涵与分类中国作为世界文明古国，水文化历史悠久、形式多样、内涵深刻，水文化遗产资源十分丰富。水文化遗产是根据水文化的特性来细分的文化遗产类型，将其细分并专项开展研究、保护和开发，有利于更加科学有效地指导各地开展城市水系治理和建设，有利于更好地促进水文化遗产的研究、保护开发和传承发展，有利于进一步丰富和完善水利科学发展体系。

杜群飞在论文《农业遗产保护和开发模式的探讨——以浙江省为例》[④] 中指出，中国悠久的农业文明发展史留下了丰富的农业遗产，在城镇化快速发展的今天，农业遗产的保护和开发亟待提高认识，农业遗产的保护和开发以活态保护和农村经济社会可持续发展相结

① 黄晓枫，龚小雪，魏敏：《都江堰——惠泽千秋的水工遗产》，《中国文化遗产》2011 年第 6 期

② 张骅：《古代典籍与古代水利》，《海河水利》2011 第 6 期

③ 汪健，陆一奇：《中国水文化遗产价值与保护开发刍议》，《水利发展研究》2012 年第 01 期

④ 杜群飞：《农业遗产保护和开发模式的探讨——以浙江省为例》，《生态经济学术版》2012 年第 01 期

合为原则，在发展思路上和各类物质或非物质遗产项目的申报相结合，和生态环境保护、生物多样性保护相结合，从发展生态循环农业入手。农业遗产保护和开发利用的典型模式有生态农业观光园，结合地方农业特色举办节庆活动建设休闲农家乐基地，打造乡村旅游度假胜地。中国正处于社会转型期，城镇化进程不断加快，尤其是在城市空间发展需求和土地供给日益短缺的压力之下，郊区成为市区，城市面积不断扩大，新农村的建设如火如荼。合理地安排农业遗产的存废，既妥善地保护遗产又有利于城市农村的发展，为农业遗产焕发新的生命活力提供新的契机。在城镇化进程中，阻止农业遗产的大规模消失，使更多的农业遗产得到认定并妥善保护合理利用，显得日益迫切。

万金红，谭徐明在《水利遗产保护规划图图例设计研究》[①]中研究发现：由于古代水利工程保护的特殊性，在保护规划图编绘过程中发现已有规划图编绘技术标准不能满足实际工作需求，突出表现在现有规划要素图例不能完整地表达保护规划内容。根据古代水利工程保护的特殊要求，结合当前已有的规划图编绘技术标准和成果，提出了京杭运河保护与管理规划图图例系统和具体设计方案。在历史文化保护中对文物保护范围、文物建设控制地带、建设高度控制区域、古城墙、古建筑、古遗址范围等规划要素提出了明确的图式图例，这一部分图例设置将为编制运河遗产保护规划图提供可资借鉴的参考。文章总结已有图例设计标准和实践经验，提出“京杭运河保护与管理总体规划水利专项”规划图图例系统，并结合水利行业特点设计出一套运河遗产保护与利用图例体系，在为运河遗产保护工作提供技术支撑的同时，也将为其他水利遗产保护项目的开展提供借鉴。

马燕燕，闫彦等在《浙江省古堰坝分布特征与历史价值研究》[②]一文中研究发现：浙江省灌溉面积千亩以上的古堰坝平均灌溉面积约 23 333 公顷（3 500 多亩，一亩约为 667 平方米），金衢盆地堰坝数量最多，不同地区和不同朝代在堰坝数量、建设长度、灌溉面积上存在显著差异，而堰坝高度在各地区间无显著差异，但在各朝代间存在显著差异。浙江的古堰坝选址科学、堰形设计体现人与自然的和谐，是浙江农业文化形成和发展的根源，具有丰富的历史价值。浙江全省大小古堰多达数千座，虽然平凡、原始，但却充分体现了人类利用自然进行改造、征服自然的历史过程，是劳动人民勤劳、智慧的结晶，是古代水利设施遗存的代表。时至今日，这些水利工程迭经数百年，仍巍然屹立、川流不息，继续发挥造福于民的巨大效益。该文通过对金华、衢州、杭州、宁波、台州、温州、湖州、绍兴、嘉兴、丽水共 10 个地区堰坝的实地调查，将民国及以前所建的堰坝列为古堰坝范畴，以此研究浙江省古堰坝的分布情况及历史价值。文章认为古代堰坝工程是重要的历史文化遗产，是浙江先民治水的结晶，浙江古堰有着深厚的历史文化内涵，通济堰、它山堰等其历史遗存是研究水坝以及古代政治、经济、文化、社会等方面绝好的实物资料，是浙江悠久历史文明的最好见证。

陈良军，李保红在其论文《济源五龙口水利设施的调查与分析》[③]中指出，中国现存早

① 万金红，谭徐明:《水利遗产保护规划图图例设计研究》,《中国水利》2012 年第 14 期

② 《浙江省古堰坝分布特征与历史价值研究》,《浙江水利科技》2012 年第 4 期，总第 182 期

③ 陈良军，李保红:《济源五龙口水利设施的调查与分析》,《华北水利水电学院学报（社科版）》2012 年第 05 期

期的古代水利工程遗存极为少见。通过系统介绍五龙口古代水利设施的区域分布、体量规模、社会功用，分析其选址原因、高超的工程建造技术、社会参与性、文物建筑特点，为当代中国的水利工程建设提供研究资料和历史借鉴。

万金红，谭徐明，李云鹏，王力在《古代水利工程遗址公园设计——以京杭运河南旺枢纽考古遗址为例》[①]一文中研究发现，随着京杭运河漕运的中断，代表了中国古代水利工程规划、水工建筑与水利工程管理的最高技术成就的南旺枢纽逐渐湮灭。以南旺枢纽考古遗址公园设计为例，探讨水利遗产的保护与利用问题。南旺枢纽考古遗址公园设计方案提出“一河三区”园区空间布局，旨在揭示南旺枢纽的科技价值，全面保护运河遗产，改善当地自然生态环境，发展遗址公园旅游，促进区域社会经济协调发展。

整体言之，目前学界的水利遗址保护研究呈现出多学科交叉研究的趋势。水利遗址保护研究是一个新兴研究领域，它整合过去分散的历史学、地理学、考古学、水利学、景观学、建筑学、博物馆学、文化研究等各学科研究，以现代信息技术为平台，以水为媒介，将自然资源与文化资源、环境与遗产、不可移动文物与可移动文物、物质遗产与非物质遗产、古代的人和现代的人联系起来，深化和拓展了人们对水影响和作用的认识和理解，对不同水资源条件下文明演进和文明特质的感知和领悟，对不同形态的水利遗址的珍惜与尊重。在研究方法上，各国研究人员都不约而同地在探索多学科协作的形式，从不同角度和层面剖析与阐释水这一独特自然禀赋在人类文明进程中留下的丰富、变化、复杂的形态。水利遗址保护的系统性和区域性研究。水资源具有十分紧密的整体关系和地区特色。通过水力联系河流、湖泊、地下水等各种水体间和河流的上下游、干支流之间以及与之相关的人类社会生活，构成一个相互影响和制约的有机整体。另外，由于不同地区水资源分布、水文和社会经济条件千差万别，水资源系统和人类活动又具有不同的地区特点。因此，水文化遗产的研究越来越注重宏观视野，从而加强系统性和区域性研究。一方面在具体水利遗址研究上开始关注其与自然条件、水文地理等综合环境的相互关系；另一方面在整个流域、湖泊地区等宏观层次上开展跨行政区的聚落、乡镇、城市的演进脉络及相互之间的关系研究。现代空间信息技术的发展也为综合研究提供了技术上的便捷与可能。水利遗址保护研究的公众化、科普化。水是生命之源，与人类生活息息相关。人类文明的发展，伴随着人与水的互动，创造了丰富多彩的水文化遗产。水文化遗产的研究，不仅仅限于文化遗产的学术范畴，也不仅仅限于文化遗产的保护范畴，而应敞开大门，面向公众与社会，强调研究成果的开放和宣传，注重研究成果在旅游、教育等领域的推广和应用，提升文化品味和顺应气候变化与可持续发展等全球性新理念。但同时，水文化遗产的展示与宣传，必须以严谨、专业、系统的科学研究为基础，切忌杜撰、臆造与媚俗，还水遗产以朴实、纯洁、神圣。[②]

---

① 万金红，谭徐明，李云鹏，等:《古代水利工程遗址公园设计——以京杭运河南旺枢纽考古遗址为例》,《中国水利》2012 年第 21 期

② 于冰:《欧洲“促进水文化遗产战略研讨会”综述》,《中国文物报》2012 年 4 月 9 日

四、工程类农业文化遗产保护的问题与建议

工程类农业文化遗产曾在区域发展中扮演过重要角色，在促进经济发展、社会进步历史长河中发挥了重要作用。今天，许多古代水利工程仍然得以保存，且在继续发挥作用它们全面完整地体现了不同时期、不同区域水利建设的状况及其与政治、经济、社会和文化等方面的联系，体现了不同时期、不同区域自然环境的状况，揭示了不同时期、不同区域的水利工程建设理念和科技价值。

（一）工程类农业文化遗产保护存在的问题

近几十年来，随着现代大规模的水利建设以及经济社会的迅猛发展，加之社会各界甚至是水利行业内普遍缺乏对古代水利工程价值的认知，大量古代水利工程遭到破坏、废弃，或者被新建工程所取代，且其速度正在加快。加强保护和合理利用在用古代水利工程和水利遗产已刻不容缓。2010 年，水利部组织了在用古代水利工程与水利遗产的调查。调查历时一年半，这是中国首次全国范围内展开水利文化遗产的调查。目前调查工作基本完成，根据调查结果，中国水利文化遗产类型、数量十分丰富，其中以古代水利工程为多。但是，多数工程经过不断改造，而仍然保持原有工程形态的古代水利工程占总数不到 30%。[①] 中国工程类农业文化遗产管理长期缺失，主要面临以下几个方面的困境：

1. 适合区域自然特点、河流特性的传统水利型式濒临消失，生态环境、水价值观和文化形态发生蜕化

典型的例子是新疆吐鲁番地区坎儿井。坎儿井是绿洲特有的传统水利型式。据新疆坎儿井研究会统计，1950 年以前坎儿井的数量约 1 784 条，2003 年剩 614 条，干涸 1 170 条，2009 年剩 427 条。多数坎儿井因绿洲地下水位下降而废弃，这主要是机井盲目发展和超采失控所致，其代价是天山南麓吐鲁番盆地良好的地下水循环机理被破坏以及由坎儿井灌溉产生的旱区水文化层面的损失，即当地居民对需要大量投入和维护而获取到水所衍生出来的水的价值观发生改变，区域水资源公平占有的文化基础消失。事实证明在干旱地区恢复或部分恢复本土传统水利型式，对于区域生态环境的修复有多方面的重要价值。运河遗产的完整性和安全性正受到威胁。局部或全部断流威胁着运河遗产。中国历代各朝中央政府以很大的人力、物力和财力来保障运河的畅通。目前，随着铁路、公路及海运等交通运输方式的发达，社会对运河的依赖较前已无足轻重，运河开始走向衰败。历史上著名的运河大多已局部或全部断流，很多河道处于干涸状态，有些河道或被废弃或改作他用。长期干涸后的运河河道，往往成为人们倾倒垃圾和杂物的场所，甚至被任意侵占。随着经济的发展和技术的进步，古运河的一些航道基础设施已无法满足现实的需要。运河许多河段需浚

---

① 邓俊，王英华：《古代水利工程与水利遗产现状调查》，《中国文化遗产》2011 年第 06 期

深河道、拓宽河面，方能通航。因此，运河河道仍然处于不断的变迁中。许多河段，尤其是城区境内的河段两岸拥有很长的景观带，这些景观带高度趋同，运河沿线承载着深厚历史记忆的丰富多姿的景观正日益减少。

2. 城市规划建设和管理中缺乏针对性保护，建设性破坏比较突出

长期以来，工程类农业文化遗产没有像城市历史街区、古代建筑的保护那样，纳入城市规划和管理中，社会普遍缺乏文化认知。城市发展中，古代水利工程建设性破坏更为突出。北京是没有天然河流流经的城市，水利工程造就了北京的河湖水系，它经历了元明清各时期不断建设而形成，是古都风貌重要的构成。但是在 20 世纪 50~60 年代的城市建设中，护城河加盖的长度超过总长的 2/3，通惠河、长河等河道在治理中盲目加宽河道，加高河堤，不仅增加了河道置换水量和蒸发损失，区间雨水不能汇流入河，也使河湖的文化景观价值遭到了破坏。城区湖泊多数被填埋，城市失去了蓄滞洪水的场所，最近几年北京逢雨必涝。

中国正处于快速城市化进程中，大规模城市化建设遍地开花，很多运河故道未被充分调查或未被专门规划就被如火如荼的城市化建设分段占用，而一旦若干河段被建筑覆盖或公路覆压，则运河遗产的调查、考古发掘、保护规划、水利工程复建、运河文化复兴就变得更加困难。而运河古河道不仅可能具有考古发掘价值需要保护，而且可能具有水利工程复建和水生态环境修复的可能性。因此，在快速城市化背景下进行全国一盘棋的运河调查评估和运河遗产保护总体规划具有重大的现实意义和历史意义。

3. 部分工程类农业文化遗产管理权属不清，长期管理缺失，处于自生自灭的状况

目前相当数量的小型水利工程属于乡镇或村管理。由于乡村土地所有制的改变，基层公共工程管理缺失，使这类水利工程处于自生自灭的状态。例如贵州安顺有一批明代屯田时兴建的乡村水利工程，在 1978 年实行土地承包制以后，土地所有制变化了，这些小型工程名义属于乡镇水利站管理，不在灌区管理范围内，事实上等于无人管理。安顺地区有 500 多年历史的乡村水利多数失效，只有少数在宗族意志浓厚的乡村管理维持下来。运河贯穿之地，留下了丰富的文物古迹，保存了具有内河特色的文化。作为一种特殊的文化遗产，运河无论是借水行舟的过船设施，还是截江横渡的水陆枢纽，都证明了古代工匠的科学方法和聪明才智，即使那些干涸淤塞的运河主干河道也彰显着古代工程技术的先进性。但是多数运河作为人工长河，长期以来未被界定在文物保护的领域内，因此需要我们在性质判定上、管理体制上、资源利用上认真反思。运河遗产目前属于跨部门、跨地区管理形式，所以由于各市县对相关遗存价值的认识存在差异，因而保护力度、方法也有较大差异。部分河段，特别是新中国成立后新的运河开通导致原运河通航功能消失的河道，或因水量不足而废弃的河道，保护工作似乎也没有受到足够的重视。以京杭大运河为例，成立跨行政区的大运河文化遗产管理单位是极为必要的，它不仅可成为申报世界遗产的主体单位，同时可加大整体管理的力度，并在总体上把握运河遗产的保护与管理工作。运河文化遗产与生态廊道的建立涉及国家、各地政府、沿线居民等各阶层的利益，同时还包括农业、工业、商业、旅游业、文化遗产保护、河流生态系统保护等问题，因此也需要成立一个代表保护与发展双方利益的协调管理机构，来平衡运河的遗产保护和经济开发的关系，并可通过立法进行保护和实施。针对水利、交通、文物等多头管理存在矛盾的情况，《办法》规定，在大运河遗产保护规划划定的保护范围和建设控制地带内进行工程建设，应当遵守《中华人民共和国文物保护法》的有关规定，并实行建设项目遗产影响评价制度。①

4. 工程类农业文化遗产毁灭性的破坏造成区域生态环境的整体蜕化

在经济的大潮冲击下，最近10年来大规模的采矿、房地产开发、经济园区建设，使地处城市或风景名胜区的古代水利工程遭到了前所未有的毁灭性破坏。山西太原晋祠引泉工程，曾经是太原地区有近千年历史的水利工程，不仅是晋祠风景名胜的重要组成，更是本区域工农业生产和城乡供水的基础设施。但是，大规模的煤矿开采使本区地下水含水层截断，引泉工程全部失效，晋祠地区的文化景观、自然环境因此而遭到严重破坏。② 随着运河两岸经济文化的繁荣，污染问题开始困扰尚未断流的运河。工业污水是影响运河水质的重要因素之一。近几年各地政府对污染的整治力度加大，向运河排放的工业污水已减少。生活污水是影响运河水质的另一重要原因。运河沿线许多河段堤防上建有向河中排放污水的管道。运河沿线许多河段存在不同程度的富营养化现象，有的已遭到严重污染。船舶污染。船舶造成的水域污染主要有油污染、承运的化学品污染、船上垃圾污染以及生活污水等，其中油污染对水质的影响最大。运河生态系统退化。运河有些河段两岸大量采用混凝土或浆砌块石作为衬砌或防护材料，这些使河岸硬化、光滑的做法增加了行洪能力，但光滑的堤岸使得贴岸水流的速度加快，增加了水流冲刷堤岸的风险，也破坏了水系与土地及其生物环境间的物质能量循环，降低了河流的自净能力，使运河两岸生态环境退化。

（二）工程类农业文化遗产保护建议

根据水利工程及水利遗产的现状、功能、保护的侧重与目的、不同要素的具体情况以及规划的不同目标和内容，区别对待，分区规划，多元化保护，分别提出保护方法。已基本改建成为现代工程，只保留有地理位置、范围、工程名称的水利遗存。如秦渠、汉渠、四川通济堰、新疆林公渠等，对其的保护与利用侧重于保护文化价值与历史符号。主体结构完好，但有扩建的工程的保护策略是：整体保护，适度开发，永续利用。在保障发挥水利功能的前提下，保护其历史文化价值。文物保护、工程管理和运用的优先次序为：文物保护与防洪、水资源调配、河道整治、水毁工程修复等工作发生冲突时，水利功能优先。对基本保留，建筑材料有改变的工程，在保护现有遗产的基础上，逐步、科学的采用传统水利材料与构件，适度恢复历史风貌。对主体已完全消失，只有遗址存在的工程，以保护历史、文化价值为主。通过保护其场地或历史遗存，保留历史信息，作为水利展陈与科普的实例，结合水文化建设的需要，通过各种标识、展示手段阐释其价值。对占地面积较大的遗存或遗址类工程，可适当对其场地进行功能置换和重新利用，通过建遗址公园、风景名胜区等，进行保护性的展示利用。除工程设施和遗址遗存外，对在用古代水利工程的保

① 参见《大运河申遗压力大：水污染及8省市规章打架》，中国网，2012年10月11日

② 邓俊，王英华：《古代水利工程与水利遗产现状调查》，《中国文化遗产》2011年第06期

护还包括对工程环境的保护，包括水体水域、陆地水岸、山体植被等。对于面积较大的，比如灌区、乡村水利工程等，可进行规划分区，确定哪些区域可以进行改造或开发利用，哪些需要进行保护恢复。相关遗产包括物质和非物质遗产，物质类如碑刻等，非物质遗产如传说、维持工程运行的乡规民约、在生产实践过程中产生的民风民俗等。保护方法是对其文化的多样性进行充分的展示与传承，要结合以下 5 方面扎实推进工程类农业文化遗产保护与传承的各项工作。①

1. 要把顶层设计与稳步推进相结合，做好遗产保护规划和资源调查

要在制度和政策等层面上保护水文化环境，关注水文化生成、发展和保护之间的历史传承关系，改善自然、经济、社会制度和传承人之间的水文化生态。要联合文博系统相关部门和单位，逐步建立国家、省及重要遗产地分级保护规划体系，开展工程类农业文化遗产保护示范点建设。要继续做好工程类农业文化遗产资源摸底、调查工作。要重视非物质类工程类农业文化遗产，积极开展大禹治水申报世界非遗行动。

2. 要把整合资源与突出重点相结合，做好遗产资源的整合和创新

各相关单位和机构要充分发挥各自的优势和资源，加强资源整合和经验借鉴，建立有效的联动机制。各水利类博物馆、流域博物馆要做好馆际协作，搭建开放型的学术整合与协作平台。要加强与文化部门、地方政府的联系，争取工程类农业文化遗产传承地、相关机构和行业的支持。积极参与工程类农业文化遗产保护的国际对话与交流合作，宣传工程类农业文化遗产保护成果。

3. 严格保护与适度利用相结合，实现可持续发展

正确处理保护与利用、传承与发展的关系，促进工程类农业文化遗产资源在与产业、市场的结合中实现传承和可持续发展。不仅要注重对工程类农业文化遗产本体的保护，还应当关注遗产所依存的人文与自然环境的保护。拓宽文化遗产传承利用途径，结合具体情况，对工程类农业文化遗产、景观、遗址公园等进行综合开发利用，适度地与文化产业相结合。

4. 遵循规律与突出特色相结合，把遗产保护融入当地社会文化发展

要关注各类文化遗产中的水利元素，积极参与与水利相关的遗址考古与保护。注重发挥地方政府和部门的主体作用，努力促使水利遗址保护纳入当地经济和社会发展计划、城乡建设规划，把工程类农业文化遗产保护融入当地社会文化发展，与地域文化、民族风情、传统习俗等结合，实践原地保护、动态保护、整体保护的理念。

5. 水利科普与理论研究相结合，做好遗产社会服务和层次提升

要深入挖掘、研究工程类农业文化遗产的历史文化价值和科学研究价值，加强文化典籍整理和出版工作，推进文化典籍资源数字化。创新公共文化服务方式、服务技术和运行机制，充实服务内容，采用临展、借展、专题展等多种形式，宣传工程类农业文化遗产保护。推动水利文化遗产教育与国民教育紧密结合，增强工程类农业文化遗产保护自觉性。②

---

① 《中国水利博物馆水利遗产保护与传承工作研讨会在京举行》，http://www.nhri.cn/hyxw/201212040843385 6ddad.aspx

② 《中国水利博物馆水利遗产保护与传承工作研讨会在京举行》，http://www.nhri.cn/hyxw/201212040843385 6ddad.aspx

第5章 技术类农业文化遗产调查与研究

数千年以来，中国劳动人民在农业生产活动中，为了适应不同的自然条件，曾创造了至今仍有重要价值的农业技术与知识体系。这些多样的传统农业技术不仅体现了中国的传统哲学思想，同时切合当前全球可持续农业生产的理念，并有望成为现代生态农业发展的基础。作为农业文化遗产的核心组成部分，技术类农业文化遗产尚没有被人们广泛认知。历史上，各类传统农业技术曾经广泛存在，但目前只是零星分布且大多位置偏远，不过当地人民仍有依赖其维持生产与生活的。甚至长期以来，正是由于一些地区的科技、文化、教育和交通相对不发达，传统的农业技术才得以完整地沿袭和流传下来。传统的农业生产技术及其体系天然是一种重要的文化遗产，蕴含着丰富的文化和人类生态学内容，对于民族学、人类学、历史学、生态学、社会学、文化学等诸多领域的研究具有非同寻常的意义。

一、技术类农业文化遗产概述

技术类农业文化遗产指人类在历史上创造并传承至今的、与农业生产直接相关的、以“活态”形式存在的各种技术及其附属活动。本调查研究将技术类农业文化遗产分成以下几种类型：土地利用技术、土壤耕作技术、栽培管理技术（含防虫减灾）、生态优化技术、畜牧技术、兽医技术和渔业技术。考虑到畜牧、兽医和渔业技术类农业遗产的数量较少，遂将此几类合并为一命名为畜牧兽医渔业技术类农业文化遗产。

（一）技术类农业文化遗产的分类

1. 土地利用技术类农业文化遗产

农业土地利用是人类劳动与土地结合获得农产品和服务的一种经济活动。中国自古以农立国，但国土多为山地、丘陵，西部还有大片沙漠和戈壁，发展农业的自然条件和可利用的资源并不是很好；同时，中国历来又以人口众多著称。因此，如何利用和开发土地资源、解决吃饭问题，一直是摆在人们面前的头等大事。在这方面，中国劳动人民不畏艰难、积极探索，在开发和利用土地方面创造出了多种方法和手段。

以早期人类的农业活动为例，先民最初采用的一种土地利用方式为刀耕火种，但由于受到资源、环境等生存条件的制约以及人口的压力，人们不断向山岭甚至是沮洳沼泽开发，发明了如梯田、圩田、砂田甚至浮田、架田等土地利用方式。起初，先民垦山为田的目的是为了耕种，但这又容易破坏植被，每当大雨倾注，水流顺坡而下，冲走大量的土壤，造成非常严重的后果。因此，人们开始探索将垦山、用山与平治水土结合起来的有效开发和利用山地的方法，于是创造了“梯田”这一治理坡耕地水土流失的技术措施，正所谓“水无涓滴不为用，山到崔嵬犹力耕”（宋朝泉州知府朱行中诗），便是其功用的很好体现。

中国梯田分布广泛，既有属于北方类型的黄土高原梯田，又有属于南方类型的云贵高原以及江南丘陵梯田。目前，以红河哈尼梯田、新化紫鹊界梯田、尤溪联合梯田、龙胜龙脊梯田、江西崇义客家梯田、河北涉县梯田为代表的各种梯田，已经成为中国非常重要的农业文化遗产。中国梯田尤其是南方梯田，不仅是治理坡耕地水土流失的有效措施，具有良好的蓄水、保土和增产效果，还是山地农业生态多功能性的杰出代表，蕴含着丰富的蓄保水灌溉、作物耕作栽培、物种多样性、生物循环利用等农业技术，同时兼具历史、人文、旅游等价值功用，是为中国传统农耕文明的一道靓丽风景。

再以圩田土地利用方式为例，其在历史上曾经占有重要地位，如根据《宋会要辑稿》记载，宋代太平州当涂、芜湖两县田地，十之八九是圩田；《宋史・食货志》上则说，南宋淳熙十一年（1184 年）统计，仅浙西一带围湖造田就多达 1 489 处；沈括的《万春圩图记》还提到，从宣州到池州，有千区以上的圩田，圩中大道长达 22 里。统计表明，明清两代江南各地筑圩达 3 000 多个，[①] 不仅数量众多，而且规模庞大。圩田大致发端于三国，发展于两宋、全盛于明清，前后相沿近两千年，至今仍应用于江苏西南部、安徽南部和浙江西北部。

圩田是江南人民在长期治水营田实践中创造出的一种独特土地利用方式和技术，不仅实现了浅水沼泽地带或河湖淤滩的开发与利用，还集灌溉、航运、植树、养护等多种农业和经济活动于一体，体现了古代劳动人民高超的统筹规划设计智慧，具有重要的经济、社会、历史和生态价值。当然，过度的圩田垦殖也存在一些弊端，如破坏湖泊河流水文环境和水生资源，影响湖泊蓄水量和涝汛期排水等问题。总结历史经验和教训，加强圩田生态保护，易于实现经济、社会和生态效益的统一。

（二）土壤耕作技术类农业文化遗产

土壤耕作是农作物种植制度及有关技术措施的总称，也是根据作物的生态适应性与生产条件采用的种植方式，包括单种、复种、休闲、间种、套种、混种、轮作、连作等，与其相配套的技术措施则包括翻耕、深松耕等基本耕作和耙地、耢耱、整地、镇压、耖地等

---

① 庄华锋：《古代江南地区圩田开发及其对生态环境的影响》，《中国历史地理论丛》2005 年第 3 期

表土耕作的技术手段，旨在实现改善土壤结构、改良土壤性质、增加土壤效能、消灭杂草害虫、清除田间杂物、利于种植灌溉等。土壤耕作在一定的自然经济条件下形成，并随着生产力和科技进步而发展、变化，历史上经历了撂荒耕作制、休闲耕作制、连种耕作制、轮作耕作制和复种耕作制，甚至还出现了建立在综合利用土地资源基础上的生态农业形式。

以土壤耕作中的稻麦二熟复种制为例，有文字加载的历史可追溯至唐代的南诏地区，后发展至长江流域，由于其可以提高土地利用率、增加产量，缓解人多地少的矛盾，逐渐成为一种稳定和广泛的耕作制度。不仅如此，稻麦二熟复种还可以改善土壤结构、促进养分循环，维持和保持地力，并有减轻病虫草害之功效。如云南剑川的稻麦复种系统，就是这种复种制度的杰出代表，融文化、生态、经济等多重价值于一体，同时也是传统农业生产发展的历史见证和缩影，堪称农业文化、生物多样性、人与自然和谐发展的典范。① 目前，当地正在利用这种资源和优势，并结合其本身的景观功能，努力发展稻麦复种系统及其农耕方式与生物多样性、传统农业文化和休闲农业结合起来的生态模式。

当然，这些耕作制在不同的历史阶段、不同的地区也会间杂使用，并不是说哪一种耕作制就是最好的，关键要视当时当地的具体环境条件而定。因地制宜地采用科学的耕作制度，可以有效地利用土地资源，保持良好的农业生态坏境，并获得较高的经济效益，这是发展种植业的重要途径。如我们所说的“刀耕火种”就属撂荒耕作制，是历史发展的一种产物，在特定的地域和条件下，具有极强的合理性和适应性，并不能一概而论定性为落后的农业耕作方式，如果强制要求退耕还林、采用现代的耕作方式，而忽视其背后所蕴含的生态、地域、民族和社会属性，往往会造成极大的破坏作用，这一点已经为实践所证明。实际上，在目前刀耕火种已经很少的情况下，这一耕作方式不仅不是地方发展的负累，而且是一笔珍贵的文化遗产，是当地实现跨越发展的优势资源和重要财富。

农耕之初，农具简陋、技术水平低下，古人“伐木而树谷，燔莱而播粟”，主要采用刀耕火种的办法，在去掉杂草、林木之后就播种。至春秋战国时代，人们开始把改善农业生产的努力侧重在土地上，重视深耕细作，提倡“深耕、疾耰、易耨”，在耕作上遵循“因地制宜，因时制宜，因物制宜”的原则，耕作方法灵活机动，以适应各地多变的自然条件。至魏晋北朝时期，北方旱地“耕、耙、耱、压、锄”相结合，以防旱保墒为目的地耕作技术体系趋于成熟。宋元时期，南方水田“耕、耙、耖、耘、耥”相结合的耕作技术也已成熟，随着稻麦两熟制的发展，为解决水旱轮作、麦作怕涝渍的问题，采取作垄开沟，沟沟相通的整地排水技术。这些都是中国传统农业精耕细作技术体系的重要组成部分。

这两套完整的耕作技术体系，是古人创造的精妙农艺，奠定了中国传统农业精耕细作的基础。实际上，上述体系还包括了各种耕作措施的程序、时间、深度以及所使用的方法、农具等，须根据当地的气候、土壤、地形条件以及作物前、后茬口的特性、水肥、杂草、病虫害等多方面情况，因地因时制宜地创建适宜的耕层构造和地面状况。其中，蕴藏着古

① 中华人民共和国农业部：第二批中国重要农业文化遗产——云南剑川稻麦复种系统，/ztzl/zywhycsl/depzgzywhyc/201406/t20140624_3948583.htm，2014 年 6 月 24 日

老的耕作经验和生态智慧，直到今天仍被留存和运用，属于非常重要的农业文化遗产。

（三）栽培管理技术类农业文化遗产

栽培管理是指作物从播种到收获的整个栽培过程所进行的各种管理措施的总称。栽培管理旨在通过镇压、间苗、中耕除草、培土、压蔓、整枝、追肥、灌溉排水、防霜防冻、防治病虫等技术手段，为作物的生长发育创造良好的环境和条件。栽培管理必须根据各地自然条件和作物生长发育的特征采取针对性措施，才能收到事半功倍的效果。

原始的作物栽培技术产生于人类最初的农业生产活动。根据现有的考古发掘材料和科学验证，中国至迟在1万年前已有作物栽培，甲骨文中已出现黍、粟、麦、稻、豆等作物的名称。卷帙浩繁的中国历代农书，则记录了十分丰富的古代作物栽培经验，包括丰富的作物种质资源和农学思想以及精细的田间管理技术，是中国最为重要的农业文化遗产之一，对中国乃至世界农业的发展都发挥了至关重要的作用。

传统栽培管理的重要特点是重视选育和繁殖良种，发明了穗选法、“种子田”、无性繁殖等技术方法并积累了丰富的品种资源。仅以粟（谷子）的品种为例，根据1979年出版的《中国谷子品种资源目录》记载，中国北方十二省（市）45个单位保存的谷子品种有1.3万余份，经归并仍有11 673份，其中粳性的为10 730份，糯性的943份。[①] 这些品种资源呈现多样性的特点，有不同熟期的，有不同株型的，有高产的，有优质的，有抗病虫的，有抗逆性的，以适应各地自然条件和社会经济的需要。其中，大部分都有古代谷子的遗传基因。对于生命科学日益发达的今天来说，这些基因无疑是一笔宝贵的财富，对于培育新的品种具有非常重要的意义，相信随着现代生物育种技术的不断发展和进步，在将来会培育出更多高产、优质的作物品种。

传统栽培管理的其他特点是重视积制肥料和合理施肥、讲求培养地力和用养结合，以保持土壤地力常新壮，利用在农业生产和生活中一切可以利用的废弃物，创造了沤肥、堆肥、熏土、粪丹等一系列肥料积制方法，还充分利用豆谷轮作和粮肥轮作复种，实行生物养地，因土、因时、因物制宜耕作，利用物理因素养地；在防治作物病虫害方面，则采用了农业防治、生物防治、天然药物防治、人工捕捉等综合措施；还大力兴修农田水利、改善农田水分状况和地区水利条件，为夺取农业的稳产高产创造了保障条件。

传统的农作物栽培管理技术和经验，有利于选育、繁殖和留传优质的品种；有利于保护资源、培肥地力，改善水土条件，维护农田生态平衡；有利于充分利用自然资源和社会经济资源；有利于协调种植业内部各种作物之间的关系，达到多种农作物全面持续增产；还可满足国家、地方和农户的农产品需求，在增加农民收入的同时提高农业生产效率。实际上，历史上的栽培管理技术并未消逝，其基本内涵和核心精髓仍然留存或是以其他方式在今天继续被使用，并成为一种珍贵的遗产、继续焕发新的活力与魅力。

---

① 高国仁:《粟在中国古代农业中的地位和作用》,《农业考古》1991年第1期

（四）生态优化技术类农业文化遗产

传统农业生态优化是指在保护、改善农业生态环境的前提下，遵循生态学和生态经济学原理与规律，通过综合运用长久形成的科学、有效技术和经验建立起来的，能够获得较高的经济、生态和社会效益的传统农作模式和手段。中国传统的“三才”理论（《吕氏春秋・审时》中所说“夫嫁，为之者人也，生之者地也，养之者天也”），即把农业生产中天、地、人三者看成是彼此联结的有机整体，强调人的调控制驭，并注重于分析生产因素之间的辩证关系，偏重于种植业的系统认识。总之，农业生产中的“三才”理论对中国精耕细作优良传统的形成与发展有着深刻的影响，是中国古典农学的立论依据，也是指导传统农业生态优化的重要理论和践行标准。

以改良和利用盐碱地为例，中国人民创造了引水洗盐、放淤压盐和种稻洗盐以及淹灌洗碱、淤灌压碱等技术手段，大大改善了土壤结构、提高了利用水平。人们又通过发明陂塘综合利用技术，形成了以大田与水面综合利用、水稻生产为主，兼及农、牧、渔、林发展的生态综合循环生产系统，还创造出一种挖深鱼塘，垫高基田，塘基植桑，塘内养鱼的高效人工生态系统——桑基鱼塘，开创了立体、生态农业的先河，可以达到解决劳动力和保护生态环境的双重效果，是中国“三才”理论以及天人合一、尊重自然思想的具体运用。

因地制宜农牧（或农林牧）结合，走可持续发展的生态农业道路也是生态优化的重要价值所在。中国传统的农业结构，是以农为主、农牧结合的小而全结构。战国时孟轲规划农家经营，提出“五亩之宅，树之以桑，五十者可以衣帛矣；鸡豚狗彘之畜，无失其时，七十者可以食肉矣。百亩之田，勿夺其时，数口之家可以无饥矣”。这种状况在古代很具有代表性。西汉时则提出“水处者渔，山处者木，谷处者牧，陆处者农”，这种因地制宜的经营思想一直延续到了近现代。

在上述经营思想指导下，中国早在战国秦汉之际，就形成了农牧分区，农区以农为主、农牧结合；牧区以牧为主、牧农结合的格局。主要表现“种植业提供饲料，畜牧业提供畜粪，还田培肥地力。”这种农牧结合是农业（种植业）、畜牧与土壤之间相互关联的结合，是一种结构上合理、功能上健全高效的农业生态系统。明清时期还出现“农—牧—桑—鱼”农业生态系统，代表了中国传统农业技术的最高水平。中国历史上的农牧结合系统，曾被国外专家喻为“最完善的农牧结合形式”，直到今天仍有极高的生态学价值。

（五）畜牧兽医渔业技术类农业文化遗产

畜牧兽医渔业技术类农业文化遗产是各种畜牧、兽医和渔业技术遗产的总称，涉及对有经济价值的兽类和禽类等动物进行的驯化和培育以获得畜禽产品或畜（禽）役、钻研和实施家畜家禽疾病的诊疗、防治和检疫，以及进行渔业捕捞和水产养殖等。

中国传统畜牧业在其发展的过程中，积累了不少重要的技术成就，如相畜术、阉割术在先秦时代就已应用，且还从最初的马、牛逐渐普及狗、猪、鸡、羊等并一直延续至今。中国兽医业的历史同样悠久，战国《周礼》记载的“兽医”已经比较发达，当时不仅有了内科外科的区分，而且还制订了诊疗程序并重视护理。中国的传统兽医拥有自己独特的体系，针灸治疗家畜疾病法距今3 000多年前已有文字记载，同样是中兽医的重要特色，结合药方治疗则形成了“方不离针，针不离方”的传统。中兽医针灸疗法到公元5世纪流传到国外，它在世界兽医学中仍然是一种独特的、非常有价值的医疗技术。[①]

渔业的历史可追溯至原始渔猎活动，我们的祖先靠捡拾贝类和徒手捕鱼，接着是使用木棒、石器、骨制鱼叉、鱼钩、鱼镖及弓箭等工具捕鱼，至明代《鱼书》已将其分为网类、縺类、杂具、渔筏等若干种类，近代则按其结构、功能、操作方法等，将渔具分为网渔具、钓渔具、箔筌渔具和杂渔具四大部、计15大类，通过利用这些工具甚至是其他动物如鸬鹚创造了各种捕鱼的方法和技术。中国又是世界上养鱼最早的国宝之一、以池塘养鱼著称于世。唐宋以来，在鱼苗饲养和运输、鱼池建造、放养密度、搭配比例、分鱼、转塘、投饵、施肥、鱼病防治等方面，积累了丰富的经验，为中国近现代养鱼的发展奠定了基础。同时，这些技术和经验又与当地的经济、宗教、民俗、文化等紧密地结合在一起，最终形成了相对稳固的生产和生活方式，有的直到今天还发挥了文化遗产的特殊功能。

（六）技术类农业文化遗产内容

根据上述本调查研究给出的定义，技术类农业文化遗产的核心显然是农业生产技术，但这种技术的内涵应是广义的，即不仅包括传统的种植技术，还应包括畜牧、兽医、渔业等技术，并涉及相关的农作和畜养制度，同时又附属有相关的宗教、祭祀、民俗等文化活动。总之，技术类农业文化遗产的内容是丰富和多元的，至少应包括以下3个方面。

1. 历史传承至今的农业制度和技术

技术类农业文化遗产应包涵代表性的传统农业制度和技术。以内蒙古敖汉旱作农业技术遗产为例，这里的粟、黍等中国古老农作物种虽历经8 000年的风雨变迁，依旧繁衍不息、世代传承，今天仍然保持着牛耕人锄的传统耕作方式。人们在撂荒耕作、土地连种、轮作复种、间作套种、充分用地等不同条件下，因地、因时、因物制宜，形成了“耕、耙、耱、压、锄”相结合和以防旱保墒为目的地旱作技术体系；重视积制肥料，合理施肥，培养地力，采取“用中有养，养中有用、用寓于养、养寓于用”的用养结合办法，以长期保持土壤肥力常新壮；同时，采用间补苗、中耕除草、适当灌溉、综合防治病虫害等措施，保持作物的苗壮生长，创造和发展了内涵丰富的传统农业栽培与管理的制度、技术体系。

又以“刀耕火种”（又称“刀耕火耨”、“火耨刀耕”）农业遗产为例，是用刀和斧等砍伐森林，经过晒干、焚烧后，空出地面以播种农作物的一种生荒耕作制，也是人们开发山地或平原的主要途径和方法。刀耕火种标志着人类由只能以“天然产物”作为食物的“攫取经济”，跨入到能进行食物生产的“生产经济”阶段，表明人类在物资和能量的富聚上，已由非稳定能量来源的狩猎——采集经济层次递进到准稳定能量来源的斯威顿经济层次，并在人口、生境和技术变革影响下，有向被其他经济生产形态替代的发展趋势。[②]

① 张仲葛：《中国古代畜牧兽医方面的成就》，http://www.agri-history.net/scholars/zhangzhongge1.htm

② 杨伟兵：《森林生态学视野中的刀耕火种——兼论刀耕火种的分类体系》，《农业考古》2001年第1期

历史上，刀耕火种农业曾广泛存在。今天，中国云南、广西和海南岛的部分少数民族仍有采用此种农作方式维持生产与生活的。长期以来，由于这些地区科技、文化、教育、交通不发达，使得这种原始的农作方式得以完整地沿袭下来。

根据对海南岛黎族聚居区的琼中县、五指山市以及东方市等地进行的调研（包括文献查阅、座谈与访谈、实地考察），当地黎族人传统的刀耕火种被称为“砍山栏”，具体技术大抵包括选地（选择草木茂盛的向阳坡地）、破山（砍伐选定的林地上面的树木）、焚烧（砍倒的树干、树枝和树叶任其风干或晒干后，由砍山的男子用火焚烧）、围栏（由男子将新开出的作物地用树枝或竹子围成围栏以防备野兽践踏）、点种（5~6 月下雨泥土湿透后开始播种）、除草（一般要除 3~4 次草）、守护（防止山猪、野牛、猴子、鸟类等危害山栏作物）、收获（9 月由妇女收山栏）等。实际上，中国不同地区和民族的刀耕火种稍有差异，但不论是哪种类型的刀耕火种，放火烧后均不需用锄头松土，靠火烧过后土壤自然松散的状态，经过一段时间再清理干净后，就可以点播或者是撒播种子。

就栽培管理技术类农业文化遗产而言，则包含了丰富的选育和繁殖良种的技术、保持地力常新壮的经验、综合方法防治病虫害的方法以及大力兴修农田水利、改善农田水分状况和地区水利条件的思想和措施，它们共同构成传统、精细的田间管理技术系统，蕴含着丰富的农学思想和哲理，并在现代农业生产中发挥着重要作用。

中国历来重视选育和繁殖良种并积累了丰富的品种资源。汉代《氾胜之书》已有穗选法的记载，南北朝时已有类似现在“种子田”的防杂保纯措施。清代又出现“一穗传”技术，在园艺、植桑和农林业生产中普遍采用扦插、分根、压条、嫁接等无性繁殖技术，还创造远缘嫁接、利用芽变进行嫁接育成新品种。因此，历史上中国农业在长期发展中培育和积累了大量作物品种资源。如战国《管子·地员》中已有一些作物品种及其适宜土壤的记载，《广志》和《齐民要术》记述的品种又有大的发展，到清代《授时通考》仅收录部分省州县的水稻品种即达 3 000 个以上。其中，许多品种的遗传基因被保留至今仍在运用。

至于一以贯之的重视积制肥料和合理施肥、讲求培养地力和用养结合以保持土壤地力常新壮的技术经验，不仅在东亚甚至在全球都有着非凡的影响力。中国农田施肥出现很早，商周时期已有文字记载，而且日益受到人们的重视，甚至到了“惜粪如惜金”的地步。人们开辟粪肥、绿肥、泥肥、饼肥、骨肥、灰肥、矿肥、杂肥等多种肥源及其积制方法，利用了人们在农业生产和生活中一切可以利用的废弃物，并结合轮作和复种以及因土、因时、因物制宜耕作等思想与措施，保持了地力常新壮。从总体看，中国土地复种指数高，但没有出现过普遍的地力衰竭现象，就是注意高度用地与积极养地相结合，以获得持续的、不断增高的单位面积产量，获得了包括英国李约瑟在内的西方学者的高度关注和赞誉，这是中国传统农业区别于西欧中世纪农业的重要特点之一，也是留给全世界的宝贵农业遗产。

注意采用综合方法防治病虫害（农业、生物和天然药物防治及人工捕捉等）同样是历史传承下来的栽培管理技术和珍贵遗产。农业防治即利用耕作栽培技术和抗病良种来防治病虫害，中国战国时已知深耕灭虫和适时播种以抗虫，北魏《齐民要术》总结了轮作防病和选抗虫良种的经验，之后又掌握通过精细耕作防虫的一套方法。生物防治是指利用生物界互相制约的作用达到防治害虫的方法，中国用黄猄蚁防止柑橘害虫的实践是世界上以虫治虫的最早先例，而且历代都重视保护益鸟以治虫。用天然药物治虫的历史也很悠久，战国时已用莽草（毒八角）、嘉草（襄荷）、牡菊（野菊）等熏洒治虫，以后利用天然植物作药物的种类愈来愈多。历代积累的人工捕蝗等经验也非常丰富。这些综合防治病虫害的方法基本无污染，有利于保护生态环境，对于今天农业特别是生态和循环农业的发展具有积极借鉴意义。

大力兴修农田水利、改善农田水分状况和地区水利条件也是传统栽培管理体系中的重要环节。古代传说中的大禹治水，"平治水土"之后，农业才得以向平原发展。《管子·禁藏篇》说："夫民之所生，衣与食也；食之所生，水与土也。"可见水土并重是中国农业的古老传统。水害变水利，治水又治田；有水之处，皆可以兴水利，是开发水资源的指导思想。北方干旱，多修建引水灌渠灌溉农田；南方地形复杂多山丘，多兴建陂渠结合灌溉工程。又在低洼地区修筑圩田、基围外挡洪水，内捍农田；沿海地区修筑海塘、堰闸等拒咸蓄淡工程，防御海水入侵，蓄积淡水灌溉；北方还发展井灌，新疆修筑坎儿井等。历史上兴建的水利工程数以万计，这为战胜旱涝灾害、夺取农业的稳产高产创造了保障条件，其中很多如都江堰、坎儿井等灌溉工程，直到今天仍然在发挥作用，并衍生出了旅游、生态等其他功能。

2. 系统的产出结构并附属各种文化活动

技术类农业文化遗产不仅是一种农业制度和技术，往往又是一个系统的产出结构。人们在进行传统农作、收获粮食的同时，还充分利用当地的生态体系，创造和发明了多种微循环再利用系统和立体或综合的农业体系，直接或间接地进行其他生产活动并得到多种产出物，包括各类生物、动物以及渔业、畜禽甚至采集、狩猎等各种物品。

以各类梯田技术遗产为例，哈尼人很好地利用了微循环系统，用梯田产出的稻草喂牛，牛粪晒干后做燃料，燃料用完可以做肥料，肥料再来养育稻谷；同时，当地人还可以通过房前屋后的空地种菜、池塘养鱼及生长其中的浮萍喂猪，鱼长大后又被放回梯田，从而获得了系统、循环的各种生活必需品。① 尤溪联合梯田有类似的产出结构，通过其特有的"竹林—村庄—梯田—水流"山地农业体系，当地人可以获得包括农作物、田螺、泥鳅、鲤鱼、鸭子、山羊等各种农副产品。广西龙胜龙脊梯田的农民，则根据海拔差异因地制宜种植和养殖家禽，除获得水稻、辣椒、甘薯、芋头等普通作物外，还收获有茶叶、罗汉果、凤鸡、翠鸭等地理标志性农副产品，保存和培育了丰富的作物种质资源。

又以目前部分少数民族仍在使用的刀耕火种农作技术遗产为例，就是刀耕火种生产与采集、狩猎三者的有机结合体。以云南省西双版纳傣族自治州基诺族为例，栽培作物有陆稻、玉米、高粱、棉花、茶叶、土烟、花生、苏子、芝麻甘薯、马铃薯、大豆、芋头以及南瓜、冬瓜、黄瓜、香瓜、茄子等各种蔬菜瓜果；采集活动一般由妇女在刀耕火种生产间

① 中华人民共和国农业部乡镇企业局：《云南红河哈尼稻作梯田系统》，http://www.moa.gov.cn/ztzl/zywhycsl/dypzgzywhyc/201306/t20130613_3490475.htm，2013年6月13日

隙进行，采集的食物可分为块根、野菜、笋、蘑菇、果、虫六类；狩猎大多围绕刀耕火种生产进行，包括守地打猎，烧地打猎，烧地后守地打猎，守庄稼，下跳签、弯弓、地弩，守果子、守路口、守塘子、做屎坑、引猎、撵山等，狩猎的对象有熊、野猪、马鹿、豺狗、狼、黄鼠狼、山羊、飞貉、松鼠、竹鼠、犀鸟、白鹇、野鸡、麻鸡、麻雀，等等。[①]

对于敖汉旗旱作农业系统技术遗产来说，除了产出主要的农作物品种如黑、白、黄、绿谷子以及大粒黄、大支黄、大白黍、小白黍、疙瘩黍、高粱黍和庄河黍等，人们同样还可以获得其他丰富多样的粮食作物（荞麦、高粱、杂豆等）、经济作物、蔬菜、瓜果和畜禽。又以新疆坎儿井灌溉农业技术遗产为例，其所在井区的土堆、井壁、暗渠、明渠或涝坝，则为 3 种鱼类、1 种两栖类、5 种爬行类、6 种鸟类、3 种兽类[②]提供了特殊的空间结构和适宜的小气候，保证了这些生物的多样性和完整的生态系统。另外，还有像桑基鱼塘、稻田养鱼鸭、漾濞核桃等各类技术遗产，都蕴含着系统的产出结构和丰富的物品。

当然，技术类农业文化遗产不纯粹是一种物质、技术和产出结构，除了包涵必要的农业生产技术要素，经过历史的积淀和长期的进化，技术类农业文化遗产必然伴有各种与之相关的宗教、祭祀、民俗等活动，最终形成了相对稳固的生产和生活方式，有的直到今天仍在发挥无法忽视的经济、文化、教育等社会功能。

以我们曾经调研的海南岛黎族“砍山栏”为例，砍地一般在清明前后，砍树要选吉日，当地黎族以 12 种动物记日，鼠、牛、虫、兔、龙、蛇、马、羊、猴、鸡、狗、猪，周而复始，砍树则以龙日、马日、兔日和蛇日为好，砍树之前，一般还要请巫师道公用酒饭祭“山鬼”；而在云南西双版纳基诺族的整个刀耕火种过程中，还贯穿有妥模确（过年，汉农历正月）、砍地仪式（正月）、科比达若（祭鼓仪式，正月）、苗姐若（砍地结束仪式，正月）、烧地仪式（二月）、冬布若（盖窝棚仪式，三月）、恰思若（播种仪式，四月）、贺西早（吃新米仪式，七月）、谷萨苦罗苦（叫谷魂，九月）等农业礼仪。[③]它们与相关的农作制度和技术体系共同构成了“刀耕火种”技术遗产不可或缺的内容。

再以江西万年稻作技术系统为例，劳动人民在长期的稻作生产实践中，还形成了如“懵里懵懂，嵌社浸种”、“雷打惊蛰前，无水做秧田”、“清明前后，撒谷种豆”、“谷雨前，好种棉”、“大暑前三日割不得，大暑后三日割不出”、“七月半，借花看，八月半，捡一半（棉花）”等农谣、民谣以及节令，很好地再现了当地人掌握的“农事理论”和耕作习惯；同时，人们还通过教犁、春社祭社公、敬五谷神、清明敬土神，开秧门，端午划龙舟，尝新节，拜稻祖，祈龙求雨，开镰谢谷神等文化活动，聚集了醇厚和内涵丰富的民间习俗。还有如浙江青田稻鱼共生技术遗产则孕育了田鱼文化，人们将青田田鱼与青田民间艺术结合起来，创造出了一种独特的民间舞蹈——青田鱼灯舞，曾代表当地参加过国内外重要的文化交流活动并产生了积极的影响，为弘扬青田乃至中国的稻鱼文化做出了贡献。

① 尹绍亭:《基诺族刀耕火种的民族生态学研究（续）》,《农业考古》1988 年第 2 期

② 罗宁，兰欣，贾泽信:《脊椎动物在吐鲁番盆地坎儿井区的分布格局》,《动物学杂志》1993 年第 6 期

③ 尹绍亭:《基诺族刀耕火种的民族生态学研究》,《农业考古》1988 年第 1 期

（七）技术类农业文化遗产的主要特点

农业文化遗产是人类在历史上创造并传承至今的，与人类农业生产和生活密切相关的、以“固态”或“活态”形式存在的各种有形或无形文化遗产以及承载它们的活动空间，[①]兼具复合型、活态性和战略性特点。[②]显然，技术类农业文化遗产属农业文化遗产的范畴，应当具备上述3个特性，但根据上述历史和内容分析以及前人的研究成果，偏者认为技术类农业文化遗产还拥有以下一些特点。

第一，从发展现状来看具有残存性。由于受农业乃至整个社会的现代化进程影响，传统的农业生产和农村生活方式都在急剧地发生改变，随着人口的进一步增长和技术、文化的变迁，许多农业文化遗产中涉及的土壤耕作方式、栽培管理经验、畜禽驯养技术，如刀耕火种、坎儿井灌溉、驯养鸬鹚和水獭捕鱼等，已经正在或失去存在的条件，其地域分布已由过去连续的带状减少为间断的块状、从密集的状态减少为稀疏的状态。当前，它们有逐渐减少甚至消亡的趋势，未来的人们很可能将无法再见到这些传统的技术方式。

第二，从时间维度来看具有历史性。传统观点认为，以前的生产方式阻碍了农业的进步和现代化。以“刀耕火种”为例，人们往往认为其是一种落后、原始的农耕方式，又由于其适应方式具有明显的粗放性，要求人均占有土地面积要远多于其他农业类型，所以这种严重依赖大面积林地支撑的农业系统一旦人地比例失调，就会因为失去轮歇条件而陷于混乱甚至崩溃。显然，这是一种误解，从历史地理学、人类学对刀耕火种的深入研究表明，刀耕火种的经济效益和生态效益是一个历史概念，在人口压力不大的条件下，经典的砍烧制刀耕火种并不会造成水土流失，且产出很高。[③]以历史的观点来看待技术类农业文化遗产问题，会更加全面、辩证和理性地认识其应有的地位、价值和功用。

第三，从空间分布来看具有区域性。根据文字记载和民族学以及人类学的研究成果，很多技术类农业文化遗产都是在特定环境中存在的一种特殊的农作方式和技术形式，如云南的刀耕火种主要存在于该省西部及西南部边境地区的一些少数民族中，红河哈尼稻作梯田分布于云南红河南岸的元阳、红河、金平、绿春4县的崇山峻岭中，坎儿井则普遍适用于新疆吐鲁番地区。它们具有明显的区域性特征，甚至还具有民族性特征，但是区域特征要大于民族特征。需要说明的是，由于技术类农业文化遗产是历史遗传下来的，在这一历史过程中，因社会历史、地理环境、经济文化等因素的差异性，使得有些遗产在区域内富有地理特征而又并不完全一致，可能各有其典型的代表性小地区（尤其是结合不同的民族）。

第四，从农业形态上来看具有生态性。如上所述，技术类农业文化遗产往往是一个综合的、系统的技术体系和产出结构，其中蕴含着朴素的生态哲理和应用技术。无论是“刀耕火种”农业技术，还是各类梯田以及像桑基鱼塘这样的陂塘综合利用技术，都是农业生态多功能性的杰出代表，拥有蓄保水灌溉、物种多样性、生态综合循环等重要价值。再以

① 李明，王思明：《农业文化遗产：保护什么与怎样保护》，《中国农史》2012年第2期
② 闵庆文，孙业红：《农业文化遗产的概念、特点与保护要求》，《资源科学》2009年第6期
③ 蓝勇：《“刀耕火种”重评——兼论经济史研究内容和方法》，《学术研究》2000年第1期

“刀耕火种”遗产为例，如果从人与自然相互关系的视野观之，它是热带和亚热带山地民族在一定时期内人口压力对环境和技术的适应方式；山地民族长期的生产实践，使刀耕火种农业生态系统达到了社会、技术以及生境结构之间的协调与统一，其多方面的功能满足着特定历史条件下山地民族生存的需要，堪称是良性循环的民族生态系统。[①] 实际上，从世界范围来看，直到20世纪初，在人口比较稀疏的地区，刀耕火种火耕依然是一种可持续性的技术。

第五，从文化属性上来看具有社会组织性。显然，技术类农业文化遗产不是孤立存在的一种技术或物质产出，而是代表了一种具有传承性的生产和生活方式。人们在长期的生产实践和各类活动中逐渐形成了与自然和谐相处的思想和行为，并通过他们的宗教、祭祀在长期的历史进程中被沉淀下来，[②] 成为了与各类生产方式相适应的特殊农业文化。另外，在很多技术类农业文化遗产中，还存在互相协作的组织，而且这种协作既盛行于同一氏族、同一家族或家族的各家庭之间，也存在于同一村社各家庭之间，是特定地区、民族与自然环境共同作用的结果，并深刻反映了与之紧密联系的民族文化和风情。

二、技术类农业文化遗产保护概况

（一）保护活动概述

中国农业文化遗产的研究及保护发端于20世纪初，以农业考古、农业历史、传统农业哲学及农业民俗学等为主要内容的农业遗产研究，为农业文化遗产研究奠定了基础，而技术类文化遗产是农业文化遗产中重要组成部分。农业遗产中的农业生产技术设施所留下的“基本建设”：各种加工过的农用土地，如旱田、水田、梯田、园圃、果林的建置，供农业生产用的大小农田水利工程以及畜舍牧场等饲养基地正是生态环境保护的重要组成部分。中国全球重要农业文化遗产保护项目云南红河“哈尼稻作梯田系统”、内蒙古“敖汉旱作农业系统”正是传统农业生产技术的典型代表。

技术类农业文化遗产自2000年以来不断得到保护，历经10年的发展，逐步被社会重视，但其保护规模和重视程度依然不够。本报告主要从具有鲜明特色的“天人合一”的传统农业系统来阐述并兼及其他，比如间作套种、稻田养鱼、桑基鱼塘、梯田耕作、旱地农业、农林复合、砂石田、坎儿井、游牧、庭院经济等传统生态农业模式，这是目前农业技术中重点研究的部分。

2002年，联合国粮农组织（FAO）发起了全球重要农业文化遗产（GIAHS）保护项目，旨在对全球重要的、受到威胁的传统农业文化与技术遗产进行保护。中国浙江青田的稻鱼共生系统与智利、秘鲁、菲律宾、阿尔及利亚、突尼斯和摩洛哥的传统农业系统成为首批

① 尹绍亭：《基诺族刀耕火种的民族生态学研究（续）》，《农业考古》1988年第2期

② 诸锡斌，李健：《试析农业现代进程中的少数民族传统耕作技术——对云南和山地少数民族刀耕火种的再认识》，《科学技术与辩证法》2004年第2期

全球重要农业文化遗产保护试点。自此中国开始重视这一技术类遗产的申请与保护工作。

近年来，为了加强非物质文化遗产的保护，中国政府采取了一系列重大举措。2003年初，文化部、财政部联合国家民委、中国文联共同实施“中国民族民间文化保护工程”；2004年8月，中国正式加入《保护非物质文化遗产公约》；2011年《中华人民共和国非物质文化遗产保护法》正式颁布。

2005年，国务院下发了《加强文化遗产保护的通知》，国务院办公厅下发了《关于加强中国非物质文化遗产保护工作的意见》两个文件，明确了文化遗产保护的方针和政策。胡锦涛总书记在十七大报告中指出，要“加强对各民族文化的挖掘和保护，重视文物和非物质文化遗产保护”。这体现了党中央和国务院对包括传统农业技术在内的文化遗产保护工作的高度重视。

2005年4月26日上午，在国务院新闻办公室召开的新闻发布会上，文化部副部长周和平、国家文物局副局长张柏就中国文化遗产保护的有关问题回答了记者提问。周和平介绍了中国政府进一步加大非物质文化遗产保护力度的相关措施。其中，建立中国非物质文化遗产代表作国家名录和开展全国非物质文化遗产普查是近期内将要开展的2项重要工作。

2005年6月9日，由联合国粮农组织（FAO）联合国大学和农业部、中国科学院、浙江省农业厅、青田县人民政府等单位联合举办的全球重要农业文化遗产保护项目（GIAHS）——青田稻鱼共生系统项目启动研讨会在杭州召开。这标志着中国首批全球重要农业文化遗产保护项目正式启动和新时期农业文化遗产研究与保护实践探索正在进行，体现出多学科合作、理论研究与实践探索并重、保护与发展协调的特征，也符合中国目前对农业文化遗产保护、开发的原则。

在2004年和2005年的两会上，著名作家冯骥才提交了《关于建议国家设立文化遗产日的提案》。2005年7月，郑孝燮等11名专家学者联名致信党中央、国务院领导同志，倡议中国设立“文化遗产日”。2005年12月，国务院决定从2006年起，每年6月的第二个星期六为中国的“文化遗产日”，2006年6月10日，第一个文化遗产日，主题为：保护文化遗产守护精神家园。这充分体现了党和国家对保护文化遗产的高度重视和战略远见，有助于提高人民群众对包括传统农业技术在内的中国文化遗产保护重要性的认识，增强全社会的文化遗产保护意识。

2005年，浙江青田稻鱼共生系统成为GIAHS的首批保护试点之后，农业部国际合作司和中国科学院地理科学与资源研究所合作，加强了农业文化遗产保护的宣传工作，编制完成了《全球重要农业文化遗产保护国家行动框架》和试点保护与发展规划，通过举办学术研讨会和论坛、培训等多种形式，指导试点地区进行项目实施发展，产生了良好的社会效益、生态效益和经济效益，得到了粮农组织的高度赞赏，也为其他试点国家提供了经验。

2005年7月，全国人大教科文卫委员会文化室主任朱兵在“中国非物质文化遗产保护·苏州论坛”上以《中国非物质文化遗产的立法：背景、问题与思路》为题，较详细的阐述中国非物质文化遗产保护工作的现状与进展。

2006年，位于中国西北部的新疆吐鲁番地区也率先建立了中国第一个“世界文化多样性综合示范区”，全面展示当地丰厚的历史、文化和自然资源的保护工作，而作为新疆独特的灌溉功能——坎儿井，成为重点关注的对象。①

同样在 2006 年，位于云南元阳县的红河哈尼梯田入选中国申报世界文化遗产预备名单。2007 年 11 月经国家林业局批准，红河哈尼梯田成为云南省唯一国家湿地公园。2010 年 6 月 14 日该湿地公园被列为联合国粮农组织全球重要农业文化遗产（GIAHS）。截至 2012 年年底分布于全世界的全球重要农业文化遗产名录中中国有 6 个。

2007 年 2 月 8 日，由中国科学院地理科学与资源研究所自然与文化遗产研究中心主办的“稻鱼共生农业文化遗产动态保护与适应性管理研讨会”在浙江青田县召开，来自国内外农业文化遗产研究方面的专家学者 40 余人就中国农业文化遗产保护框架问题进行研讨，并提出了进一步完善的措施。比如在开展保护工作时，可以适当扩大保护范围；保护中要充分尊重当地农民的意愿；重视政策和法规的制定等措施的出台；深化农业文化遗产保护与利用的科学研究等方面。在会上，中国民俗学会理事苑利在明确农业文化遗产保护缘由的基础上，进一步细化保护方式，提出从传统农业耕作技术与经验、生产工具、生产制度、传统农耕信仰、民间文学艺术、当地特有农作物品种等方面实施有效、综合保护；把农业技术与中国的民俗学联系在一起，开辟一条新的农业技术保护之路。

2007 年 5 月 23 日至 6 月 10 日，国际非物质文化遗产节在成都举行。此次活动是世界范围内首次举办的以展示和保护人类非物质文化遗产为主题的国际文化盛会，也是中国第二个“文化遗产日”期间最重要的主题活动之一。此次“非遗节”的主题是“传承民族文化、沟通人类文明、共建和谐世界”。我们保护非物质文化遗产的意识，是伴随着《世界非物质文化遗产保护公约》和世界“申遗”活动而觉醒的。韩国抢先将“端午”申遗成功，现又提起“中医申遗”，这深深刺痛了广大中国民众的神经。

2008 年 6 月，由联合国粮农组织牵头、6 个国家参加的“全球重要农业文化遗产动态保护与适应性管理”项目正式获得全球环境基金理事会的批准。本次会议正式标志着为期 5 年（2009—2013 年）的中国试点工作正式开始。会议主要围绕中国农业文化遗产保护途径、成功经验和进一步需要探索的问题等进行了广泛研讨，并着重对中国国家框架、实施方案（包括活动、策略与计划）与制度安排以及新增试点和国家农业文化遗产（NIAHS）的评定标准和申报流程等进行了讨论，在这个项目的指导下，中国农业文化遗产的保护工作开展的轰轰烈烈，而其中对农业技术的研究、探讨也提升到一个新的高度。

地方政府也逐渐地加入到保护传统农业技术在内的非物质文化遗产保护工作之中。江苏省根据国务院《关于加强文化遗产保护的通知》（国发〔2005〕42 号）、《国务院办公厅关于加强中国非物质文化遗产保护工作的意见》（国办发〔2005〕18 号）以及《江苏省非物质文化遗产保护条例》和省政府办公厅《江苏省非物质文化遗产代表作申报评定暂行办法》（苏政办发〔2006〕43 号）。

甘肃自 2009 年以来在庆阳持续举办中国农耕文化节，该农耕文化节大多以传承农耕文

① 刘兵：《坎儿井走出 " 存废之争 " 尴尬》，《瞭望》2007 年第 50 期

明、弘扬民俗文化、发展现代农业、推动区域发展为主题。其中以农事活动在季节和生产技术方面的传承尤其引起注意，今天庆阳的农事活动虽然比古代有不可比拟的进步，但在某些方面都仍然继承和发展了先周的活动内容。比如:《七月》篇中有八月打红枣、九月收稻谷、十月粮进仓以及七月采瓜食瓜瓤、八月葫芦摘个光等描述，都和今天的农事季节相同。又比如，农忙时送饭到田间，九月筑场圃，用柴禾编织门，用茅草搓绳捆庄稼的习俗，都一直延续至今。这也是当地政府和群众对农业遗产、农耕文化保护和开发的一种自觉性推动。

2009 年 2 月 12~13 日，由联合国粮农组织、中国农业部主办，中国科学院地理科学与资源研究所自然与文化遗产研究中心、浙江省青田县人民政府承办，联合国大学协办的“FAO/GEF- 全球重要农业文化遗产（GIAHS）动态保护和适应性管理——中国青田稻鱼共生系统试点项目启动暨学术研讨会”在北京中国科学院地理科学与资源研究所召开，在这次会议上，与会专家提出种种方案保护青田稻鱼共生系统及与其相关农业技术。

2009 年 10 月 31 日至 11 月 2 日，首届中国技术史论坛在南京农业大学举行。该论坛由南京农业大学中华农业文明研究院承办，旨在突破学科壁垒，促进交流，推动中国技术史学科建设和学术研究，并成为一个跨学科的综合性学术交流平台，论坛进行了 110 多项分组报告和讨论，内容涉及农史、水利史、陶瓷史、工业遗产与工业考古、传统工艺与非物质文化遗产、少数民族技术史等多个学科或专业领域。全国数十所大学、研究单位、文博单位、出版社和新闻单位以及来自中国台湾、日本、美国与加拿大的学者，共 160 余人参加了学术交流活动，并由此形成定制，中国技术史论坛每两年举办一次，旨在总结两年来中国技术史研究的主要成果。

2010 年，江西“万年稻作文化系统”被联合国粮农组织批准为全球重要农业文化遗产（GIAHS）项目试点。在江西万年县境内东乡县，至今还保存着一片野生稻，这是目前世界上分布最北的普通野生稻。而万年贡米原产地的传统贡米接近野生稻形态特征，被认为是人工栽培的野生稻。这些同围绕传统贡米种植生产形成的贡米文化以及万年现代水稻生产一起形成了“野生稻—人工栽培野生稻—栽培稻—稻作文化”这一稻作发展历程，百年贡米产业、千年稻作技术、万年稻作遗存共同构成了万年稻作文化系统。2005 年贡米收录在国家作物种质资源库。2007 年万年贡米成为受省级保护的地理标志产品，其栽培技术被列入江西省非物质文化遗产保护名录，万年县绿色（有机）稻米基地被江西省科技厅确定为“鄱阳湖生态农业示范基地”。2008 年出台了《关于加强神农源（仙人洞）风景名胜区生态保护的规定》。2010 年“万年稻作文化系统”被联合国粮农组织批准为全球重要农业文化遗产（GIAHS）项目试点。2012 年仙人洞遗址被江西省政府列入省级风景名胜区、被国务院列入全国重点文物保护单位。

2010 年，云南哈尼稻作梯田系统和江西万年稻作文化系统被列为 GIAHS 保护试点。另外，贵州从江县、云南普洱市、内蒙古敖汉旗、河北宣化区等地纷纷表达申报 GIAHS 保护试点的愿望。开展农业文化遗产保护宣传、提高全社会对于农业文化遗产重要性的认识，是推进农业文化遗产保护的重要方面。近年来，中国科学院地理科学与资源研究所自然与文化遗产研究中心联合有关部门、地方政府和有关组织，开展了大量工作。先后在北京、浙江、云南、贵州等地组织了以农业文化遗产保护为主题的论坛与培训活动。

2010年在北京举办“中国首届农民艺术节”期间，成功地组织了“农业文化遗产保护与发展”专题展览，回良玉副总理亲临参观。并与中央电视台农业频道《科技苑》栏目合作拍摄了《农业遗产的启示》专题片，解读了“青田稻鱼共生”、“侗乡稻鱼鸭”、“哈尼稻作梯田”、“万年稻作文化”的科技秘密。《中华遗产》、《人与生物圈》、《生命世界》、《世界环境》等期刊组织封面或专栏文章，《人民日报》、《光明日报》、《科技日报》、《科学时报》、《中国文物报》等刊发专题文章，阐述农业文化遗产保护的意义，介绍中国农业文化遗产保护的经验。

2010年6月15日，首届中国农民艺术节重要活动之一“世界农业文化遗产保护学术研讨会”在北京农展宾馆召开。这次研讨会，正是针对当前国内外农业文化遗产理论和实践中的一些热点和难点问题，展开了跨学科、跨地域的研讨，通过搭建一个当代农业文化遗产理论建设和实践发展的交流平台，关注农业文化遗产工作领域中的新进展、新成果，促进农业文化遗产的科学保护。

2010年10月23~24日和2011年10月23~25日，南京农业大学中国农业遗产研究室连续两次成功举办“首届中国农业文化遗产保护论坛”和“第二届中国农业文化遗产保护论坛”在学界和社会上掀起了一股农业文化遗产保护的高潮。两次论坛吸引了来自中国农业博物馆、中国农业大学、西北农林科技大学、华南农业大学、中国农业科学院、江苏省纪委、各农业文化遗产保护地以及全国各地和邻国日本的近200位领导、专家、学者出席盛会。会议主要探讨农业文化遗产保护的理论与方法、地域农业文化遗产保护研究、少数民族农业文化遗产和世界农业文化遗产保护以及相关农史研究等多个方面。

2011年浙江省开展以农业文化遗产保护——梅源梯田旅游发展为主要项目，该项目主要从梅源梯田保护面临的问题着手，分析其旅游发展的优势和劣势，确定其保护性开发的原则和目标定位，并在合理进行功能分区的基础上，对旅游发展的产品类型进行了深入的策划，以保障旅游开发效益的实现，这是对农业技术的进一步保护。

2011年11月5~7日，以“技术、文明与遗产和文化的多样性”为主题的第二届中国技术史论坛，在南宁市广西民族大学举行。本次论坛吸引了来自中国科学院、台湾成功大学、南京农业大学等海内外数十家科研机构、大学、企业的170多位专家学者、企业家和官员到会。参会人员之多，涉及领域之广，表明包括农业技术在内的中国传统技术、工艺越来越受到学界和社会的重视。

2012年3月2日，由农业部主办，中国农业博物馆、全国农业展览馆承办的“中华农耕文化展”在中国农业博物馆开幕。展馆的第二单元展示的是传统农耕文化重点类型展区，分别从精耕细作、传统农业技术、治水、物候与节气、农业生态、农产品加工、茶文化、蚕桑文化、古代农学思想与农书以及民间艺术共10个部分，全面展示中华农耕文化的博大精深和丰富多彩。第四单元展示：农耕文化的传承与发展，主要有秉承精耕细作、保障粮食安全，深化生态理念、促进永续发展，加快技术创新、转变生产方式，开发文化资源、拓展农业功能，传承民间工艺、繁荣乡村经济，弘扬乡土艺术、建设和谐农村等 6 个部分。参观展览的专家学者一致认为精耕细作技术是中国劳动人民几千年生产生活实践的智慧结晶。今天，在人多地少的国情条件下，秉承精耕细作的集约化耕作传统，通过改良土壤，培育良种，改进耕作栽培，防治病虫害等技术措施，不断提高土地生产率，为保障国家粮食安全发挥了重要作用。与此同时，在传统农耕文化的基础上，坚持现代工业文明与农业文明相融合，使农业发展由依赖资源投入转变为依托于不断发展的现代科学技术，并逐渐实现农业生产方式的转变，使农业集约化水平不断提高，从而探索创造具有中国特色、符合中国国情的现代农耕文化，推动传统农业向现代农业的转变。

2012 年 3 月 13 日，农业部发布《关于开展中国重要农业文化遗产发掘工作的通知》，为加强中国重要农业文化遗产的挖掘、保护、传承和利用，农业部决定开展中国重要农业文化遗产发掘工作，主要事项包括：充分认识开展中国重要农业文化遗产发掘工作的重要意义；开展中国重要农业文化遗产发掘工作的目标任务，从 2012 年开始，每两年发掘和认定一批中国重要农业文化遗产以及其相关标准条件等方面。

2012 年 3 月，首届中华农耕文化研讨会在北京举行，农业部党组成员张玉香指出：要注重中国优良农业传统，如施用有机肥、种植绿肥的用地养地理念、“种必杂五种”的农业生物多样性理念、传统农商“诚信为本、童叟无欺”及“扶困济贫、乐善好施”道德操守在“育农”上发挥的重要作用。同时还要发展农村文化产业，通过文化创意，把农耕活动、文化艺术、农业技术、农产品开发以及市场需求有机连接起来，形成良性互动的产业价值体系，从而拓展农业功能，延伸农业产业链，推动农村产业结构升级，为农村经济发展开辟广阔的空间，促进农民增收致富。

2012 年 3 月，江苏省农业厅发布了《关于重要农业文化遗产发掘工作的通知》，要求省内各农口单位根据《农业部关于开展中国重要农业文化遗产发掘工作的通知》（农企发（2012）4 号）的要求，切实做好江苏省重要农业文化遗产的发掘、保护、传承和利用工作，发掘和认定一批中国重要农业文化遗产，促进江苏省休闲观光农业健康可持续发展，江苏省农业厅要求各地要充分认识开展重要农业文化遗产发掘工作的重要意义，按照农业部通知要求切实做好相关工作，争取党委、政府支持，认真制定工作方案，落实管理措施，确保重要农业文化遗产发掘各项工作落到实处。同时，根据农业部通知要求，县级人民政府为重要农业文化遗产申报主体，请各市认真组织所辖县（市、区）按照有关标准与条件积极开展申报。申请报告一式两份，经市级休闲观光农业行政主管部门审核后择优 1~2 个候选项目报送。省里按照相关标准组织专家评审，筛选一批重要农业文化遗产项目行文报送农业部。2012 年 12 月农业部公示中国重要农业文化遗产试点项目，江苏兴化的垛田入选。

2012 年第 4 期的《北京农业》杂志刊发了《院士专家建议应由政府牵头推动农业文化遗产保护》一文，专家们认为，尽管短短几年间中国建立起了农业遗产学术研究机构，对于农业遗产的保护也取得了初步成果，但随着城镇化的快速发展，辉煌灿烂的中国农业文化遗产面临着消亡的危险，呼吁尽快由政府牵头建立保护机制，切实对中国农业文化遗产进行挖掘、提高，并以动态的保护，为农业发展服务，推动农业文化遗产保护工作上台阶。

李文华、闵庆文等也指出：中国农业发展在通过科学技术进步和土地集约化利用取得巨大成绩的同时，也造成了生态与环境问题的日益加剧。与之对应的是一些传统地区的传统农耕方式在适应气候变化、供给生态系统服务、保护环境、提供多种产品等方面具有独特的优势。人类逐渐认识到保护这些传统的农业技术以及重要的生物资源和独具特色的农业景观的重要性。经过近 30 年的实践和发展，中国生态农业发展进入瓶颈期。而农业文化遗产的保护，不仅为现代高效生态农业的发展保留了杰出的农业景观，维持了可恢复的生态系统，传承了高价值的传统知识和文化活动，同时也保存了具有全球重要意义的农业生物多样性，为现代高效生态农业的多功能发展提供了物质基础和技术支撑。[①]

2012 年 5 月，贵州省湄谭县复兴镇为做好高效稻鱼共生系统青田渔业发展，保护好稻鱼共生这项传统技术，该镇 2012 年计划发展稻田养殖青田鱼面积 6 890 亩，其中高标准养殖 1 700 亩，标准化养殖 4 390 亩，辐射面积 800 亩。为确保任务能保质保量的完成，该镇专门成立 2012 年高效稻鱼共生系统青田渔业发展领导小组，负责抓好青田鱼的渔业发展工作，以保证此项政策顺利进行。

2012 年 9 月 5 日，中国新增两项“全球重要农业文化遗产”（GIAHS）保护试点：云南“普洱古茶园与茶文化”和内蒙古“敖汉旱作农业系统”。至此，中国 GIAHS 保护试点已达 6 个，居世界各国之首。普洱古茶园与茶文化系统包含完整的古木兰和茶树的垂直演化过程，从野生型古茶树居群、过渡型和栽培型古茶园以及应用与借鉴传统森林茶园栽培管理方式进行改造的生态茶园的各个种类的茶树居群类型，形成了茶树利用的发展体系；具有多样的农业物种栽培，农业生物多样性及相关生物丰富。敖汉旱作农业系统，该系统根据 2001—2003 年在兴隆沟发掘的碳化粟和黍粒距今已有 8 000 年的历史。由此推断，敖汉旗是粟和黍的起源地，该旱作农业系统历史悠久，具有丰富的生物多样性、典型的旱作农业景观特征、独特的农耕技术和知识体系与丰富的传统文化。

2012 年 10 月 2 日，农业部部长韩长赋在会见来访的联合国粮农组织总干事达席尔瓦先生一行时，将加强“全球重要农业文化遗产”合作作为重要建议，写入《合作备忘录》。

2012 年 11 月，安徽黄山市歙县质监部门制定的 3 项省级地方标准顺利通过省农业标准化技术委员会组织的专家审定，其中《非物质文化遗产保护——顶谷大方茶叶制作技艺》是将非物质文化遗产保护内容纳入省级地方标准项目制定的首个标准，填补了安徽省非遗保护的空白。

2012 年 10 月由南京农业大学中国农业文明研究院发起组织的“农史学科发展论坛”，藉 10 月 19~21 日南京农业大学建校 110 周年之际，盛邀国内外嘉宾、校友、专家学者代表齐聚一堂，共庆南京农业大学 110 周年华诞，并就中国的农业文化遗产保护和今后的农史学科发展进行了经验交流和学术探讨。兰州大学的任继周院士在开幕式上简要回顾了与农史学科的渊源关系，介绍了与南农合作的《中国农业系统发展史》项目进展情况，并作了

① 李文华，刘某承，闵庆文：《农业文化遗产保护：生态农业发展的新契机》，《中国农业生态学报》2012 年第 6 期

题为《中国耕地农业发生与发展的历史过程》的报告。

2012年12月3~4日，“全球重要农业文化遗产保护与管理经验交流会”在江西万年召开，与会的各方代表总结了全球重要农业文化遗产项目的实施情况，交流了中国各试点基地的保护经验以及国内外对于农业文化遗产保护的经验做法，与会专家一致认为：经过7年的探索实践，目前中国农业文化遗产保护工作已走在了许多国家的前列，受到了国际社会的高度赞赏，已成为国际农业文化遗产保护的样板，为进一步保护中国灿烂的农业文化遗产，国家当务之急应尽快建立起保护制度和出台相应的政策支持，让中国众多濒危的重要农业文化遗产得以传承发展，为农业的可持续发展和全面建成小康社会服务。

2012年12月6日农业部有关负责人在农业文化遗产保护亟待加强分析会议中表示，农业部在2012年启动了“中国重要农业文化遗产”评选工作，首批20个即将获得命名，之后每两年将发掘和认定一批中国重要农业文化遗产，出台相应政策，加大保护力度。

2012年12月15~20日，南京农业大学中华农业文明研究院和英国雷丁大学农业考古研究所联合举办了“农业起源与传播国际学术研讨会”，与会代表就西南亚新石器时代发展史、欧洲与北非农业过渡阶段人与环境的关系、伊朗和中亚新石器时代的转变、中国传统农作的驯化与传播机制、小麦在中国的传播、世界橡胶树的种植与传播、越南农业的起源与发展，茶的起源及全球化传播等内容进行了报告。

（二）法律法规

对于农业文化遗产的保护工作，学术界和实务界都有探讨，可谓仁者见仁，智者见智。虽然大家提出的建议各有侧重，但有一点认识是共同的，就是依法保护是最根本、最有效的途径，要尽快制定相应的法律法规，建立和完善有关农业文化遗产保护的法律体系，这样才能保证农业技术文化遗产有序的开展。

2003年10月联合国教科文组织第32届大会通过了《保护非物质文化遗产国际公约》，公约建议各国加强立法，建立相关的法律保护机制。这不仅从国际层面提高了保护非物质文化遗产的地位，也为促进各国国内相关立法提供了参考。

2004年8月，中国第十届全国人大常委会第十一次会议批准中国加入联合国《保护非物质文化遗产国际公约》。据此，全国人大教科文卫委员会又将草案名称调整为《中华人民共和国非物质文化遗产保护法》，并成立了专门小组，协调各方加快该部法律的立法进程。在这过程中，全国人大教科文卫委员会还积极促进和推动一些地方立法机关如云南、贵州、福建、广西等省区制定出台了相关地方法规。

2005年3月，国务院办公厅发布《关于加强中国非物质文化遗产保护工作的意见》，第一次以中央政府文件的形式明确了现阶段各级政府对非物质文化遗产实行行政保护的目标、方针、基本制度和工作机制。

2006年9月，新疆维吾尔自治区人民代表大会常务委员会审议通过了《新疆维吾尔自治区坎儿井保护条例》，并于同年12月1日起正式实施，这是国际上第一个保护坎儿井的法律文件，对新疆坎儿井的保护具有里程碑式的意义。在此基础上，各地相继制定了坎儿井保护的实施细则，以有效保护现存的坎儿井。

2006年，甘肃省颁布了《甘肃省人民政府关于进一步加强文化遗产保护工作的意见》，以保护甘肃省的民间民俗和传统工艺。且甘肃省文化厅出台了《甘肃省非物质文化遗产保护条例（草案）》（以下均简称为《草案》），规定甘肃省对珍贵、濒危并具有一定历史、科学和文化价值的非物质文化遗产，采取确认、建档、研究、保存等方式进行保护。

2007年4月，李刚在《北京农学院学报》上发表了一篇文章《浅议农业文化遗产的法律保护》，在这篇文章中，他认为农业文化遗产与其他人类文化遗产一样，都是人类文明的结晶和共同财富，具有不可估量的价值，而在目前社会存在着诸多导致农业文化遗产逐渐萎缩的现实因素下，应该通过立法的手段加以保护是切实可行的，并建议应尽快建立《农业文化遗产保护条例》，明确政府的义务和职权，明确传统农业文化遗产的认定标准，建立登录制度，并通过立法规范传统农业文化遗产的开发与保护工作。华南农业大学的骆世明教授和苑利研究员也认为法律法规是农业文化遗产保护的基础问题，需要重点考虑。在制定相关法律法规时可以参考其他遗产类型的法律和法规，通过“自上而下”和“自下而上”两种方式不断加以完善。云南哈尼梯田管理局的张红榛局长介绍了哈尼梯田的相关管理法规，她希望哈尼梯田的管理经验可以为农业文化遗产法律法规的制定提供参考。

2007年，浙江省十届人大常委会召开第31次会议，听取关于修改《浙江省非物质文化遗产保护条例（草案）》的说明。这是浙江在非物质文化遗产保护方面制定的首部地方性法规。

1999年8月17日，国家质量技术监督局发布施行《原产地域产品保护规定》。为了有效地保护中国的地理标志产品，规范地理标志产品名称和专用标志的使用，保证地理标志产品的质量和特色，国家质检总局制定并于2005年5月16日发布了《地理标志产品保护规定》，并取代了原有的《原产地域产品保护规定》。自2005年7月15日起，中国实施《地理标志产品保护规定》，而之前已批准的原产地域产品也全部自动转成地理标志产品。其中，万年贡米是江西省唯一的大米类国家地理标志产品。

概言之，近年来，为了保护和发展农业文化遗产，中国陆续制定出台了一些与传统农业技术有密切关联的生物遗传资源保护有关的法律法规，但整体而言仍显不足。由于传统农业技术与农业生物资源间大多是“皮与毛”的关系，因此，中国在此领域立法的不足对传统农业技术遗产的保护和弘扬是极为不利的。从现行的有关生物遗传资源的法律规定看，中国已经初步形成了一个关于遗传资源的保护、管理和利用的法律框架。[①] 但是在立法体系上仍存在很大的缺陷，处于“群龙无首”、各行其是的状态。[②] 中国现有的法律仅保护列入国家重点保护名录的珍稀濒危物种，许多未列入名录的野生植物物种没有明确规定保护，更不要提对于相对比较抽象的传统农业技术与文化的保护了。当前的法律体系中缺少健全农业文化遗产资源保护和管理的法规系统，并且缺乏可操作的关于生物遗传资源尤其是农

① 张小勇：《论遗传资源的获取和惠益分享国际立法的进程及确立》，《专利法研究（2006）》，会议时间2007年4月1日

② 贾振宇：《中国传统农业遗传资源的法律保护》，成都：四川大学硕士论文，2005年

作物资源管理部门的规定。总之，中国法律在保护农业文化遗产方面的不足，概括起来主要表现在立法上的欠缺以及执法上的差距和不足。

（三）学术研究

中国传统农业技术的研究近10年来取得了重要进展，其著作与论文发表数量不断增多，水平稳步提高。涉及内容主要是传统农业技术的保护与进一步的开发利用，并且不断向小领域、小区域范围内扩展，而研究内容也越来越细化。

曾雄生在《宋代的早稻和晚稻》、《宋代的双季稻》和《析宋代“稻麦二熟”说》[①]系列文章中论述了宋代的“早稻”和“晚稻”并不是现代意义上的早稻和晚稻，而主要指的是收获期上的早晚。即使是所谓“早稻”，也大多属于中晚熟品种。早稻、晚稻之间在大多数情况下并不构成复种关系。宋代各地都有早晚稻的分布，但所占比重各不相同。浙西、淮南等水稻主产区以种植晚稻为主，但其他地区却出现了早稻盛行的趋势，干旱和救饥是早稻盛行的主要原因，而太湖地区种植则很大程度上是赋税和雨水所致。他的另一篇《从江东犁到铁搭：9世纪到19世纪江南的缩影》[②]阐释了这一时期江南地区主要耕田农具的变化，其原因在于饲养拉犁的牛成本更高，用人手操持的铁搭可以更节约成本。该文与李伯重先生2002年在《光明日报》上发表的《曲辕犁与铁搭》一文进行了商榷，后者认为铁搭的重要性并不逊于江东犁，其对江南农业经济发展所起的实际作用甚至更大，以此作为明清江南经济发展的一个证据。2011年曾雄生的《经济重心南移浪潮后的回流——以明清江南肥料技术向北方的流动为中心》[③]以肥料技术为例，分析了江南肥料技术向北方传播的原因、途径及其结果，并结合技术转移过程中技术输入地的环境对其技术选择的影响来分析这次技术转移收效甚微的原因，以提出关于历史上技术转移的若干观点。

李伯重在中国传统农业技术研究领域着力甚多，但囿于本报告截取时间所限，只介绍其一二。2003和2004年他的《十六、十七世纪江南的生态农业》上下两篇[④]论述了在十六、十七世纪的江南农业中出现了一种新经营方式。这种经营方式体现了今日我们所说的生态农业的主要特点，通过改造资源，进行多样化的生产，同时利用食物链原理，对废物进行循环利用，降低了投入而增加产出，达到了较高的生产率。这种生态农业最早出现在明代中期常熟的大经营中，明清之际在嘉湖一带已相当普遍，并为小经营所采纳。这种生态农业在江南平原逐渐普及，为江南农业的发展起到了积极的作用。

王磊、张法瑞在《〈齐民要术〉与北魏的畜牧业生产》[⑤]中研究了《齐民要术》的畜牧部

---

① 曾雄生:《宋代的早稻和晚稻》,《中国农史》2002年第1期；曾雄生:《宋代的双季稻》,《自然科学史研究》2002年第3期；曾雄生:《析宋代“稻麦二熟说”》,《历史研究》2005年第1期

② 曾雄生:《从江东犁到铁搭:9世纪到19世纪江南的缩影》,《中国经济史研究》2003年第1期

③ 曾雄生:《经济重心南移浪潮后的回流——以明清江南肥料技术向北方的流动为中心》,《中国农史》2011年第3期

④ 李伯重:《十六、十七世纪江南的生态农业（上）》,《中国经济史研究》2003年第4期;《十六、十七世纪江南的生态农业（下）》,《中国农史》2004年第4期

⑤ 王磊，张法瑞:《〈齐民要术〉与北魏的畜牧业生产》,《中国生物学史暨农学史学术讨论会论文集》2003年

分在对马和羊特别是羊的饲养技术方法的记载，认为《齐民要术》在此方面成就非常之高，对后世养羊业的发展产生了很大的影响，从一个方面也反映了北魏畜牧业生产的水平。

张红萍、张法瑞在《中国设施园艺的历史回顾与思考》[①]中认为中国是世界上最早利用保护设施进行反季节园艺作物栽培的国家。2000多年来，在经历了传统保护地栽培技术的总结推广、设施园艺生产体系的初步形成及具有中国特色的设施园艺生产体系的形成等几个阶段后，到20世纪末，中国建立起了具有本国特色的，能基本满足园艺产品周年均衡供应的设施园艺生产体系。该文对中国设施园艺发展规律及其影响因素进行了回顾与反思，力求为探索一条适合中国的设施园艺现代化发展道路提供历史借鉴。

朱宏斌在《浅析秦汉农业科技文化交流的内在基础与动力》[②]中认为战国秦汉时代，既是中国传统农业技术文化发展的奠基阶段，也是中国对外经济文化交流发展史上的第一个鼎盛时期。就农业科技文化交流而言，在这一时期出现了一个空前繁盛的历史景观。这一现象的出现是政治、经济、科技、文化等多种因素综合作用的结果，可以说既具备了农业科技文化发展的内在基础与动力核心，而且具有了相宜的政治环境、经济物质基础、交通条件以及思想文化氛围。他的另几篇文章《秦汉时期中日农业科技文化交流研究》[③]、《秦汉时期传统稻作农业科技文化在东南亚的传播》[④]和《秦汉时期的中印交通与农业科技文化交流》[⑤]则专门探析了秦汉时期的中外农业技术交流问题，研究了中国古代农业科技与日本、东南亚地区以及印度的传播、交流与影响。

周广西在《论徐光启在肥料科技方面的贡献》[⑥]一文中认为徐光启是明末杰出的科学家和农学家，文章从以下几个方面论述了徐光启在肥料科技方面所取得的成绩，即：详细总结了当时所使用的各种肥料；积极研制新肥料、改进和提高松江地区棉花施肥技术、广泛收集整理全国各地的施肥技术。徐光启对传统肥料科技有总结、试验、推广和创新之贡献。他的另一篇《〈沈氏农书〉所载水稻施肥技术研究》[⑦]认为该书中提出的“凡种田总不出‘粪多力勤’四字，而垫底尤为要紧”，集中反映了明末清初嘉湖地区的水稻施肥技术特点。书中记载的积肥方式经济合理、可行性强。沈氏已认识到肥效有速效性和迟效性之别，对水稻基肥和追肥关系以及施追肥时机的论述已接近现代自然科学的认识水平。

李永乐在《世界农业遗产生态博物馆保护模式探讨——以青田“传统稻鱼共生系统”为例》[⑧]中指出，作为首批全球重要农业遗产（GIAHS）保护项目之一，青田传统稻鱼共生系统应坚持动态保护、整体保护和原地保护的原则，其保护内容包括稻田养鱼复合生态系

① 张红萍，张法瑞：《中国设施园艺的历史回顾与思考》，《农业工程学报》2004年第6期

② 朱宏斌：《浅析秦汉农业科技文化交流的内在基础与动力》，《农业考古》2002年第1期

③ 朱宏斌：《秦汉时期中日农业科技文化交流研究》，《农业考古》2004年第3期

④ 朱宏斌：《秦汉时期传统稻作农业科技文化在东南亚的传播》，《东南亚纵横》2002年第11期

⑤ 朱宏斌：《秦汉时期的中印交通与农业科技文化交流》，《安徽农业科学》，2006年第14期

⑥ 周广西：《论徐光启在肥料科技方面的贡献》，《中国农史》2005年第4期

⑦ 周广西：《〈沈氏农书〉所载水稻施肥技术研究》，《南京农业大学学报》（社科版）2006年第1期

⑧ 李永乐：《世界农业遗产生态博物馆保护模式探讨——以青田“传统稻鱼共生系统”为例》，《生态经济》2006年第11期

统、农业耕作制度等多方面。生态博物馆的理论与实践为世界农业遗产的保护提供了新思路，作为一种全新的尝试，对目前农业技术的保护提供了一种新的方式。

王欣、闵庆文等在《基于全球重要农业文化遗产的旅游开发研究——以青田稻鱼共生农业系统为例》[①]一文中以青田稻鱼共生农业系统为例，认为旅游开发的方式对保护当地农业文化具有一定的价值和意义，并依据青田稻鱼共生农业系统梳理出景区旅游产品体系应包括研修教育、山村风情体验、乡土娱乐、山水休闲和文艺部落休闲等5大组成部分，这是对传统农业技术的用旅游形式进行有效保护与开发。

闵庆文在2009年6月的《学术探讨》刊发的《哈尼梯田的农业文化遗产特征及其保护》一文中分析云南哈尼梯田农业文化遗产资源特征的基础上，提出应遵循动态保护和多方参与的保护原则，发展有机农业；发展生态旅游，建立生态与文化保护的补偿机制；争取获得国家在文化保护、生态保护方面更多的支持等3个有效途径来保护哈尼梯田农业文化遗产。

王星光、李钰在《〈齐民要术〉与大豆种植》[②]一文中通过对《齐民要术》及有关历史文献资料中关于大豆栽培技术的分析、推敲，探究其对后世传统大豆栽培技术发展的影响，揭示促进现代大豆栽培技术进步的启示。

胡泽学在《浅析中国传统犁耕技术的传播路径》[③]中主要分析铁犁铧出现以来，特别是秦汉以后，铁犁和牛耕被中国古代中原地区推广和广泛使用，犁耕技术向周边及边远的地区发散传播。文章借用中国人口史、中国移民史的研究成果和已有的农业考古资料，着重研究“人”这个犁耕技术的传播载体的迁移动向，来全面诠释犁耕技术的传播路径。

何红中、惠富平在《古代荞麦种植及加工食用研究》[④]中认为，中国具有悠久的荞麦栽培历史，劳动人民在长期的农业生产实践中，细致地把握了荞麦的生物学特性，并对其野生和栽培种进行了科学的分类。还在长期的种植过程中，培育出许多生长期不同的栽培品种，摸索出了一整套的荞麦种植技术经验。

成升魁、张丹等在《农业文化遗产资源旅游开发的时空适宜性评价——以贵州从江“稻田养鱼”为例》[⑤]中认为科学认定和评价资源是旅游开发利用的前提，其中资源旅游开发的时段选取和空间选定问题尤为重要。他们以贵州从江“稻田养鱼”为例，立足“遗产资源—旅游开发”两方面，从“时间—空间”双维度构建指标体系，对遗产资源旅游开发的时空适宜性进行了定量评价，对农业文化遗产的评价体系做了比较详尽地阐述。

夏如兵、王思明在《中国传统稻鱼共生系统的历史分析——以全球重要农业文化遗产

---

① 王欣，闵庆文，等:《基于全球重要农业文化遗产的旅游开发研究——以青田稻鱼共生农业系统为例》,《地域研究与开发》，2006年第5期

② 王星光，李钰:《〈齐民要术〉与大豆种植》,《黑龙江农业科学》2006年第4期

③ 胡泽学:《浅析中国传统犁耕技术的传播路径》,《古今农业》2007年第1期

④ 何红中，惠富平:《古代荞麦种植及加工食用研究》,《农业考古》2008年第4期

⑤ 成升魁，张丹，等:《农业文化遗产资源旅游开发的时空适宜性评价——以贵州从江“稻田养鱼”为例》,《资源科学》2009年第6期

“青田稻鱼共生系统”为例》[1] 中认为中国是历史上最早进行稻田养鱼的国家。这种传统的生态农业方式既充分、合理地利用水土资源。又能增产粮食和水产品，具有显著的经济、社会和生态效益，因而被传承下来，并在稻作区广泛传播，成为极富生命力的农业文化遗产，对当今农业生产中生物多样性的利用富有启发意义。这一历史传统的形成和发展，与自然资源、经济发展状况、生态环境条件和文化传统密不可分。

2010年首届中国农民艺术节重要活动之一“世界农业文化遗产保护学术研讨会”在北京农展宾馆召开。在此次会议中云南社会科学院史军超研究员的发言题目《元阳梯田，探索低碳时代的中国农业文明发展路向》。他认为联合国粮农组织最近正式将红河哈尼梯田列为全球重要农业文化遗产保护地试点，是一个非常正确的有意义的事情，以哈尼梯田为代表的水稻梯田是中国农业体系的完美结合，梯田文明本身所秉承的天人合一的理念，低碳、低耗的生活方式，和谐、诗意的栖居氛围，足以匡正当代天人分裂的理念，高碳、高耗的生活方式，冲突、孤凄的栖居氛围。这些观点正符合目前人类追求的生活方式。

吉首大学人类学与民族学研究所杨庭硕在此次会议上作《各民族农业遗产在当代社会的特殊价值》的发言，他通过云南侗族传统匀林技术的当代应用、中外“架田”农艺在当代的应用、彝族的圆根种植、水稻多品种混合种植防治稻瘟病等四个农业遗产利用的典型案例，阐述农业遗产所蕴藏的巨大价值。

温州大学黄涛教授的发言题目是《浙江青田县龙现村“稻鱼共生”农业遗产中的民俗文化》，他认为作为全球重要农业文化遗产，青田县稻鱼共生系统是一种以特色生产方式为中心的生活文化整体，与这种生产方式密切相关的民俗文化是其重要组成部分。但是近年来，随着传统的稻鱼共生文化受到现代化和商业化的侵蚀，特别是农村中绝大多数中青年都选择移民到国外，更使稻田养鱼的耕作技艺遭遇传承危机，这一局面需要引起各方面的关注。

梁诸英、陈恩虎在《传统农业耕作技术保护与生态农业——以皖江地区为例》[2] 一文中阐述了皖江地区丰富的耕作技术遗产，包括人类开发中人与自然的和谐；对耕地等资源的集约利用；防治害虫和有机肥料的使用；采用农业防治、生物防治、人工捕捉等综合防治病虫害等方法。这篇文章以皖江为例详细叙述农业耕作技术的保护措施，以个例为模式对中国传统农业耕作技术保护与开发做出了重大贡献。

刘兴林在《汉代铁犁安装和使用中的相关问题》[3] 从考古文物发现和史料记载出发解决了长期存在疑惑的汉代铁犁安装和使用中的几个问题，廓清了传统农业技术在此方面的真相。

王星光在《关于耦耕问题的探讨》[4] 中研究发现耦耕是中国历史上长期存在的一种耕作

---

① 夏如兵，王思明：《中国传统稻鱼共生系统的历史分析——以全球重要农业文化遗产“青田稻鱼共生系统”为例》，《中国农学通报》2009年第5期

② 梁诸英，陈恩虎：《传统农业耕作技术保护与生态农业——以皖江地区为例》，《资源科学》2010年第6期

③ 刘兴林：《汉代铁犁安装和使用中的相关问题》，《考古与文物》2010年第4期

④ 王星光：《关于耦耕问题的探讨》，《农业考古》2011年第1期

方式，由于历史文献记载的缺乏，长期以来关于其具体形式众说纷纭。纵观目前学术界的解说，主要将其理解为一种翻耕土壤的耕作方式。作者在前人研究的基础之上，结合考古及历史文献资料认为“耦耕”经过了一个长期发展的过程翻土，一人向左翻土。它是适应当时实行的垄作制和后来代田法的农艺要求的。

2010年10月23~24日，在南京农业大学召开的“首届中国农业文化遗产保护论坛”上，全国各地专家、学者发表了一系列文章来阐述对农业遗产的保护和合理开发利用。[①] 中国工程院院士刘旭在《珍视农作物栽培历史遗产，合理保护利用农业种质资源》这篇文章中主要探讨农作物的栽培技术，详细地介绍中国本土作物以及外来作物的驯化、栽培、引进历史，分析了中国不同时期各种作物地位的升降的原因和栽培技术特点，探索中国作物栽培发展规律。这篇文章较详细的阐述了中国各个历史阶段的农作物发展及栽培技术。

中国科学院闵庆文在《全球重要农业文化遗产保护项目及其在中国的执行》这篇报告中以中国浙江青田稻鱼共生系统为例，重点介绍目前所开展的主要工作，他指出“稻鱼系统是一个典型的复合文化系统，是精耕细作的农耕文化、‘饭稻羹鱼’的饮食文化、人地和谐的生态文化”；他还提出农业文化遗产重在保护农业生物多样性与农业文化多样性，并点明农业文化遗产保护的目的是在做好“两个保护”的前提下促进地区发展并为现代农业发展提供支持。

南京农业大学学生殷志华在《太湖地区物质循环利用的生态技术——以“农牧结合”、“稻田养鱼”为例》一文中认为，明清时期太湖地区“农牧结合”、“稻田养鱼”生产模式已发展得比较完善，这些生产模式是人们运用物质循环原理创造的得天独厚的良性生产模式。在这些传统的生态农业模式中，古人合理设计食物链，多层分级利用，使有机废物资源化，达到了“天人合一”，对于今天的农业发展有着巨大的启示作用，正显示着独特的生命力。

华南农业大学谢丽在《农业文化遗产系统动态保护中传统与发展的矛盾调适——以珠江三角洲桑基鱼塘为例》一文中认为，农业文化遗产是相对静态化的人类文明遗产，是一种构成要素复杂、社会联系紧密、以人地关系为核心的动态农业经济系统。作为社会经济发展的历史阶段性产物，农业文化遗产系统与社会经济环境变化有密切的联系，并且还将随着社会经济发展继续演化，因此，在农业文化遗产系统保护活动中，存在着传统保护与可持续发展的矛盾。解决这对矛盾，应该顺应经济发展客观规律，按照“核心保护”、“社会化协调”和“动态调适”等原则，不断营造适宜的农业文化遗产系统生境，以此获得可持续保护的活力。

中国农业大学的张法瑞在《观光休闲农业发展与农业文化遗产保护》中认为，近年对农业文化遗产及其动态保护的探索，取得了不少可喜成果。其中，研究农业文化遗产保护与“三农”旅游资源开发的良性互动，已成为研究农业文化遗产保护的重要课题。同时指出，发掘农业文化遗产是观光休闲农业发展的重要方向，开拓观光休闲农业是农业文化遗

① 以下9篇论文皆出源自2010年南京农业大学中国农业遗产研究室举办的“首届中国农业文化遗产保护论坛”，特此说明

产保护的有效方式。文章也提出了基于农业文化遗产保护视角的观光休闲农业的发展对策。这是目前对农业技术开发利用的主要形式。

刘馨秋在《中国茶叶种类及加工方法的形成与演变》一文中详细的叙述了中国茶技术，中国是茶树的原产地和原始分布区，也是世界上最早发现、利用茶叶，并将其发展成为一种文化和事业的国家。茶叶首先经过食用、药用，最后才发展到饮用阶段，并在历经一个漫长的历史过程之后逐渐形成为业。中国茶业经过唐、宋两代的蓬勃发展，到明、清时期，茶叶产区、茶树栽培、茶叶加工、茶叶贸易等各个方面均已达到当时社会生产条件可能达到的最高水平。特别是茶叶加工方面，六大基本茶类和再加工茶类花茶的制作工艺，都在明清时期得到发展和完善。

华南农业大学赵艳萍在《传统稻鸭治蝗法的继承与启示》中认为，养鸭治蝗技术是中国农业技术遗产之一，是值得继承和开发的生物治虫技术。自明代发明以来，此法在明清及民国时期的推广和使用范围较之其他传统捕蝗技术更为有限，仅限于江南水乡。在经济和技术不发达的时期，时间和地点限制等都是推广受阻的重要原因。如今，吸取传统技术的精华并改进，通过政府政策和资金上的支持，形成养鸭产业链，开展经济治蝗工程，大力发展稻鸭共育生态农业技术，必能使传统的养鸭治蝗技术产生巨大的经济和生态效益。

南京农业大学卢勇在《江苏兴化地区垛田的起源及其价值初探》一文中认为，垛田是苏中兴化里下河水网地区独有的一种土地利用方式与农业景观。当地人民在号称"锅底洼"的湖荡沼泽地带开挖河泥堆积成垛，垛上耕作，形成一个个状如小岛的精致农田即垛田。文章从有关垛田的神话传说出发，依次考证了垛田的形成原因与起源时间、垛田的特点与优势，在此基础上对垛田的现状和价值作了比较深入的解读，为垛田今后的保护和开发提供借鉴，也为江南地区土地再利用提供建设性意见。

南京农业大学崔峰在《新疆坎儿井的农业文化遗产价值及其保护利用研究》的报告中详尽阐述了对中国西北重要农业技术——坎儿井的保护与再开发利用。报告细致分析了新疆坎儿井的农业文化遗产价值，提出了增强公众对坎儿井内在价值的认识，切实提高其保护意识；加强立法与制度建设，把坎儿井纳入法制化的保护与管理轨道；推进坎儿井"申遗"进程，构建高层次的坎儿井保护网络和平台；借助旅游业发展，实现坎儿井保护与遗产地经济社会发展和人民生活改善的"双赢"；协调多种利益关系，发挥多方参与机制在坎儿井保护利用中的重要作用等保护利用对策。

孙业红、成升魁等在《农业文化遗产地旅游资源潜力评价——以浙江省青田县为例》[①]一文中以浙江省青田县为研究个案，对农业文化遗产地旅游资源潜力进行评价，根据农业文化遗产具有的活态性、复合性、动态性、脆弱性、原真性、独特性等特点，构建农业文化遗产地旅游资源"主体—辅助，有形—无形"分类体系和"资源特征—旅游发展适宜性"的评价体系，突出强调遗产资源旅游可进入性方面的特征。

① 孙业红，成升魁等:《农业文化遗产地旅游资源潜力评价——以浙江省青田县为例》,《资源科学》2010 年第 6 期

秦华杰、吴长城、樊志民在《明清时期华北棉业研究》[①] 中从明清时期华北植棉的历史、棉花在华北各省的地理分布、棉花栽培、加工技术入手，分析明清时期华北棉业迅速发展的动因，探讨了明清时期华北棉业的社会经济影响及其局限性，对于总结华北棉业发展的规律和当前棉业的发展有所借鉴和启示。

李根蟠在《水车起源和发展丛谈（上下辑）》[②] 中论述了中国传统农具的典型代表之一水车，认为水车的出现和推广在水利发展史上具有革命性意义，包括翻车、筒车、井车等不同类型。东汉毕岚创制翻车的说法未必正确。翻车起源于何时何地，尚需继续探讨。在相当长的时期内，翻车是在宫廷、城市和乡村、民间双线发展的。南方民间翻车由默默无闻到崭露头角。从此，乡村和民间使用水车的发展势头不可遏制，终于迎来了水车使用空前繁盛的两宋时代。并以传统水车中的两种——筒车和井车作为研究对象。关于筒车，作者比较全面地论述了宋元筒车发展的大势和各地区的发展差异，专节介绍了宫廷、贵族对筒车的利用，分析了有关筒车起源研究中的某些疑误、不足和需要继续探讨的问题。关于井车，作者在总结前人研究的基础上，提出新思路，发掘新材料，作了某些新的探讨。

李未醉、魏露苓在《古代中国农业生产技术在日本的传播》[③] 一文中依次论述了中国农作物、农业生产技术、动植物、工具制造技术、兽医技术、农学著作传入东瀛的情况，并阐释了古代中国农业生产技术在东瀛传播的意义和原因。

殷志华在《明清时期高粱栽培技术研究》[④] 中研究认为明清时期高粱的栽培技术日臻成熟，人们在其种植栽培上，注重与豆类、棉花间作套种；遵循"种之以时，择地得宜，用粪得理"原则，提倡早种早收，注重田间管理，倡导及时收获。明清时期高粱已成为人们赖以生活的重要作物。

王大宾在《汉代中原诸郡农耕技术选择趋向》[⑤] 一文中讲述了两汉农业之发达、技术之高明。随着铁犁牛耕技术的推广，代田、区田法的发明，中国传统精耕细作体系的初成，中原诸郡的农耕技术之发达堪为代表。考察文献资料及出土的铁器可知，精耕细作技术在中原各郡的农业生产中并非唯一选择，其原因与表现比较复杂。该文认为，汉代中原诸郡的农业资源与环境条件各不相同，经济与技术发展颇不平衡，因此其地旱作与稻作、牛耕与耒耜、精耕与粗放并存，交错发展，致使各地存在多样的技术组合并有复杂的表现形态。

李明、王思明在《农业文化遗产：保护什么与怎样保护》[⑥] 一文中认为近年来，农业文化遗产保护受到社会各界广泛关注，越来越多的学者加入到该领域研究中来，"保护什么"与"怎样保护"始终是农业文化遗产保护研究的核心问题，国内学者纷纷基于各自的研究领域和专长提出了不同见解，但始终未能形成共识。该文通过对农业文化遗产及相关概念

---

① 秦华杰，吴长城，樊志民：《明清时期华北棉业研究》，《广东社会科学》2010年第2期

② 李根蟠：《水车起源和发展丛谈（上辑）》，《中国农史》2011年第2期；《水车起源和发展丛谈（下辑）》，《中国农史》2012年第1期

③ 魏露苓：《古代中国农业生产技术在日本的传播》，《农业考古》2011年第1期

④ 殷志华：《明清时期高粱栽培技术研究》，《古今农业》2011年第3期

⑤ 王大宾：《汉代中原诸郡农耕技术选择趋向》，《中国农史》2012年第1期

⑥ 李明，王思明：《农业文化遗产：保护什么与怎样保护》，《中国农史》2012年第2期

发展演进的系统梳理，和对中国农业文化遗产保护实践中保护对象扩展过程的考察，澄清了“农业文化遗产保护什么”这个问题；并从体制创新和方法创新两方面探讨了“怎样保护农业文化遗产”的问题。

中国农业科学院刘旭院士在《中国作物栽培历史的阶段划分和传统农业形成与发展》[①]一文中介绍了中国原始农业约开始于1万年之前，最先驯化栽培的主要有黍、粟、稻、麻等粮食作物。生产工具的不断发明更新，外来作物与本土作物的大融合，政治、经济中心南移，对作物栽培技术的提高及南北方的农业生产结构的改变产生了很大影响。文章根据作物栽培历史的技术特点划分为：史前植物（作物）采集驯化期、传统农业萌芽期、北方旱作农业形成发展期、南方稻作农业形成发展期、多熟制农业形成发展期等五个阶段。以作物种质资源的起源、驯化、传播和利用为主线，探索中国传统农业各个阶段的发展规律及动因。作者认为：在中国作物栽培技术不断发展演进的历史长河中，形成了极为丰富的作物种质资源和农学思想，是中国最为重要的农业物质和文化遗产。这对中国乃至世界的农业发展都起到了至关重要的作用。

王保宁在《花生与番薯：民国年间山东低山丘陵区的耕作制度》[②]一文中论述了民国时期，受气候变化和市场化的影响，花生成为山东低山丘陵区的主要经济作物。在高利润刺激下，低山丘陵区的农民通过种植花生融入国际市场，并利用种植花生的方式维持家庭的正常运转。受制于作物属性、粮食短缺和肥料不足，在种植花生的同时，这些地区的农民也大规模种植甘薯，将两者结合形成新的耕作制度。与传统观点不同，该文认为人口压力理论并不能完整解释美洲作物的扩种原因，应将其置于耕作制度的大背景下进行讨论。前面主要讨论的是中国主要作物稻、麦等的研讨，这篇文章对中国小作物花生与甘薯的栽培技术及耕作制度进行了较为详细的论述。

周晴在其论文《唐宋时期湖州平原菱的种植与湿地农业开发》[③]论述了唐宋时期江南地区湖州平原区中存在着大面积的湖沼湿地，菱是这个区域中典型水生植被之一。唐末至宋初人类活动对本地区湖沼湿地的干扰较少，湿地生境中存在着大面积菱的野生植物群落，宋以后随着太湖地区水体资源的开发与集约化利用程度的加强，湖州平原中人工栽培菱的面积扩大，出现了众多的栽培菱品种。南宋时期人们利用许多技术措施对菱进行了广泛的栽培，湖州平原湿地农业开发进程中始终伴随着水生植物菱的种植。

陈伟庆在论文《宋代秧马用途再探》[④]中论述宋代的农业技术在前代的基础上有了进一步的提高。作为宋代出现的农具“秧马”，由于苏轼的作品而为世人所知。其形状颇似小舟，前后翘起，中间凹陷，方便农民骑坐，因此可减轻劳作时的弯腰之苦。秧马不仅可以用于插秧，也可以用于拔秧，在生产中能显著地提高农作效率。

① 刘旭：《中国作物栽培历史的阶段划分和传统农业形成与发展》，《中国农史》2012年第2期
② 王保宁：《花生与番薯：民国年间山东低山丘陵区的耕作制度》，《中国农史》2012年第3期
③ 周晴：《唐宋时期湖州平原菱的种植与湿地农业开发》，《中国农史》2012年第3期
④ 陈伟庆：《宋代秧马用途再探》，《中国农史》2012年第4期

殷志华、惠富平在《再论明清时期太湖地区的铁搭与牛耕》[①]一文中阐述铁搭这个人力翻耕工具，战国时期已出现二齿铁搭。从明中期开始，以铁搭翻耕逐步替代牛耕，成为太湖地区主要的稻田土地翻耕方式。这一转变是由多种因素所促成的。明清时期人力铁搭的广泛使用提高了稻田深耕质量，为太湖地区适当密植提供了保障，促进了水稻生产的发展。近现代，太湖地区传统稻作农业向现代农业转变，效率低下的铁搭逐渐退出大田作物的整地，一般仅用于小规模土地如自留地的翻垦作业。

殷志华、惠富平在《古代高粱种植及加工利用研究》[②]中认为古人在高粱种植栽培上，注重与豆类、棉花间作套种；遵循“种之以时，择地得宜，用粪得理”原则，提倡早种早收，注重田间管理，倡导及时收获；在加工利用方面，古人综合利用高粱籽粒、梢、茎、秆，发展食用、饲用、酿酒、药用等多种用途。发展至现代，高粱在中国南北方都有栽培，是中国重要的粮食作物、旱地、盐碱地栽培作物，而且其饲用作物和能源作物的地位愈加突出。

李荣华的论文《汉魏六朝华北的水稻种植技术与南方的稻作农业》[③]论述汉魏六朝时期，华北丰富的水资源、众多的水利工程以及南方稻作技术的北传，使得该地区的水稻种植面积不断扩大，水稻生产技术逐步提高。南下的北人，把华北的水稻种植技术带到南方，促进着南方稻作农业的发展。

陈应鑫在《万年稻作农业文化系统的开发、保护及发展对策》[④]一文中详细论述了江西万年的稻作文化。他认为在江西万年县境内发现了世界上年代最早的栽培稻植硅石，把世界稻作起源由7 000年前推移到12 000~14 000年前，从而被考古界公认为是世界稻作起源地之一。万年贡谷接近野生稻形态特征，蕴藏着丰富的抗病虫、抗逆境的抗性基因及其他有利基因，特别是具有较强的耐瘠性，因而对其进行研究、保护和利用具有重要意义。同时，围绕着贡米生产也形成了万年独特的稻作文化以及现代水稻产业，这些共同构成了万年稻作文化系统。

闵庆文、钟秋毫主编的《农业文化遗产保护的多方参与机制：“稻鱼共生系统”全球重要农业文化遗产保护多方参与机制研讨会文集》2006年由中国环境科学出版社出版。该书记述2002年8月，联合国粮农组织（FAO）、联合国发展计划署（UNDP）和全球环境基金（GEF）、联合国大学（UNU）等十余家国际组织或机构以及一些地方政府，开始发起一项旨在保护具有全球重要意义的农业系统项目——全球重要农业文化遗产（Globally Important Agricultural Heritage Systems，GIAHS）的动态保护与适应性管理。该项目以《生物多样性公约》、《世界遗产公约》、《食品和农业植物遗传资源的保护与可持续利用的全球行动计划》、《关于食物和农业植物遗传资源的国际条约》、《21世纪议程》、《防止荒漠化公约》和《气候变化框架公约》等为基础，目的是建立全球重要农业文化遗产及其有关的景观、生物多样

① 殷志华，惠富平：《再论明清时期太湖地区的铁搭与牛耕》，《中国农史》2012年第4期
② 殷志华，惠富平：《古代高粱种植及加工利用研究》，《干旱区资源与环境》2012年第2期
③ 李荣华：《汉魏六朝华北的水稻种植技术与南方的稻作农业》，《中国农史》2012年第4期
④ 陈应鑫：《万年稻作农业文化系统的开发、保护及发展对策》，《中国稻谷》2012年第6期

性、知识和文化保护体系，并在世界范围内得到认可与保护，使之成为可持续管理的基础。

此外，闵庆文还先后主编了《农业文化遗产及其动态保护前沿话题》以及《农业文化遗产及其动态保护探索》[①]等多部著作，收录了近年来包括传统农业技术与景观在内的多篇学术论文，书中认为世界自然与文化遗产是长期地质历史演变与人类活动多重作用下形成的人类文明的瑰宝，但随着人口的增加及其对环境影响的加剧，自然与文化遗产越来越受到破坏和威胁。遗产保护事业在一定程度上展示了一个国家文明进步的程度和教育科技文化发展的水平。开展遗产保护不仅有助于树立青年学生乃至全体国民民族的自尊心、自信心，同时也可增强其环保和可持续发展意识。

2006年，中国农业博物馆胡泽学研究员所著的《中国犁文化》由学苑出版社出版。全书分为7章，对中国犁的历史、犁耕技术的进步、古代绘画雕塑中的犁、犁的形制变化与犁耕技术的传播、古籍文献与农谚的"耕"以及中国形制各异的犁等做了详细论述。而且难能可贵的是，作者在书中附有大量精美插图，图文对照，形象生动，让人很方便的就能领略到中国犁技术的源远流长和犁文化的博大精深，可谓老少咸宜，晓畅易懂。

2009年，中国农业博物馆的徐旺生研究员所著的《中国养猪史》由中国农业出版社出版。全书24万字，分为4章，分别是：新石器时代的养猪业；中国古代的养猪业和养猪技术；中国近代的养猪业和养猪技术；历史上关于养猪的农谚、民谣及与养猪有关的文化现象。该书是作者长期以来从事农业历史研究的心得，其中不乏创新之处。作者试图从技术与社会的角度来论述中国养猪的历史，通过关于政治、社会、文化与经济等多个方面的分析，阐述了养猪业在中国历史上地位是如何确立的以及其具体的演变过程，此外书中还涉及与猪有关的文化现象的产生及其演变原因，打破了单纯研究技术史的框框，无论是对传统农业技术史还是社会史的研究，都有较高的参考价值。

2010年，崔效杰，薛彦斌主编的《中国现代农业技术和经济研究——首届中华农圣文化国际研讨会论文集》由中国农业科学技术出版社出版。论文集共收录了31位与会专家与学者的论文35篇，内容涵盖了农学思想、设施园艺、有机农业、现代生物工程、海洋生物、生态环保、农业发展、农业经济和农业文明史等众多方面，特别是中国现代农业发展、现代生物工程、有机农业和环境保护等方面的论文，为传统农学思想注入现代内涵，为我们提供了全新视角。

2011年，南京农业大学王思明、李明主编的《江苏农业文化遗产调查研究》由中国农业科学技术出版社出版。该书是第一部以在江苏省内组织的大规模、全方位农业遗产调研，为摸清家底、深化研究打下了坚实的基础。该书认为对江苏农业文化遗产进行调查和实践探索不仅对于维护乡村景观、保护生态多样性、传承传统农业文化有着重要的基础性作用，而且对于促进江苏农业的可持续发展、建立和谐新农村、保持江苏文化的独特性和多样性等都有着积极的影响。从某种意义上来说，该书奠定了农业文化遗产今后的一个研究趋势，

① 闵庆文主编:《农业文化遗产及其动态保护前沿话题》，中国环境科学出版社，2010年；闵庆文:《农业文化遗产及其动态保护探索》，中国环境科学出版社，2008年

即由宏观的理论阐释向微观地方小范围的实际操作转变。该书出版后影响巨大，先后获得2012年“江苏省社科精品工程一等奖”以及2012年“江苏省哲学社科优秀成果三等奖”，据悉以该领域为研究方向的系列丛书将在今后一段时间内陆续推出。

2011年，孙业红著《农业文化遗产地旅游发展潜力研究》由中国环境科学出版社出版。该书以地理学为基础理论，结合人类学、社会学等学科的理论和方法，以两个全球重要农业文化遗产试点地为案例，系统地探讨农业文化遗产地的旅游发展潜力问题。内容包括：农业文化遗产的旅游资源特征、农业文化遗产地旅游资源潜力研究、农业文化遗产地旅游社区潜力研究、农业文化遗产地旅游客源潜力研究等。

2011年，李根蟠所著的《农业科技史话》由社会科学文献出版社出版，该书从中国农业的起源和发展，对动植物的驯化、引进和利用，传统农具的创新和演进，中国传统农业科学体系等方面加以阐述，揭示了中国传统农业和农业科技的丰富内涵和巨大成就。《农业科技史话》以丰富的史料和无可辩驳的事实说明了中国古代农业多元交会的博大体系以及这一体系所孕育出来的精耕细作的优良传统，是中华文明长盛不衰的最深厚的物质基础，是我们的祖先留给当代中国和世界最珍贵的文化遗产之一。

2012年，闵庆文主编的《农业文化遗产及其动态保护前沿话题（二）》由中国环境科学出版社出版，该书认为文化遗产保护事业在一定程度上展示了一个国家文明进步的程度和教育科学文化发展的水平。这本在录音基础上整理出来的论文报告，是对农业文化遗产研究学术前沿的报告，为探索农业文化遗产真谛、宣传农业文化遗产知识、交流农业文化遗产保护经验搭建了一个新的平台。闵庆文还主编有《农业文化遗产及其动态保护探索（四）》，该书由中国环境科学出版社出版，主要内容包括：农史学科发展与“农业遗产”概念的演进、农业遗产学学科建设所面临的3个基本理论问题、中国农业文化遗产保护的思考与建议、稻鱼系统中不同沟型的边际弥补效果及经济效益分析等。

三、技术类农业文化遗产保护存在的主要问题

技术类农业文化遗产不仅是中国先民长期以来在生存和发展过程中的创造，也是中国农业文化遗产的重要组成部分；在漫长的历史发展过程中，中国劳动人民积累了丰富的农业生产经验，构建了许多具有地方特色、生态和谐、环境友好的农业技术知识体系，这些传统的农业技术和古老的农业生态系统，在今天仍然有着重要的现实意义。它所蕴含的丰富而巨大的生态经济和文化价值也不断彰显出来，成为弥足珍贵的农业文化遗产。同时，它们的形成和发展与自然条件密切相关，本身还与生物多样性相对应。因此，无论在贯彻实施生物多样性公约还是世界遗产公约时，都不应对它有所忽略，而省级农业文化遗产、中国农业文化遗产、全球重要农业遗产系统等梯形等级的逐步建立将促使人们给它更多关注，共同把这项人类的财富作为礼物留给子孙后代。随着经济的发展和现代技术的冲击，与农业文化遗产的其他类项所面临的问题一样，中国的技术类农业文化遗产也岌岌可危，

面临着严峻的挑战。

（一）传统农业技术依托的农业生产环境不断减小

传统农业技术是一个抽象的范畴，它必须在农业生产和加工的环境中才能传承。但近年来，传统农业技术依托的农业生产环境不断减小，江西万年贡米的稻作耕作技术是在万年县的独特农业环境中发展起来的，但是最近的调查发现当地贡米的原产地和野生稻种植面积不断减小。新中国成立之初，裴梅镇有贡米种植面积 100 公顷左右，产量 25.0 万千克。改革开放以后，土地承包陆续到户，各地纷纷进行良种推广，片面追求产量的作法使得万年贡米种植面积持续减少；20 世纪 90 年代的退耕还林，又使其种植面积进一步减少，2003 年达到历史最低值，仅为 7.4 公顷。皮之不存毛将焉附，与之相辅相成的贡米耕作技术几乎丧失殆尽。2004 年万年县政府开始对贡米原产地进行保护，并且在全球重要农业文化遗产 GIAHS 项目的影响下，进一步寻求更加可持续的保护途径。经过几年的努力，种植面积有所恢复，目前原产地贡米种植面积为 15.8 公顷。①

在江苏中部的里下河地区，垛田作为一种独特的土地利用方式，与之相适应的有许多有特色的传统耕作方式与农业文化，随着工业化、现代化的浪潮冲击，它们也面临消亡的危险，最典型的就是罱泥扒苲和戽塘技术。因为传统的垛田菜农们一直喜用有机肥，所以当地他们经常在星罗棋布的湖荡河沟间罱泥扒苲（读 zǎ，淤泥和水草的混合物），即把河沟间疏浚掏出来的泥浆堆积覆盖在垛上，一年数次，垛田便以每年几厘米十几厘米的速度渐渐地长高了，而且土质肥沃，利于生产。20 世纪 60 年代之前，垛田一般都是很高的，低的两三米，高的四五米。高耸的垛田除了顶端的平面，还有四周的坡面，都可以栽种作物。由于垛田较高，所以在垛身上每隔五六米就开挖有一组浇灌系统：顶部平面处是一道流水槽，称为“灌槽”，灌槽口垂直向下，每隔一米多的高度，在坡面上挖一个小坑，这叫“戽塘”，最高的垛有四五层戽塘。浇水时，每层一个人，最下边的人将河水舀到第一层戽塘里，第一层的人再把水舀进第二层，逐层传递，直至上面的灌槽。要是在有四层戽塘的垛上浇水，就得有六个人一溜站开，上下协同，斗来瓢往，蔚为壮观。

20 世纪 60 年代以后，随着治淮效益的逐渐显现，原本是洪水走廊的兴化地区洪水很少见了，更为重要的是人口的迅速膨胀给原本人均耕地不足半亩的垛田带来了新的难题。为了生存，有人发明了扩大耕地面积的办法叫“放岸”②。就是将高垛挖低，挖的土将垛与垛之间的小沟填平，于是相邻的两三个垛子连成一片，或者向四面水中扩展，面积一下子扩大好多，又省去浇水翻戽塘的繁杂。那段时期，每到冬季，大部分男女劳力都被生产队安排“放岸”，一时形成热潮。再后来，联产到户土地承包，菜农拥有了对土地的自主权，就又纷纷将垛田之土卖给砖瓦厂，卖给城里的建筑工地。垛田一下子变矮变大了，变成现今所常见的一米多的高度。传统的罱泥扒苲和戽塘技术在今天的垛田地区几乎已经绝迹。

---

① 此处及下文参考了陈应鑫：《万年稻作农业文化系统的开发、保护及发展对策》，《中国稻谷》2012 年第 6 期，特此注明及鸣谢

② 垛田，又称“垛”、“垛子”，当地人俗称“岸”（方言读音），放岸，即把垛田挖低整平

（二）传统农业技术的真正价值未能深入发现和被认知

对于传统农业技术带来的农家菜、贡米、土鸡等农产品，以前在温饱问题尚未解决的时候，人们只发现它的产量低，劳动强度大，经济收益差等缺点，觉得不够大，不够快，不够吃，于是逐渐地被所谓的现代技术所舍弃。随着中国粮食安全问题的逐渐凸显和人民群众生活水平的日益提高，传统农技及其所带来的有机绿色农产品将有越来越大的发展空间，我们对此应该有充分认识。我们知道，现在一般常规稻作的单季稻产量可以达到 9 000 千克 / 公顷，而江西万年的传统贡米单产很低，仅为 3 187.5 千克 / 公顷，常规稻比贡米产量高 2.8 倍。而且传统贡米人力投入大，劳动强度大。而贡谷的生长期较长，长达 160~175 天，同时由于贡米生长在山区，无法进行机械化生产，所需的劳动力投入是常规稻作的 3 倍。特别是随着市场经济的发展，农民的非农收入所占比重越来越大，农民更倾向于选择生长期短、劳动力投入小的农作，而利用农闲时间外出务工。再加上贡谷的价格也不是十分高，农民意识到种植贡米不如在外打工，这更导致贡米产量越来越少。类似的情况在中国很多特色传统农技及农业系统中都有存在，如兴化垛田、浙江青田的稻田养鱼等都是如此。

（三）传统农业技术与现代生活方式的矛盾日益凸显

近年来，随着杂交水稻的推广、化肥农药的使用和大型农机具等现代农业技术都对传统的农业技术产生了很大影响，再加上现代城市化与工业化的冲击，传统技术与文化的生产空间不断趋于消亡。

众所周知，以农业技术为代表的非物质文化遗产与人们熟知的世界文化遗产如北京故宫、西安碑林等现实可感的物质类文化遗产不同，农技类遗产还是一种社会生产力，必须适应社会的发展。但随着社会的进步与现代化浪潮的来临，要求农民依然停留在百年前的耕作与生活方式中无疑是自私的也是不现实的，当地农民也向往现代的生活方式。而且随着劳动力机会成本的不断增加，当地那些掌握传统农业技术而又专心在家务农的村民在迅速减少，祖祖辈辈传下来的老传统已经渐渐地远离他们的生活，农村劳动力特别是青壮年向城市流动甚至出国务工，以获得更大的经济收益，原来从事传统农作的人为了谋求更高的劳动力价值而改变先前的劳作模式，甚至放弃原有的劳动技术，这为传统农业技术的保护和传承带来很大的难度。

在江苏兴化地区，为了配合垛田的保护工作，当地农户的小企业扩大再生产与建房已停批一年多时间，个别农户的住房紧张问题得不到解决，村民有一定想法。可见，整体保护虽然在一定程度上达到了保护传统的目的。但同时，却又产生了一个新的问题：凭什么就非得由农民来承受垛田保护过程中无法追求现代生活的代价？诚然，这是一个比较难以调和的悖论。

四、技术类农业文化遗产的保护建议

针对以上技术类农业文化遗产的内涵与特点，在进行保护、利用和制定措施时，须综合考虑其传承与长远发展等问题。因此，在对技术类农业文化遗产进行考察时，有必要从农学、历史学、民族学、生态学、人类学、文化学、社会学等不同角度对其进行深入研究，充分挖掘它们所蕴含的农业制度、技术、生态、文化等原理和智慧，思考如何在保证生态稳定的前提下合理利用资源、适度开发、保护自然植被和林木，维护生态平衡和经济社会的可持续性发展等，并进一步探索技术类农业文化遗产的保护路径和方法。值得高兴的是，很多政府和专家学者已经在这些方面进行了积极探索，并提出了一些建设性的对策和措施。

近年来，农业文化遗产保护工作突飞猛进，特别是已经进入或正在积极申报全球重要农业文化遗产和中国重要农业文化遗产的各级政府，为此投入了大量的人力、物力和财力，按照农业文化遗产保护工作要求，陆续出台了一些涉及技术系统的专项规划、管理办法和保护条例及实施方案，并通过生物多样性的恢复、传统农业文化的传承以及与休闲农业的结合，力图解决当地的农业可持续发展、农民增收和遗产保护。专家学者们的工作同样富有成效，如云南大学的尹绍亭教授就一直从事相关研究工作并参与建设了基诺族的巴卡小寨文化生态村（其中包括“基诺族博物馆”），为保护、传承、展示基诺族优秀的传统文化搭建了重要平台，对整个基诺山乃至其他少数民族发挥了积极的影响和良好的示范作用。

当然，技术类农业文化遗产保护是一项系统的工程，有的需要花费精力去做调查和研究工作，有的则需要寻求政府、学者、农民和社会组织的多方参与，有的还需要进行有效的宣传、推动和示范，不可能一蹴而就。但就目前的技术类农业文化遗产保护工作而言，我们认为还有必要积极拓展以下几个方面和领域的工作。

（一）要改变对技术类农业文化遗产的传统认识

技术类农业文化遗产所依托的生产方式是历史发展的产物，在一定的地域和条件下具有合理性和适应性，社会各界尤其是政府需要改变过去认为传统农业方式是落后代表的思想，强制要求采用现代的农业方式，而忽视其背后所蕴含的生态、地域、民族和社会等属性，往往会造成极大的破坏作用，这一点已经为实践所证明。各级政府是遗产保护工作的参与者和组织者，其观点和态度非常重要，应该使他们认识到，当下尤其是在传统生产方式已经逐渐消亡的情况下，很多留存的农业技术并不是地方发展的负累，而是一笔珍贵的遗产和当地实现跨越发展的优势资源。

（二）要加强技术类农业文化遗产的系统整理和研究工作，筹备申报中国乃至世界重要农业文化遗产

技术类农业文化遗产关乎农作制度、民俗、祭祀、宗教、乡村组织等多个方面，涉及

农学、历史学、民族学、生态学、人类学、文化学、社会学等多个学科，是一项复合型与综合性的文化遗产，需要学者联合当地政府、居民，做进一步的调查、整理和研究工作，尤其是要深入挖掘传统农业技术的现实价值问题，做好申报国家、世界重要农业文化遗产的基础和准备工作，积极探索其保护和利用的途径与方法。

（三）要建立技术类农业文化遗产利用的补偿机制

技术类农业文化遗产大多位于相对落后和封闭的地区，随着外部文化和现代社会的冲击，当地人的生存观念正在发生变化，加之 1949 年以后特别是改革开放至今，许多传统农业技术显然有消亡的趋势和可能，我们要客观地看待这一问题。要想对仅存的技术类农业文化遗产进行保护，当务之急就是要使当地原住民能够而且愿意继续从事这些传统的农业方式，确保他们的生活水平不仅不降低、而且还要比其他地方好一些。为此，需要获得来自政府、企业、非营利组织甚至是国际组织的经济支持，建立技术、生态和文化保护的综合补偿机制。

（四）要积极探索技术类农业文化遗产的示范模式

为了达到技术类农业文化遗产的持续保护和利用，就必须要使更多的人了解其内涵、意义和特色而尝试建立一种可行的示范模式是较好的选择。编者认为，这种示范模式应当具备公民教育、文化传承和活态展示等功能，并包含博物馆陈列、农耕观摩、生活体验、文化欣赏、影像宣传等诸多元素，吸引越来越多的人参观、体验、考察和研究这些古老的文化遗产，使之焕发新的活力和生命力。

综上所述，技术类农业文化遗产代表一种传统的农业生产方式，具有特定的技术体系和内涵，是包括农业制度和技术与系统的物质产出以及各种当地农业礼仪、民俗和宗教文化的复合体，是历史发展的产物，目前在中国一些地区依然存在和延续。技术类农业文化遗产对于探索农业起源与传播以及各种农作制度与技术、天文物候与历法、社会组织与管理、民俗宗教与文化的形成与演变等都具有非常重大的科学和人文价值。

当前，技术类农业文化遗产有消亡的可能，当务之急，有必要在深刻理解其内涵的基础上进一步加快研究和保护工作。需要指出的是，这里的研究和保护是为了体验和考察那些具有历史价值的生产方式，探寻其中存在的生态智慧与价值，进而维持农业和社会的多样性，而不是为了刻意复原甚至是推广，因为它无法承受较多的人口和现代文明的冲击，故而只能在很小的范围内存在和延续。我们相信，随着研究的进一步深入和观念的改变，人们会找到一种平衡而有效的方法，让技术类农业文化遗产得到有效的保护和利用。

第6章 工具类农业文化遗产调查与研究

中国是一个农业文明发展起步较早、较成熟的国度，各具特色的农业工具是传统农业发展的经典代表符号，随着现代农业的快速发展，与传统农业生产方式紧密联系的传统农具正逐步淡出人们的视野。近年来，在文化保护理念的指导下，政府和公民的文化遗产保护意识不断增强，人们开始关注农业文化遗产，有关工具类农业文化遗产的调查和研究也正逐步展开。文化主管部门、科研机构、旅游经营管理单位、村镇集体、村民个人等，都在不同层面开展了各种形式的保护活动，共同汇聚形成了关注、研究、保护工具类农业文化遗产的力量，从不同角度推动了对这一类型农业文化遗产的传承、保护和开发。

一、工具类农业文化遗产的概念、类型及价值

（一）工具类农业文化遗产的内涵

农业工具是对农业生产过程中使用工具的总称。广义的农业工具既包括农业、林业生产中的整地、播种、中耕、收获、加工、灌溉、运输、修剪整枝工具，也包括副业生产中的养蚕工具、养蜂工具，养鱼、捕鱼工具，畜牧生产工具等。本文所关注的农业工具主要以传统农业时期，种植业中使用的农业工具为主，同时也包括部分与农民日常生产、生活密切相关的林业、畜牧业、渔业及养蚕、养蜂等副业生产劳动工具。中国的传统农业工具是指历史上由中国人民发明创制并承袭沿用的农业生产工具，其产生和发展是社会生产力发展的重要标志。

工具类农业文化遗产是指与农业工具实物及其制作、使用、象征等相关的物质文化和精神文化的总和。其中既包括在农业生产过程中，劳动人民制作使用过的农具文物和农具实物，也包括各类农业生产工具的制作工艺、使用方法以及这些农具在农村、农业、农民的民俗活动中的精神价值。工具类农业文化遗产是指在古代农业和近代农业时期，由劳动人民所创造，在现代农业中缓慢或停止改进和发展的工具类农业文化。涉及的农具主要包

括依靠人力、畜力、水力、风力等非燃气、燃油动力的农具，以及在由人力、畜力、风力、水力农具向机械化农具转变时期，人们创造使用的半机械农业工具。这类文化遗产可分为物质文化遗产和非物质文化遗产，物质文化遗产包括已经鉴定为保护文物和尚未鉴定为保护文物的农具实物，非物质文化遗产包括各类农具的制作工艺、使用方法及其精神文化价值等。

中国的传统农业工具在不同历史时期，其制作材料、造型、使用功能、动力和机构等方面经历了由简单到复杂不断丰富的发展过程，同时，不断与所在区域的生态环境、农业产区生产要求以及当地物产条件等各方面相适应，形成了大量造型丰富、极富有地方特色的农具类型。这些农具无论是类型、式样、使用方法、使用条件，以及其在传统农业生产中所发挥过的重要作用都有着丰富的文化价值，每一次农具的发展变革都凝结了劳动人民大量的汗水和智慧。中国工具类农业文化遗产的发展史是中国传统农业发展史的重要组成部分。随着社会的进步和科技的发展，农业机械化程度不断提高，现代机器大生产的发展进步让传统农具在生产中走向衰落，逐渐退出舞台，许多传统农耕器具被废弃、毁坏、消失，逐渐淡出人们的生活，但此类农业文化遗产的价值却不会因为其逐渐远离农业生产而有所削弱，相反，它在中国农业文化遗产的宝库里正散发出愈加迷人的光彩。

（二）工具类农业文化遗产的历史变迁

中国的农业工具在不同历史时期，经历了自身材质、造型、功能的变迁，同时，也经历了与区域生态环境、农业产区生产要求以及当地物产条件等各方面相适应的过程，形成了大量造型丰富、极富有地方特色的农具类型。这些农具无论是类型、式样、使用方法、使用条件，以及其在传统农业生产中所发挥过的重要作用，无不凝聚着劳动人民的汗水和智慧，有着丰富的历史文化遗产价值。中国工具类农业文化遗产的发展史是中国传统农业发展史的重要组成部分。

夏、商、西周时期是农具初步发展的阶段。此期，农业耕作已经逐步摆脱原始农业的刀耕火种，开始进入粗放耕作阶段。农具也有了相应的进步和提高，有用木头制作的碎土和砸实榔头，有石质农具，如石刀、杵臼，有用青铜制作的中耕农具、收割农具，如犁、锸、耒、耜、铚、镰、铲、锛、钁、斨等，也有用来提水灌溉的桔槔、戽桶、吊桶等。这一时期青铜开始用于农具制造，改变了原始社会木、石、骨、蚌等类材料垄断农具五六千年的局面。

到春秋、战国时期，随着冶铁业的兴起，铁制农具以其特有坚硬、锋利、易造型等特点，逐渐取代了木、石材料的农具，使得制造农具的材料从非金属全面转为金属，之后铁质农具成为农具的主体。战国时期的农具绝大多数都是在木器上套上一件铁制的锋刃，这种木心铁刃农具比过去的木、石质农具更为锋利、坚固耐用，如“V”字形的犁头造型可以减少耕地阻力；薄而坚硬的铁锸增加了入土、翻土的深度；铁质的耨则可有效地用于除草、松土、复土和培土。

秦、汉至隋、唐、五代时期是农具类型快速发展的时期。铁质农具制作使用更为广泛，随着农业生产发展的需要，农具的种类增加，全铁农具代替木心铁刃农具，质量大为提高。随着牛耕的推广，耕犁的构造中增加了更有利于深耕和碎土的犁壁，犁铧和犁壁均为铁质，并且根据其使用目的的不同，完善和改进其构造，形成了不同类型的耕犁，如东汉开沟用的巨型铧，后来又有易于在水田中灵活轻便，容易调节耕作深度和耕幅宽窄的曲辕犁等。

这一时期，为了适应精耕细作农业的要求，农具功能不断细分和专业化，类型日趋丰富，逐渐形成比较完善的农具体系。如适合旱地整地的磨平工具耱，中耕的锄、铲，收获的钩镰等，碎土保墒、平整土地的耙，用于水田整地的耖，碎土压实的碌碡、石磙等。西汉时，赵过发明出了世界上最早的条播工具——耧车，后来为了适应各种土地条件的要求，逐渐出现一脚耧车、二脚耧车、三脚耧车等不同式样。耧车可同时完成开沟和均匀播种，速度快，质量好，大大提高了生产效率。耧车自发明定型起，在之后 2 000 多年的历史长河中，一直占据着播种历史舞台的重要位置，至今在某些地区仍然发挥重要作用。在加工工具方面，杵臼在发展过程中被新出现的碓和磨替代后，人们发明了大量劳动工具，将人力、畜力、风力和水力等自然力全面应用到生产加工过程。在灌溉排涝工具方面，利用杠杆作用的桔槔逐渐被辘轳（滑车）所替代，后来，人们又发明并普及使用了龙骨水车（翻车），灌溉提水的动力也由人力发展到畜力、水力、风力，大大提高了灌溉排涝的工作效率。这一时期还出现了最早的利用虹吸原理工作的渴乌，用于深井取水的立井水车，借助水力转动轮轴汲水的高转筒车等。

宋元时期，中国农业工具的发展在动力的利用、机具的改进、种类的增加、使用的范围等方面日趋成熟。元代王祯《农书·农器图谱》中附有精致插图的农具达 105 种，较北魏《齐民要术》中记载的 30 多种整整多出 75 种。农业工具进一步细化，出现了适应区域耕作的专门工具，如江南水田出现了平土用的刮板和中耕农具——耘荡；耧车播种后压实土壤的砘；出现了播种和施肥联合作业的下粪耧种；由麦笼、麦钐、麦绰 3 部分组合成的收割作业农具；高效的耧锄；以及一机多用的水轮三事等。为了适应各地不同的地理条件，追求更高的工作效率，一般在已有农具的基础上进行相关附件的改进，如出现了把“一条杠”分解为两条绳索，加大牛耕的牵引力的绳套；将动力部分和工作部分分开的挂钩等，出现了可以清除芦苇杂草，便于垦耕的改进犁。这一时期农具的改进发明进步重点体现在工作效率上，普遍应用的“S”形挂钩，改进了动力机构与工作机的联系，得到广泛应用，如犁、耧、耙、砘、耘锄等，同时扩展了动力来源，畜力、水力、风力在灌溉、排水和农产品加工中普遍运用。

元代之后，随着传统的农业精耕细作程度愈来愈高，农具总体上变化不大，但仍在不断改进发展，一方面，各类精细区分的工具仍有发明，如明末的代耕架、北方的露锄、南方的塍铲、虫梳和除虫滑车等。另一方面，随着钢铁冶铸技术的发展，农业工具相关部件的质量得到极大的改进和提高。

中国的传统农具是对中国历史上由劳动人民发明创制并承袭沿用的农业生产工具的泛称，其产生和发展是社会生产力发展的重要标志，是劳动人民在农业生产中的杰出创造。其发展从制作材料、使用功能、动力和机构等方面经历了一个由简单到复杂不断丰富的过程，每一次的发展变革都凝结着劳动人民的智慧，各种工具对中国古代农业发展做出了巨大贡献。随着社会的进步和科技的发展，农业机械化程度不断提高，现代机器大生产的发展进步让传统农具走向衰落，逐渐退出舞台，许多传统农耕器具和生活用具被废弃、毁坏、消失，逐渐淡出人们的生活，但此类农业文化遗产的价值却不会因为其逐渐远离农业生产而有所削弱，相反，它在中国农业文化遗产的宝库里正散发出愈加迷人的光彩。

（三）工具类农业文化遗产的类型

中国作为一个传统农业大国，农业工具遍布全国各地，千百年来，在农业生产发展的历程和长期的生产生活实践中，勤劳智慧的劳动人民发挥聪明才智，不断发明和创造、使用和改良了适合各地地理、地质、气候条件的农具，极大地提高了劳动生产力和生活质量，推动社会向前发展。其中既有以曲辕犁、龙骨车、耙、耖、耘荡为代表的适合水田稻作的工具，也有耧车、麦钐、麦绰、麦笼、耙耱等适合旱地麦作的工具，有以稻床、连枷等为主的收获农具，有以砻磨、碓为代表的加工农具；有与滨海地域风力资源丰富等自然条件相适应的风车机械，也有与水网密集相适应的筒车灌溉工具；有适合淡水养殖、捕捞、水上运输等农业生产活动相适应的鱼船、渔网等渔业生产工具，也有适合陆地运输的板车等；此外，在长期的农业生产过程中，人们还创造发明出独特的农业生产保护辅助工具，如秧马、竹马甲等。传统农业工具种类齐全、数量众多，有许多农具都极具典型的区域特色，蕴涵着丰富的中国传统文化。

古代农业和近代农业时期，中国的农业工具基本形成了北方以旱地耕作为主的耕—耙—耢农业工具体系，南方以耕—耙—耖为主的水田农业工具体系。同时，在西部多山地区林业工具类型品种较多，在北方畜牧业发达地区分布有丰富的畜牧业工具，在沿江、沿海及水网密集的江南地区则发明使用了大量的淡水渔业工具、海水渔业工具。传统农业时期人们使用的农业工具大致可分为 17 类（表 6–1）。

表 6–1　工具类农业文化遗产的类型

分类	农具品种
1. 整地工具	石斧；石锛；耒、耜；石犁；青铜犁；铁犁；江东犁；方耙、人字耙、滚耙；耢（耱）；耖；牛耕画像石；耦耕豁子（造造子）、平耙；藏区农具："岗雪"（用畜力驱动的打埂器）、"昂巴"（铲土挖土的工具）、"彭朵"、"热苏"（碎土的木石农具），"萨莲"（压墒的农具）
2. 播种工具	瓠种；耧车；砘车（碾压镇土）；筒播器；点穴棒；普促（藏区用"结巴辛"制作的原始点播工具）、萨目（藏区木质点播工具）
3. 中耕工具	石铲、石锄；青铜铲、青铜锄；铁铲、铁锄（条锄、板锄、月芽锄（又称水锄））；铁镢（板镢、二叉镢、月亮镢、尖镢）；铁锹；薅锄（小手锄）；铁锸；耘荡；耘爪；耧锄；铁搭（四齿耙）；独木铲
4. 积肥、施肥工具	粪锸；粪箕子；粪筐；粪勺、粪桶；追肥耧；追肥车；泥罱
5. 收获工具	石刀（铚）；石镰（艾）；蚌刀；蚌镰；青铜镰；铁镰；推镰；麦钐、麦绰、麦笼；连枷；掼桶；打稻床；碌碡（石磙）；飏扇；风扇车；竹篁；打钩（收获水果）；提杆（拔棉花秆）；玉米搓子；耢石（用在碌碡后脱粒）；棒槌；搭爪

（续表）

分类	农具品种
6. 加工储藏工具	杵臼；石磨盘、石磨棒；脚踏碓；水碓（槽碓、水连机碓）；砻磨；手推磨；石碾石砣；水碾；草耙；箩筐（筐箩、荆箩）；畚箕；糠囤、泥囤；铁锨、木锨、杈（桑杈、铁杈、排杈、木扬杈）；筛；罗、罗架；笤帚、扫帚、推杴、杷（木杷、谷杷、竹杷）、刮板、箔、甘薯擦；磨粉机、粉杵、粉罗、粉包；铲斗
7. 灌溉工具	汲水瓶；戽斗；刮车；桔槔；辘轳；翻车（龙骨水车、水转翻车、牛转翻车）；筒车（畜力筒车、高转筒车、水转高车）；风车（风水车或风转水车，立帆式或轮式）；架槽
8. 运输工具	大车（太平车）；独轮车；拖车；平板车；牛车、马车、独轮车、架子车；车围、压门，牛扼；耕索、耕槃、笼嘴、颈环、鞭；扁担、钩担；农用船；独木舟
9. 养蚕工具	蚕室；火仓；蚕槌；蚕箔；蚕簇；蚕槃；蚕架；蚕网；蚕勺；蚕蔟；蚕瓮；蚕笼；蚕连
10. 养蜂工具	养蜂箱；隔皇板；蜂帚；起刮刀；蜂脾；割蜜盖刀；摇蜜机
11. 渔具	网坠；鱼钩；鱼叉；鱼篓；鱼刺；弓矢；鱼网；鱼筌；鱼笼；竹罩；竹筏；渔船
12. 修剪整枝工具	桑剪、桑梯、桑几；剪（枝剪、草坪剪、树篱剪）、铲、刀、耙
13. 木器加工工具	斧、锯、锛、凿、刨
14. 棉花加工工具	弹弓；纺车；经车、纬车、络子、络车、梭子、纡子；拖车；织布机
15. 畜禽喂养工具	槽（食槽、独木水槽）；笰（鸡鸭）；铡刀；草筛；水缸；笊篱；拌草棍
16. 生产保护工具	斗笠；蓑衣；秧马；草裤、竹马甲、竹膊笼、指头篮
17. 其他	篮；筐；桶；叉

本调查以 1958 年农业部主编的传统农业工具调查成果《农具图谱》① 和王祯《农书・农器图谱》等古农书著作的记载为主要线索，通过实地调查，从 3 500 多种农业工具中筛选出具有重要遗产价值的耕作、整地、播种、中耕、施肥、收获、脱粒、农田排灌、农用运输、植物保护、农副产品加工、渔具、蚕具等 159 种农具列入名录。本研究在选择农业工具类遗产时，主要遵循的原则包括：其一，具有重要特色，在地区乃至全国各地区农业生产中发挥过重要作用；其二，能反映传统农业文明的发展历程和内涵，具有较为丰富的文化价值承载；其三，虽然使用推广面积不大，但地区特色显著。

（四）工具类农业文化遗产的价值

工具类农业文化遗产是劳动人民在长期生产生活实践中，创造并使用的实用工具文化，凝聚着劳动人民的智慧与文明，是一类珍贵的、具有重要价值的文化遗产资源。它们具有延续性、多样性、多元性、体验性、实用性等特点，既是历史发展的见证，又具有良好的经济应用价值和重要的文化教育价值。

1. 历史价值

工具类农业文化遗产具有历史文化延续性，是人类征服自然、利用自然、繁衍生命能力的历史记忆。农业工具的进步可以反映不同历史时期的自然生态状况，不同时代的生产力发展状况、科学技术发展水平、人类创造能力和认识水平的发展，记载着历史的年轮，

① 农业部编《农具图谱》，通俗读物出版社，1958 年

记录着先人的成功，也给后人留下无数的经验教训，具有重要的历史见证价值。

中国是世界上农业发展最早的国家之一。5 000 年的华夏文明历史也是一部农业发展的历史，农业文化的发展为历代人民提供了物质生活资料。农业发展的文明程度在一定程度上表现为农具的发展水平，这些工具不仅适应了精耕细作农业生产技术及其他生产的需要，也充分体现了中国古代劳动人民的聪明与智慧，是人类技艺的延续。从流传的农书著作及相关考古资料中，我们可以发现中国古代农具设计蕴含着朴素的生态自然观思想，在设计制作上表现为追求易于使用、从已经认识的自然界中寻找动力代替或减轻人的劳力、就地取材和仿生设计、研究规律融入自然等一系列“天人合一”的理念特点。①

随着以机器生产为主的现代大农业的发展，传统农业工具在生产中发挥重要作用的实际功能已经逐渐衰退甚至消失。一些在历史上曾经发挥过巨大贡献的农具，如风车、水车等，由于体积庞大、功效有限等原因，已经很难跟上工业时代的现代农业生产步伐，它们被逐渐淘汰。即便如此，传统的农具仍然有很高的理念价值，其蕴含的低碳环保理念、广泛的材料和动力源利用思路，均可为设计制造出新的科学、环保、高效的现代农具提供借鉴。

2. 经济价值

工具类农业文化遗产是历史留给人们的宝贵财富，具有生产实用性、使用体验性。其经济价值除了在部分地区的实际使用价值外，主要表现在旅游体验、工艺品制作等方面。

现在许多发达国家已经认识到“无论是有形文化遗产，还是无形文化遗产，都应该在确保文化遗产不被破坏的前提下，尽可能进入市场，并通过切实可行的市场运作，完成对文化遗产的保护及其潜能的开发。”② 通过对文化遗产的经济价值的开发利用，从而实现文化保护和经济开发的良性循环。

旅游业是文化与经济相交融的新型产业，也是工具类农业文化遗产能实现其重要经济价值的领域。这些工具类农业文化遗产是现代乡村旅游资源中非常重要的组成部分，为当地旅游业的发展提供了难得的优势，可以为游客提供丰富多彩的旅游环境和旅游体验活动。对工具类农业文化遗产进行合理的市场开发，可以对地区旅游经济产生良好的影响。目前全国各地开展乡村旅游的村镇中大量出现的农具展览馆是工具类农业文化遗产用于旅游的表现之一。

此外，充分利用工具类农业文化遗产的纪念价值和审美价值，开发与农具遗产相关的工艺品，可以使传统技术得到传承，并产生良好的经济效益。如，山东临沂的一家传统农具工艺品厂，把过去的农具按照比例缩小成微型工艺品，然后推向市场，让这些传统农具工艺品走向了全国。③ 一些微缩农具还可以作为幼儿玩具、教具、收藏品、旅游纪念品、展品等等，成为进行传统文化宣传、教育以及研究、保护和弘扬当地农业文化的良好载体。

---

① 刘萍，徐光明：《现代农具开发设计的思想与原则》，《农业考古》2012 年第 3 期

② 顾军，苑利：《文化遗产报告 世界文化遗产保护运动的理论与实践》，社会科学文献出版社，2005 年，第 271 页

③ 张艳芳：《小小农具工艺品 畅销全国赚大钱》，《科技致富向导》2005 年第 11 期

3. 教育价值

工具类农业文化遗产是劳动人民在漫长的农业生产实践中慢慢发展起来的，真实地记录了人们为创造物质财富和精神财富而艰辛劳作的全过程。在传统农业时期，农具有效地满足了农业生产发展的需求，充分考量了特定历史时期农业生产的宏观环境、科学技术发展状况、社会的审美旨趣、使用人群的生理特征以及农具自身发展的历史等诸多综合因素。工具类农业文化遗产的教育价值，一方面体现在其蕴含有丰富的历史文化知识、大量的科学知识，另一方面体现在其富含的文化艺术审美价值中。

优秀的传统文化以历史文化遗产为客观载体，是弘扬民族精神活力不竭的源泉，以传统农具为重要组成部分的中国农耕文化，凝聚了传统农业文化的精华，对于弘扬民族精神，加强爱国主义、社会主义和革命传统教育具有不可替代的重要作用。通过历史文化遗产的展览展示，可以体现其教育价值，陶冶情操，提高科学文化素质，丰富精神文化生活，更好的保障人们的文化权益。具有直观、形象、生动的教育和感染作用的工具类农业文化遗产，可以进行广泛的个体教育、学校教育和社会教育。这种教育价值对区域文化的教育、传承与创新具有不可替代的重要作用。

4. 艺术审美价值

工具类农业文化遗产以其具有的特色造型、使用功能、体现区域文化风格、将实用功能与形式审美巧妙结合等特点，表现出了丰富的艺术审美价值。在各类展览馆、博物馆中，无论是古代的壁画、画像砖、陶器表面的纹饰，或是绘画、诗歌、文学作品，或是缩微工艺品等，大量的工具类文化遗产以其独特的艺术美感被广泛运用，给人们带来视觉和心理的美好感受。

一方面，农具丰富的造型、材质、色彩、工艺、功能等，体现了其所代表区域的浓郁的乡土文化气息；另一方面，其简练优美的造型、美观大方的样式、与当地文化风格相吻合的文化特色，使得农具蕴含了深厚的历史文化美感。农具的发明和使用与各地区气温、气候等地理条件相适应，形成了农具的地域审美特色。如江南地区木质的水车、风车，船型的秧马；中原旱地农业区的三脚耧车，木质平板车；山区发明使用的水磨、水碾、水碓等，无不体现出人们对工艺美的追求。

农具文化凝聚着世世代代劳动人民传承了几千年的中华农耕文化，具有明显的审美延续性。农具与农业生产、农村生活、农民紧密联系，与各地紧密相适应的农具代表了各地的风土人情，具有强烈的乡土审美价值。《中国民间美术全集·器用编·工具卷》中收集有大量农具实物图片，较为全面地记录和反映了农具的美学鉴赏价值。农具体现出并不张扬的美，与现代文明的时尚美、潮流美不同，它是一种内敛而沉着、朴实而灵动的美感，带给人们平静、悠远与和谐。

二、工具类农业文化遗产的保护利用实践

中国的农业工具伴随着传统农业的发展在全国各地发展进步，但由于是传统农业和农村家庭中的日常使用工具，其丰富的文化价值长期缺少关注。如今，随着机械化农业生产的普及和发展，传统农具的作用日渐式微，部分长期搁置不用的农具也逐步从农家消失，一些有识之士开始重视农具的收集和保护。目前，收藏和展示农具实物、列入非物质文化遗产保护名录、制作农具艺术品、开展与农具相关的节庆活动等成为工具类农业文化遗产的主要保护与利用方式。

（一）相关法律法规的公布与实施

当前中国对工具类农业文化遗产保护的法律法规，主要体现在两个方面，即对出土农具文物的保护和对列入非物质文化遗产名录的农具传统制作技艺的保护。

对出土的古代农具文物的保护，现有的国家法律体系中主要有《博物馆藏品管理办法》、《中华人民共和国文物保护法》。就农业文化遗产中的农业物质文化遗产和农业非物质文化遗产的保护而言，尚未见到专门的保护法律条文。

对于部分农具制作的传统手工技艺，近年来不断加强非物质文化遗产的抢救和保护的力度，对列入非物质文化遗产保护的农具“传统手工艺”起到较好的传承与保护作用，出台有相关的保护性法律法规。在全国的非物质文化遗产保护法律法规方面，2005 年国务院办公厅下发了《关于加强中国非物质文化遗产保护工作的意见》，同年 12 月又下发了《关于加强文化遗产保护的通知》。

2006 年 12 月 1 日开始施行《国家级非物质文化遗产保护与管理暂行办法》。文化部 2008 年 5 月 14 日，颁布了《国家级非物质文化遗产项目代表性传承人认定与管理暂行办法》，该办法是为鼓励和支持国家级非物质文化遗产项目代表性传承人开展传习活动而制定的。2011 年 2 月 25 日，中华人民共和国第十一届全国人民代表大会常务委员会第十九次会议通过《中华人民共和国非物质文化遗产法》，自 2011 年 6 月 1 日起施行。

截至目前，文化部下发有关保护非物质文化遗产项目代表性传承人通知 4 次，2012 年 12 月 21 日，文化部下发了《文化部关于公布第四批国家级非物质文化遗产项目代表性传承人的通知》。[①]2012 年 5 月 4 日，财政部、文化部发布关于印发《国家非物质文化遗产保护专项资金管理办法》的通知。

各省、自治区层面上，一些地方性有关非物质文化遗产保护的法律法规也相继出台。如，2000 年云南省制定了《云南省民族民间传统文化保护条例》。2006 年 8 月 1 日，江苏

① 《文化部关于公布第四批国家级非物质文化遗产项目代表性传承人的通知》http://59.252.212.6/auto255/201212/t20121221_29409.html

省文化厅、财政厅制定了《江苏省非物质文化遗产代表性传承人命名与资助暂行办法》，计划以此建立并完善江苏非物质文化遗产的传承人保护制度。2006年9月27日，《江苏省非物质文化遗产保护条例》出台，并于2006年11月1日起施行，这是已出台的地方性法规中第一个采用“非物质文化遗产”概念的法规。随后在2007年4月9日，江苏省财政厅、江苏省文物局颁布了《江苏省文物保护专项补助经费使用管理办法》，加强对省级文物保护专项经费的管理。2006年1月1日浙江省施行《浙江省文物保护管理条例》，2007年5月25日《浙江省非物质文化遗产保护条例》亦出台。2006年6月1日，兰州市政府通过《兰州市非物质文化遗产保护工程实施方案》。2007年12月1日，甘肃省兰州市人民政府出台《兰州市历史文化遗产保护办法》。2006年7月21日，宁夏回族自治区第九届人民代表大会常务委员会通过了《宁夏回族自治区非物质文化遗产保护条例》，于2006年11月1日施行。

一些地区、市县也出台部分相关非物质文化遗产的调查和保护条例与规定。如江苏苏州市文化遗产保护方面出台地方性法规7部、政府规章4部、规范性文件近20个，初步实现了物质和非物质文化遗产保护法制建设从面到点的全面覆盖，其他地方也有相关法律法规的制定。

总体上看，中国目前保护农业文化遗产的法律机制尚不完善，缺乏专门针对工具类等农业文化遗产保护、开发和利用的法律；缺乏对农业文化的保护；缺乏对农业文化遗产法律的整理、归档。

（二）博物馆、农具馆、私人藏馆是收藏保护农具的主要机构

目前，实物类的工具类农业文化遗产主要分散在“文物保护单位”、“历史文化名镇(村)”、“馆藏文物”等各个彼此不同的遗产保护体系中。其中，与农具相关的“博物馆”是一类重要的保护机构，在各省区域乃至全国范围内具有重要影响，各级政府、科研机构和乡村集体等是这些机构的主要建设主体。全国各地均有农具收藏、保护、展览机构（表6-2）。其中农业发展较早、经济较为发达的华东、华北地区的农具收藏保护机构较多。

表6-2　全国各地部分有代表性的农具收藏、保护、展览机构①

地区	机　构	
华东	江苏南京：中华农业文明博物馆	江西宜春：天工开物园博物馆
	江苏苏州：苏州甪直水乡农具博物馆	江西九江庐山：农耕文化区
	江苏无锡：吴文化公园	江西进贤：西湖李家农博馆
	江苏吴江：江苏省农机具博物馆	江西南昌：农业机械展示馆
	江苏常熟：沙家浜江南农俗馆	江西茶园乡客家用具展示馆
	江苏盐城：盐城市民俗动态博物馆（中国里下河风车博览园）	江西吉安：“古董”农具陈列室

① 根据网络资料和报纸报道资料及实地调研整理而成

（续 表）

地区	机　构	
	江苏洪泽：洪泽湖博物馆	江西赣州：粮食历史文化陈列馆
	江苏泰州：兴化里下河渔业文化博物馆	江西上饶：农耕文化博览院
	上海：廊下生态园	浙江绍兴：绍兴传统农具博物馆
	安徽淮北：民风民俗馆	浙江余姚：中国农机博物馆
	安徽合肥：农业博物馆	浙江嘉兴：江南水乡渔俗文化博物馆
		浙江普陀：白沙渔俗馆
		浙江绍兴：诸暨农具博物馆
		浙江温州瑞安：农耕文化展览馆
		浙江丽水：民俗农具陈列室
华南	广东广州：农具展览馆	福建泉州：中国闽台缘博物馆
	广东佛山：农具博物馆	福建泉州：安溪尤俊农耕文化园
	广东韶关：农具王国	广西南宁：村级博物馆
	广东广州：广东省博物馆新馆	广西柳州：鹭鹚洲农耕陈列馆
	广东湛江雷州：英利镇农村文物馆	海南民族博物馆
华北	北京：中国农业博物馆	内蒙古巴彦淖尔市乌拉特前旗：河套民俗陈列馆
	北京：韩村河农耕文化展览馆	内蒙古巴彦淖尔市乌拉特中旗：农耕博物馆
	山东章丘：相公村民俗馆	内蒙古兴安盟扎赉特旗：永兴村农耕博物
	山东菏泽：中国北方木艺博物馆	内蒙古鄂尔多斯：广稷农耕博物馆
	山东潍坊：杨家埠民间艺术大观园	山西运城：稷山县稷王庙文管所
	河南洛阳：东方红博物馆	山西长治：老顶山古今农具展览馆
	河南开封：黄河农耕文化博物馆	山西太原：中国农耕文化博物馆
	河南许昌：中原农耕文化博物馆	山西汾阳：农村展览馆
华中	湖北荆门：张池农耕文化体验园	湖南资兴：五岭农耕文明博物馆
	湖北武汉：农耕年	湖南耒阳：农耕文化博物馆
	湖北宜昌：农家博物	湖南衡阳：杉湾村农耕文化博物
西南	四川峨眉山：农耕文化博物馆	重庆：农具博物馆
	四川泸州：农耕文化长	西藏：西藏文化博物馆
	四川乐山：农耕博物馆	
	四川巴中：农耕文化展示园	
	四川南充：农耕博物馆	
	四川南充：农耕民俗文化陈列室	
东北	辽宁沈阳：辽宁农业博物馆	
	吉林长春：关东民俗农耕文化馆	
	黑龙江大庆：八井子农业科技主题公园	
西北	陕西杨凌：中国农业历史博物馆	甘肃平凉：农耕文化馆
	宁夏固原：西北农耕文化博物馆	甘肃平凉：民俗实物展馆
	宁夏灵武：农耕堂民俗文化展馆	甘肃庆阳：陇东民俗文化村
	青海：乡趣农耕园	甘肃张掖：农耕民俗文化陈列馆
港澳台	香港：三栋屋博物馆	澳门：土地暨自然博物馆
	香港：罗屋民俗馆	台湾：台湾苗栗客家大院

此外，在中国工具类文化遗产的保护利用过程中，一些热心文化事业的个人积极参与保护，其中既有热爱中国传统文化的有识之士，有关注工具类农业文化遗产社会经济价值、文化价值的收藏家，也有与农业生产关系密切的农民个人，他们在全国各地收集、保存了大量农具实物（表6-3）。

表6-3 全国各地部分具有代表性的私人农具收藏馆、展览室[①]

展馆或收藏者	地 点
江心洲农趣馆，鲁维胜	江苏省南京市
灌南胡长荣农民博物馆，胡长荣	江苏灌南县新安镇曹庄村
稻作文化陈列室	江苏苏州工业园区胜浦镇浪花苑社区
“藏真阁”民俗文化馆，吕景芝	江苏新沂市新安镇大刘庄村
古码头陈列馆	浙江长兴县泗安镇新联村
于照发	浙江平湖市新埭镇鱼圻塘村
民俗文化馆，沈爱明	浙江嘉兴王店镇南梅村
江西社区农具博物馆，陈福生	江西吉安遂川县左安镇丰城村鑫苑社区
九和收藏馆，邓凡训	安徽省蚌埠市五河县
谭想	广东江门市新会区双水镇上凌村
民俗农具陈列室	湖北莲都区碧湖镇堰头村
谈家桥农耕文化馆，明 曦	湖北黄石大冶市灵乡镇
大别山民俗博物馆，邹又新	湖北省黄冈市浠水县
杨若明	湖南株洲醴陵枫树塘村
民间稻米文化博物馆，周和平	湖南株洲
农具博物馆，陈福生	江西遂川县左安镇丰城村
农耕文化博物馆，建明费	四川省内江市威远县两河镇相合村
农耕文化陈列馆，刘映升	重庆市北碚区蔡家岗镇天印村
刘池明	重庆市合川区
翟俊成	河北省邢台市广宗县核桃园乡板成村
民俗博物馆，孙玉贵	河北省涿鹿县张家堡沙梁村
何信芳	河北石家庄赵陵铺
段光荣	甘肃省张掖市高台县黑泉乡黑泉村
泥腿子艺术馆	陕西西安户县甘亭镇西坡村落
知青文化纪念馆，郝广杰	山西运城平陆县毛家山
陶宝善	山西孝义市
董六生	山西太原市小店区北格镇
黄河流域农具陈列馆，侯长贵	山西太原市尖草坪区南固碾村
王金红	山西省长治市张庄村
曹志珍	宁夏固原市西吉县陈岔村
农耕文化博物馆，孙唯舜	辽宁省朝阳市
农具博物馆，曲忠余	吉林梨树县梨树镇高家村

① 根据网络资料和报纸报道资料及实地调研资料整理而成

博物馆及园区展示式保护是目前工具类农业文化遗产的主要保护利用方式之一。通过建造博览园、文化生态园等方式集中保护和展示农业文化遗产，把农具展示与旅游休闲活动紧密结合，将“固态”的农业文化遗产加以“活化”。

收藏展示包括了调查、收集、整理、展览等多个保护环节。据不完全调查，除中国农业博物馆收集有藏品 1 万余件、南京农业大学的中华农业文明博物馆收藏有古代农业生产工具 1 000 余件外，中国在贵州、云南、广西、内蒙古等省（区）建立了 10 多个生态博物馆，[①] 同时政府和集体在各地建立有农耕文化博物馆、农耕文化生态园、农具博物馆、农具展览馆等项目。

此外，一些关注文化保护的个人也开展专题性遗产展示，如农业考古和茶文化专家陈文华在江西婺源上晓起村发现并建立了传统水力捻茶机园，[②] 江苏盐城风车展示园复制展示已失传的 16 部大风车、牛车、踏水车等传统农业生产工具，这些保护活动让珍贵的农业文化遗产得到了从实物到制作和使用的系统保护和传承。

（三）部分农具制作工艺被列入国家及省市非物质文化遗产保护名录

中国的农业工具类型丰富，制作工艺各具特色。2009 年，国务院批准在文化部设立非物质文化遗产司，同期，全国多个省市区的文化厅、文化局设置非遗处、非遗科，并在下属机构设立非遗保护中心。此后，通过非物质文化遗产保护体系的政府工作机构，一批有关农业工具类文化遗产的制作工艺被列入了全国及省市“非物质文化遗产名录”。

2006 年起，国务院批准公布了 3 批国家级非物质文化遗产名录及其扩展名录，其中蒙古族勒勒车、拉萨甲米水磨坊、兰州黄河大水车和竹编、柳编、木船制作、马具制作等工具制作技艺入选名录。（表 6-4）。

表 6-4　国务院批准列入国家级非物质文化遗产名录的传统农具制作技艺项目 [③]

原序号	原编号	项目名称	申报单位	级别
397	Ⅷ-47	拉萨甲米水磨坊制作技艺	西藏自治区	第一批国家级非遗名录
396	Ⅷ-46	蒙古族勒勒车制作技艺	内蒙古自治区东乌珠穆沁旗	第一批国家级非遗名录
396	Ⅷ-46	蒙古族勒勒车制作技艺	内蒙古自治区阿鲁科尔沁旗	第一批国家级非遗扩展项目名录
	Ⅷ-48	兰州黄河大水车制作技艺	甘肃省兰州市	第一批国家级非遗名录
350	Ⅶ-51	嵊州竹编	浙江省嵊州市	第一批国家级非遗名录
	Ⅶ-51	竹编（东阳竹编、舒席、竹编、梁平竹帘、渠县刘氏竹编、青神竹编、瓷胎竹编）	浙江省东阳市；瑞昌 安徽省舒城县；西省瑞昌市；重庆市梁平县；四川省渠县、青神县、邛崃市	第一批国家级非遗扩展项目名录

① 曹幸穗：《农业文化遗产保护与新农村建设 [J]. 中国农业大学学报（社会科学版）》，2012 年第 3 期

② 李明，沈志忠，陈少华：《多学科视角下的农业文化遗产保护理论研究与实践探索：中国农业历史学会第五届会员代表大会暨第二届中国农业文化遗产保护论坛会议综述》，《中国农史》2012 年第 1 期

③ 根据中国非物质文化遗产名录整理而成

（续 表）

原序号	原编号	项目名称	申报单位	级别
921	Ⅷ－138	水密隔舱福船制造技艺	福建省晋江市、宁德市蕉城区	第二批国家级非遗名录
906	Ⅷ－123	蒙古族马具制作技艺	内蒙古自治区科尔沁左翼后旗	第二批国家级非遗名录
920	Ⅷ－137	传统木船制作技艺	江苏省兴化市 浙江省舟山市普陀区	第二批国家级非遗名录
831	Ⅶ－55	柳编（广宗柳编、维吾尔族枝条编织）	河北省广宗县 新疆维吾尔自治区吐鲁番市	第二批国家级非遗名录
831	Ⅶ－55	柳编（固安柳编、黄岗柳编、霍邱柳编、博兴柳编、曹县柳编）	河北省固安县，安徽省阜南县，安徽省霍邱县，山东省博兴县，山东省曹县	第二批国家级非遗扩展项目名录
1212	Ⅹ－137	莲泗荡网船会	浙江省嘉兴市秀洲区	第三批国家级非遗名录

各地省市级非物质文化遗产保护名录中收录的传统农具制作技艺主要有：木船、乌篷船、渡水腰舟、木帆船、桷蓬、桦树皮船、哈萨克族“独木船”、羊皮筏子、撒拉族皮筏子等交通运输工具及船模的制作工艺；柳编、竹编、草编、篾编、蒲编、藤编、竹芒编、柳荆编、条编、杞柳编、苇编、蒲苇编、瓷胎竹编、竹麻编扎、旺草竹编、竹木编、朝鲜族稻草编、玉米皮编织、麦草编等编制农用工具的技艺；渔簖、渔网、渔叉、渔灯、船用绳结等渔具的制作工艺；风车、水车、龙骨水车、戽桶、手摇水车、吊乌、维吾尔族库甫（水瓮）、水力机械、天车等工具的制作技艺；斗笠、马尾斗笠、瓦寨斗笠、凉帽、蓑衣、草鞋、棕衣等劳动保护工具的制作技艺；木垄、木犁、谷桶、麦梗、麦梳、耙、箍蓝、桑杈、飏车、石碾、水磨、石磨等农业收获加工工具和各类农具模型的制作技艺；太平车木制四轮车、古马车、大轱辘车、风匣、俄式马车、木轮牛车、达斡尔车制作、爬犁等陆上运输工具的制作技艺；马具、驼具、畜力车套具、驴套具、马鞍具的制作技艺；镰刀、双王镰、猎刀、阿昌刀、藏腰刀等刀具及其他铁具、骨器的制作技艺；一些富有地区特色的农业工具的制作技艺也被列入区域非物质文化遗产名录，如：莛子编织、麻绳制作、藤甲胄编织、鱼囤子编织、糜子笤帚扎制、麻鞋编织、箍桶技艺、风箱制作、铁器铸造、橡木酒桶、酒篓制作、弹棉花工具、匏器制作；糊仓技艺、竹扎技艺、制缸烧造技艺；连杆、扬叉、钎棍，扁背、短打杵、塘窝、簸箕。在各地的非物质文化遗产中，有三大农具节被列入，即：广西南宁市隆安县的那桐农具节、山西繁峙耕作工具交易大会、云南保山市丙麻犁耙会。[①]

列入非物质文化遗产保护名录是目前自上而下的体系较为完整的文化遗产保护方式，但由于各地采用的标准不同，被列入名录的传统农业工具制作技艺总体上偏少，亦有重复或遗漏的问题。

① 根据各省、市非物质文化遗产名录资料整理

（四）农具艺术作品制作再现了遗产的文化价值

农具艺术作品制作是保留并传承农具文化价值的一种方式，体现了普通民众的创造力与对传统的继承、发扬，也是对农耕文化的记录，主要包括实物或微缩农具模型制作、农具工艺品制作、农具绘画、农具制作使用专题片、农具图鉴绘制等。

小农具模型制作是指将传统农业耕作时期使用的农具，以模型的形式进行制作和保护，用材广泛，既可以用木、铁，也可采用其他工艺品材料如竹、芦苇、稻草、铸铜等。模型制作是记录并保留传统农具价值的最好方式之一。一些地方制作微缩农具模型还取得了很好的社会效益，如，海宁市小农具模型制作技艺现已被列入非物质文化遗产名录。浙江平湖市新埭镇鱼圻塘村退休老教师于照发利用编织条、稻草、竹子等废弃物精心制作了 70 多件农耕器具模型，自发办起了一个古农具模型展，传承农耕文化，吸引了许多村民的观看。重庆市合川区退休工人刘池明制作千件农具模型，集中展览。随着社会的发展，机械化的普及，农具在农业耕作中的使用日益减少，诸如龙骨水车、风车、木砻、纺车等农具模型承载了大量的农耕文化的智慧与记忆。

农具绘画及其专题片的制作指通过绘画或视频的方法，将一些传统农业工具的结构、使用方法、美术和工艺价值完整地展示和体现出来，从而成为一种新的农具文化遗产的保护方式。例如，山东济宁市农机所周昕先生编绘的《中国古农具图鉴》百米长卷在“首届农业考古国际学术讨论会”上进行了展览，受到专家、学者的肯定和好评，被誉为科技与艺术合一的巨幅古农具科技图谱画卷。深圳地区的老木匠文业成在空闲时间把自己用过的、做过的、见过的老宝安地区的传统农具样式及其制作方法一一绘制出来，并在此基础上进行材料收集，制作出一部分老农具，举办农具展览。再如，2011 年《农业遗产的启示》专题片中有工具类农业文化遗产制作使用的动态展示。

（五）节庆活动对工具类农业文化遗产进行活态化保护与利用

节庆活动项目是各地兴起的新的文化展示和保护方式之一，工具类农业文化遗产既是一种文化资源，又是一种经济资源，正是因为它有双重性质，所以在文化事业和以旅游业为代表的经济事业中得到广泛应用，其中既有单独举办的农具文化节庆，也有与各地农耕文化节庆、开耕节等活动结合在一起举办，成为一年一度保护、传承与利用中国农具文化的活态形式。

广西、云南、浙江等地，一些专门的农具文化节庆活动给农具文化遗产的保护与利用创造了条件。如，最早始于唐代，距今已有 1 000 多年历史的广西桂林灌阳“二月八”农具文化节。起初各地的民众只是相约农历二月初八到灌阳县城赶庙会，并借此机会进行各种农具、农产品的交易。但随着参加“二月八”庙会的商人越来越多，农具生意也越发兴旺，赶庙会逐渐演变成了农具及农副产品交易会，农具节也因此形成，并于清朝达到顶峰，形成了灌阳县一道独有风景。[①] 现在的农具节一般由自治区旅游局、桂林市人民政府主办，灌阳县政府和市旅游部门承办，具有政府主导，经济部门参与的特点。广西隆安县那桐“四月八”农具节是明朝万历、天启年间古骆越人举行“石铲祭祀”活动的延伸，至今已有几百年历史，该节庆活动集民俗、文体、商贸活动于一身，被列入广西壮族自治区非物质文化遗产保护名录。[②] 浙江余姚农机博物馆举办余姚市农机文化节，其中有百米长卷现场作画、农机文化探源及相关体验实践活动、农机知识竞赛、收割机操作技能大比武、“农机杯”中国画大奖赛、“农机杯”征文比赛等。[③] 同时，在一些综合性的农耕文化节中，农具文化遗产的展示成为其中的重要内容，如北京密云农耕文化节、甘肃庆阳农耕文化节、湖南耒阳农耕文化节等都是在全国范围内有代表性的农耕文化节，这些农耕文化节有各自的区域代表性，展示的农具也具有鲜明的地方特色。如密云以北方农耕文化为主，庆阳以西北农耕文化为主，耒阳以南方农耕文化为主。再如，浙江省云和县举行云和梯田开犁节，其中有大量江浙地区的农具实物和农具使用的展示，反映出云和梯田原生态的自然景观和丰富的历史遗存，提升和丰富云和梯田的文化品质。农历正月十五日举办的云南纳西族棒棒节是丽江的传统节日也是竹木农具的交流会，各种竹、木、铁农具品种繁多，既展示了当地的农具文化，也促进了农具的进化发展。

一些博物馆、农具馆通过专题展出，集中反映了农具的历史、遗存及其制作发展历程。如，西安灞桥白鹿原非物质文化遗产展览会的农具收藏展出的关中地区不同品种、造型、材质的耕种农具、碾打农具、收割农具、运输牲畜农具、储备生活农具、工匠农具等，包括有木犁、铧、牛笼嘴、马围脖推车、耱、搂麦耙、簸箕等。上海青浦区朱家角镇非物质文化遗产保护办公室在文化遗产日组织农具制作的工艺展示等。

这些各具特色的活态展示农具文化的节庆活动，历史悠久，内容丰富，成为重要的农具文化专题展示形式，在展示的同时，也起到重要的保护发展作用。

三、工具类农业文化遗产保护的理论研究

（一）各类相关科研课题的立项与进展情况

随着社会城市化进程的不断加快，农业文化赖以生存的土壤也在不断变化，传统的农耕技艺和文化趋于消失，而关于农业文化遗产的研究正在升温，以农业考古、农业历史、传统农业哲学及农业民俗学等为主要内容的农业遗产研究，为农业文化遗产研究奠定了基

① 《2012 年桂林灌阳千家洞瑶族文化旅游节暨灌阳“二月八”农具文化节成功举办》，http://epaper.guilinlife.com/glrb/html/，2012 年 3 月 12 日

② 覃汇明：《2012 中国 · 隆安“那”文化旅游节暨“四月八”农具节盛大开幕》，http://gx.people.com.cn/n/2012/0430/c179464-16993956.html 2012 年 4 月 30 日

③ 林金康：《余姚举办农机文化节》，《宁波日报》2010 年 08 月 24 日

础。[①] 学者们从不同的视角，通过设立相关课题对工具类农业文化遗产进行探讨。从总体来看，有关农业遗产的研究大都是“单纯静态的文献研究”居多，关注“历史”比关注“现在”要多。

目前对工具类农业文化遗产开展调查和保护研究的课题主要在专业农业文化遗产研究机构、相关农机具的研究和推广单位，以及部分非物质文化遗产保护研究机构中展开。

中国农业遗产研究室于 2010 年启动了中国农业文化遗产的调查与保护课题项目，首批启动了《中国农业遗产研究丛书》的编纂，当年，由王思明、李明主编的《江苏农业文化遗产调查研究》（中国农业科学技术出版社，2011 年）对江苏地区农业文化遗产进行了综合和整理，其中的第六章对蕴含丰富文化价值的工具类农业文化遗产进行了搜集，具有十分重要的学术意义和现实意义。

部分农具的研究、使用和推广部门，也开展了相关保护方法的研究。如山东滨州农机具科研所是黄河三角洲地区惟一一所农业机械装备科研机构，该所设有农具保护项目，通过深入农户调查，采集了黄河三角洲地区现存传统农具的信息资料，分类整理，写出调研报告，然后选择每类农具最具代表性的结构，测量尺寸，绘制图样，晒图存档，通过图片和图样两种方式保护这一地区逐渐淡出人们生活的传统农具。同时，在调研的基础上，设计制作微缩农具，让人们进一步了解黄河三角洲地区传统的农耕文化，品味祖辈的智慧。

在涉及工具类农业文化遗产在内的非物质遗产方面，由中山大学中国非物质文化遗产研究中心编写、社会科学文献出版社出版的《中国非物质文化遗产保护发展报告（2012）》总结了 2011 年中国非物质文化遗产保护工作所取得的成绩，分析了保护工作存在的问题，为下一阶段的非遗保护提出了必要的参考和建议。报告还针对中国非遗保护存在的问题特别指出，目前非遗保护中存在的诸多问题实际上与学术研究的缺位或研究成果转化不畅有关。[②] 其中非物质文化遗产保护名录中的“传统技艺”部分涉及到工具类农业文化遗产的保护。

（二）著作的出版情况

目前研究农具的专家学者主要来自考古界、农史界和美术造型界。他们多从古代农具结构发展演变的角度来探讨中国古代农具的发展，并对农具的构造、功能等进行了研究。一些学者还对区域农具文化的美学价值进行了深入系统的研究。

较早研究工具类农业文化遗产的有，刘仙洲先生的《中国古代农业机械发明史》（北京科学出版社，1963 年），打开了现代学者研究中国农具的大门，这之后有周昕的《农具史话》（农业出版社，1980 年）、犁播的《中国古农具发展史简编》（中国社会科学出版社，1981 年）、章楷的《中国古代农机具》（人民出版社，1985 年）、张春辉的《中国古代农业机械发明史（补编）》（清华大学出版社，1998 年）和《中国农具史纲及图谱》（中国建材

① 王思明，卢勇：《中国的农业遗产研究：进展与变化》，《中国农史》2010 年第 1 期

② 《2012 年中国非物质文化遗产保护发展报告在京发布》，中国教育新闻网，http://www.jyb.cn.，2012 年 12 月 19 日

工业出版社，1998 年）。

近年来，对中国农具的类型及发展进行系统研究的著作有周昕的《中国农具发展史》（山东科学技术出版社，2005 年）以及之后的《中国农具发展史补遗》（山东科学技术出版社，2010 年）。该书收集了大量历代有关古籍、考古材料、出土文物等，并充分利用了民俗学、社会学等相关研究成果，可谓是中国农具发展史的百科全书。周昕自费出版了以图为主兼有文字说明的学术性工具书《中国农具文化文物图鉴》，该书内容主要是古代传统农具和部分近代传统农具，《图鉴》共分八部分：画像石、画像砖中的古农具图谱、壁画中的古农具图谱、耕织图中的古农具图谱、工艺美术作品中的古农具图谱、考古文物中的古农具图谱、当代农村及旅游景点展演的古农具图谱、与传统农具文化紧密相联的古文献、古代名人及与之有关的农具图谱、传统农具模型（包括微缩农具模型）图谱等，编为 13 编，收录图片 3 000 多幅，说明文字 40 余万，这对保存和研究传统农具、农具文化有重要价值。

直接关注中国传统农具制作造型分类的专著还有，宋树友主编的《中华农器图谱》（农业出版社，2001 年）收录了中国近万年来使用的农业生产工具，图文并茂，直观再现了中国历代农具演变发展的轨迹；雷于新、肖克之主编《中国农业博物馆馆藏中国传统农具》（中国农业出版社，2002 年）则收录了中国农业博物馆馆藏的 1 100 多件馆藏农具的实物图像，囊括了中国近现代使用的大多数传统农具，是研究传统农具重要的参考资料。

此外，一些农学专著也涉及农具相关内容。如，以梁家勉主编的《中国农业科学技术史稿》（农业出版社，1989 年），该书涉及部分农具的发展使用；陈文华主编的《中国古代农业科技史图谱》（农业出版社，1991 年）、《中国农业考古图录》（江西科学技术出版社，1994 年）等系统地整理了历年来发掘的农具文物。这些有关工具类农业文化遗产的整理极大地丰富了农具研究的资料。

在区域的工具类农业文化遗产研究方面，一些学者对江南水田农具、中原旱地农具等进行了深入的研究。金煦、陆志明编著的《吴地农具》（河海大学出版社，1999 年）分类介绍了吴地稻作区的特色农具。全国锋编绘的《荆楚农具》（华中师范大学出版社，2007 年）则用美术的方式再现了荆楚地区的耕种、灌溉、收割、运输、加工和储运等常用的农具。

在农具美学方面，中央美术学院硕士王雷研究撰写了《豫西传统农具考察报告》（2010 年）。报告通过田野调查和文献考察相结合的方式，对现存豫西传统农具做了一次全面系统的调查梳理，并结合豫西的地域特点和人文环境，探讨了豫西传统农具的产生、发展和演变的历史进程，分别从历史文化背景、种类、功用、主要特征、制作工艺等方面进行阐述，建立了相对系统和完整的豫西传统农具文献资料档案。调查把豫西传统农具根据不同的功用分为 15 类 132 种，共收集实物图片 3 000 余张，耕作图片 1 000 余张，相关制作图片 1 000 余张，通过扫描相片获得的图像信息 1 000 余张，相关研究人员、制作者及老农访谈录音 16 段，以及代表性工匠 3 人的基本资料。该文章通过对豫西传统农具的形成、发展、改革以及取代的原因和结果进行研究与思考。从社会学、人类学、农学、博物馆学等人文角度切入，反映了豫西传统农具在长期的生产生活经验中所经历的形成、发展和演变过程。

（三）论文发表情况

农业文化遗产保护的目的是在做好两个“保护”前提下，促进地区发展和农民生活水平的提高，并为现代农业发展提供支持。[①]

在进行保护工作时，研究者首先认识到的是传统工具类农业文化遗产是一个“活”的遗产，需要古为今用，并随着社会经济的发展，不断增加现代技术因素，进行有效的保护利用。闵庆文等学者们大多认为，农业文化遗产是人类农业发展史的信息载体，对其进行研究是一项长期的多学科多领域的复杂工作。在文化遗产保护的形态上，开始向着从重视保护“物质”的文化遗产到同时重视“物质”文化遗产与“非物质”文化遗产结合而形成的文化遗产保护的方向发展。在农业文化遗产中，物质和非物质文化遗产必然是相互融合，互为表里的。“物质文化遗产记忆的是传统中的文化，而非物质文化遗产保持的是文化中的传统。”[②]

目前对工具类农业文化遗产的研究主要集中在保护原则、保护技术、保护方式与途径、农具文化的审美价值、农具文化的经济开发价值等方面：

1. 保护原则方面的研究

闵庆文等学者认为，包括工具类农业文化遗产在内的农业文化遗产的保护必须采取一种动态的保护方式。不仅要保护遗产的各个要素，而且更要保护遗产各要素发展的过程，同时还要对遗产的各个组成要素实行适应性管理，结合不同遗产地的自然和文化特征，采取最适合该地区的保护方式，即所谓“动态保护”与“适应性管理”。最重要的是要保证农业文化遗产地的可持续发展。[③] 农业文化遗产的动态保护应侧重在 3 个方面：遗产地有机农业发展、遗产旅游发展以及遗产地生态补偿。[④]

苑利等学者提出保护农业文化遗产应该坚持的 3 项基本原则：即就地保护原则、活态保护原则和整体保护原则。[⑤]

王红谊认为应借助社会主义新农村建设的契机，切实做好农业文化遗产的保护和利用工作，他提出应该以科学发展观为指导，将农业文化遗产的类型、范围进行规划性研究；以政府为主导，整合社会资源，加强对濒危农业文化遗产的抢救工作；以国家农业博物馆为龙头，实施多类型、多层次博物馆的农业文化遗产保护和记忆工程。[⑥] “将文化遗产与旅游结合起来为我们打开了一扇新的窗口。”

---

① 闵庆文：《全球重要农业文化遗产项目及其在中国的执行》，闵庆文主编《农业文化遗产保护及其动态保护前沿话题（二）》，北京：中国环境科学出版社，2012 年，77–80 页

② 苏东海：《建立广义文化遗产理论的困境》，《中国文物报》2006 年 09 月 08 日

③ 闵庆文：《关乎人类未来的农业文化遗产》，《生命世界杂志》2009 年第 6 期

④ 闵庆文，孙业红：《全球重要农业文化遗产保护需要建立多方参与机制——“稻鱼共生系统多方参与机制研讨会”综述》，《古今农业》2006 年第 3 期

⑤ 苑利，顾军，徐晓：《农业遗产学学科建设面临的三个基本理论问题》，《南京农业大学学报（社会科学版）》，2012 年第 1 期

⑥ 王红谊：《新农村建设要重视农业文化遗产保护利用》，《古今农业》2008 年第 2 期

2. 保护方法和保护技术方面的研究

在保护方法和保护技术的研究方面学者们认为在着力保护工具类农业文化遗产物质实体的同时，还要重视挖掘和保存其制作和使用过程中的非物质文化遗产，要积极的寻求物质与非物质文化遗产保护相结合的科学方法和有效途径。

目前国内对农业文化遗产的研究和技术，很少采用现代科学技术成果，对已有成果展示，仍然主要以纸质传媒、博物馆文物实体展示为主，辅助运用电子读物、影视、数字、虚拟、互联网等现代传媒技术和手段，总体上受众面不广，互动性不强等。一些现代科技手段，如遥感（RS）、地理信息系统（GIS）、全球导航卫星系统（GNSS）和虚拟现实（VR）等空间信息技术，具有强大的空间数据获取、存储管理、可视化表达与分析处理能力，可以为农业文化遗产研究提供全新的技术手段，促进农业文化遗产研究的技术革新与信息化快速发展。[①]

东南大学旅游规划研究所俞学才教授在第二届农业文化遗产保护论坛上，提出图文结合法、文献并重法、辑佚复原法、博览活化法、模型展示法、特区保护法等农业遗产的保护方法。

李明等学者提出两种保护农业文化遗产的方法：即文物标本式保护和园区展示式保护。文物标本式保护指将一些“固态”农业文化遗产置于特定的室内环境中以标本形式进行保存和展示。认为这种方法适用于“固态”的农业遗址及文物、价值较高的农业工具和农业工程等。

李华在其博士论文《面向知识服务的传统农具数字博物馆设计与构建》（南京农业大学，2008 年）中把数字博物馆这种文化遗产管理利用模式的理论和技术应用于传统农具的保护和研究上，为实现农具藏品及其相关信息的数字化保存，构建了传统农具数字博物馆，为保护工具类农业文化遗产提供了可行性。

3. 旅游开发方面的研究

在工具类农业文化遗产与旅游开发的关系方面，《古今农业》编辑徐旺生等认为，适当的旅游发展有助于这些农业文化遗产的保护，农家乐旅游是中国农业与旅游业结合的很好的产业，但目前存在的问题之一就是文化内涵比较少，“应该更多地发掘我们的农业文化遗产资源，以增加旅游过程中的文化氛围和文化内涵，使农业旅游变得更加丰富多彩，更有文化氛围，应该通过农业旅游把传统农业文化发展起来。”崔峰等认为，旅游开发可成为农业文化遗产保护的一条有效途径。可行的旅游开发模式主要有三种：生态旅游模式、社区参与模式和生态博物馆模式。[②]

4. 保护途径方面的研究

在保护途径方面，学者们大多认为农具陈列是保护工具类农业文化遗产的重要途径。在中国台湾，一些农村地区正在收集土犁、土磨、碾子等以前扔掉的东西，建立小型农业

① 李铁乔，刘传胜，习晓环，等：《空间信息技术应用于文化遗产研究的新进展》，《科技导报》2012 年第 6 期

② 崔峰：《农业文化遗产保护性旅游开发刍议》，《南京农业大学学报》（社科版）2008 年第 4 期

博物馆。“好东西集中起来，通过旅游使人们更加认识到它们的价值，”王英杰认为：“还有很多其他文化遗产形式，包括农业文化遗产，通过发展旅游可以创造出更多的价值，也更利于它们的保护。”[①]

对于遗产的陈列方式，中国农业博物馆胡泽学通过用“解剖麻雀”的方法，全面分析、总结、归纳了中国传统农具陈列实施过程中内容与形式设计的理念和一些设计构思，解决了在陈列具体实施过程中存在的问题和难点，给同类型的博物馆陈列展览提供一些借鉴作用。[②]

5. 美学价值研究

在中国传统农具的美学价值研究方面，刘快等选择了几件特色的湖南传统农具，从造型、材质、色彩和工艺等方面，探讨了湖南地区农具的独特美感。[③]

中央美术学院硕士王雷在《豫西传统农具考察报告》中阐述了河南西部农村农具的设计及使用美学价值。

娄婧婧，唐立华在《中原地区传统农具设计之美》一文中从设计美学的角度来探究其造型、材质、工艺、装饰等，以系统了解中原地区传统农具的美学思想。对传统农具器具的设计思想所反映出的中国古代劳动人民的聪明智慧以及其对今后的现代设计艺术与现代设计教育的启迪作用进行了分析。

6. 保护主体研究

在保护主体方面，李国江在《传统农具保护中民众参与做法之我见——日本民具保护“只见方式”的启示》中对于如何让广大的民众真正参与到传统农具的保护问题上，提出建议，认为首先要加强传统农具保护意识的培养，提高民众的参与意识；其次要重视民众参与，创新参与途径；最后应该重视民众参与成果的展示，调动民众参与的积极性。[④]

7. 保护法规研究

在涉及相关农业文化遗产保护法规方面，李刚等认为农业文化遗产保护需要法律的保护是不容回避的问题，从世界上众多国家文化遗产保护的经验来看，最关键的是立法，“各个层面的政策和法规制定对于农业文化遗产的保护具有重要意义”。针对这种情况，只有通过立法的手段对农业文化遗产加以保护是切实可行的，建议中国应尽快建立《农业文化遗产保护条例》，明确政府的义务和职权，建立相应的保护制度，明确传统农业文化遗产的认定标准，建立登录制度，并通过立法规范传统农业文化遗产的开发和利用。[⑤]

此外，还有一些学者对中国农具的演变作了梳理研究，如 2012 年《传统收获农具的演变》一文，对中国传统收获农具的演变作了系统全面的梳理。

---

① 闵庆文：《农业文化遗产及其动态保护前沿话题》，中国环境科学出版社，2010 年，第 160 页

② 胡泽学：《中国传统农具陈列内容与形式设计解析》，《古今农业》2009 年第 3 期

③ 刘快：《论湖南传统农具之美》，《农业考古》2012 年第 1 期

④ 色音：《民俗文化研究》，知识产权出版社，2010 年，134-139 页

⑤ 李刚：《浅议农业文化遗产的法律保护》，《北京农学院学报》2007 年第 4 期

（四）学术交流平台建设

目前，中国有关工具类农业文化遗产调查与保护的专门交流平台较少，而在农业文化遗产保护和非物质文化遗产保护的学术交流中大多都涉及工具类农业文化遗产的保护。会议交流论文中多有涉及工具类农业文化遗产保护的内容。

总体上中国农业文化遗产的研究起步较晚，自 2002 年全球重要农业遗产保护项目启动以来，国内外诸多机构及专家学者致力于对农业文化遗产系统研究，学者们从农业文化遗产系统本身及其保护意义、价值、方法、途径等多角度进行研究，取得颇有成效的结果。农业文化遗产的保护必须在新的学术理念的指导下进行，近些年来，围绕着在更广层面和更高层次上树立正确的学术理念，举办了一系列的学术研讨会议。会议在非物质文化遗产保护的视野下，涉及有关工具类农业文化遗产的保护。

2009 年 6 月 13 日，“农业文化遗产保护与乡村博物馆建设”的自然与文化遗产保护论坛召开。会议学者认为博物馆建设是农业文化遗产保护的重要内容。

2010 年 10 月 23~24 日，“首届中国农业文化遗产保护论坛”在南京农业大学学术交流中心召开，此次会议主要对农业文化遗产保护的理论与方法、地域农业文化遗产保护研究、少数民族农业文化遗产和世界农业文化遗产保护以及相关农史研究方面进行了交流。此次会议具有重要意义，标志着中国的农业文化遗产保护开始从摸索阶段逐渐走向理论探索和研究，农业文化遗产保护和利用研究在中国开始进入到一个新的阶段。

2011 年 6 月 9 日，以“农业文明之间的对话”为主题的“全球重要农业文化遗产（GIAHS）国际论坛”在北京举行。来自中、美、意等 17 个国家的 120 余位专家交流了关于农业文化遗产保护的观点与经验，并向全球发布了《农业文化遗产保护北京宣言》。[①]

2011 年 9 月 20 日，“文化遗产保护之于社会发展国际研讨会”在贵阳召开，农业文化遗产保护为主要议题之一。

2011 年 10 月 23~25 日，中国农史学会第五届委员代表大会暨第二届中国农业文化遗产保护论坛在南京农业大学召开，其中有工具类农业文化遗产的保护议题。

2011 年 12 月 22 日，“农业文化遗产保护与乡村文化发展专家座谈会暨中国项目专家委员会 2011 年度工作会议”在中科院地理资源所举行。农业文化遗产的保护是其重要的议题。

2012 年 4 月 10~11 日，中国文化遗产保护无锡论坛在江苏无锡举行。百余名国内外业界代表共聚一堂，围绕“世界遗产：可持续发展”主题展开充分讨论和深入交流，并通过《“世界遗产：可持续发展”无锡倡议》。[②]

2012 年 5 月 18 日，国家重点基础研究计划（973 计划）项目“文化遗产数字化的理论

① 闵庆文主编:《农业文化遗产及其动态保护前沿话题（二）》，中国环境科学出版社，2012 年，141-349 页

② 《中国文化遗产保护无锡论坛的代表发倡议》http://js.people.com.cn/html/2012/04/12/99385.html

与方法”讨论会在敦煌莫高窟召开。[①]

2012年6月30日至7月2日“第四届中国非物质文化遗产保护·苏州论坛”举行，此次论坛以“非物质文化遗产传承人保护与传承机制建设”为主题，围绕相关问题进行了探讨。

2012年8月29日，由中国—东盟中心、中国非物质文化遗产保护中心和联合国教科文组织亚太地区非物质文化遗产国际培训中心（下称亚太中心）联合举办的“中国—东盟非物质文化遗产保护研讨会”在北京召开，开启区域非遗保护新局面。[②]

2012年8月29日至9月1日，“全球重要农业文化遗产（GIAHS）保护与管理国际研讨会”在绍兴市召开。会议认为，保护和传承农业文化遗产，需要以综合性的视角审视农业，科学制订保护规划，出台相关保护政策，加强农业文化遗产科学研究和示范推广，探索经济发展和文化保护协调发展途径，实现人与自然和谐发展。[③]

2012年9月7日，第二届中国非物质文化遗产博览会高层论坛于山东枣庄台儿庄古城兰祺国际会议中心隆重召开。文化部、中国非物质文化遗产保护中心领导、知名专家学者、山东省参会代表、各省市（自治区、直辖市）文化厅（局）长、枣庄市领导及新闻媒体的人员参加了本次论坛。论坛围绕非物质文化遗产生产性保护这一主题展开，参会专家就主题内容做了精彩发言，并与参加论坛的来宾听众进行了互动。[④]

2012年12月6日，全球重要农业文化遗产保护与管理经验交流暨万年稻作文化遗产保护与发展研讨会在江西省万年县召开，其中讨论到稻作农具的展示与保护。

此外，一些农业遗产主题文化网站也相继创立，其中大多有工具类农业文化遗产的相关栏目。国内一些比较有代表性的相关主题网站有：南京农业大学中国农业文明研究院创办的专题文化网“中华农业文明网”、中科院自然科学史研究所曾雄生创办的“中国农业历史与文化”以及李根蟠先生创立主持的国学网“中国经济史论坛”。在这些平台上，“把数字技术文化遗产化”和“把文化遗产资源数字化”是包括工具类农业文化遗产在内的各类农业文化遗产保护的新任务。

四、对工具类农业文化遗产保护与利用的思考

目前全国各地工具类农业文化遗产的保护和利用形式主要有农具馆建设、举办农具文化节、制作农具模型等。纵观现状，可以发现对此类文化遗产的保护与利用途径方式单一

① 张志超，艾明耀：《973计划“文化遗产数字化的理论与方法”项目讨论会在敦煌研究院召开》，《敦煌研究》2012年第3期

② 《中国—东盟非遗保护研讨会召开》，http://www.ihchina.cn/inc/detail.jsp?info_id=3763

③ 《全球重要农业文化遗产保护与管理国际研讨会召开》http://www.igsnrr.ac.cn/xwzx/zhxw/201209/t20120910_3640690.html，2012-11-20

④ 《第二届中国非物质文化遗产博览会高层论坛在枣庄召开》，http://www.ihchina.cn/inc/detail.jsp?info_id=3774

且缺乏系统性，在保护对象方面偏重器物层面，在开发利用形式方面过度依赖旅游业。要提高对工具类农业文化遗产的保护与利用能力和质量，需要更新观念，从工具收集、制作到与农业生产、农村生活的关系等方面进行系统的梳理、挖掘和保护，将对工具类农业文化遗产的保护融入到农业遗产保护的整体体系中。

（一）更新观念，深入挖掘其历史和区域特色

工具类农业文化遗产的历史文化价值丰富，但其保护传承面临诸多问题和困难，其中，最重要的原因是文化生存的土壤发生了根本上的变异。一方面，现代科学技术的迅猛发展使得人们摆脱了传统农业生产方式，众多的传统农具被现代生产所淘汰和丢弃；另一方面，因为人们对于工具类农业文化遗产的认识不到位，导致保护不力。因此，保护和利用好此类农业文化遗产，首先要更新观念，深入挖掘工具类农业文化遗产的历史和区域特色。在注重农器实物的收集的同时，对其制造工艺、名称演变、使用范围、使用特点、对区域农业价值，以及人们在使用农具过程中形成的风俗信仰都需要同步进行保护和利用。

中国工具类文化遗产具有典型的时代特征和区域特色，其文化价值丰富灿烂。在 5 000 多年的农耕文明史上，不同历史发展时期的农具各具特色。中国农业生产从战国时代开始已经逐步走向精耕细作，从“斫木为耜，揉木为耒”到汉代耕犁、耧车的发明和使用，传统农具的发展具有显著的时代特征。

中国传统农具的区域性特点十分明显。在中国南方，农具经过长期的改良发展，逐步适合江南水田耕作的地理、地质、气候条件，这些传统水田农业工具种类齐全、数量众多，极具典型的区域文化特色，并自成体系。其中，既有以江东犁、龙骨车、耙、耖、耘荡为代表的整地、中耕、灌溉工具；也有以耩子（耧车）、稻床、连枷、砻磨等为主的播种收获农具；有与江南地域风力资源丰富等自然条件相适应的风车机械，水碾等，也有与水网密集，适合淡水养殖、捕捞、水上运输等农业生产活动相适应的鱼船、渔网等渔业生产工具，此外，在长期的农业生产过程中，人们还创造发明出独特的水田农业生产保护辅助工具，如斗笠、蓑衣、草裤、竹马甲、竹膊笼、指头篮等。此外，北方旱地农具、滨江滨海地区的渔业农具、草原牧业农具等都具有鲜明的区域特色。

（二）多途径、多方式开发利用，避免过度依赖旅游

目前，对工具类文化遗产的主要开发利用方式是在农业旅游区进行农具实物的展示。在走访调查的 30 多个有代表性的农具馆、农具博物馆过程中，笔者发现绝大多数保护者注重对传统农具实物的收集、收藏，却缺少对农具制作技艺价值、生态价值、历史文化传承价值的关注与保护。一些农业文化爱好者和投资者主要从工艺美术的角度关注传统农具，对其造型价值的认同远高于其他文化价值。保护形式也多以建设展览馆、农具馆、博物馆收藏展示农具实物本身，而对农具的制作过程、使用方法、使用特点缺乏了解，更遑论整理和保护，一些特殊的农具制作使用的技艺甚至面临失传的风险。部分已开发的工具类农业文化遗产因其利用方式单一，甚至处于进退维艰的境地，一些工具类农业展览馆因游客稀少而出现难以维持的状况。

中国对农业文化遗产开发利用的科学研究起步较晚，基础理论研究发展缓慢。2012 年 4 月，农业部在《农业部关于开展中国重要农业文化遗产发掘工作的通知》中提出了农业文化遗产的活态性、适应性、复合性、战略性、多功能性和濒危性等特征，并对“具有悠久的历史渊源、独特的农业产品，丰富的生物资源，完善的知识技术体系，较高的美学和文化价值，以及较强的示范带动能力”进行保护。[①] 为工具类文化遗产的保护与利用寻找出更广的途径、更优的方法来解决保护方式单一、保护手段单纯的问题是目前研究者主要面临的问题。

乡村旅游的发展可以对农业文化遗产的保护和利用起到重要的支持作用，有利于激发人们的保护兴趣，延缓传统农具实物因农业转型而消失的速度。但过度依赖旅游发展对工具类农业文化遗产保护利用的带动作用，会忽视遗产本身的历史文化价值、教育价值、生态价值、科学价值，让这类农业文化遗产的保护陷入唯经济利益是从的误区。乡村旅游中的农具展馆和与农具相关的节庆活动是中国工具类农业文化遗产开发利用的两类主要形式，但保护工具类农业文化遗产要拓宽视野，放眼教育、科技、生态等领域，把保护与利用上升到文化传承与创新的高度，全面发掘和保护其具有的多种价值，进行系统的保护与开发利用。人们可以更为广泛地应用包括制作模型、数字化演示使用在内的保护技术。一些科技进步的成果，如 3D 再现制作技术、虚拟成像技术等，均可运用到这类农业文化遗产的保护与利用中，成为未来系统保护这类遗产的新的技术手段和方法。

总之，农业文化遗产保护是一项公共文化事业，需要庞大的组织力量和社会资源才能系统完成其保护工作，工具类农业文化遗产属于不可再生资源，其保护与利用是一个可持续发展的过程，需要我们既要充分考虑、并且积极维护当前受农业文化遗产项目影响的利益相关者的权利，同时也要考虑后代子孙同样拥有公平的享有农业文化遗产权益的权利，多途径、多方法实现文化遗产的文化价值和经济价值的最大化。

① 苏宝瑞:《农业部启动中国重要农业文化遗产发掘工作》,《农民日报》2012 年 04 月 23 日

第7章 文献类农业文化遗产调查与研究

文献类农业文化遗产是中国传统农学的载体，其中记录着中国古代劳动人民在农业生产中积累下来的辉煌成就与经验，是中国农业精耕细作优良传统形成的推动力，也是历代统治阶级用来劝农的重要工具，具有珍贵的文献价值、文化价值和学术研究意义。本章选取历史悠久、版本珍贵、保存情况良好、内容重要、历史与现实影响深远的农业文献予以收录，力求完整体现中国传统农业发展历程和民族智慧结晶。

一、文献类农业文化遗产概况

（一）文献类农业文化遗产的界定

文献类农业文化遗产是近年来以中国农业文化遗产之名称统合的传承保护中国农业文明的一个组成部分，是指古代流传下来的各种版本的农书和有关农业的文献资料，包括综合性文献和专业性文献。而在农业历史学界、图书馆学界等，一般仍然使用（古）农书、农业历史文献、农业古籍或古代农业文献来概括。

中国传统农业历史悠久，历代遗留下来的农业文献极为丰富。从先秦时代开始就有总结农业生产、技术、制度和思想等内容的古代农业典籍产生，历代的目录学著作不断有农业典籍的记载，是对农业典籍的一种整理和传承，更有一些对古代农学家和传统农业技术的总结著述，反映了传统农学发展历程和规律。从内容上看，所涉范围更为广泛，包括从远古至清末近万年的农、林、牧、副、渔等自然科学和农业思想、农业政策、农业经济、救荒赈灾、农俗活动等人文和社会科学的各个方面。这些农业典籍是我们进行研究和发掘农业文化遗产不可缺少的宝贵资料，也是研究中华民族历史传承和文化演进的重要文献资料。

本章所指的“文献类农业文化遗产”，属广义的农业文献，包括农、林、牧、副、渔各业古代文献，内容涉及传统农业知识理论、生产技术经验、农业经营管理等诸多方面。收录文献以其独特性、珍贵性、历史与现实影响以及保存情况等作为选择标准，时间跨度从先秦至清末。

（二）文献类农业文化遗产的类型与数量

中国古代农业文献并无统一的分类标准。随着中国农业文化遗产保护与继承工作的不断深化，文献类农业遗产的类型也在不断拓展。王毓瑚将其分为综合性农书、天时与耕作专书、各种专谱、蚕桑专书、兽医书籍、野菜专著、治蝗书、农家月令书和通书性质的农书等 9 个系统。石声汉按照写作对象将其分为整体性农书和专业性农书，按体裁分为农家月令书、农业知识大全和通书，按作者分为官书和私人著作，按地域分为全国性农书和地方性农书。《中国农书目录汇编》分为总记类、时令类、占候类、农具类、水利类、灾荒类、名物诠释类、博物类、物产类、作物类、茶类、园艺类、森林类、畜牧类、蚕桑类、水产类、农产制造类、农业经济类、家庭经济类、杂论类、杂类，共 21 类。《中国古农书联合目录》分为农业通论、时令、土壤耕作灌溉、治蝗、作物、蚕桑、园艺、蔬菜、果木、花卉、畜牧兽医（孵卵、蜂）、水产（蟹、金鱼），共 13 类。《中国农学书录》分为农业通论、农业气象占候、耕作农田水利、农具、大田作物、竹木茶、虫害防治、园艺通论、蔬菜及野菜、果树、花卉、蚕桑、畜牧兽医、水产，共 14 类。[①]《中国农业古籍目录》分为综合性、时令占候、农田水利、农具、土壤耕作、大田作物、园艺作物、竹木茶、植物保护、畜牧兽医、蚕桑、水产、食品与加工、物产、农政农经、救荒赈灾、其他，共 17 类。《中华大典・农业典》分为综合、粮食作物、园艺作物、经济作物、农具、蚕桑、畜牧兽医、渔业、水利、农业灾害、农学农书，共 11 类。《中国明清时期农书总目》分为通论、时令占候、耕作农田水利、农具、大田作物、竹木茶、灾荒虫害、园艺、蚕桑、畜牧兽医、水产，共 11 类。[②]《江苏农业文化遗产调查研究》分为综论概论、时令占候、农田水利、农具、土壤耕作、大田作物、园艺作物、竹木茶、植物保护、畜牧兽医、蚕桑、水产、食品与加工、物产、农政农经、救荒赈灾、其他，共 17 类。

关于文献类农业文化遗产的数量，农史和图书馆学界一般以统计广义的农业生产技术和相关农业生产的农业古籍为主。如 1957 年王毓瑚编著的《中国农学书录》（1964 年修订版）共登录农业技术古籍 542 种，其中存目 300 余种，佚目 200 余种；1975 年日本天野元之助在《中国古农书考》中收录农书 243 种。这大致囊括了中国历史上出现的主干农书。另有一些书目对农书收录的范围加以扩大，收录种类和数量也有增加。如 1959 年北京图书馆（今国家图书馆）主编的《中国古农书联合书目》，汇编了 25 个省、市及单位图书馆的古农书目，还包括一些农书的整理研究著作，共收录农业技术与农业经济类古籍 643 种；1995 年出版的《中国农业百科全书・农业历史卷》附有“中国古农书存目”简表，收书也较多。如果根据实际的文献查考，数量应该更多，如王达《中国明清时期农书总目》就收录了包括佚目在内的近 1 400 种。另据《中国农业古籍目录》统计，流传至今的农业古籍

① 惠富平:《中国农书分类考析》,《农业图书情报学刊》1997 年第 6 期，第 19-23 页

② 王达:《中国明清时期农书总目》,《中国农史》2000 年第 1 期，第 102-113 页

共有 2 084 种。该目录由正编、副编两部分组成，正编《中国农业古籍目录》是反映现存农业古籍的目录，包括校注、解释农业古籍和汇编农业史料的图书，副编列有《中国农业古籍佚目》、《中国台湾省收藏的中国农业古籍目录》、《日本收藏的中国农业古籍目录》和《美国收藏的中国农业古籍目录》四部分，从涵盖面及数量上都可称得上是目前最丰富的农业文献编目，能够较好地反映全国农业古籍存佚及收藏的情况。

本章参考农业历史学界和文献学界对农业文献的分类情况，将文献类农业文化遗产分为综合性类、时令占候类、农田水利类、农具类、土壤耕作类、大田作物类、园艺作物类、竹木茶类、畜牧兽医类、蚕桑鱼类、农业灾害及救济类，共 11 类。选择历史悠久、版本珍贵、保存情况良好、内容重要、历史与现实影响深远的 90 种农业文献予以收录。

1. 综合性类

内容带有综合性质，涉及本分类两种以上的农业文献。包括《吕氏春秋》、《氾胜之书》、《齐民要术》等 23 种。

2. 时令占候类

包括以月令、时令及岁时为编纂框架的综合性类农业文献，以及农时、物候、节气、农业气象等农业文献。包括《夏小正》、《四民月令》、《四时纂要》等 6 种。

3. 农田水利类

记载农业水利议论和规划，或兴修工程设施以调节和改变农田水分状况和地区水利条件，以利农业生产的农业文献。包括《泰西水法》、《吴中水利全书》、《潞水客谈》等 5 种。

4. 农具类

记载各种农具的农业文献。包括《耒耜经》、《渔具诗序》、《农器谱》等 6 种。

5. 土壤耕作类

包括土壤、耕作耘锄、区田等内容的农业文献。包括《御制耕织图》、《农说》、《泽农要录》等 6 种。

6. 大田作物类

包括粮食作物、衣物原料作物等内容的农业文献。包括《江南催耕课稻编》、《金薯传习录》、《御题棉花图》等 6 种。

7. 园艺作物类

包括蔬菜、果树、花卉等内容的农业文献。包括《全芳备祖》、《橘录》、《菌谱》等 12 种。

8. 竹木茶类

包括竹、木、茶等内容的农业文献。包括《竹谱》、《茶经》、《桐谱》等 8 种。

9. 畜牧兽医类

包括马、牛、猪、羊、禽等内容的农业文献。包括《司牧安骥集》、《鸡谱》、《猪经大全》等 7 种。

10. 蚕桑鱼类

包括蚕桑、桑、渔业等内容的农业文献。包括《蚕书》、《豳风广义》、《养鱼经》等

6 种。

11. 农业灾害及救济类

包括救荒赈灾虫害防治、救荒野菜等内容的农业文献。包括《救荒活民书》、《野菜谱》、《捕蝗图册》等 5 种。

（三）中国文献类农业文化遗产简述

早在先秦时期，诸子百家学说中即出现农业生产技术知识专书，如《神农》、《野老》等。但这一时期的农业文献资料较为零散、稀少，且多已失传。经考证，流传下来的仅有《管子》的《地员》篇，《吕氏春秋》中的《上农》、《任地》、《辩土》、《审时》等 4 篇，《周礼》中有关农业的条文，以及中国最早的历书《夏小正》等。[①] 这些农业文献虽然年代久远，且因缺乏背景材料而增加了解读的难度，但仍是研究中国西周前后农业生产情况的宝贵资料。这一时期也是中国古代学术上的第一个繁荣期，对农业生产技术做了初步总结，为以后的农学发展奠定了良好基础。[②]

秦汉时期，为了总结和推广传统旱地精耕细作的农业技术，产生了一大批农学文献，如著录于《汉书・艺文志》的《董安国》、《氾胜之书》、《蔡癸》等，以及著录于《隋书・经籍志》的《四民月令》等。这些农学文献大多亡佚殆尽，仅有《氾胜之书》和《四民月令》两个辑佚本流传至今。《氾胜之书》主要内容涉及生产技术的原理及实践，它对汉代耕作制度的研究作出了重要贡献；《四民月令》中所记载的是汉代农耕园艺和多种经营技术，在中国农学史上具有极高的史料价值。这两种农业文献分别代表了“综合性农书”和“月令体农书”两种古代农书类型，也因此代表了秦汉农书的最高水平，被后世典籍广泛征引和收录。[③]

由于西北游牧民族大举进入中原以及战争较为频繁等原因，魏晋南北朝时期出现许多关于相马、医马的专业性农业文献，如《相马经》、《疗马方》、《俞极治马经》、《治马经目》、《治马经图》、《马经孔穴图》、《杂撰马经》、《治马牛驼骡等经》等。另据《隋书・经籍志》记载，《齐民要术》、《禁苑实录》、《田家历》、《竹谱》、《种植药法》、《相鸭经》、《相鸡经》、《相鹅经》以及《齐民要术》中引用的《魏王花木志》和《家政法》等，也是这一时期出现的农业文献。但这些文献大都已经散失，仅有中国现存最早最完整的综合性农书《齐民要术》、最早的竹类植物专著《竹谱》等流传至今。

从先秦到后魏，所有整体乃至专业性农书都是以黄河流域的旱作农业为主，并兼带农桑生产。[④] 从北魏贾思勰的《齐民要术》以后直到隋朝末年，没有新的农书出现。唐初李淳风的《演齐人要术》和垂拱二年（686 年）的官家农书《兆人本业》是唐代较早出现的农

① 惠富平：《中国传统农书整理综论》，《中国农史》1997 年第 1 期，第 102–110 页
② 胡道静：《中国古代典籍十讲》，复旦大学出版社，2004 年，第 211 页
③ 康丽娜：《秦汉农书的文献价值》，《史学月刊》2011 年第 5 期，第 121–123 页
④ 石声汉：《试论中国古代几部大型农书的整理》，《中国农业科学》1963 年第 10 期，第 44–50 页

书，但均已失传。[①] 现存唐代重要农业文献主要有陆龟蒙《耒耜经》、韩鄂《四时纂要》、陆羽《茶经》、李石《司牧安骥集》等。

南宋时，须以半壁江山支撑不断增长的人口负担和战时财政体制，因而统治阶层对农业极为重视，宋代各级官员大多有农事实践经验，促使宋代农业生产特别是以水稻和蚕桑为主体的江南泽农获得了全面发展。[②] 同时，宋代又是中国古代文化最为光辉灿烂的时期之一，被日本学者称为是“东方的文艺复兴时代”。[③] 在适宜的政治、经济环境以及文化相对普及、学术创新精神增强等因素的推动下，两宋时期农业文献的写作也随之进入全面发展阶段，有关农业生产知识的专著在这一时期大量涌现，而且具有种类繁多、题材多样、内容丰富等特点。据《中国农学书录》统计，[④] 宋代农书多达 116 种。另有学者在此基础上统计[⑤] 宋代农书可达 141 种，内容则涵盖气象、水利、粮食及经济作物、园艺、蚕桑、虫害防治、畜牧兽医等诸多方面，并以花、果、竹类等花卉种植业农书数量最多，占到宋代农书总数的 39%，其次为畜牧兽医类占 21%，经济作物类占 17%。在这些农书中，流传至今的有 50 余种，包括陈旉《农书》、楼璹《耕织图》、蔡襄《茶录》等。其中，很多农业文献具有开创性。例如，以理论创新著称的陈旉《农书》是现存最早的有关南方农业生产技术与经营的农学著作，也是中国第一部以水稻与蚕桑为主体的专门地域性农书，[⑥] 在农学史上占有举足轻重的地位；《种艺必用》及其《补遗》、《琐碎录》三书，拓展了农书包含的内容及论述范畴，将历来被摒弃于农书之外的花卉、竹木等内容列入农书，可谓农书中的“创体之作”，[⑦] 并填补了从唐末五代《四时纂要》至元朝初年《农桑辑要》之间的空白；刘颁《芍药谱》、刘蒙《菊谱》、《金漳兰谱》、《范村梅谱》分别是第一部关于芍药、菊花、兰草和梅花的专著；《永嘉橘录》是第一部柑橘栽培学专著；《广中荔枝谱》是第一部荔枝专谱；陈翥《桐谱》是第一部研究泡桐的专著；《笋谱》和《菌谱》分别是第一部关于竹笋和菌类的专著；曾安止《禾谱》是第一部关于水稻的专著；董煟《救荒活民书》是第一部研究治蝗和荒政学的著作；陈景沂《全芳备祖》则是集大成之作，它也是世界上最早的植物学辞典，比欧洲早 300 多年。[⑧]

元朝统一全国以后，在汉族社会环境的影响下，逐渐开始关注农业。忽必烈即位后，中央政府设立了“劝农司”、“司农司”、“大司农司”等机构，具体负责“农桑、水利、学校、饥荒之事”，[⑨] 在地方上设置各级相关机构监管劝农事，并命令规定黜陟或考核官员要以

① 石声汉：《中国古代农书评介》，北京：农业出版社，1980 年，第 37 页

② 方健：《南宋农业史》，人民出版社，2010 年，第 396 页

③ 宫崎市定：《宫崎市定论文选集》下册，商务印书馆，1963 年

④ 王毓瑚：《中国农学书录》，农业出版社，1964 年，第 52-106 页。

⑤ 邱志诚：《宋代农书考论》，《中国农史》，2010 年第 3 期，第 20-34 页

⑥ 石声汉：《试论中国古代几部大型农书的整理》，《中国农业科学》1963 年第 10 期，第 44-50 页

⑦ 方健：《南宋农业史》，人民出版社，2010 年，第 305 页

⑧ 邱志诚：《宋代农书考论》，《中国农史》，2010 年第 3 期，第 20-34 页；方健：《南宋农业史》，人民出版社，2010 年，第 18 页

⑨ 《元史》卷 87《百官志三》，中华书局标点本，1976 年，第 2188 页

督农勤惰而定。[①] 在统治阶层的支持与推动以及文人自身原因等诸多因素的影响下，各种体裁的农业专书相继问世，包括现存最早的整体性农业官书[②]《农桑辑要》、《农桑杂令》，私撰农书如王祯《农书》、鲁明善《农桑衣食撮要》、罗文振《农桑撮要》、苗好谦《栽桑图说》、汪汝懋《山居四要》、陆泳《田家五行拾遗》、修延益《务本直言》、刘宏《农事机要》、桂见山《经世民事录》等。[③] 其中，《农桑辑要》、王祯《农书》和《农桑衣食撮要》是影响广泛深远，并且保留至今的重要农业文献，被称为"元代三大农书"。

明清时期，急剧增长的人口和日益繁荣的商品经济扩大了对农副产品的需求，急需在总结既有经验的基础上有所开拓和创新，再加上传统农业科学技术与西方自然科技知识逐渐结合，中国农学在明清时期进入快速发展阶段，这为大量农业文献的问世提供了条件。据不完全统计，这一时期编写的农书总数多达 1 388 种，远远超出明代以前各个历史时期农书的总和。[④] 就内容而言，可分为通论、时令占候、耕作农田水利、大田作物、农具、竹木茶、灾荒虫害、园艺、蚕桑、牧医、水产等十余类，内容触及到农业的方方面面。与历代农书相比，明清农书在内容方面还出现了一系列全新的类型，包括研究外来作物、治蝗类、叶菜类、野蚕类、海洋鱼类、金鱼类等农书；《沈氏农书》、《补农书》、《浦泖农咨》、《泽农要录》、《农言著实》、《马首农言》等重视总结和研究地区性农业生产经济的农书；《陶朱公致富奇书》、《便民图纂》、《农圃便览》等日用百科性质农书；空前增加的蚕桑类农书；以及《农说》、《知本提纲》等用哲学思想探讨农学原理的农书。[⑤] 明清农书在理论思想上强调人在生产中的主观能动性，并试图用哲学思想来研究、阐述农业问题，形成了独特的农学思想体系；在生产上强调采用适宜的生产结构以扩大物质交换和能量转换的效应，为维护生态平衡和有机农业奠定了基础。[⑥]

文献类农业文化遗产反映了中国传统农业和社会发展的历程，积淀了丰厚的农业技术知识和生产经验，对数千年传统农业的发展起到了重要的指导作用，是中华民族宝贵的农业遗产和文化财富。不仅如此，这些珍贵的农业文献在世界农业发展史上也占有重要地位。很多古代农书曾流传海外，如大英博物馆、巴黎国家图书馆、柏林图书馆、圣彼得堡（列宁格勒）图书馆等，珍藏有《齐民要术》、《天工开物》、《农政全书》、《群芳谱》、《授时通考》、《茶经》、《花镜》、王祯《农书》、《植物名实图考》、《橘录》等早期刻本。另外还有中国古代农书的外文翻译本，大型综合性农书如《齐民要术》有日文译本（缺第十章），《天工开物》有英、日文译本，《农政全书》、《授时通考》、《农桑辑要》和《群芳谱》等个别章节已被译成英、法、俄等文字；专业性农书如陆羽《茶经》有英、日文译本，《元亨疗马集》有德、法文节译本。这些流传到国外的古代农书，除了记载具体的生产技术以外，还

① 尚衍斌：《鲁明善〈农桑衣食撮要〉若干问题的探讨》，《中国农史》2012 年第 3 期，第 132–141 页

② 石声汉：《试论中国古代几部大型农书的整理》，《中国农业科学》1963 年第 10 期，第 44–50 页

③ 王毓瑚：《中国农学书录》，中华书局，2006 年，第 109–119 页

④ 王达：《中国明清时期农书总目》，《中国农史》2000 年第 1 期，第 102–113 页

⑤ 闵宗殿，李三谋：《明清农书概述》，《古今农业》2004 年第 2 期，第 89–94 页

⑥ 王达：《中国明清时期农书总目》，《中国农史》2000 年第 1 期，第 102–113 页

涉及物候学、土壤学、气候学的原理，它们的有效性和正确性在几千年来的实践中得到了证实和肯定，对中国乃至世界农业生产和农业技术的发展都产生了深远影响。

二、文献类农业文化遗产保护及利用的实践活动

（一）农史研究机构的设立与贡献

中国以农立国，在无数世代农民的农业生产实践中，积累了丰富的宝贵经验与辉煌成就，但文献类农业文化遗产长期以来并未受到应有的重视，历代并未有系统的搜集、整理与研究。19 世纪末 20 世纪初，在中西政治、社会、经济、文化的激烈碰撞中，西方先进农业科技开始影响中国的传统农业，在引进西方农业科技的热潮中，有识之士认识到农业发展要结合本国的情况，力求逐步建立起中国自己的近代农学。由此，罗振玉、高润生等一批学者开始有意识的整理和研究中国传统农业遗产。虽然这些多是个人所为，中国的农业文化遗产研究尚处于萌芽状态，但一定意义上，以中国传统农业文献资料的评介和整理为内容的中国农业文化遗产保护利用已经初露端倪。

1923 年秋，金陵大学农林科拨款，将金陵大学图书馆合作部（与美国国会图书馆、美国农部等共同创立，开办之初计划选择重要中国古农书编制索引）扩充为农业图书研究部，继续征集古今农书及方志，编辑先农集成及农业索引等，为国内首个从事农业文化遗产保护研究工作的专门机构。1924 年 6 月出版《中国农书目录汇编》（毛邕编，万国鼎编校）（金陵大学图书馆丛刊第一种）为国内以研究古代农书起了开创之举。1932 年夏，改农业图书研究部为金陵大学农业经济系农业历史组，承担中国农业史教学、农业历史研究和资料收集整理工作。该机构由著名学者万国鼎先生主事，组织志同道合者十多人集体协作，他们草创之初即十分重视农史资料的搜集整理和保存，曾计划将所能见到的所有古代农业图书资料辑录成集，合编为《先农集成》，后因多种原因未能实现，但是仍成果卓越。其间，他和同仁们从浩如烟海的农业古籍文献资料中，搜集整理了 3 700 多万字的农史资料，这项工作历时 10 多年，后被分类辑成《中国农史资料》456 册，完成了巨大的开创性基础工作。由此，中国的农业文化遗产保护研究开始成为一门正式的学术工作，万国鼎先生也因此成为国内公认的中国农业遗产研究奠基人之一。1937 年后，因战火纷扰，工作陷于停顿。

1949 年新中国成立，党和政府十分重视继承和发扬祖国的农业遗产。在研究和整理祖国优秀文化遗产的热潮中，1952 年，南京农学院院长金善宝提出恢复原金陵大学的农史资料整理工作，受到中央人民政府的高度重视。1954 年 4 月，农业部在北京召开“整理祖国农业遗产座谈会”，部署全面开展农业遗产的研究、整理、出版工作。在会上，万国鼎先生呼吁尽快建立整理祖国农业遗产的专门研究机构，以便有组织、有领导地开展中国的农业遗产研究工作。在中共中央农村工作部、国务院农林办公室和农业部等有关部门的领导支持下，特别是在刘瑞龙、王发武、金善宝、冯泽芳等同志的具体关怀下，同年 7 月，经有关部门批准，在原金陵大学农业遗产整理工作的基础上成立中国农业遗产研究室，室址设

在南京农学院内，万国鼎被任命为第一任主任。这是中国第一个、也是最大的农业遗产研究专业机构，以中国农业遗产研究室为依托，还创办了中国农史学科最早的学术刊物《农业遗产研究集刊》和《农史研究集刊》。

在这股春风的带动下，各地的农遗机构纷纷设立。1953年西北农学院辛树帜、石声汉、夏纬瑛等先生就组成了古农学研究小组，1956年正式成立研究室。随后，北京农业大学、华南农业大学等院校也配备了相应的研究力量。浙江农业大学和浙江农科院60年代也成立了农业遗产研究室，出版有《浙江农史研究集刊》。

1. 南京农业大学中华农业文明研究院

万国鼎先生1924年1月就任农业图书研究部时即已开始整理古农书的工作，计划辑录古书中有关农业的资料，汇编为《先农集成》。先后共事的有十多人。到1937年“抗日战争”爆发时中途停顿。为了收集资料，付出了大量的人力和物力，往往特为一书，派人到各处图书馆里抄录。到抗日战争开始前，收集的农史资料约有3 000万字。同时由于片断的农学记载，各省府县志中可以寻到不少，因此他们对于各省府县志的搜集，也不遗余力。在1933年时收藏的有关方志达2 104种，当时仅次于京师图书馆及商务印书馆之东方图书馆。

正是因为万国鼎先生在此期间组织的农史资料的收集（汇编《先农集成》、方志收集等），为新中国成立后新一轮全国范围内农史资料的收集提供了基础和经验。1955年7月，成立了在中国农业科学院筹备小组和南京农学院共同领导下的中国农业遗产研究室，由万国鼎担任室主任，室址即位于南京农学院内。1956—1959年，万国鼎先生组织安排了室内的一些同志，先后前往全国40多个大、中城市的100多个文史单位，其中包括各省市图书馆，著名大学图书馆以及部分省市博物馆，文物管理委员会和一些知名的私人藏书家，对收藏的四千余部笔记、杂考等古籍中辑录了1 540多万字的有关资料，分类整理为《中国农业史资料续编》157册，加上金陵大学30年代分类整理的456册，共计613册，4 200余万字。还从各地的8 000多部地方志中辑录了3 600多万字的农史资料，分类整理为《方志综合资料》、《方志分类资料》、《方志物产资料》共计680册。这些农史资料种类齐全、内容丰富，为农史研究的开展提供了良好的条件，国内外许多学者也慕名前来查阅资料。

此外，万国鼎先生还主持编写了《中国农学史》，该书以中国历史时期代表性的古农书或农业文献为主体，结合一些文物和实地调查资料展开论述，全面系统地展示中国农学和农业技术的发展过程和规律以及优良传统，是中国第一部综合性的农业技术史著作。该书问世以后，得到了国内外农史学界及史学界、农学界的高度评价，被认为是农业历史学科研究的里程碑。研究中国科学技术史的著名学者英国李约瑟博士主编的《中国科学技术史》的农业卷册、研究中国农业史的日本著名学者天野元之助教授的《中国农业史研究》等学术著作，都多处参考引用《中国农学史》的相关内容。1987年，该书获得农牧渔业部（现农业部）科学技术进步一等奖。

2. 西北农林科技大学中国农业历史文化研究所

1950年4月辛树帜先生再次出任西北农学院院长，1952年发起成立“祖国农业遗产研究小组”，1953年西北农学院辛树帜、石声汉、夏纬瑛等先生就组成了古农学研究小组，

1956年正式成立研究室。西北农学院收藏了大量古农书，全国现存农业古籍300余种，研究室即收藏288种，大致齐备。其中各时期综合性大型农书齐全且版本众多，质量精良。如《齐民要术》有版本9种，元《农桑辑要》有版本7种，明徐光启《农政全书》有版本8种。特别珍贵的农书有明平露堂刻本《农政全书》、元刊大字《农桑辑要》影印本、清乾隆刻本《知本提纲》等，还有石声汉先生亲笔点校批注的清武英殿聚珍版印本《农桑辑要》和清光绪二十二年（1896年）浙西村舍木刻本《齐民要术》，是西农的镇馆之宝。其他地区性、专业性农书更是种类众多，西北地方志收藏亦丰，尤以陕西省、府、县志最为齐备。珍贵、完备的古代农业文献收藏使西北农林科技大学图书馆成为国内四大农业历史文献收藏中心之一。

此外，在辛树帜、石声汉等先生的努力下，一批古农书得以校注出版，主要有：《齐民要术今释》、《氾胜之书今释》、《农政全书校注》、《四民月令校注》、《农桑辑要校注》、《营田辑要校注》、《授时通考校注》等，总计800余万字。石声汉教授还有《从齐民要术看中国古代的农业科学知识》（中、英文版）、《中国古代农书介》、《中国农学遗产要略》等著作。历代大型骨干农书大抵皆由古农学研究室精校精注重新出版。农业古籍整理研究工作获得全国科学大会奖和国家教委人文社会科学成果奖。

3. 华南农业大学

华南农业大学农业历史遗产研究室其前身是中国古代农业文献特藏室（成立于1955年）。梁家勉1940年代主管中山大学农学院图书馆，有文献管理的经验。1952年任华南农学院图书馆馆长，不久就有在图书馆设立“中国古代农业文献专藏”的计划，1955年正式创建中国古代农业文献特藏室，开展农业历史文献的征访、典藏、保护、整理和研究等工作。

特藏室目前藏书近7万册，线装古籍3万多册，善本古籍近2 000册，其中入选《中国善本总目》的有54种，明刊本有75部970余册。馆藏最老的书名为《事物纪原》，是描写万事起源的专著。《佘兼五先生诗钞》是清雍正年间岭南名宿佘锡纯的诗词合集，全文由《礙云台诗钞》、《粤秀诗钞》、《鼍江吟》三部分组成，此版为存世孤本，刻于雍正五年（1727年），其中有大量描写岭南地区民间风土人情的诗词。还收藏1639年刊印《农政全书》“平露堂本”，有部分已经残缺，但基本保留《农政全书》的整体结构。新中国成立后，曾担任文化部副部长的郑振铎先生，花10年时间遍寻此版本的《农政全书》，后虽得一品相不佳的版本，便已欣喜若狂，可见此版之不易得。收藏道光年间赵古农撰《龙眼谱》是现存广东龙眼最早专著《龙眼谱》。

4. 中国农业大学农业史研究室

中国农业大学农业史研究室前身原北京农业大学，从20世纪50年代开展农史研究，1978年建立农业史研究室。农史研究开始阶段，农书古籍的整理校注工作占有较大比重。至60年代中期，主要成果为王毓瑚整理校注的几部农书和编辑的《中国农学书录》，张仲葛、于船等在畜牧兽医古籍整理及学科史的研究上也取得了一定成绩。

除了各高校的农业遗产研究机构外，江西省社会科学院中国农业考古研究中心和中国农业博物馆也加入到农业遗产研究的行列，并另辟蹊径，前者把农业遗产研究和考古研究密切结合，后者则把展陈物品和各界观众联系起来，在农业遗产研究的普及方面独树一帜。

农业遗产专门机构的建立，标志着中国农遗研究事业进入一个新的阶段，同时也为中国的农业遗产研究事业创造了前所未有的有利条件，对交流学术研究成果、推动农业遗产研究起了积极的作用。

（二）法律、法规的公布与实施

新中国成立以后，党和政府对古籍整理和出版工作极为重视。为了有计划、有组织、有步骤地整理出版古籍，1958年国务院成立了古籍整理出版规划小组，并制定了1962—1972年的《整理和出版古籍十年规划》。1981年，中共中央发布《关于整理中国古籍的指示》，国务院恢复古籍整理出版规划小组，制定1982—1990年《古籍整理出版九年规划》，共出版古籍4000多种，整理质量显著提升。此后，古籍整理出版小组又制定了1991—2000年的十年规划和1991—1995年的"八五计划"，使中国古籍整理出版工作进入了新阶段。在此期间，《中国古籍善本书目》由上海古籍出版社出版。该书目共著录除台湾地区以外中国各省、市、自治区公共图书馆、博物馆、文物保管委员会、大专院校和中等学校图书馆、科学院系统图书馆、名人纪念馆和寺庙等781个单位的藏书6万多种，13万部，收录农业古籍及与农业有关系的古籍共470种。在它的带动下，各省、各馆、各相关大学图书馆等编辑本省、本馆善本书目的工作迄今也没有终止。

2007年，国务院办公厅发布《关于进一步加强古籍保护工作的意见》（国办发〔2007〕6号），提出在"十一五"期间大力实施"中华古籍保护计划"。该计划的内容主要包括五个方面：一是统一部署，从2007年开始，用3~5年时间，对全国公共图书馆、博物馆和教育、宗教、民族、文物等系统的古籍收藏和保护状况进行全面普查，建立中华古籍联合目录和古籍数字资源库；二是建立《国家珍贵古籍名录》，实现国家对古籍的分级管理和保护；三是命名"全国古籍重点保护单位"，完成一批古籍书库的标准化建设，改善古籍的存藏环境；四是培养一批具有较高水平的古籍保护专业人员，加强古籍修复工作和基础实验研究工作，逐步形成完善的古籍保护工作体系；五是进一步加强古籍的整理、出版和研究利用，特别是应用现代技术加强古籍数字化和缩微工作，建设中华古籍保护网。完成"十一五"国家古籍整理重点图书出版规划，争取开展中华再造善本二期工程，使中国古籍得到全面保护。

为贯彻落实《国务院办公厅关于进一步加强古籍保护工作的意见》文件精神，文化部随即印发《全国古籍普查工作方案》、《全国古籍保护试点工作方案》、《〈国家珍贵古籍名录〉申报评审暂行办法》、《"全国古籍重点保护单位"申报评定暂行办法》等通知。明确了普查范围、内容以及《古籍定级标准》（WH/T20-2006）、《古籍普查规范》（WH/T21-2006）、《古籍特藏破损定级标准》（WH/T22-2006）、《古籍修复技术规范与质量要求》（WH/T23-2006）、《图书馆古籍特藏书库基本要求》（WH/T24-2006）等古籍普查工作的执行标准，同时，全国古籍保护工作部际联席会议审议确定了57家古籍收藏单位，作为全面开展古籍保护计划的试点单位，采用试点先行，以点带面的工作方式，摸索出不同地域、不同层面的古籍保护工作经验，为积极、稳妥地在全国范围内全面推进古籍保护计划打好基础。

2011 年，为使古籍保护工作在“十二五”期间更加深入、扎实地开展，文化部印发了《关于进一步加强古籍保护工作的通知》（文社文发〔2011〕12 号），要求推进古籍普查，建立适时申报、分批审评《国家珍贵古籍名录》的工作机制；加强少数民族文字古籍保护工作，开展特色古籍的专项保护；多途径开展古籍专业人才队伍建设，提高工作队伍的整体素质；加强对全国古籍重点保护单位和国家级古籍修复中心的管理，做好珍贵古籍的保护与修复工作；加大法规建设与科研力度，促进古籍保护的制度化、规范化、科学化；加快海外古籍调查，加强国际交流与合作；推进古籍的开发利用，提高全社会的古籍保护意识。此外，又于同年 12 月下发了《文化部办公厅关于加快推进全国古籍普查登记工作的通知》（文办发〔2011〕518 号），要求各级财政对本地区的古籍普查工作给予必要的资金支持，确保古籍保护工作进展顺利。

（三）农业古籍出版情况

文献类农业文化遗产一直是农史学界较为重视的研究领域，中国农业文献的搜集、整理与保护利用开始很早，成果丰富。自 20 世纪 50 年代末以来，农业古籍调查编目、版本校勘、注释研究等工作大规模开展，对国内的文献类农业文化遗产有了较为全面的掌握，出版工作也在不断推进中。

根据出版社分工，1959 年开始农业出版社（中国农业出版社）承担了主要的农业文献文化遗产的出版工作。据不完全统计，1959—2005 年中国农业出版社共整理出版农业古籍 140 余种（表 7-1），其中《抱犊集》、《猪经大全》、《农桑衣食撮要》、《花镜》、《元亨疗马集》等重要农业文献累计印刷次数达万次以上。[①]

表 7-1　中国农业古籍出版情况（1959—2005 年）

出版时间	书名	原编著者	整理校注者
1959.1	疗马集	清・周海蓬	于船
1959.5	陈旉农书（点句本）	宋・陈旉	
1959.5	沈氏农书	清・张履祥	陈恒力
1959.6	抱犊集		江西省农业厅 中兽医实验所
1959.6	裨农最要（点句本）	清・陈开沚	
1959.8	古兽医方集锦		邹介正
1959.9	中国农学遗产选集・粮食作物（上编）		胡锡文
1959.11	便民图纂	明・邝 璠	石声汉、康成懿
1959.12	司牧安骥集	唐・李石	邹介正、马孝劬
1960.1	元亨疗马集（点句本）	明・喻本元、喻本亨	

① 穆祥桐:《农业古籍整理出版工作的回顾与展望》，国学网，http://www.guoxue.com/gjzl/gj427/gj427_01.htm，2005-01-14

（续 表）

出版时间	书名	原编著者	整理校注者
1960.1	养余月令（点句本）	戴羲	
1960.1	中国农学遗产选集·柑橘（上编）		叶静渊
1960.1	中国农学遗产选集·麦（上编）		胡锡文
1960.1	牛经备要医方	清·沈莲舫	
1960.3	梭山农谱	清·刘应棠	王毓瑚
1960.3	蚕桑辑要	清·沈秉成	郑辟疆
1960.5	广蚕桑说辑补	清·沈练、仲昂庭	郑辟疆
1960.6	中国农学遗产选集·油料作物（上编）		李长年
1960.8	猪经大全		贵州省兽医实验室
1961.4	吕氏春秋上农等四篇校释		夏纬瑛
1961.5	齐民要术选读本	北魏·贾思勰	石声汉
1961.7	补农书研究		陈恒力、王达
1961.9	中兽医古籍选读		河北定县中兽医学校
1962.2	种树书	明·喻宗本	康成懿
1962.3	中国农学遗产选集·麻类作物（上编）		李长年
1962.3	农桑衣食撮要	元·鲁明善	王毓瑚
1962.3	豳风广义	清·杨双山	郑辟疆、郑宗元
1962.9	野蚕录	清·王元綎	郑辟疆
1962.11	郡县农政	清·包世臣	王毓瑚
1962.3	牛经切要		于船、张克家
1962.12	花镜	清·陈淏子	伊钦恒
1963.1	重编校正元亨疗马牛驼经全集	明·喻本元、喻本亨	中国农业科学院
1963.2	种艺必用	宋·吴怿、元·张福	胡道静
1963.5	中国农学遗产选集·棉（上编）		陈祖椝
1963.5	王祯农书（点句本）	元·王祯	
1963.5	齐民要术（点句本）	北魏·贾思勰	
1963.5	中国农学遗产选集·稻（上编）		陈祖椝
1963.5	氾胜之书辑释		万国鼎
1963.7	五省沟洫图说	清·沈梦兰	
1963.7	授时通考（全二册，点句本）	清·鄂尔泰等	
1963.7	农学合编（点句本）	杨巩	
1963.9	胡氏治家略农事编（点句本）	清·胡炜	童一中节录
1963.9	农圃便览	清·丁宜曾	王毓瑚
1963.9	农雅（点句本）	清·倪倬	
1963.9	秦晋农言		王毓瑚辑
1963	中国农学遗产选集·豆类（上编）		李长年
1964.4	畿辅河道水利丛书	清·吴邦庆	许道龄
1964.8	中国林业技术史料初步研究		干铎、陈植
1964.9	中国农学书录	王毓瑚	
1964.10	区种十种		王毓瑚辑

（续 表）

出版时间	书名	原编著者	整理校注者
1965.7	陈旉农书校注	宋・陈旉	万国鼎
1966.2	养耕集校注	清・傅述凤	杨宏道
1979.8	两汉农书选读	氾胜之、崔寔	石声汉
1979.10	《周礼》书中有关农业条文的解释		夏纬瑛
1980.8	筑圩图说及筑圩法	清・孙峻、明・耿桔	汪家伦
1980.11	校正驹病集		陕西省畜牧兽医所中兽医室
1981.1	《诗经》中有关农事章句的解释		夏纬瑛
1981.1	夏小正经文校释		夏纬瑛
1981.3	先秦农家言四篇别释		王毓瑚
1981.3	管子地员篇校释		夏纬瑛
1981.5	四民月令辑释	东汉・崔寔	缪启愉
1981.5	桐谱校注	北宋・陈翥	潘法连
1981.8	临海水土异物志辑校	吴・沈莹	张崇根
1981.8	授时通考辑要	清・鄂尔泰等	伊钦恒
1981.9	牛医金鉴		邹介正
1981.10	四时纂要校释	唐・韩鄂	缪启愉
1981.11	中国茶叶历史资料选辑		陈祖椝、朱自振
1981.11	王祯农书	元・王祯	王毓瑚
1981.12	陈旉农书选读	宋・陈旉	缪启愉
1982.2	全芳备祖	宋・陈景沂	
1982.3	农桑辑要校注		石声汉
1982.5	农桑经校注	清・蒲松龄	李长年
1982.10	全薯传习录		
	种薯书合刊		
1982.10	抱犊集校注		杨宏道、邹介正
1982.11	齐民要术校释	北魏・贾思勰	缪启愉
1982.12	串雅兽医方	清・赵学敏	于船、郭光纪、郑洞才
1983.7	补农书校释（增订本）	清・张履祥	陈恒力
1983.8	刻刻注释马牛驼经大全集		安徽省农业科学院畜牧兽医研究所
1983.10	桐谱选译	北宋・陈翥	潘法连
1983.11	柞蚕三书		杨洪江、华德公
1984.2	新刻马书	明・杨时乔	吴学聪
1984.2	历代食货志注释（一）		王雷鸣
1984.5	四时纂要选读	唐・韩鄂	缪启愉
1984.7	大武经校注（牛经大全）		常德县畜牧水产局
1984.9	营田辑要校释	清・黄辅辰	马宗申

（续 表）

出版时间	书名	原编著者	整理校注者
1984.10	元亨疗马集选释	明・喻本元、喻本亨	中国农业科学院中兽医研究所
1984.12	浙西水利书校注	明・姚文灏	汪家伦
1984.12	四民月令选读	东汉・崔寔	缪桂龙
1984.12	茶经语释	唐・陆羽	蔡嘉德、吕维新
1985.5	中国古代养蚕技术史料选编		章楷、余秀茹
1985.7	新编集成马医方牛医方校释		郭光纪、荆允正、荆秀魁、王俊
1985.9	历代食货志注释（二）		王雷鸣
1985.10	《商君书》农政四篇注释		马宗申
1985.11	群芳谱诠释	明・王象晋	伊钦恒
1986.2	范蠡养鱼经		中国水产学会、中国渔业研究会
1987.2	相牛心镜要览今释	清・黄绣谷	邹介正
1987.5	茶经述评	唐・陆羽	吴觉农
1987.10	湖蚕述注释	清・汪日桢	蒋猷龙
1987.12	中兽医古籍选释		李克琛、张余森
1988.2	临海水土异物志辑校（修订本）	吴・沈莹	张崇根
1988.5	新刻注释马牛驼经大全集	清・郭怀西	许长乐
1988.5	中国历代农业诗歌选		宁业高、桑传贤
1988.9	牛病古方汇诠		邹介正
1988.12	元刻农桑辑要校释	元・大司农司	缪启愉
1988.12	中国历代自然灾害及历代盛世农业政策资料		中国社会科学院历史研究所编写组
1989.2	历代食货志注释（三）		王雷鸣
1989.5	农言著实评注	清・杨一臣	翟允褆、石声汉
1989.5	鸡谱校释——斗鸡的饲养管理		汪子春
1989.10	三农纪校释	清・张宗法	邹介正等
1990.3	《耒耜经》与陆龟蒙	唐・陆龟蒙	周昕
1990.5	汉魏六朝岭南植物"志录"辑释		缪启愉、邱泽奇
1990.5	辑徐衷南方草物状		石声汉
1990.9	中国蚕桑书录		华德公
1990.12	中国地方志茶叶历史资料选辑		吴觉农
1991.5	马首农言注释	清・祁寯藻	高恩广、胡辅华
1991.5	中国农学遗产选集・常绿果树（上编）		叶静渊
1991.5	痊骥通玄论注释（校正增补）	元・卞管勾	郭光纪等
1991.10	授时通考校注（第一册）	清・鄂尔泰等	马宗申、姜义安
1991.12	历代食货志注释（四）		王雷鸣
1991.12	历代食货志注释（五）		王雷鸣
1992.7	中国古农书考	〔日〕天野元之助	彭世奖等译

（续 表）

出版时间	书名	原编著者	整理校注者
1992.9	授时通考校注（第二册）	清·鄂尔泰	马宗申、姜义安
1993.4	中国农学遗产选集·稻（下编）		王达等
1993.9	医牛宝书		江西省中兽医研究所
1993.10	授时通考校注（第三册）	清·鄂尔泰	马宗申、姜义安
1995.5	授时通考校注（第四册）	清·鄂尔泰	马宗申、姜义安
1995.12	中国古代耕织图		王潮生
1996.5	汉代农业画像砖石		夏亨廉、林正同
1996.5	医牛药书		龚千驹
1998.3	中国传统农业要术集萃		彭世奖
1998.8	齐民要术校释（第二版）	北魏·贾思勰	缪启愉
1999.7	马首农言注释（第二版）	清·祁寯藻	高恩广、胡辅华
2000.7	汉代陶器与古代文明		肖克之
2000.12	宝坻劝农书·渠阳水利·山居琐言	明·袁黄等	郑守森等
2001.12	司牧安骥集校注	唐·李石	邹介正等
2002.5	中国历代咏农诗选		单人耘等
2002.12	中国农学遗产选集·落叶果树（上编）		叶静渊
2003.9	中国名家茶诗		蔡镇楚
2004.2	司牧安骥集语释	唐·李石	裴耀卿
2005.3	茶经述评（第二版）	唐·陆羽	吴觉农

社会各界对于中国农业出版社整理出版农业古籍的工作给予了充分的肯定:《齐民要术校释》（第一版）获首届古籍整理图书二等奖;《中国古代耕织图》、《齐民要术校释》（第二版）获第二届古籍整理图书一、二等奖;《司牧安骥集校释》获第四届古籍整理图书二等奖，第六届国家图书提名奖;《齐民要术校释》（第一版）和《授时通考校注》还获得国家教委人文社科研究成果奖。

除中国农业出版社以外，中华书局等其他出版社也有农业古籍图书出版（表7-2）。

表7-2 中华书局等出版社农业古籍出版情况

农业古籍名称	著者	校稿	出版社	出版时间
（校正增补）痊骥通玄论	（元）卞管勾集注	中国农业科学院中兽医研究所校订	甘肃人民出版社	1959.11
范蠡养鱼经（中英日俄法西文对照）	中国水产学会中国渔业史研究会编		北京农业出版社	1986.2
活兽慈舟校注	（清）李南晖撰	四川省畜牧兽医研究所校注	四川人民出版社	1980.8
牛经大全（绘图牛经大全）	（明）喻本元、（明）喻本亨撰		锦章书局	1954.1
牛马经（全二册）	（明）喻本元、（明）喻本亨撰		建文书局 锦章书局	1954.3 1954.9

（续表）

农业古籍名称	著者	校稿	出版社	出版时间
司牧安骥集	（唐）李石等撰	谢成侠校勘	中华书局	1957.6
相牛心镜要览（敦善闲原本）			畜牧兽医出版社	1958.3
元亨疗马集（附：牛驼经）	（明）喻本元、（明）喻本亨撰	金重冶、谢成侠等校勘	中华书局	1957.2
元亨疗马集（校正元亨疗马集）（附：牛驼经）（全二册）	（明）喻本元、（明）喻本亨撰		锦章书局	1955.9
元亨疗马集许序注释	于船审定	郭光纪、荆允正注释	山东科学技术出版社	1983.11
猪经大全注释		贵州省畜牧兽医科学研究所、江苏省农业科学院畜牧兽医研究所注释	贵州人民出版社	1979.5
农桑辑要校注（中国农书丛刊．综合之部）	石声汉校注	西北农学院古农学研究室整理	农业出版社	1982.3
农言著实评注	（清）杨一臣撰	翟允禔整理 石声汉校阅	农业出版社 陕西科学技术出版社	1989.5
农言著实注释（西北农学院古农学研究室丛书）	（清）杨一臣撰	翟允禔整理	陕西人民出版社	1957.5
农政全书（全二册）	（明）徐光启撰	中国农业遗产研究室校勘	中华书局	1956.12
农政全书校注（全三册）	（明）徐光启撰	石声汉校注、西北农学院古农学研究室整理	上海古籍出版社	1979.9
吕氏春秋上农等四篇校释（中国古农书丛刊．综合之部）		夏纬瑛校释	中华书局	1956.10
齐民要术今释第一分册（西北农学院古农学研究室丛书）		石声汉校释	科学出版社	1957.12
齐民要术今释第二分册（西北农学院古农学研究室丛书）		石声汉校释	科学出版社	1958.3
齐民要术今释第三分册（西北农学院古农学研究室丛书）		石声汉校释	科学出版社	1958.5
齐民要术今释第四分册（西北农学院古农学研究室丛书）		石声汉校释	科学出版社	1958.6
麦（上编）（中国农学遗产选集甲类第二种）	中国农业科学院南京农学院、中国农业遗产研究室编	胡锡文主编	中华书局	1958.1

（续 表）

农业古籍名称	著 者	校 稿	出版社	出版时间
棉（上编）（中国农学遗产选集甲类第五种）	中国农业科学院、南京农学院中国农业遗产研究室编 陈祖椝主编		中华书局	1957.12
漕河图志（中国水利古籍丛刊）	姚汉源、谭徐明编撰		水利电力出版社	1990.2
漕运则例纂（二函十二册）	（清）杨锡绂撰		江苏广陵古籍刻印社影印	1990.11
清代海河滦河洪涝档案史料		水利水电科学研究院水利史研究室编	中华书局	1981.12
商君书论农政四篇注释（中国农书丛刊. 关中农书之部）	马宗申注释		农业出版社、陕西科学技术出版社	1985.10
稻（上编）（中国农学遗产选集甲类第1种）	中国农业科学院、南京农学院中国农学遗产研究室编 陈祖椝主编		中华书局	1958.12
豆类（上编）（中国农学遗产选集甲类第4种）	中国农业科学院、南京农学院中国农学遗产研究室编 李长年主编		中华书局	1958.11
柑橘（上编）（中国农遗产选集甲类第14种）	中国农业科学院、南京农学院中国农学遗产研究室编 叶静渊主编		中华书局	1958.1
管窥辑要（四函四十册）		（清）黄鼎辑	江苏广陵古籍刻印社影印	1990
南方草木状	（晋）嵇含撰		商务印书馆	1955.11
区种十种	王毓瑚辑		财政经济出版社	1955.11
蚕桑萃编	（清）卫杰撰		中华书局	1956.10
陈旉农书. 王祯农书. 沈氏农书			中华书局	1956.10
湖蚕述	（清）汪曰桢撰		中华书局	1956.10
湖蚕述. 裨农最要. 蚕桑萃编			中华书局	1956.10
花镜	（清）陈淏子辑		中华书局	1956.10
农候杂占	（清）梁章钜撰		中华书局	1956.10
农学合编	（清）杨巩编		中华书局	1956.10
农雅	（清）倪倬辑		中华书局	1956.10
齐民要术	（后魏）贾思勰撰		中华书局	1956.10
沈氏农书（补农书）	（清）张履祥补		中华书局	1956.10
裨农最要	（清）陈开沚述		中华书局	1956.10

（续 表）

农业古籍名称	著 者	校 稿	出版社	出版时间
氾胜之书今释（初稿）	石声汉释		科学出版社	1956.12
氾胜之书辑释	万国鼎校释		中华书局	1957.2
吕氏春秋上农等四篇校释.氾胜之书辑释			中华书局	1957.2
园治	（明）计成（无否）撰		城市建设出版社	1957.3
农圃便览	（清）丁宜曾撰	王毓瑚校点	中华书局	1957.5
植物名实图考	（清）吴其濬撰		商务印书馆	1957.8
胡氏治家略农事编	童一中节录		中华书局	1958.6
植物名实图考长编	（清）吴其濬撰		商务印书馆	1959.12
养耕集	（清）傅述凤、傅善苌撰		江苏人民出版社	1959.3
管子地员篇校释	夏纬瑛校释		中华书局	1958.5
齐民要术选注	广西农学院法家著作注释组注		广西人民出版社	1977.1
王祯农书	（元）王祯撰		中华书局	1956.10
牡丹史	（明）薛凤翔撰	李冬生点注	安徽人民出版社	1983.12
陆羽茶经译注	傅树勤	欧阳勋译注	湖北人民出版社	1983.2
治水筌蹄	（明）苏恭原撰	朱更翎整编	水利电力出版社	1985.5
广群芳谱（全四册）	（清）汪灏等撰		上海书店影印	1985.6
养老奉亲书	（宋）陈直撰		上海科学技术出版社	1988.5
养老奉亲书	（宋）陈直编撰		上海科学技术出版社	1991

近年来，新闻出版总署、全国古籍整理出版规划领导小组实施《2011—2020年国家古籍整理出版规划》中与文献类农业文化遗产相关项目也陆续出版，包括《范子计然 广志辑释》（中国农业出版社，2013）、《耕织图诗笺注》（中国农业出版社，2012）、《植物名实图考校注》（上海古籍出版社，2015）、《中国古代花谱丛书（7种）》（中国农业出版社，2014—2019）、《中国古农书集成》（凤凰出版社，2014）、《明清江南园墅文献》（中华书局，2014）、《〈全芳备祖〉校注》（中国农业出版社，2012）等。

（四）数字化建设情况

文献类农业文化遗产（古农书及近代农业文献），有的因为产生年代久远，有的因为纸张酸化脆弱易碎，许多收藏单位为了加以保护，通常采取限制阅览、流通的手段。虽然有利于文献的保存，但对于研究工作则存在诸多不便。在数字信息时代，将农业古籍这块瑰宝存贮于易检索、易复制、易传输、可永久保存的数字化信息管理系统中，更有利于资源共享，推动农史研究，实现文献的传承和保护。

中国古籍数字化工作于20世纪80年代中期即已启动，从最初的书目索引数据库到全文数据库发展到网络全文检索系统，取得了一系列令人瞩目的成果，主要以机编索引、古籍数据库、书目数据库、全文数据库、光盘版古籍以及古籍网络化等几种形式呈现。与古籍数字化可喜的局面形成对比的是农业古籍数字化目前还在起步阶段。农业古籍数字化是一项复杂的系统工程，它需要农业古籍文献学研究人员、农业古籍目录学和版本学研究人员、计算机工程技术人员等多方人员的合作才能完成。要充分利用多年来国内外及社会各界对古农书古籍进行的目录学、文献学研究成果，在文献资源调查的基础上，根据科学标准，对现存农业古籍进行系统研究。要做到将不同时代、不同学派、不同地区的具有一定学术价值、文献价值的著作精选出来，通过整理研究、数字化处理，建立一个能够反映农业古籍全貌的、具有一定权威性的图文关联式基础数据库。

目前，南京农业大学中华农业文明研究院、中国农业科学院文献信息中心（国家农业图书馆）和中国农业大学图书馆等单位已逐步将馆藏重要农业文献资源进行数字化处理，建立了数据库和信息平台，初步实现了资料网上查询检索、分类浏览及下载等功能，使用户可以不受时间和空间限制进行访问，提高了农业文献的知识发掘、资源共享和公共服务水平。

南京农业大学中华农业文明研究院承担开发的“中国农业典籍收藏、整理”和“中国古代农业科技信息数据库”项目，分单机版和网络版，其中部分已完成并网络共享，实现了零的突破，为农业古籍数字化工作开了个好头。还在此基础上推出了“中国传统农业科技数据库”、“中国近代农业数据库”、“农史研究论文全文数据库”等农业遗产信息平台，受到了同行的一致好评。这是中国第一个农业遗产信息平台，该平台运用信息组织技术，以文字、图片及图文对照等多种形式，建成中国农业科技遗产信息平台和资料检索中心，制订了《中国农业科技遗产信息数据库建设规范》，分为题录库、全文库、图文库三大类型，专业性强，覆盖面广，数据量大，填补了目前中国农业遗产研究在数字资源领域的空白。

中国农业科学院文献信息中心和中国农业大学图书馆分别建立了“农业古籍数据库”和“农书古籍图片数据库”。其中，中国农业科学院文献信息中心建立的“农业古籍数据库”是国家科学技术部国家科技基础条件平台项目的子项目，数据库下分“农书”、“史书”、“地方志”、“类书”四个子库，农业古籍是“农业古籍数据库”的主题和核心部分，一些专业性较强、学术价值较高的线装善本等较为珍贵的书籍均被划分到此类型中，方便读者研究利用。

国内大型图书馆及一些致力于古籍数字化资源开发的数字公司所建立的古籍数据库中也涉及部分农业古籍。如国家图书馆的“全文影像数据库”、上海数字图书馆的“古籍全文检索库”和“宋元善本全文资源库”、北京大学刘俊文教授组织编纂的“中国基本古籍库全文电子信息版光盘”系统，以及北京书同文数字化技术有限公司开发的文源阁《四库全书》电子版、北京国学时代文化传播有限公司《国学宝典》、中国数字典籍网站的“八十万卷楼”网络版等。这些都是国内非常完善的大型古籍数据库资源，其著录范围广，数据库运行稳定，影响较大。

此外，国内已建成或在建的数字图书馆，包括国家数字图书馆、超星数字图书馆、国家科技图书文献中心、上海数字图书馆、书生之家数字图书馆、中国教育科技数字图书馆工程以及中国高等教育文献保障体系等，也著录有部分农业数字化古籍。

总的来说，新中国成立以来，对珍贵农业文献的挖掘、整理和研究工作成效显著，部分珍贵农书的影印本、注释本、译本以及相关研究成果已有出版，农业古籍数字化工作也陆续开展，较好地推动了文献类农业文化遗产的保护与利用，但仍有大量农业文献亟待挖掘、研究和保护。整理文献类农业文化遗产，既是对古代先民千百年来逐渐掌握、积累的技术经验和伟大智慧的探索与总结，也是对珍贵农业遗产进行利用与保护的途径和前提，从农业思想与技术角度看，更是要取其精华，使之能为今天以及未来的农业生产服务，实现农业文化遗产的可持续发展。

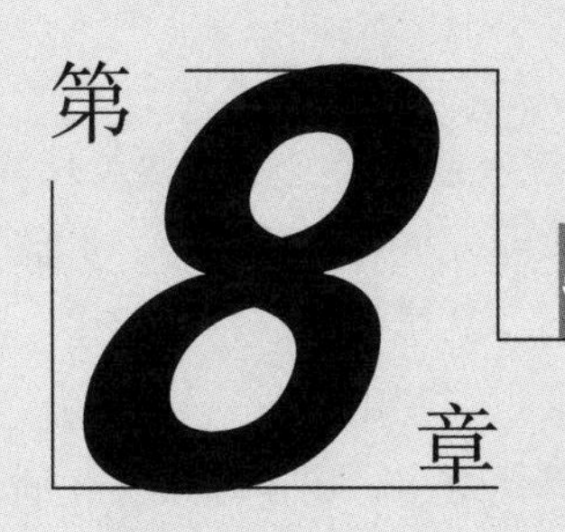

特产类农业文化遗产调查与研究

特产类农业文化遗产就是通常人们所指的传统农业特产。中国幅员辽阔，历史悠久，有着光辉灿烂的农业文化传统。在几千年不断的农业发展历史长河中，形成了众多独具特色的传统农业特产。这些传统农业特产，历史悠久，品质优异，种类繁多，具有极高的经济价值、文化价值与生态价值，是我们祖先长期认识、利用和改造自然物，为丰富自身的物质需要而劳动创造的结晶，是自然的人类化的具体结果，属于物质文化的范畴。所以它们是广泛意义上的农业文化遗产的部分，也是中国农业文化遗产的重要组成部分。

一、特产类农业文化遗产概述

（一）特产类农业文化遗产概念与特点

农业是人类社会最基本的物质生产部门。农业生产的对象，是植物、动物和微生物，它们都是有生命的有机体，都依赖一定的环境条件而生长繁殖。人类通过社会劳动，对它们的生长繁殖过程及其所处的环境条件进行干预，从而取得生活所必需的食物和其他物质资料。作为农业长期生产与加工活动的产物，特产类农业文化遗产就是通常人们所指的传统农业特产，即历史上形成的某地特有的或特别著名的植物、动物、微生物产品及其加工品。包括初级农产品和农副产品加工品。特产类农业文化遗产具以下特点：第一，在世世代代的传承中必然地被打上了历史的烙印，其生产应该具有较长的历史；第二，应具有地域性特点。即生长环境的特殊性造就了其独特的品质，其优势别的地方无法复制。第三，其品质优异或独特，其原料或产品优于其他产地同类产品。第四，其种养方式或加工方式特殊。

（二）中国特产类农业文化遗产的范围与分类

中国特产类农业文化遗产的范围为：1949 年以前全国已有生产的传统农业特产。包括品质优异、享有盛誉而至今不衰的产品；具有独特的生产或生态环境的产品（不包括自然资源）；种养方式或加工方式特殊的产品。

根据 2010 年 2 月 9 日，国家统计局第 13 号局长令发布的《统计用产品分类目录》，以及 2008 年 2 月 1 日国家林业局、国家统计局联合印发的《林业及相关产业分类（试行）》，可以将特产类农业文化遗产分为农业（狭义）产品、林业产品、畜禽产品、渔业产品和农副产品加工品五大类，每大类下又分若干小类（表 8-1）。

表 8-1　特产类农业文化遗产分类体系

项目	分　类
1 农业产品	各种种植农作物的产品、副产品
	101 谷物及其他作物 谷物、薯类、油料、豆类、棉花、麻类、糖料、烟草、其他作物
	102 蔬菜、园艺作物 蔬菜、食用菌、花卉、盆景及其他园艺作物
	103 水果、坚果、饮料和香料作物 各种水果、坚果、饮料作物、香料作物
	104 中药材 各种药材作物
	105 水生植物类
2 林业产品	各种木材、非木材林产品与采集产品、其他林业副产品
	201 原木、原竹
	202 非木材林产品与采集产品
	203 其他林业副产品 包括以竹、藤、棕、苇为原料的加工产品等林业副产品及其制品
3 畜禽产品	各种畜禽特产、副产品
	301 畜产品 牲畜、生皮、兽毛
	302 禽产品 活禽、鲜蛋、羽毛
	303 其他 动物自身或附属产生的产品：蚕茧、燕窝、鹿茸、牛黄、蜂乳、麝香、蛇毒、鲜奶等
4 渔业产品	各种淡水产品、海水产品
	401 淡水产品 包括淡水养殖和淡水捕捞产品
	402 海水产品 包括海水养殖和海水捕捞产品
5 农副产品加工品	直接以农、林、牧、渔业产品为主要原料，通过各种加工活动生产的食品、调味品、饮料等产品
	501 肉蛋制品
	502 蔬菜加工品
	503 水产加工品
	504 茶
	505 酒
	506 调味品、发酵制品
	507 其他 包括淀粉及淀粉制品、豆腐及豆制品等其他农副产品的加工品

（三）特产类农业文化遗产的价值①

特产类农业文化遗产是农业文化遗产的一种特殊类型，具有不同于其他类型农业文化遗产的经济价值、文化价值和生态价值。

1. 经济价值

特产类农业文化遗产对于人类而言，通常能够产生3种不同意义的经济价值：首先，许多特产类农业文化遗产有着优良的品质，可供食用、药用、养生、观赏等具有福利价值。其次，许多特产类农业文化遗产在历史上形成了较高的市场知名度和美誉度，具有较高的信用价值，这是因稀有性而产生的价值；再者，特产类农业文化遗产品质上、信誉上的优势又决定了其较高的交易价值。例如兰州百合能提供消费者食用或药用价值，这是兰州百合的福利价值；再次，兰州百合在一个开放市场上与其他物品尤其是其他百合品种或其他产地百合之间有一个稀有性的大概定位，这决定了它的信用价值的大小；最后，是销售时产生的交易价值，兰州百合对于不同的人而言，其福利意义与信用价值各不相同，而当不同个体在价值认识存在差异的背景下进行交易时，就会出现多种不相同的交易价值，如在国外购买与在国内购买相比，则它的稀有性就相应增强，从而可以有更高的交易价值。

2. 文化价值

许多特产类农业文化遗产还具有较高的文化价值，即具有满足人类一定文化需要的特殊性质或者能够反映一定文化形态的属性。特产类农业文化遗产的文化价值有几种表现：一是有的特产类农业文化遗产本身是中国某种传统文化的鲜活载体、符号和象征。例如"桃"在中国传统文化中以花叶、子果、枝木为象征体系，具有"福"、"寿"、"美"、"情"的文化内涵，具有很高的文化价值。二是有的特产类农业文化遗产现在在民间还流传着与之有关的美丽传说或典故。这些传说具有流传时间久远、多元文化相融、内涵极其丰富、社会影响广泛、语言通俗易懂等重要特征，具有重要的民俗学价值和审美价值。三是特产类农业文化遗产由于其优异的品质，历代文人墨客留下许多脍炙人口的赞誉，具有丰富精深的文化内涵和较高的艺术魅力。宋人有"春后银鱼霜下鲈"的名句，将银鱼与鲈鱼并列为鱼中珍品。"风情绿生烟，烟中荡小船。香丝萦手滑，清供得秋鲜。若叶分圆缺，鲈鱼相后先。谁云是千里，采采自今年。"这首诗不但描写了太湖特产莼菜的采摘妙趣，而且也描写了莼叶圆，贴水面，花开水底等生物学特性，以及莼菜作为秋鲜可以和鲈鱼烩成为佳肴的食用方法。

3. 生态价值

特产类农业文化遗产的生态价值是指特产类农业文化遗产所具有的保护自然、稳定生态、人与自然和谐相处等功能。特产类农业文化遗产作为农业的直接产品和间接产品，其生态价值具有多样性的特征。这种多样性表现为传统农业产品生产具有基本的生态功能：

① 谭放：《传统农业特产的价值、作用与开发探析》，《农业：文化与遗产保护》，中国农业科学技术出版社，2011年

调节气候、保持水土、改善土壤结构、保护水资源、固碳制氧、生物多样性、抑制污染净化环境等功能。如江苏省无锡市阳山镇通过发展水蜜桃经济，3 万多亩桃园为当地营造了良好的生态环境，绿化覆盖率达 82%，空气富含负离子，是名副其实的“天然氧吧”。大量生长于湖泊、池塘、河沟中的太湖莼菜，被美国宇航局国立技术研究所的研究人员意外发现，可以廉价有效地净化水质，改善水环境。而目前如果全世界通过杜绝人类活动对环境的污染来改善水质的办法将要耗费 6 000 亿美元。所以莼菜被誉称为 20 世纪的生态水生蔬菜，是天然的水质净化器。

二、特产类农业文化遗产调查研究

中国拥有数以万计丰富多样的传统农业特产，这些传统农业特产是同人类关系最为直接，也最为密切的部分，能为人类提供优质的米、面、皮、毛、肉、蛋、奶等生活必需品，具有很高的经济价值。同时这些传统农业特产又是经过人类长期作用于自然形成的宝贵文化遗产资源，也是中国农业文化遗产的重要组成部分，能为人类提供许多满足人类精神需求的文化产品，具有很高的文化价值和生态价值，是人类生存和社会可持续发展的物质基础之一。因此特产类农业文化遗产同样需要得到足够的重视与保护。

（一）调查的目的、对象和内容

1. 调查目的

中国目前还没有专门针对特产类农业文化遗产保护的法律、法规和制度。从 20 世纪 90 年代开始，中国质检部门开始与法国等欧洲国家开展地理标志产品保护的交流与合作，逐步开展中国的地理标志产品保护工作。1999 年 8 月 17 日，原国家质量技术监督局发布了《原产地域产品保护规定》，对利用产自特定地域的原材料，按照传统工艺在特定地域内所生产的，质量、特色或者声誉在本质上取决于其原产地域地理特征的产品，以原产地域进行命名实施保护。2005 年 6 月 7 日，国家质量监督检验检疫总局制定发布了《地理标志产品保护规定》。农业部于 2008 年 2 月 1 日颁布施行《农产品地理标志管理办法》，对来源于特定地域，产品品质和相关特征主要取决于自然生态环境和历史人文因素的农业的初级产品，以地域名称冠名实施地理标志农产品登记。这些规定和办法实施以来已有相当数量的特产类农业文化遗产由于符合上述地理标志产品保护制度相关规定，获准了注册登记，被纳入国家地理标志产品登记保护范围。可以说，中国各级政府相关部门在地理标志产品保护的努力，在一定程度上保护了特产类农业文化遗产。但中国特产类农业文化遗产的现状如何，有哪些已被纳入国家地理标志产品保护范围，其数量和分布是怎样的，重要性又如何，有哪些地方在特产类农业文化遗产保护方面具有成功的经验值得推介，又有哪些特产类农业文化遗产面临濒危阶段需要采取积极有效的措施进行挽救等诸多问题，目前都还没有相关调查。因此通过对现有纳入国家地理标志产品保护范围的产品进行调查，摸清纳入其中的传统农业特产种类、数量、分布、历史演变与现存情况，建立传统农业特产档案，是保护特产类农业文化遗产的一项非常重要的工作。在此基础上可以为进一步评价传统农业特产的经济、文化、生态价值，制定传统农业特产发展扶持政策，促使传统农业特产尽快完成标准化生产、示范基地建设和产业化经营，提供决策依据。

2. 调查范围

本次调查以2000—2013年间国家质量监督检验检疫总局批准的原产地域产品和地理标志产品，2008—2013年间农业部批准的农产品地理标志产品为基础调查对象范围，通过分析和排查找出符合条件的传统农业特产。由于中国的地域辽阔，地区间差异大，受自然条件和社会、历史条件的影响，各省市区传统农业特产品数以万计。在上述两部门批准的地理标志产品范围内进行调查，虽然存在一定误差，但总体上能反映中国传统农业特产时空特征及结构特征。

3. 调查内容

国家质量监督检验检疫总局批准的原产地域产品和地理标志产品以及农业部批准的农产品地理标志产品中，特产类农业文化遗产的数量。

特产类农业文化遗产的特点、地区分布、类型分布情况。

对典型的特产类农业文化遗产进行分布区域、历史沿革、品质特征、保存现状、经济文化生态等价值，以及照片、录音、录像等相关资料的调查。

4. 调查步骤与方法

首先，收集国家质检总局2001—2013年间批准的地理标志产品保护公告和2008—2013年间农业部批准的农产品地理标志产品保护公告。整理以上两部门批准的地理标志产品和原产地域保护产品，根据特产类农业文化遗产范围，结合各级各地政府网站资料、地方志、农业志、园艺志、水产志、年鉴、书籍、刊物、报纸等资料，剔除不符合特产类农业文化遗产特点的产品，从而初步筛选出特产类农业文化遗产。

其次，对筛选出的特产类农业文化遗产进一步完善资料，并进行总量与地区分布，类型结构与比例分析。

最后，对筛选出的特产类农业文化遗产，从生产历史、产品品质、经济价值及同类产品的代表性几个方面进行比较，选出代表性特产类农业文化遗产。并对其进行二次文献搜集，完成典型特产类文化遗产分布区域、历史沿革、品质特征、保存现状、经济文化生态等价值，以及照片、录音、录像等相关资料的调查。

（二）中国特产类农业文化遗产的特点

中国特产类农业文化遗产，是中华各族人民智慧的结晶，是中国农业文化遗产的生动体现，在中国农业文化发展史上，乃至世界农业文化发展史上，占有重要的位置。它们不仅数量繁多，而且历史悠久，特色鲜明，质量优异。

1. 数量众多

农业生产受自然条件的影响很大，不同地区具有不同的水、热、光等气候条件，再配合各地不同的地形、土壤、水源等条件，使各地的自然条件差异很大，自然资源丰富多样，加之中国历史悠久，传统农业发达，造就了中国的传统农业特产品类齐全，数以万计。不论是种植类的农产品还是养殖类的农产品，不论是来自陆地还是水域，不论是平原地区还是山地、丘陵、林区，不论是寒冷地区还是热带地区，不论是食用的、药用的、还是观赏的等，均应有尽有。在一个国家里有那么多品类和数量的传统农业特产，这在世界上其他国家是非常罕见的。

据统计，2001 年 1 月 31 日至 2013 年 12 月 31 日期间，国家质量技术监督局、国家质量监督检验检疫总局（简称国家质检总局），先后依据《原产地域产品保护规定》、《地理标志产品保护规定》，对国内 1 135 个产品实施了地理标志产品保护。其中特产类农业文化遗产 861 个，占获准国家质检总局地理标志登记总数的 75.9%（表 8–2）。

农业部的农产品地理标志登记工作虽始于 2008 年，但批准的农产品地理标志数量也不少，截止到 2013 年 12 月 31 日，农业部依据《农产品地理标志登记程序》和《农产品地理标志使用规范》，农业部登记了 912 个农产品地理标志，其中特产类农业文化遗产 719 个，占获准农业部农产品地理标志登记总数的 78.9%。两部门共批准 1 580 项特产类农业文化遗产，扣除 36 项重复特产，实际批准 1 544 项。

表 8–2　2001—2013 年入选国家地理标志的特产类农业文化遗产数量

部门 \ 年度		2001	2002	2003	2004	2005	2006	2007	2008	2009	2010	2011	2012	2013	合计
国家质监总局	全部地理标志数量	7	25	28	59	69	106	116	119	101	106	115	115	170	1135
	其中：遗产	7	20	26	49	58	85	95	94	83	79	84	91	90	861
农业部	全部地理标志数量								125	79	163	201	116	328	912
	其中：遗产								56	50	157	195	114	147	719
特产类农业文化遗产地理标志数量合计		7	21	26	49	58	85	95	150	133	236	279	205	237	1580

从增长情况来看（图 8–1），国家质检总局批准登记的特产类农业文化遗产数量从 2006 年开始较为平均，农业部地理标志登记工作起步虽然较晚，但 2010 年以后批准登记的特产类农业文化遗产数量无论是绝对数量还是增量上都比国家质检总局批准的多。

2. 历史悠久

中国传统农业特产历史悠久，其中尤以稻作、蚕桑，茶叶等农产品的年代最为久远。

稻作是农业文明最重要的一把标尺。中国稻作文化源远流长，是世界稻作文化的起源

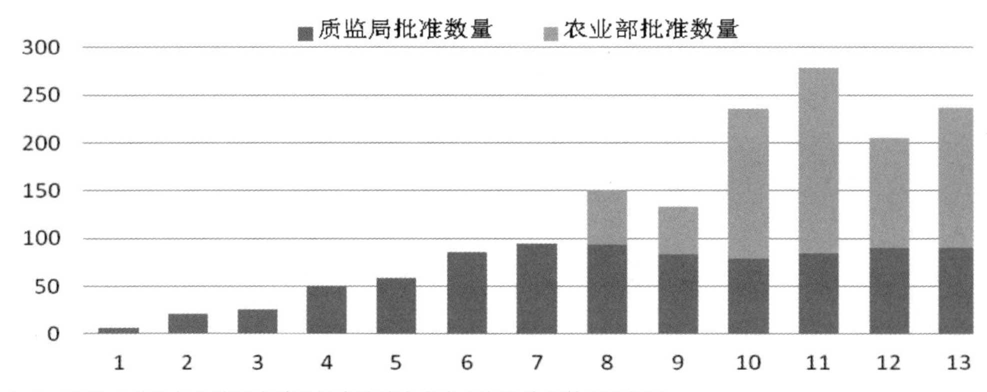

图 8–1　2001–2013 年入选国家地理标志的特产类农业文化遗产数量比较图

地之一。1993 年以来，经中美农业联合考古队多次发掘和研究，发现江西省万年县境内的大源仙人洞和吊桶环遗址有 12 000~14 000 年以前的栽培稻植硅石标本，将中国浙江河姆渡发现的中国稻作历史提前了 5 000 多年。

中国是蚕桑丝织业的发祥地，植桑养蚕的历史也在 5 000 年以上。历史上关于桑蚕丝绸的起源有许多动人的传说，其中 5 000 年前黄帝时期嫘祖教民养蚕制丝的故事史书上记载最多，流传也最广。根据《隋书 · 礼仪志》记载，北周时尊她为先蚕。北宋的《通鉴外纪》记载："西陵氏劝蚕稼，亲蚕始于此。"《路史》则将嫘祖发明的养蚕取丝系统化，说西陵氏劝养蚕、育蚕种、亲自采桑制丝，开创了丝织事业。[①] 从此，嫘祖被当作是上古时劳动妇女养蚕取丝的始祖，被古代黄帝供奉为蚕神。迄今在陕西黄帝陵附近仍然流传着蚕桑起源的佳话，保持着植桑养蚕的遗风。

中国还是茶树的原产地，又是世界上最早发现、栽培茶树和利用茶叶的国家，已有 4 000 多年的历史。作为中华民族举国之饮的茶，它发乎神农，闻于鲁周公，兴于唐朝，盛在宋代，如今已成了风靡世界的三大非酒精饮料（茶叶、咖啡和可可）之一，并将成为 21 世纪的饮料大王。有饮茶嗜好者遍布全球，全世界已有 50 余个国家种茶。寻根溯源，世界各国最初所饮的茶叶，引种的茶种，以及饮茶方法、栽培技术、加工工艺、茶事礼俗等，都是直接或间接地由中国传播过去的。[②]

中国原产的桃、李、梅、杏、榛、栗、枣等果树，其栽培早在几千年前也均有记述。《史记 · 列传》（公元前 2~ 前 1 世纪）中记载："安邑千树枣，燕、秦千树栗，蜀汉江陵千树橘；淮北、常山以南，河济之闲千树萩，陈、夏千亩漆"，[③] 可见当时这些果树已有较大面积栽培。中国果树栽培历史悠久的另一见证是，目前全国各地尚保存着不少珍贵的古老树。如山东莒县发现有 3 000 多年的银杏树，福建甫田县有 1 200 年的荔枝树，山西、陕西有

① 李树清等编著：《中国历代风云人物大观 · 隋唐五代风云人物大观》，北京燕山出版社，2009 年，第 34 页
② 陈宗懋：《中国茶经》，上海文化出版社，1992 年，第 1 页
③ 何兹全著：《北京师范大学教授文库 · 何兹全卷 · 中国古代社会》，北京师范大学出版社，2001 年第 200 页

1 000 年的酸枣树，浙江、云南有数百年至上千年的老梅树，四川省有 300~400 年的柑橘树等等。

根据初步统计，在 1 544 个特产类农业文化遗产中，具有千年以上历史的有 502 个（表 8-3），占总数的 32.6%。国家质检总局、农业部批准的数量分别是 310 个和 214 个（其中 22 个为重复项）。

表 8-3　各省（区，市）具有千年以上历史的特产类农业文化遗产数量（单位：个）

序号	省市	数量	序号	省市	数量
1.	四川	66	17.	江苏	13
2.	陕西	39	18.	贵州	6
3.	山东	38	19.	内蒙古	5
4.	山西	37	20.	吉林	5
5.	河南	32	21.	黑龙江	5
6.	江西	30	22.	重庆	5
7.	浙江	27	23.	云南	5
8.	湖北	25	24.	辽宁	3
9.	甘肃	23	25.	宁夏	3
10.	河北	20	26.	北京	2
11.	福建	20	27.	天津	2
12.	新疆	20	28.	西藏	2
13.	湖南	18	29.	青海	2
14.	安徽	17	30.	上海	1
15.	广东	16	31.	海南	0
16.	广西	15		合计	502

3. 特色鲜明

中国的传统农业特产不仅历史悠久，而且具有鲜明的特色。就茶叶而言，中国茶区辽阔，茶叶品种琳琅满目，但每种茶都有自己的特色。茶叶按其加工方法以及品质与外形的特点，可分为绿茶、红茶、白茶、乌龙茶、花茶与紧压茶六大类，各类茶的区别非常明显。例如绿茶是一种不发酵的茶叶，其汤色碧绿，味道清香；红茶是由鲜茶发酵加工而成，其茶叶色泽乌黑，茶色红亮，具有浓郁的水果香气和醇厚的滋味；乌龙茶是介于红茶与绿茶中间的半发酵茶，既有绿茶的清香，又有红茶的醇厚，饮后令人齿颊留香，回味甘鲜，并有耐泡的特点；花茶则是将香花放在茶坯中窨制而成的一种复制茶，它将浓郁的鲜花香气融于清爽的茶叶之中，既有茶味，又有花香，喝了令人回味无穷。而在同一类茶叶中，不同品种的茶叶也各有自己的特色。例如同属绿茶，名品西湖龙井与洞庭碧螺春就有不同的品质特点。西湖龙井外形扁平挺秀，色泽翠绿，大小长短匀齐；泡在杯中，嫩芽成朵，汤色青翠，滋味甘鲜，素以“色绿、香郁、味甘、形美”四绝著称。太湖碧螺春则条索纤细，卷曲成螺，满披白茸，色泽碧绿；泡出茶来，汤色碧绿青翠，香味沁人心脾。

再以栗、枣、桃、李、杏五果论之。栗子分布于辽宁、北京、河北、山东、河南等地。著名的有产于北京郊区房山良乡板栗，果粒小，肉质细腻、糯质松软、甘甜芳香；产于河北迁西、兴隆的迁西明栗，果粒中大，色泽鲜艳、质地硬实、味道甜糯；产于山东莱阳庄头一带的莱阳红光栗，果中大，皮深褐色，有亮光，品质好，味甜面；另有分布于长江流域和江南各地的锥栗，亦称珍珠栗，果粒较大、种仁饱满、富有糯性，具有独特的“糯、甜、香”品质特征。

中国是世界上枣分布种类最多的国家之一，枣目前世界上已知约 100 个种，中国有 18 个种。在栽培应用的主要有普通枣、酸枣和毛叶枣 3 种。在中国有 4 000 余年的栽培历史，经不断的自然人工选择与改良，形成了许多地方特色产品。据不完全统计，全国现有枣品种 700 个左右，其中以山西、山东、河北最多，各有 100 多个。[①] 这些枣果实红或紫褐色，果形有圆形、椭圆形、卵圆形、梭形、长筒形、芦形等多种，果核两端尖，有菱形、纺锤形等，果味也有很大差异。如哈密大枣“枣大疑仙种”；沧州金丝小枣皮薄核小，掰开半干的小枣，可见缕缕金丝粘连于果肉之间，在阳光下闪闪发光；沾化冬枣状如苹果，皮薄肉脆，细嫩多汁，适合鲜食；山西太谷的壶瓶枣因个大素有“八个一尺，十个一斤”之美称等等。

中国桃子的品种也极为丰富，居世界的前列。据统计全世界约 1 000 个品种以上，中国有 800 个品种。[②] 产自山东的青州蜜桃以晚熟、肉细、味甜、色艳、较耐贮存而著称；同样产自山东的肥城佛桃又称蜜桃，以果质细嫩，汁多且浓，味甜清香而被誉为“群桃之冠”；上海南汇水蜜桃味浓甜、带香味，因果形大有“半斤桃”之称；“天有王母蟠桃，地有秦安蜜桃”，甘肃天水的秦安蜜桃则是以个大、色艳、味美、营养丰富而誉满全国。

中国李资源也较丰富，目前全世界李属共有 30 余个种。虽然中国只有 8 个种和 5 个变种，800 余个品种和类型，但全世界的主要栽培品种为中国李。[③] 浙江嘉兴的槜李，在秀洲的种植历史至少有 2 500 年，是历代王朝的贡果。其果大皮厚，易剥离，外呈暗紫色如琥珀，果肉淡橙黄色，软熟后化浆，细嫩多汁，味鲜甜爽口，带有酒香，堪称诸李之冠；产于贵州省沿河土家族自治县沙子镇的空心李，因果肉与核分离而得名，果色青灰鲜艳，果肉脆嫩，酸甜适度，芳香可口；四川省阿坝藏族羌族自治州茂县出产的茂县李果面亮丽，光滑有光泽，果粉厚，质地爽口脆嫩，香气浓郁；而史上有“岭南夏令果王”之称的广东翁源县三华李肉色深红，气味芳香，果肉松脆爽口，果味清甜。

中国也是野生种杏和栽培杏品种资源非常丰富的国家。全世界杏属植物有 8 种，其中中国就有 5 种：普通杏、西伯利亚杏、东北杏、藏杏、梅。栽培品种近 3 000 个，都属于普通杏种。[④] 甘肃省敦煌市特产李广杏外形规整近圆形，果大赛李，果皮金黄，色泽油亮，皮薄肉多核小，味美汁多，香气四溢。地处秦岭北麓的陕西所产的蓝田大杏，果实圆形，

① 周广芳：《枣优质高效生产》，山东科学技术出版社，2010 年，第 37 页
② 韩振海：《落叶果树种质资源学》，中国农业出版社，1995 年，第 287 页
③ 施献举：《李树栽培与盆栽李子》，气象出版社，1994 年，第 1 页
④ 普崇连：《杏树高产栽培》，金盾出版社，2003 年第 1 页

果皮金黄色，果肉橘黄色，个大均匀，果肉纤维少，浆汁多，果味甜香可口，果核近圆形，离核，果仁味甜。秦岭余脉河南省渑池县的特产仰韶大杏，因渑池县为仰韶文化发祥地而得名。其果形似鸡蛋，俗称鸡蛋杏，果实成熟后，核肉分离，摇晃有响声，又称“响铃杏”。

4. 质量优异

经过长期的发展与数代人的不懈努力，在中国的许多类传统农业特产中，涌现出一批又一批闻名于世的著名产品。

小米是人类最早食用的粮食作物之一。长期以来由于栽培方法的不同，中国北方 10 省的谷子品种已达 16 000 多个，其中山东省济宁市金乡县的金米、山西省长治市沁县的沁州黄米、山东省济南市章丘县的龙山米以及河北省张家口市蔚县的桃花米四种最为著名，并称为中国古代“四大名米”。蔬菜、园艺作物中昭化韭黄、偃师银条、铜陵白姜、庆阳黄花菜、荔浦芋、福州茉莉花等都因品质优异而在历史上被列为贡品。

茶类产品中，西湖龙井，洞庭碧螺春，黄山毛峰，庐山云雾茶，六安瓜片，君山银针，信阳毛尖，武夷岩茶，安溪铁观音，祁门红茶，于 1959 年被评为中国“十大历史名茶”。其中，西湖龙井是中国最著名的绿茶之一，流传着“不是画而胜于赏画，不是诗而胜于吟诗”的美誉。洞庭碧螺春茶品质独具，有“洞庭碧螺春，茶香百里醉。洞庭帝了春长恨，2 000 年来茶更香。入山无处不飞翠，碧螺春香百里醉”的茶联为证。庐山云雾茶香爽而持久，味醇厚而含甘，宋时即奉为“贡茶”。明代科学家徐光启在其著《农政全书》里称“六安州之片茶，为茶之极品”；六安瓜片在清朝被列为“贡品”，慈禧太后曾月奉十四两；大文学家曹雪芹旷世之作《红楼梦》竟有 80 多处提及，特别是“妙玉品茶（六安瓜片）”一段，读来令人齿颊生香，心脾馥郁。

中国传统农业特产之优异，为世人所称道。许多传统农业特产除在国内享有盛誉外，在国外的评比中也屡屡获奖。如位居“四大火腿”之首的浙江金华火腿，清代已外销日本、东南亚和欧美各地。1913 年，荣获南洋劝业会奖状；1915 年获巴拿马万国商品博览会优质一等奖；被誉为“国酒”的茅台酒，1915 年获巴拿马万国博览会金质奖。1985 年获国际美食旅游大赛金桂叶奖，1986 年获法国巴黎第十二届国际食品博览会金奖等近 10 个国际性大奖。

（三）特产类农业文化遗产的分布情况

1. 特产类农业文化遗产的地区分布

调查结果显示，中国现有受保护的特产类农业文化遗产在地区分布上存在明显的不平衡现象（表 8-4 及图 8-2）。全国 31 个省市区虽然都有一定数量的特产类农业文化遗产，但各省市区存在较大差距。特产类农业文化遗产数量在 100 个以上的省份有 2 个，分别是四川省和山东省，其中最多的四川省，有 184 个，占调研总数的 11.9%。超过均值 50 的只有排名前 14 的省市，最少的是海南省，只有 3 个。特产类农业文化遗产数量最多的四川省是海南省数量的 61 倍。即使与排名第四的河南省相比，四川省拥有的特产类农业文化遗产数量也达到其2倍之多。

表8-4　全国各省区市特产类农业文化遗产数量与排名一览表

排名	省市区	数量	排名	省市区	数量
1	四川	184	17	云南	42
2	山东	147	18	江苏	39
3	湖北	98	19	甘肃	38
4	河南	75	20	贵州	37
5	福建	73	21	河北	34
6	广东	69	22	吉林	32
7	陕西	65	23	重庆	27
8	山西	65	24	内蒙古	24
9	江西	62	25	宁夏	17
10	广西	60	26	青海	13
11	浙江	59	27	上海	10
12	黑龙江	55	28	天津	9
13	辽宁	52	29	北京	7
14	安徽	51	30	西藏	5
15	新疆	47	31	海南	3
16	湖南	45			

另外从中国的东部、中部、西部和东北四大经济区域①来看，中国特产类农业文化遗产分布也存在不平衡现象。东部地区约占29%多，中部地区约占26%，西部地区约占36%，

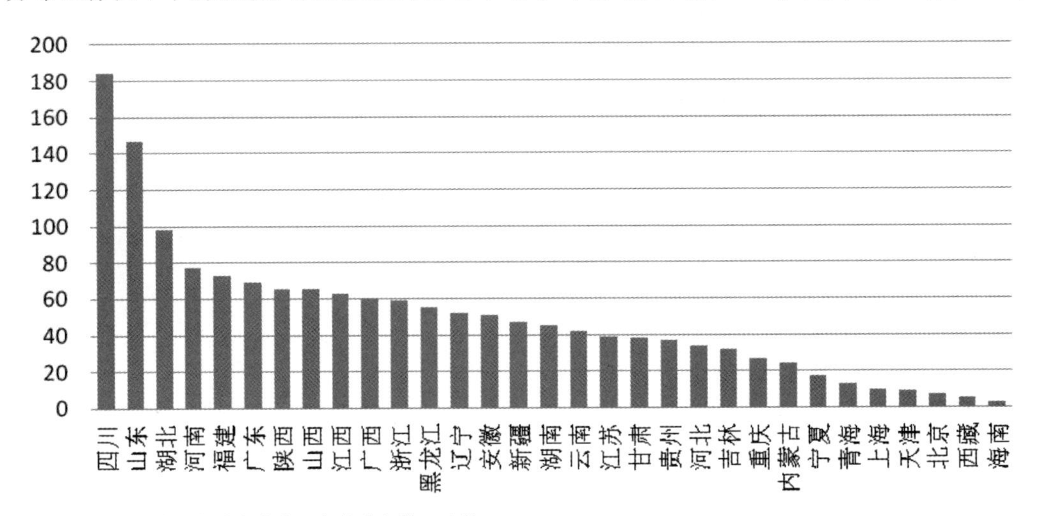

图8-2　全国各省区市特产类农业文化遗产数量比较图

① 自2005年起，统计上的中国大陆四大经济区域，即东部、中部、西部和东北地区东中西和东北地区的分组方法是：东部地区包括北京、天津、河北、上海、江苏、浙江、福建、山东、广东、海南10个省市；中部地区包括山西、安徽、江西、河南、湖北、湖南6省；西部地区包括重庆、四川、贵州、云南、西藏、陕西、甘肃、青海、宁夏、新疆、内蒙古、广西12省区市；东北地区包括辽宁、吉林、黑龙江3省

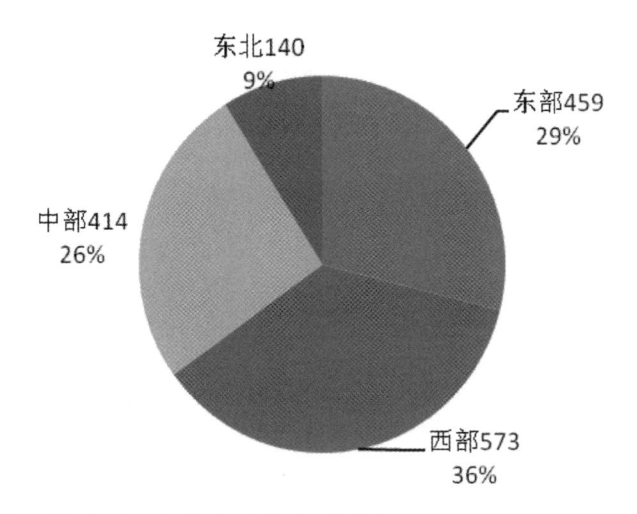

图 8-3 全国特产类农业文化遗产地理标志在四大经济区的分布

东北地区约占 9%（图 8-3）。

千年以上的传统农业特产空间集聚度高，分布也极不均衡。在涉及的 31 个省区市单位中，除海南省以外，其他省市均有千年以上的传统农业特产分布，四川省拥有的千年以上传统农业特产数量最多，有 66 个。其后 5 个省份依次是陕西 39 个、山东 38 个、山西 37 个、河南 32 个、江西 30 个，这 6 个省拥有的千年以上传统农业特产数量达 270 个，占全部千年以上特产数量的一半以上。（表 8-3）

2. 特产类农业文化遗产的类型分布

中国特产类农业文化遗产的空间分布不均衡状态还表现在特产类型上。根据特产类农业文化遗产分类体系的五大产品类别，全国各省区市特产类农业文化遗产在各产品类别的情况（表 8-5、图 8-4）。在所有的 1 544 项特产类农业文化遗产中，最多的是农业特产类，有 896 个，占总数的 58%；其次是农副产品加工品类，有 317 个，占总数的 20%；第三是畜禽特产类，有 161 个，占总数的 10%。这三类占到了总数的 88%。另外还有渔业产品 115 个，占总数目的 8%，林业特产 55 个，占总数目的 4%。

表 8-5 全国特产类农业文化遗产在各类别中分布表

类　别	数量（个）	千年以上特产数量（个）
101 谷物及其他作物	142	47
102 蔬菜、园艺作物	181	53
103 水果、坚果、饮料和香料作物	383	161
104 中药材	164	42
105 水生植物类	26	12
1 农业产品　合计	896	315
201 原木、原竹	2	1

（续 表）

类 别	数量（个）	千年以上特产数量（个）
202 非木材林产品与采集产品	46	10
203 其他林业副产品	7	1
2 林业产品 合计	55	12
301 畜产品	78	32
302 禽产品	64	18
303 其他	19	3
3 畜禽产品 合计	161	53
401 淡水产品	65	13
402 海水产品	50	7
4 渔业产品 合计	115	20
501 肉蛋制品	26	7
502 蔬菜加工品	18	3
503 水产加工品	4	1
504 茶	117	50
505 酒	54	19
506 调味品、发酵制品	18	3
507 其他	80	19
5 农副产品加工品 合计	317	102

从小类来看，水果、坚果、饮料和香料作物类特产类农业文化遗产最多，有 383 个，占总数的 24.8%，主要分布在山东、四川、陕西、山西、新疆等地；第二是蔬菜、园艺作物类，有 181 个，占总数的 11.8%，主要分布在四川、山东、河南、湖北等地；第三是中药材类，有 164 个，占总数的 10.6%，主要分布在四川、河南、湖北、山东、甘肃等地。第四是谷物及其他作物，有 142 个，占总数的 9.2%，主要分布在黑龙江、山西、湖北、山东、辽宁等地；第五是茶类，有 117 个，占总数的 7.5%，主要分布在四川、福建、安徽、

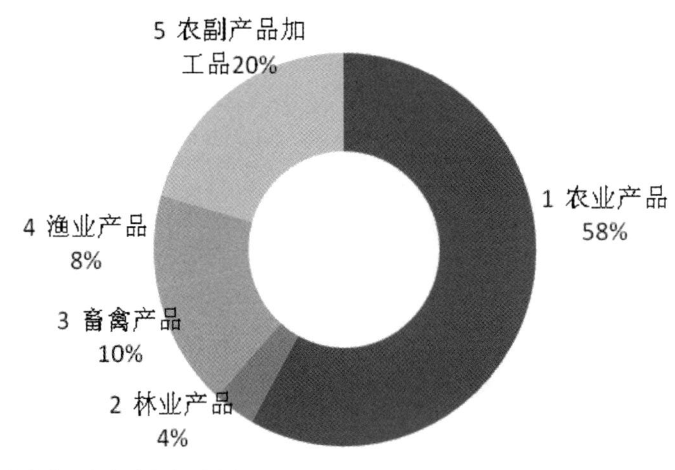

图 8–4 全国特产类农业文化遗产类型分布图

湖北、浙江、江西等地。此外，海水产品的分布比较集中，主要产于沿海的山东省、辽宁省，其他类产品分布则较为分散（表 8-5，表 8-6）。

表 8-6　各类别特产类农业文化遗产在各地区分布表

	101	102	103	104	105	201	202	203	301	302	303	401	402	501	502	503	504	505	506	507
安徽	1	3	8	7			1	2		1		4		1	2		13	5		3
北京		1	6																	
福建	6	10	15	7	1		2			2		2	1	1	2		14	2	1	7
甘肃	1	7	13	8			1		4		1						1	2		
广东	2	4	19	7	2		4		2	4	2	1	4	3	1		3		1	10
广西	2	10	12	3			1		5	7		4	2	2			8		1	3
贵州	3	4	6	7			1		1	2					1		6	2		4
海南													1				2			
河北	2	6	16		2							1		1				5		1
河南	7	18	19	17	1	1	3			5		2						2		1
黑龙江	16	4	7	3			4		3		1	12				2		2		1
湖北	11	17	8	13	5		2	2	3	4	1	9		2		1	13	2		5
湖南	1	6	10	3	2				7	2		2		2	1		7		1	1
吉林	6	1	6	4			3		1		1	1		1	1			5		2
江苏	3	8	2	1	3				4	2		6		3	1		2	2	1	1
江西	5	6	9	7	1	1	1		3	8	1	3					11	1		5
辽宁	10	2	11	4			4				2	2	10					4	1	2
内蒙古	7		1	5			1		7											3
宁夏	2	1	5	3					4	1								1		
青海	1	1	1	2					6									1	1	
山东	11	23	46	9	2				7	2		8	30				1	5	1	1
山西	15	9	26	2	2		1		4		2			1					1	2
陕西	9	5	29	6	1		2		1	1				1	1		3	2		4
上海			3		1				4			1						1		
四川	9	24	37	28			7	2	5	12	3	3		4	5	1	16	8	7	13
天津			6									2							1	
西藏		1	1	1			1		1											
新疆	4	5	24	3			2		2	2	3									2
云南	5	1	16	5	1				3	3				1			3			4
浙江	2		15	5	2		4	1	1	4		1	2	3	2		12	2		3
重庆	1	4	6	4			1			2	2	1			1		2		1	2

特产类文化遗产类型分布差异的另一表现是，各省市拥有的特产类文化遗产的种类数量也有差异。在 20 种特产类文化遗产类型中，四川省拥有 17 种，为拥有特产类文化遗产种类最多的省份；广东省、湖北省拥有 16 种；福建省、浙江省拥有 15 种；拥有 10 种以上特产类农业文化遗产的有 20 个省市；最少的是海南省，仅拥有海水产品和茶类产品两种。

（四）特产类农业文化遗产分布成因分析

传统农业产品是在特定环境中的产物，而将其收录为地理标志产品又受到中国相关地理标志产品保护制度的约束。因此，特产类农业文化遗产分布成因受到两个因素的影响，即产区的环境因素和地理标志产品保护制度因素。

1. 产区的环境因素

产区的环境因素包括，地形地貌、气候等自然生态环境和历史人文因素，这些实际上是特产类农业文化遗产分布差异的最主要因素。

特产类农业文化遗产在各省市的数量和类型的分布差异根本上是自然环境条件决定的。以四川省为例，四川省的特产类农业文化遗产无论是数量还是种类都居于全国首位，与其特殊的自然生态环境是分不开的。四川省位于中国西南腹地，地处长江上游，东西长 1 075 千米，南北宽 921 千米。处于中国大陆地势三大阶梯中的第一级和第二级，即第一级青藏高原和第二级长江中下游平原的过渡带，高差悬殊，西高东低的特点特别明显。地貌东西差异大，地形复杂多样。西部为高原、山地，海拔多在 4 000 米以上；东部为盆地、丘陵，海拔多在 1 000~3 000 米。自然气候东部冬暖、春旱、夏热、秋雨、多云雾、少日照、生长季长，有利于农、林、牧的综合发展，从而产出多种类型的农副产品。《汉书》卷二十八地理志记载："巴、蜀、广汉本南夷，土地肥美，有江水沃野，山林竹木蔬食果实之饶。"[①] 这说明，早在汉代时，自然环境就给四川地区带来了丰富的农业物产。

从海水产品的分布也可清楚地看到自然生态环境的影响。海水产品主要集中产于山东省和辽宁省。山东省三面环海，大陆海岸线北自无棣县的大口河河口，南至日照市的绣针河口，全长 3 345 千米，占全国大陆海岸线的 1/6。沿海滩涂面积约 0.3 万平方千米，15 米等深线以内水域面积约 1.33 万平方千米。辽宁位于中国东北地区南部，南临黄海、渤海，大陆海岸线长 2 292 千米，近海水域面积 6.8 万平方千米。辽阔的海域、丰富的近海资源都为两省产出海水产品创造了条件。

河南省地质调查院与国土资源部中国地质调查局 2008 年合作完成的一项大型农业基础地质调查研究[②] 发现，河南省的许多特色作物，其生长无不与特殊的地理、气候以及地质背景关系密切。洛阳牡丹之所以有"甲天下"的美誉，是因为它们生长在伊洛河流域广泛分布于熊耳群变质岩发育的土壤上，该土壤富含铁、锰等有益元素，使得牡丹花体丰盈，色泽娇艳，形态饱满，气味芬芳。新郑大枣汁多、质脆，具有"活性维生素丸"美誉，是因为新郑大枣主要生长在上沙下黏的土壤中，这既保证了枣树通气透光、排水通畅，又保水保肥，加之其下埋藏富含有益元素的古土壤层，使得新郑大枣富含维生素 C 等对人体有益的微量元素。"信阳毛尖"以"形美、色翠、香高、味浓"而驰名中外，调查发现，优质信阳毛尖主要分布在中酸性花岗岩分布区，并且土壤有机质产生的腐殖酸如胃液溶解食物一

---

① 佐佐木正治：《汉代四川农业考古》，四川大学博士论文，2004 年，第 4 页

② 汤传稷，毛文霞，周强：《破译河南特色农作物分布"密码"》，《地质勘查导报》2008 年 11 月 27 日

样，使得土壤中硅、钾、硒等有益元素大量溶出，这使得茶叶中茶多酚、咖啡碱以及氨基酸三项的配比最佳，由此造就了其独有的风味。此外，像灵宝苹果、焦作怀药、杞县大蒜等该省有名的特色农产品的品质均与气候、土壤等多种因素有关。

特产类农业文化遗产在各省市的数量和类型的分布差异也与灌溉条件、习俗、政策等历史人文因素存在密切关系。

众所周知，“水利是农业的命脉”。春秋战国时期的农业生产已经在我同古代达到了较高的水平。许多规模宏大的水利工程的兴修也为农业生产的发展打下了坚实的基础。春秋时期最著名的水利工程是芍陂和邗沟。芍陂相传始筑于楚庄王时期，为楚相孙叔敖主持修成。据《水经注》记载，芍陂周边达一百二十里，规模相当宏大，在今安徽寿县南。邗沟为吴王夫差所开掘。将沂水、济水也与淮河、长江连在一起，使得长江、黄河两大水系得以沟通。吴王夫差为北上争霸所修筑的这条运河对于南北交通产生了深远影响，运河两岸的水利灌溉也由此而受益。秦王政时秦国所修成的郑国渠对于秦国农业的发展起到了重要作用。四川自古农桑发达被称作“天府”，则有赖于都江堰之利。都江堰自李冰父子凿成，世代维修，离堆历二千多年不朽。大约初期“溉田万顷”。以后逐年增大，到晋朝可以灌溉蜀、广汉、犍为三郡（《华阳国志·蜀志》），至明代发展到灌溉十一个州县（嘉庆《四川通志》）。[①]《华阳国志·蜀志》充分肯定了这样持续大面积的农田自流灌溉，对四川农业的发展的重要意义：“冰乃壅江作堋，穿郫江，检江，别支流双过郡下，以行舟船。……又灌溉三郡，开稻田，于是蜀沃野千里，号为‘陆海’。旱则引水浸润，雨则杜塞水门，故纪曰：水旱从人，不知饥馑，时无荒年，天下谓之‘天府’也。”[②]可见“天府之国”的沃野千里与都江堰有直接关系。

特产类农业文化遗产的分布也受到习俗的影响。中国云贵高原是茶树原产地中心，魏晋南北朝时期，江南饮茶风习逐渐盛行，南方才兴起了许多茶叶种植和加工的基地。隋代的统一和大运河的开通，使南北经济文化交流更为便利，南方饮茶之风北传。唐中叶以后，各地饮茶始盛，士大夫间饮茶成风，北方的茶叶市场遂逐渐形成并不断发展。在北方茶叶市场的推动下，南方农户开始大量种植茶树。至宋代茶树的栽培遍及大半个中国，江南东西、两淮、荆湖南北及福建诸路，产茶的府、州、郡共38个。[③]现在的茶类农业文化遗产也都出自这些地区。

政策因素对农业的影响也是显而易见的，它对农业生产的发展和特产类农业文化遗产的分布也起着非常重要的作用。金太祖、太宗时期，出于政治上和军事上的需要，为保障对辽作战的胜利，巩固和稳定新占领地区的政治统治，采取了一系列稳定经济、发展农业生产的政策。其中重要的一条是实行移民“实内”政策，强制性地把辽西、华北及中原地区大批具有先进农业文化的汉族人民迁到上京等地区，以弥补“内地”劳动力之不足，发展女真内地经济。汉族人民定居东北之后，为开发东北地区增添了大量劳力，也带来了

① 谢忠梁：《农桑自古甲“天府”——四川农业史札记》，《思想战线》1978年第10期
② 赵禄祥，赖长扬：《资政要鉴 经济卷（上册）》，中国档案出版社，2009年，第63-66页
③ 乔慧：《唐代北方地区的茶叶传播及其社会影响》，山西大学博士论文，2011年

先进地区的优秀文化和先进的生产技术，以及新的农作物品种。至海陵王天德初年（1149年），该地区便已经普遍种植了小麦、黍、粟、稷、稻和麻等农作物。此外，还普遍种植各种菽类作物和葱、蒜、韭、葵、芥、长瓜、西瓜和桃、梨、枣等蔬菜和瓜果。其中，“西瓜形如匾蒲而圆，色极青翠，经岁则变黄。其瓞类甜瓜，味甘脆，中有汁，尤冷。”西瓜，原产于南非洲卡拉哈里热带半沙漠地区，后传入中亚，大约在唐末五代自中国新疆传到中国北方契丹地区。后来女真人灭辽，西瓜又由契丹地区传到中国东北女真地区。直到今天，吉林省白城地区仍然盛产这种味甘多汁的“洮南西瓜”。[①]

2. 地理标志产品保护制度因素

地理标志产品保护制度对特产类农业文化遗产的种类和分布现状也存在比较大的影响。中国传统农业产品资源丰富，但近年来很多特产由于环境恶化、品种退化等方方面面的原因消失或濒于消失。作为自然和人类农业文化的一种遗产，既是稀缺的，也是不可再生的。如果不加以保护，长此以往就会消失殆尽。然而从中国入选的地理标志来看，这些濒于消失的传统农业产品却都不在被保护之列。现行的地理标志保护制度，无论是保护条件还是保护内容都不利于传统农业产品作为一种“遗产”的保护。从保护条件来看，《地理标志产品保护工作细则》中规定，申请人申请时需要提供证明的材料，包括：能够说明产品的历史渊源、知名度和产品生产、销售情况的；规定产品生产技术的，包括生产所用原材料、生产工艺、流程、安全卫生要求、主要质量特性、加工设备技术要求等。《农产品地理标志管理办法》中规定，申请人申请时需要提供证明的材料，包括：产地环境条件、生产技术规范和产品质量安全技术规范；地域范围确定性文件和生产地域分布图。这些条件实际上要求申报的产品必须具备一定的生产规模、有较好的市场前景，因此一部分濒于消失，急于保护的传统农业产品资源未能纳入地理标志产品保护范围。此外，还有一些传统农业产品虽然历史悠久，但由于缺少文献记载不能提供产品的历史人文资料以满足申报条件的，也未能纳入地理标志产品保护范围。

中国特产类农业文化遗产数量众多，历史悠久，特色鲜明，质量优异。呈现出区域分布和类型分布不均衡状态。在区域分布方面，尽管全国都有特产类农业文化遗产分布，但大部分特产类农业文化遗产主要集中在四川、山东、湖北、河南、广东、福建等省份。特产类农业文化遗产类型也呈集聚状态分布，如最多的是农业产品类；第二是农副产品加工品类；第三是畜禽特产类。产区的环境因素是影响特产类农业文化遗产分布的根本原因，而历史上区域经济发展和交通状况也影响着特产类农业文化遗产的形成。特产类农业文化遗产作为地理标志产品保护的对象，其入选名录无疑也受到相关保护制度的影响。

2012年农业部启动了“中国重要农业文化遗产”发掘工作，随着国家对文化遗产保护工作的重视程度日益加强，特产类农业文化遗产也需要进行发掘、整理，并建立起专门的保护制度。但从覆盖范围和涉及数目来看，《地理标志产品保护规定》与《农产品地理标志管理办法》的作用短期内还无法被取代，在这两个制度下对特产类农业文化遗产进行切实

① 孙乃民:《吉林通史 第一卷》，吉林人民大出版社，2008年，第392-402页

保护仍然十分必要。

本次调查以 2000—2013 年间国家质量监督检验检疫总局批准的原产地域产品和地理标志产品、2008—2013 年间农业部批准的农产品地理标志产品名录为基础数据，分析了特产类农业文化遗产在该制度中表现出的区域分布特征、类型特征及其影响因素，并对其中重要的特产类文化遗产分布区域、历史沿革、品质特征、保存现状、经济文化生态价值等进行了整理，这对于理解中国特产类农业文化遗产的保护现状和发展具有现实意义。由于受资料可获取性和书籍的篇幅制约，同时，因所能搜集拿捏的资料毕竟有限，故在编辑过程中，只选择了部分口碑极广、特色相对突出的产品。

三、特产类农业文化遗产保护利用实践

（一）特产类农业文化遗产相关的法律法规

中国农业文化遗产保护工作起步较晚，目前还没有专门针对特产类农业文化遗产保护的法律、法规和制度。许多特产类农业文化遗产由于符合中国地理标志产品保护制度相关规定，获准了注册登记，被纳入国家地理标志产品登记保护范围。

1. 原产地域产品保护规定

为了有效地保护中国的原产地域产品，规范原产地域产品专用标志的使用，保证原产地域产品的质量和特色，1999 年 8 月 17 日，原国家质量技术监督局（后并入国家质检总局）发布了《原产地域产品保护规定》。该规定成为中国第一部专门规定地理标志产品保护制度的部门规章。

规定所称原产地域产品，是指利用产自特定地域的原材料，按照传统工艺在特定地域内所生产的，质量、特色或者声誉在本质上取决于其原产地域地理特征并依照该规定经审核批准以原产地域命名的产品。国家质量技术监督局同国务院有关部门确定原产地域产品保护范围。国家质量技术监督局对原产地域产品的通用技术要求和原产地域产品专用标志以及各种原产地域产品的质量、特性等方面的要求制定强制性国家标准。

2001 年 3 月，原国家出入境检验检疫局发布了《原产地标记管理规定》和《原产地标记管理规定实施办法》，对中国原产地标记（含原产国标记和地理标志）的申请、注册、使用和监督管理做出了详细规定。

2. 地理标志产品保护规定

2001 年 4 月 10 日，原国家出入境检验检疫局和原国家质量技术监督局合并为国家质量监督检验检疫总局。2005 年 6 月 7 日，国家质检总局制定发布了《地理标志产品保护规定》，并于当年 7 月 15 日开始正式实施，标志着地理标志产品保护制度在中国的进一步完善。

规定所称地理标志产品，是指产自特定地域，所具有的质量、声誉或其他特性本质上取决于该产地的自然因素和人文因素，经审核批准以地理名称进行命名的产品。地理标志产品包括：（1）来自本地区的种植、养殖产品。（2）原材料全部来自本地区或部分来自其

他地区，并在本地区按照特定工艺生产和加工的产品。保护的地理标志产品，应根据产品的类别、范围、知名度、产品的生产销售等方面的因素，分别制订相应的国家标准、地方标准或管理规范。

地理标志产品产地范围内的生产者使用地理标志产品专用标志，应向当地质量技术监督局或出入境检验检疫局提出申请。经国家质检总局审查合格注册登记后，生产者即可在其产品上使用地理标志产品专用标志，获得地理标志产品保护。对于擅自使用或伪造地理标志名称及专用标志的；不符合地理标志产品标准和管理规范要求而使用该地理标志产品的名称的；或者使用与专用标志相近、易产生误解的名称或标识及可能误导消费者的文字或图案标志，使消费者将该产品误认为地理标志保护产品的行为，质量技术监督部门和出入境检验检疫部门将依法进行查处。

地理标志产品日常监督管理的内容包括：第一，对产品名称要进行保护，监督有没有侵权行为，依法采取保护措施；第二，对产品是否符合地理标志产品保护批准公告和批准等方面要进行监督，以保证受保护产品是在特定区域内的规范生产。一是否超过范围，二是否按照要求的质量生产；第三，对产品的生产环境、生产设备和产品的标准符合性进行现场检查，以防止随意改变生产条件，影响产品的质量特色。第四，对原材料实行进厂检验把关；第五，生产者不得随意更改传统的工艺流程。对产品的质量特色不得造成损害；第六，对质量等级和产量进行监控。生产者不得随意改变等级标准或者超额生产；第七，对包装标识和地理标志产品的专用标志的印刷、发放和使用情况进行监督，建立台账，防止滥用和其他不按照要求使用的行为发生。

3. 农产品地理标志管理办法

为做大做强传统地域农业特色品牌，推动特色农业和农业区域经济快速发展，2007 年 12 月 25 日，中华人民共和国农业部以第 11 号农业部令的形式颁布了《农产品地理标志管理办法》。标志着农业部也正式参与到地理标志的管理中。

办法所称农产品是指来源于农业的初级产品，即在农业活动中获得的植物、动物、微生物及其产品。该办法所称农产品地理标志，是指标示农产品来源于特定地域，产品品质和相关特征主要取决于自然生态环境和历史人文因素，并以地域名称冠名的特有农产品标志。农业部设立的农产品地理标志登记由种植业、畜牧业、渔业和农产品质量安全等方面的专家组成的专家评审委员会负责专家评审。获准通过的农产品颁发《中华人民共和国农产品地理标志登记证书》，公布登记产品相关技术规范和标准。办法规定，县级以上地方人民政府农业行政主管部门应当将农产品地理标志保护和利用纳入本地区的农业和农村经济发展规划，并在政策、资金等方面予以支持。同时国家鼓励社会力量参与推动地理标志农产品发展。

（二）特产类农业文化遗产国家地理标志保护相关制度

1. 国家质检总局地理标志登记

原国家质量技术监督局早于 20 世纪 90 年代初，借鉴法国原产地监控命名制度的基本作法，结合中国国情，开始探索建立中国地理标志产品专门保护制度。1999 年 8 月 17 日，原国家质量技术监督局发布了《原产地域产品保护规定》，这是中国第一部专门规定地理标志产品保护制度的部门规章。其明确了中国地理标志产品保护的法律地位，标志着有中国特色的地理标志产品保护制度的初步确立。

2000 年 1 月 31 日，中国政府发布第一份地理标志产品保护批准公告，绍兴酒成为中国第一个受到保护的地理标志保护产品。3 月 5 日，为积极应对入世需要，原国家出入境检验检疫局根据 WTO《与贸易有关的知识产权协议》（TRIPS）的相关精神，结合中国国情，发布了《原产地标记管理规定》及其实施办法，对中国原产地标记（含原产国标记和地理标志）的申请、注册、使用和监督管理做出了详细规定，为扩大中国地理标志产品出口，提升国际竞争力发挥了积极作用。

2004 年 10 月，中编办批准国家质检总局成立科技司，设立地理标志管理处，统一管理地理标志保护工作。

2005 年，国家质检总局修订发布了《地理标志产品保护规定》。取代了 1999 年的《原产地域产品保护规定》。新规定对地理标志产品保护的申请、审核、认定以及管理在国家质检总局系统作了统一，体现了统一名称、统一制度、统一注册程序、统一标志和统一标准的“五个统一”原则。并规定：结合地理标志产品保护的区域特点，在国内知名度大、销售范围广的地理标志产品可以制定国家标准。在一定地域范围内有较高知名度，主要销售范围相对集中在特定区域的产品，可以制定地方标准。知名度较小，销售主要局限在当地的产品，可以制定管理规范。可见新规定已不再要求地理标志产品必须执行强制性国家标准，推荐性国家标准和地方标准、管理规范可视情况制定。新规定的发布实施，使地理标志保护工作走上了规范、科学、快速发展的轨道。

2006 年国家质检总局组织进行了第一次地理标志资源调查，2009 年 8 月又组织开展了第二次资源调查，各地质检机构共上报 2 000 多个地方特色产品。国家质检总局根据资源调查的情况，制定中长期发展规划，研究、筛选，并结合“十二五”规划，有针对性地扶持地方特色产品，特别是中西部欠发达地区的特色产品，把符合规划的产品纳入地理标志保护范畴。中国地理标志制度推行十多年来，已经建立起比较完善的与国际惯例接轨的地理标志产品保护的法规标准体系，对每个产品都制定了专门的质量技术要求，配套了相应的技术管理规范或标准，并开始实施备案审查，探索建立了一套比较完整的法规标准体系。与此同时，还培养了一支高素质、高水平、复合型的地理标志保护审查专家队伍，覆盖法律、农产品和食品、加工、园艺、水产、中医药、传统工艺、标准化等多个领域。迄今为止，质检总局已经组织制定完成了 600 多个地理标志保护产品的各类标准、700 多个质量技术要求。[①]

2007 年，北京市平谷区被国家质检总局列为国内首个地理标志产品保护示范区，同时

① 数据来源：《中国地理标志产品保护工作 10 年发展纪实》，石家庄质监网，http://www.sjz12365.gov.cn/ 2012 年 9 月 6 日

还制定了示范区管理办法，并对 15 万人进行了专门培训。[①]2010 年为进一步发挥地理标志保护制度的积极作用，推广保护经验，推动保护工作科学发展，质检总局在总结第一批地理标志产品保护示范区建设的基础上，下发《关于组织开展地理标志产品保护示范区试点工作的通知》(国质检科函〔2010〕1005 号)，在四川、江苏、浙江、湖南、山东等省份设立地理标志保护产品示范区，继续探索示范区建设经验，发挥示范区的引领效应。要求各地质检机构制定实施方案，加强巡查、督导和服务，紧密依靠地方政府，围绕当地总体发展规划，促进地理标志保护与当地经济、社会、文化发展的有机结合。示范区的工作将很快从平谷逐渐推广到全国的地理标志产品产区。

2. 农业部农产品地理标志登记

农业部自 2008 年 2 月 1 日起全面启动农产品地理标志登记保护工作，至今已开展了 7 年时间。目前中国农产品地理标志登记保护工作，步入了制度化、规范化和常态化的管理轨道，已经进入了快速发展新阶段。各省级农业部门依托地县两级农业部门广泛开展了本地区、本行业农产品地理标志资源普查，并对申请人资格、生产区域划定等进行审查和现场核查。农业部农产品质量安全中心依据《农产品地理标志管理办法》的实施需要，配套组织制定了《农产品地理标志产品品质鉴定规范》、《农产品地理标志质量控制技术规范(编写指南)》、《农产品地理标志专家评审规范》、《农产品地理标志登记申请人资格确认评定规范》、《农产品地理标志公共标识设计使用规范手册》等 20 多个配套技术规范，对申请人资质确认、质量控制技术规范、产品品质鉴定、专家评审规范、核查员培训注册、标志使用、检测机构管理等各个环节进行了明确的规定。目前登记保护制度规范已基本配套齐全。

在专家队伍方面，农业部成立了农产品地理标志登记专家评审委员会。在工作机构方面，各省级农业部门依托各级无公害农产品工作机构相继明确了农产品地理标志工作机构，充实了人员，开展本地区、本行业农产品地理标志的资源普查，并组织推进了申报和审查评审工作。在检测机构方面，经各省级农产品地理标志工作机构审核推荐，已筛选确定 70 余家农产品地理标志产品品质鉴定检测机构。在核查员队伍方面，山西、湖南、福建等省相继举办了本地区、本行业的农产品地理标志培训。

标志的规范使用是保护登记申请人、保障使用人和消费者合法权益的有效措施，也是农产品地理标志监督管理工作的重点和有效依据。在标志使用管理方面，农业部农产品质量安全中心与防伪公司合作，研制出了多种类、多规格的可追溯防伪标志，供标志使用人根据实际需要选择使用；制作了《农产品地理标志公共标识设计使用规范手册》，规范公共标识标准色、文字、组合图形等内容，并配合了不同包装上的应用示范，以规范标志使用人印刷使用行为。

---

① 数据来源:《中国地理标志保护的现状与展望》，国家知识产权局网，http://www.sipo.gov.cn/2009 年 4 月 13 日

（三）特产类农业文化遗产获准地理标志登记所产生的效果

从目前已实施地理标志产品保护制度的地区和企业来看，特产类农业文化遗产获准地理标志登记后带动了传统农业向高效农业的转变，在农业传统资源保护、产业发展、品质升级、农民增收和促进特色农业发展等方面发挥了重要的推动作用。

1. 保护传统农业资源和生物多样性

中国自然地理条件优越，农耕文明和饮食文化历史悠久，极具地域特色农业资源和传统优势品种资源丰富。许多传统、优秀的农业生态环境和物种资源由于过去保护不力而逐渐退化和消亡，有的因生产无限扩大和品种过度推广而丧失品质特色。农产品地理标志是指标示农产品来源于特定地域，产品品质和相关特征主要取决于自然生态环境和历史人文因素，并以地域名称冠名的特有农产品标志。自启动地理标志登记工作以来，各地积极开展调查摸底，查阅地方志、族谱、气象调研论文等资料，对符合地理标志保护要求的特色农产品追溯渊源摸清生产范围、规模、质量特征、知名度和历史渊源，建立健全辖区特色农产品基本情况档案。对发掘保护地方特色农业资源和农业物种资源，保护农产品产地生态环境和农业生物多样性起到了积极作用。

2. 产品核心竞争力大幅度提升，促进了传统农业向市场农业转变

获准登记的传统农业产品通过打响地理标志品牌，有效提升了传统农产品的核心竞争力和市场占有率。许多传统农业产品注册前，主要销路是农贸市场，价格很低；注册后，实行统一标准、统一加工、统一品牌和统一包装，价格提高几倍，销路也由农贸市场零散销售，发展成集约式销售，促进了千家万户分散经营的传统农业向高效集约的市场农业转变。

3. 促使地理标志产品产地加强管理，保证产品质量

现在许多国家都对农副产品、食品抬高了准入门槛，提出了更高要求，由于国家质检部门对受保护的地理标志产品的生产范围、原材料、生产工艺、质量、数量等各方面都进行严格的监控，在监督管理的同时为企业提供技术咨询服务，通过与企业的共同努力，使产品的质量得到了保证和提高。农业部门为防止地域特色农产品品质退化、上市农产品低质雷同和地域特色农产品品牌公信力丧失，实施农产品地理标志登记保护，通过强化品种培育、肥力调节、技术推广、标准化生产等生产管理措施，最大限度地保持和提升地域特色农产品独特品质与品牌价值，从根本上解决农产品品质趋同、生产遍地开花、品牌杂乱的问题，以适应国内外农产品贸易和消费多样化需求。湘莲是湖南湘潭的传统特色产品，湘潭被誉为莲城。多年来，湘潭及周边市县积极开展湘莲地理标志产品保护工作，不断推进湘莲标准化种植，严格控制湘莲的种植程序。先是精选具有寸三莲、芙蓉莲或太空莲品种特征特性、有2~3个完整节、藕芽完整、无病斑、无严重机械伤、生长健壮的无病优良种藕。每年3月中下旬深耕莲田，清明前后栽植，9月采摘。用传统方法手工加工通芯湘莲，需在莲子充实而壳未老硬，莲子为紫褐色或黄褐色时采收，以便去壳。加工圆粒湘莲、钻芯湘莲、磨皮白莲、开边湘莲的在莲子完熟时采收，并将采摘的莲蓬选择晴好天气摊在

洁净专用的竹垫上晒干。[①] 湘莲经去壳、去皮、去芯等标准化工序后保证了湘莲的品质，成为广受消费者喜爱的产品。

4. 经济效益明显提高，农民增收显著

由于受到国家的专门保护，提高了地理标志产品的知名度、质量信誉和无形资产价值，市场销量、出口量大幅度提高。据质监部门统计，受保护产品的经济效益平均提高了 20% 以上，有的甚至成倍增长。[②] 陕西省凤县是“中国花椒之乡”，所产的大红袍花椒已有千余年生产历史，具有色鲜、粒大、肉厚、麻味悠长、清香浓郁等特点。据专业机构测定：其麻味素、芳香油等含量居全国花椒之首，被誉为“花椒之王”。凤县大红袍科技有限公司在凤县花椒获得地理标志保护后，四年内产值由 300 万元扩大到 3 500 万元，花椒价格从每千克 22 元增至 70 元。[③] 北京平谷大桃从 2007 年开始使用专用标志。一般的桃子卖 6 元一千克，平谷大桃论个卖，一个就要卖 30 元。[④] 此外，福建安溪，这个国家级贫困县，凭着“安溪铁观音”10 年间发展成为福建县域实力十强、发展十佳县。2011 年涉茶行业总产值 92 亿元，全县农民人均纯收入 9 540 元中，有 5 340 元来自茶业。[⑤] 可以说，获得地理标志保护的产品，附加值都大大提高，农民收入显著增长。

5. 国内外市场环境明显好转

实施地理标志产品保护之后，假冒产品受到查处，公平竞争的市场环境使消费者购物信心增加，从而使传统农业产品的市场环境明显好转。在新疆吐鲁番，葡萄一直是当地颇具特色的农产品，但由于缺乏保护，侵权假冒现象非常普遍，致使吐鲁番葡萄及加工制品葡萄干一度受到严重损害。自从“吐鲁番”葡萄、葡萄干注册为地理标志后，使得保护吐鲁番葡萄、葡萄干有了法律武器，侵权现象逐渐减少，吐鲁番葡萄的生产加工终于走上了市场化、产业化的发展道路。2001 年绍兴酒成为中国第一个受到保护的地理标志保护产品时，具有 2 400 多年历史的绍兴黄酒正深受假冒之苦。大量的非绍兴地区的黄酒纷纷冠以“绍兴酒”之名冲击市场，甚至出口。绍兴酒国际市场 2/3 的份额竟被产自日本、中国台湾等地的“绍兴酒”所挤占。绍兴酒实行原产地域产品保护以后，在日本市场，中国台湾产绍兴酒的份额从保护前的 80% 迅速下降到 25% 左右。[⑥] 嘉兴粽子（“五芳斋”牌）自 2003 年 5 月通过地理标志注册认证、加贴标志后，进一步拓展了国际市场，顺利地打进了美国、加拿大、澳大利亚等国家的市场。

---

① 《湖南湘潭大力推动湘莲产业发展》，湖南质检网，http://www.hncqn.com/2011 年 03 月 04 日

② 何定明：《地理标志产品经济效益平均提高 20%》，《农民日报》2011 年 01 月 13 日

③ 《化优势为效益搭平台闯世界——关于做好地理标志产品保护工作的实践与思考》，中国质检网，http://www.cqn.com.cn/ 2009 年 11 月 6 日

④ 《创新体系支撑精品大桃产业 北京平谷完善大桃地理标志产品保护形成体系》，中国质检网，http://www.cqn.com.cn/2011 年 9 月 29 日

⑤ 赵鹏：《安溪缘何不添新茶园》，《人民日报》2012 年 10 月 14 日

⑥ 赵建国：《地理标志保护祛特色产品假冒之痛》，中国知识产权报资讯网，http://www.cipnews.com.cn/ 2009 年 11 月 6 日

6. 社会效益大幅度提升，全面促进了农业产业结构调整

实施地理标志产品保护之后，地理标志品牌效应被运用到农产品生产、加工、流通等各个环节，实现了产业链延伸，提升了农业产业集聚水平，促进了产业结构调整。湖南“湘莲”品牌效应带动湘潭整个湘莲产业发展。随着湘莲产业的发展和湘莲贸易量的增长，湘莲产品每年为农民增收在 1.5 亿元以上。目前，湘莲标准化种植面积达 6 666 公顷，湘莲及其深加工产品年产值 10 亿多元，年产值在千万元以上的湘莲加工企业就有 9 家，500 万元以上的达到 20 余家。同时，还促进了就业、带动整个产业链发展，湘潭县的花石镇、中路铺镇、易俗河镇是湘莲的专业市场，仅花石镇市场就有湘莲经营户逾千家，成为最大的湘莲集散市场。这 3 大市场年销售湘莲及湘莲深加工产品 8 万至 10 万吨，占全国湘莲销量的 80% 左右，年销售额达 10 亿元，主导着全国的湘莲市场，并成功打入国际市场。[①]

（四）特产类农业文化遗产地理标志保护存在的问题

相比国外实施地理标志保护 100 多年的历史，中国实施地理标志产品保护制度的时间还不长，不可避免地存在许多不足之处，在特产类农业文化遗产保护方面还存在许多问题。

1. 商标权与地理标志权的冲突

2001 年 10 月中国对《中华人民共和国商标法》(下简称《商标法》) 进行了修订并于 2002 年 8 月获得通过，明确将地理标志的保护写入《商标法》，并承认地理标志为私权性质的产权之一；另外合并后的国家质量监督检测检疫总局于 2005 年颁布了《地理标志产品保护规定》，统一了术语并明确了地理标志产品范围。2007 年 12 月，作为全国农业主管部门，农业部发布了《农产品地理标志管理办法》，也正式参与到地理标志的管理中。从而地理标志的管理主体由原来的质检、工商两部门增加到三部门共同管理。三部门都在各自的法规中明确规定负责全国地理标志的登记管理和标志的使用及监督管理，如农业部《农产品地理标志管理办法》规定“农业部负责全国农产品地理标志的登记工作”，质检总局《地理标志产品保护规定》规定其“统一管理全国的地理标志产品保护工作”，而商标局《地理标志产品专用标志管理办法》则规定“专用标志应严格按照国家工商行政管理总局颁布的专用标志样式使用，不得随意变化”。地理标志的申请人面临的问题是当申请了工商部门的特殊商标（集体和证明商标）体系管理后是否还要或者是否还有必要再申请质检总局或农业部的另外一套体系保护。实际情况是，截至 2012 年年底国家质监总局批准的 769 个特产类农业文化遗产地理标志中，有 182 个[②] 也通过国家工商总局进行了商标注册。另外还有少数特产类文化遗产在 3 个部门进行了注册。这不仅加重了市场主体和行政部门的负担和企业的运行成本，也为地理标志保护工作和三者之间权利的协调带来了难度。对部门之间的规章和法规之间的不一致法律上并没有作出相应的规定。如 3 种保护方式的选择问题，地理标志专用标志的管理问题，商标体系下的地理标志、质检总局保护下的地理标志与农业

① 《湖南湘潭大力推动湘莲产业发展》，湖南质检网，http://www.hncqn.com/2011 年 03 月 04 日

② 根据国家工商总局公布的《中国已注册和初步审定地理标志商标名录（截至 2012.6.30）》统计，未包含 2012 年 6 月 30 日至 2012 年 12 月 31 日期间的重复数量

部管理体系下的地理标志三者之间的权力属性问题等都没有作出明确的说明。中国《商标法》规定“已经注册的使用地名的商标继续有效”，但是对这种因允许继续使用而产生的商标与地理标志（或原产地名称）之间的冲突如何处理却并没有规定。3 种体系下的权利之间难免出现冲突。

2. 现行的地理标志保护制度在“遗产”保护方面的缺失

中国传统农业产品资源丰富，但近年来很多特产由于环境恶化、品种退化等方方面面的原因消失了，或濒于消失。作为自然和人类农业文化的一种遗产，既是稀缺的，也是不可再生的。如果不加以保护，长此以往就会消失殆尽。地理标志产品是地理、文化传统的结晶，随着全球经济的发展，地理标志产品已经成为独特的资产，保护地理标志的实质是保护一种传统资源，保护自然和人类文化遗产，使之能够延续发展。然而从现行的地理标志保护制度来看，无论是保护条件还是保护内容都不利于传统农业产品作为一种“遗产”的保护。从保护条件来看，《地理标志产品保护工作细则》中规定，申请人申请时需要提供证明的材料，包括：能够说明产品的历史渊源、知名度和产品生产、销售情况的；规定产品生产技术的，包括生产所用原材料、生产工艺、流程、安全卫生要求、主要质量特性、加工设备技术要求等。《农产品地理标志管理办法》中规定，申请人申请时需要提供证明的材料，包括：产地环境条件、生产技术规范和产品质量安全技术规范；地域范围确定性文件和生产地域分布图。这些条件实际上要求申报的产品必须具备一定的生产规模、有较好的市场前景，这样就使得一部分濒于消失，急于保护的传统农业产品资源不能获得地理标志登记的保护。从保护内容来看，地理标志保护的是产品的品质，或者说保护的是“物质遗产”，没有对传统农业产品的“非物质文化遗产”进行保护。如果对现存的传统农业产品“非物质文化遗产”部分不加以保护，将来会留下不可弥补的遗憾。

3. 地理标志滥用现象严重

传统农业产品，属于一个特定地理区域内的“公共资源”，这种“公共资源”所表现出来的权利主体的不特定性和公共性与生产经营者个体利益的私有性必然产生冲突，很容易出现生产经营者为个体利益而不顾全局投机取巧、损害地理标志产品声誉的行为。加上长期以来对地理标志产品保护措施不力，导致获得地理标志权的产品被仿冒或粗制滥造情况的发生。特产类农业文化遗产在注册地理标志后，平均价格比注册前上涨最少 20%，最高的上涨接近 30 倍。正因为如此，让一些地理标志区域内和区域外的生产者看到了地理标志背后的巨大利益，大肆将特定区域外的非地理标志产品冒充地理标志产品进行销售。还有一些在地理标志产品范围内的企业看到地理标志产品巨大的市场潜力和良好的销路，出现了“鼠目寸光”、“杀鸡取卵”的做法。为了短期内赚取高额利润，粗制滥造、以次充好，生产的产品或者缺乏其独特的品质，或者由于缺乏独特的生产工艺和技术诀窍，导致其生产的所谓“地理标志产品”质量的不稳定，甚至是劣质产品，从而致使很多消费者在购买到所谓的“地理标志产品”上当后，便对同一地理标志产品不再问津，从而渐渐地使真正的地理标志产品失去了市场，这一做法严重损害了产品质量过硬、信誉良好的地理标志产品合法权利人的利益，给他们造成不可弥补的损失。例如，广西凌云白毫茶 2003 年获得地理标志，生产加工厂由保护前的 46 家发展到现在的 102 家，但除了广西浪伏茶业有限公司成为龙头企业以外，大部分企业规模小，设备差，生产出来的产品粗制滥造，使“凌云白毫茶”的声誉受到严重损害。

4. 缺乏品牌经营和创新意识

有些地区在地理标志的品牌宣传上缺少规划和举措，致使地理标志不为消费者熟悉，品牌效应不强，没有带来应有的市场效益，企业也不愿使用，因此出现了“申报热、使用冷”的局面。另外，一些地方的企业和政府部门在地理标志保护中重利用，轻投入，缺乏创新意识。而事实上，随着社会经济的发展和市场环境的变迁，原有的地理标志产品必须与时俱进，在继承传统的同时不断进行创新，如果只是一味地“啃老本”，不思创新，在激烈的市场竞争中原有的产品必然会失去优势，甚至有被淘汰的危险，地理标志所具有的品牌效应也会逐渐丧失。

（五）完善特产类农业文化遗产保护工作的对策措施

1. 制定专门的地理标志保护法

专门法保护，是指通过专门立法的形式对地理标志进行全面保护的一种方式。法国是对地理标志保护探索最早的国家，到目前为止国际上只有 19 个国家按照法国模式保护原产地名称。这种立法模式充分考虑到了原产地名称权作为一项特殊产权的特点，并赋予了产地范围内特定经营者对原产地名称的专属使用权和禁止权，保护力度较强。尽快建立类似于法国的地理标志保护专门立法制度，制定地理标志法。明确地理标志的概念，地理标志应具备的条件，地理标志取得的程序，地理标志的管理机构、地理标志权人的范围，地理标志权的内容和保护期，地理标志的使用和监督管理，地理标志权的限制、转让，地理标志权的保护，侵权者应承担的法律责任等。尤其是要充分考虑地理标志的各个管理机构的工作性质，明确其职责权限。在与农产品的直接相关性、农产品的生产、流通和指导管理上，例如产地范围的确定和产品特定的生产方式上农业部门具有较多的优势；而质检总局的职能主要在于进行产品质量监督工作，负责对国内生产企业实施产品质量监控，组织实施检验检疫和标准化工作，因此在地理标志产品质量的确定和检验检疫上面，质检总局则具有较多的经验。但是农业部和质检总局之间在地理标志管理上的这一差异并不是截然分开的，因为地理标志所涉及的产品产地范围的划分也是需要对其质量特性进行调查后才能确定，这就涉及两部门之间的沟通与协调。

2. 实现非物质文化遗产与物质文化遗产双重保护

许多传统农业产品不仅具有优良的品质特点，而且富含非物质文化遗产价值。因此，对传统农业产品应当实施非物质文化遗产与地理标志双重保护。政府在这一过程中，应当树立先保护后发展的理念，在特产类农业文化遗产保护过程中起主导及推动作用。短期内，要组织相关部门对所辖区域内的传统农业产品的情况调查摸底，不仅要深入了解传统农业产品资源状况、种养数量、类型分布、品质特征、生产流通、市场占有等情况。还应当挖掘与整理中国传统农业产品历史渊源，并结合各地区文化、风俗习惯等特点，收集与整理传统农业产品的非物质文化遗产资料（尤其是传统制作技艺、民俗、民间文学等），深入研究其非物质文化遗产与文化内涵。在此基础上通过申报地理标志产品保护其品质，通过申报国家非物质文化遗产保护体系保护其传统制作工艺及与之有关的传说、诗歌、民谣、典故、民俗等非物质文化遗产。长远来看，国家要建立专门的特产类文化遗产保护制度，构建起国家级、省级、市级、县级四级保护体系。对于现存的重要特产类文化遗产要建立档案，做出规划，有计划、分步骤地纳入登记范围，列为重点登记保护对象，划定相应的文化生态保护区，将特产类文化遗产原状地保存在其所属的区域及环境中，使之成为“活文化”。

3. 加强特产类农业文化遗产管理，保护地理标志的权威性

一方面各级地方政府主管部门和行业协会应当加强传统农业产品地理标志注册后的后续质量管理指导工作，要及时开展技术指导，对区域内的特定传统农业产品制定严格的生产技术规程，统一质量标准，以此引导种养农户和加工企业严把质量关，不断提高产品质量标准，使具有地理标志商标的农产品品质、信誉、知名度向良性发展；另一方面，各级地方政府主管部门和行业协会还应该加强地理标志使用中的监督和管理，保护地理标志的权威性，提升地理标志的品牌价值。地理标志作为一种集体知识产权，它的合理使用和保护对提升其品牌价值至关重要。如果管理不善，就可能会出现所谓的公有地悲剧，给地理标志的品牌价值造成极大损害。政府主管部门和相关行业协会，应注意对现有的地理标志产品的经营者加强管理，规范地理标志的使用，关注地理标志产品的质量监控和特色维护，以保障地理标志独特性和稀缺性；对地理标志滥用情况加大查处力度，切实保护农民和农业生产企业的合法权益，保证地理标志的权威性，以防止其品牌价值流失。

4. 加强特产类农业文化遗产地理标志的品牌和产品推广工作

各级地方政府应在行业协会的协助下，依托当地特殊的历史人文和自然资源，不断提升特产类农业文化遗产地理标志的品牌价值。通过品牌核心价值统帅特产类农业文化遗产生产企业和农民的所有营销传播活动，借助于广告媒体宣传和公关活动以及举办各种具有地方特色的文化宣传活动等，提高特产类农业文化遗产地理标志的品牌知名度和文化价值，并通过积极参加国内外的产品会展，以及自主举办产品展销会、商品交易会等多种手段，传递产品信息，扩大产品的市场需求。让消费者在任何一次接触品牌时都能感受到品牌统一的形象，强烈地感受到品牌的亲和力和感染力，不断加深消费者对品牌的记忆和认知度、美誉度。

四、特产类农业文化遗产保护利用理论研究

（一）相关论文发表情况

从 2005 年浙江青田的稻鱼共生系统被列为全球重要农业文化遗产保护试点开始，国内外学者对于农业文化遗产保护研究的数量日渐增多，已取得大量丰硕成果，然而，特产类

农业文化遗产保护与开发研究在中国尚未得到足够的重视，理论研究显得十分薄弱。目前从相关研究来看，现有研究内容主要集中在两大方面，一是有关特产与特产营销方面的研究，二是有关地理标志产品的研究。

1. 有关特产与特产营销的研究

余敏早在 2003 年在其“特产的地域禀赋探析”一文中分析了特产与地理环境关系，提出自然地理环境是特产形成的物质基础，人文地理环境是特产发展重要条件的观点。①

谌飞龙的《论“土特产”品牌建设与区域特色经济振兴》(2007) 专门针对“土特产”品牌发展观以及土特产品牌发展缺失的主要原因进行了分析，并提出了“1234 支撑模式”发展特产经济，即一特色产业集群为基础；土特产品牌、企业品牌两层次品牌建设是核心；政府、行业协会、企业，三组织推动为动力；专业化生产、网络化经营、现代化管理、品牌化运作四化联动是出路。②

陆卫平、赵银德于 2009 年对“特产”的原产地形象进行了研究。他们认为由于消费者拥有的“特产”知识的结构特征以及“特产”具有“信任型产品”的特征，使原产地形象的相关理论可以应用到“特产”的研究中。对与“特产”紧密相关的一些原产地形象的已有研究成果进行了梳理，并提出了“特产”的原产地形象研究今后可以开展的方向。这些方向包括：有关“特产”的原产地形象效应研究、有关“特产”的原产地形象认知形成的研究和有关“特产”的原产地形象效应变量之间的关系研究等。③

邓伟（2011）对地方特产概念进行了科学界定，阐述了地方特产的独特性、地域性、稀少性、不敏感性、媒介性、可持续性、“蜗居”性等 7 个基本特征，并将商业模式的构建理论与地方特产企业的具体实际相结合，以商业模式的四维立体模型为基础，通过对资源条件与市场机会的分析，构建起地方特产的价值发现系统、价值创造系统、价值实现系统和价值持续系统，提出了打造地方特产核心竞争力的“四力驱动模型”。④

以上研究都为特产品牌研究提供了较为新颖的思路和观点。此外还有的学者针对传统特产发展面临的困境，关注传统特产的营销管理问题。

刘玉来（2008）认为，特产企业的生命和实质在于独特，制定独特有效的策略是它们成功的必要条件。而目前特产企业混淆与其他企业的现象还比较普遍，缺乏独特的观念、品牌、营销策略、营销人才，严重制约了他们的发展。为此，它们必须打造独特，创新营销，在“特”字上下功夫，通过树立品牌、开发新产品、渠道建设、人才培养等方面进行营销创新。⑤

鄢冰文在其“土特产营销新思路——用网络试用营销推进品牌建设”一文中专门讨论了网络试用营销对土特产品牌建设的推动作用。他认为通过网络平台，克服了消费者的地域

---

① 余敏:《特产的地域禀赋探析》,《天府新论》2003 年第 3 期

② 谌飞龙:《论“土特产”品牌建设与区域特色经济振兴》,《安徽农业科学》2007 年第 31 期

③ 陆卫平，赵银德:《“特产”的原产地形象研究：缘起、理论基础和方向》,《浙江教育学院学报》2009 年第 5 期

④ 邓伟:《地方特产的商业模式研究》，西安：西南交通大学，2011 年

⑤ 刘玉来:《特产更需特营销》,《江苏商论》2008 年第 10 期

局限性和企业实体宣传进程中的时空局限性，同时可以帮助企业精确定位市场，进行品牌推广。[①]

吴凤霞，关玉安（2009）根据目前中国电子商务特点以及电子商务发展的状况，结合中国大量的地方特产亟待开发的实际，提出了地方特产网络营销，初步探讨了地方特产网络营销的可行性，对地方特产网络营销的主要经营模式的优缺点进行比较研究，列举了地方特产在网络营销过程中需要注意的四项主要问题。[②]

宋林（2012）则从旅游学的角度，以北京全聚德烤鸭，平遥冠云牛肉，山东德州扒鸡代表3种不同类型旅游目的地特产的营销模式的对比分析研究为基础，提炼出了一般意义上的旅游目的地特产的营销模式，并对目前国内旅游目的地特产营销模式的优劣性以及不同类型的旅游目的地特产做大做强的方法等问题进行了深入的探讨。[③]

2. 有关地理标志产品的研究

从研究对象范围来看，此类研究集中在区域性研究、类别研究和个案的实践研究3个方面。

区域性研究主要有："中国地理标志初级农产品发展模式研究"（王寒，2008）基于管理学视角系统用问卷调查在方法，研究了地理标志在中国初级农产品生产中的作用，提出了建设地理标志初级农产品战略，提升中国农业产业经济效益、增强中国农产品国际竞争力的对策和方法。[④]王寒、陈通于2008年分别从地域分布、产品类型和批准时间3个角度，着重分析了中国农产品地理标志的发展情况，并就相关问题提出建议。[⑤]朱海波（2011）分析了地理标志农产品的独特品质属性、历史人文属性、具有的比较优势和资源禀赋结构等。探讨了中国地理标志农产品实施产业化发展过程中存在的优势、劣势、机遇与挑战，并就政府在产业化推进过程中的作用及行为进行了界定，提出了促进地理标志农产品产业化发展的政策建议。从基础条件、使用情况和经济效应等方面分析了山东省农产品地理标志的保护现状与对策。[⑥]孙志国等分别于2009年、2010年对江西省、湖北省、湖南省、山东省的地理标志产品的保护现状与发展对策进行了研究。[⑦]

从2012年开始，区域性地理标志的非物质文化属性成为一个重要的研究方向。李红梅、单杰（2012）结合非物质文化遗产的特点，比较分析各类知识产权的可保护性，论证了地理标志在保护非物质文化遗产中的特殊作用，从权利主体、权利内容及权利限制等多

---

① 鄢冰文：《土特产营销新思路—用网络试用营销推进品牌建设》，《经济论坛》2008年第22期

② 吴凤霞，关玉安：《地方特产的网络营销》，《今日南国（理论创新版）》2009年第6期

③ 宋林：《旅游目的地特产营销策略研究》，《现代商业》2012年第2期

④ 王寒：《中国地理标志初级农产品发展模式研究》，天津：天津大学，2008年

⑤ 王寒，陈通：《中国地理标志初级农产品发展模式研究》，《西安电子科技大学学报（社会科学版）2008年第4期

⑥ 朱海波：《中国地理标志农产品产业化发展研究》，北京：中国农业科学院，2011年

⑦ 孙志国，王树婷，陈志，等：《江西国家地理标志产品的保护分析》，《江西农业学报》2009年第10期；孙志国，韩冰华，钟儒刚，等：《湖北省国家地理标志产品的发展对策》，《江西农业学报》2010年第3期；孙志国，刘成武，韩冰华，等：《湖南省国家地理标志产品的保护现状与发展对策》，《湖南农业科学》2010年第3期；孙志国，张敏，钟学斌，等：《山东国家地理标志产品的保护现状与发展对策》，《山东农业科学》2010年第4期

维度，对地理标志保护非物质文化遗产进行了制度设计。[①] 胡再等学者（2012）以秦巴山片区十堰为例研究了特产资源的非物质文化遗产保护问题，提出了加强与传统工农业相关的非物质文化遗产项目的申报，建立各种地理标志特产的国家质量标准，利用地理标志整合与培育名优特产品牌，加强地理标志特产的产业扶贫开发等措施。[②] 同年类似的研究还有孙志国等学者所作的"重庆传统特产的地理标志与非物质文化遗产分析"、"湖南传统特产的非物质文化遗产与地理标志保护对策"、"重庆传统特产的地理标志与非物质文化遗产分析"、"湖北传统特产的地理标志与非物质文化遗产保护思考"等研究。

2008 年开始地理标志产品分类研究和个案研究也开始增多。孙志国（2009）对湖北恩施土家族苗族自治州国家地理标志产品道地药材保护的现状与发展对策进行了研究。[③] 王树婷（2009）对江苏省大米类国家地理标志产品河横大米、东海大米、射阳大米的保护现状与存在问题进行了研究。[④] 此后分别有学者完成了柑橘类、茶类、药材类、大米类、山药类地理标志全国性或区域性的保护状况研究。王树婷等人研究了国家地理标志产品万年贡米、京山桥米、洋县黑米，孙志国等研究了德江天麻、咸丰白术、麦冬、昭通天麻、利川莼菜，苏悦娟研究了汉源花椒、六堡茶、丹江口鳡鱼、融水糯米柚，此外绍兴黄酒、涨渡湖黄颡鱼、平和琯溪蜜柚、昌黎葡萄酒、房县黑木耳等二十几个国家地理标志产品也有学者进行了研究。

综上所述，可以发现，现阶段对传统农业产品的研究数量很少，与传统农业产品相关的研究被包含在特产和地理标志产品的研究之中，而且在研究角度上，并未将其视为一种"遗产"来研究。

（二）相关学术会议

1. 2010 中国地理标志产品保护发展论坛

2010 年 4 月 9 日，由国家质检总局与陕西省人民政府共同主办，陕西省质量技术监督局承办的"2010 中国地理标志产品保护发展论坛"在陕西省西安市举行。论坛会上，中外代表围绕怎样发挥地理标志合作组织在地理标志产品保护工作中的作用、如何推动完善中国地理标志产品保护的制度建设、挖掘地理标志产品在推动经济社会发展中的重要潜力以及如何进一步深化地理标志国际合作等方面，开展了交流与研讨。欧盟驻华使团农业参赞思梦得发言讲到，这些年，中国地理标志产品保护取得了令人瞩目的成就。欧盟希望中国有更多有地方特色的产品得到地理标志保护，希望中欧双方悠久灿烂的文化能为地理标志产品带来永久的友谊，为双方的经济发展带来更大的成效。

---

① 李红梅，单杰：《地理标志在非物质文化遗产保护中的特殊作用研究》，《中国经贸导刊》2012 年第 11 期

② 胡再，熊晚珍，孙志国，等：《特产资源的非物质文化遗产与地理标志研究——以秦巴山片区十堰为例》，《安徽农业科学》2012 年第 20 期

③ 孙志国，钟学斌，陈志，等：《恩施州道地药材类国家地理标志产品及发展对策》，《安徽农学通报（上半月刊）》2009 年第 8 期

④ 王树婷，陈志，张敏，等：《江苏大米类国家地理标志产品的保护现状与发展对策》，《江苏农业科学》2009 年第 12 期

国家质检总局科技司司长武津生谈到，在今后的地理标志保护工作中，中国将充分发挥地理标志生产合作组织的作用，建立和完善地理标志产品合作组织。在加强监督管理的同时，更加注重建立和完善生产者组织，依靠集体组织的力量来保证管理措施到位，从根本上保证地理标志保护产品的质量信誉。同时，将积极促进行业内部监督管理工作的开展，通过组建行业合作组织，加强行业内部管理和自律。

2. 2011 年中国农业历史学会第五届会员代表大会暨第二届中国农业文化遗产保护论坛会议

2011 年 10 月 23~25 日，中国农业历史学会第五届会员代表大会暨第二届中国农业文化遗产保护论坛在南京农业大学学术交流中心隆重举行。此次会议由中国农业历史学会、中国科学技术史学会农学史专业委员会、江苏省农史研究会、中国农业科学院中国农业遗产研究所和南京农业大学中华农业文明研究院共同主办。来自中国社会科学院、中国艺术研究院、中国农业博物馆、日本北海道大学、南京大学、复旦大学、中国农业大学、西北农林科技大学等 50 多家研究机构的近 200 位代表参加了会议。

中国农业大学人文与发展学院孙庆忠《农业文化遗产保护的社会与经济议题——基于地理标志农产品的思考》从管理学的视角，以福建平和琯溪蜜柚这一特产类农业文化遗产为例分析了其同时作为地理标志农产品对当地的社会经济影响，认为地理标志农产品促进了多功能农业产业的发展，支持了农村社会文化的动态发展，也改变了农民自身的命运，对于理解农业文化遗产的保护与传承机制同样具有重要的现实价值。华南农业大学农史研究室赵艳萍《解读古代广府人对素馨花的钟爱》以历史学的视角，从传入、种植、加工、贸易等方面探讨了素馨花这一特产类农业文化遗产在广府（今广州）花卉史上的重要地位和价值，从社会、经济、风俗等多方面解读素馨花对古代广府人生活的影响。

3. 2012 年农产品地理标志跟踪评估研究项目研讨会

2012 年农产品地理标志跟踪评估研究项目研讨会 7 月 10 日在北京召开。农业部农产品质量安全中心罗斌副主任、农业部农产品质量安全监管局董洪岩处长、专家、地标处和相关省市业务部门负责人及课题组研究成员近 20 人参加会议。会议讨论了项目实施内容和技术路线，明确了项目实施目标、工作进度、主要任务和相关要求。罗斌副主任指出在研究过程中要深入调查，搜集完整的数据与信息，要深入剖析，总结典型案例的先进经验，有效推动农产品地标工作不断向前发展。董洪岩处长在讲话中强调，此次研究项目要将学术研究与实际工作充分结合，要摸清全国地标发展状况，要了解事业单位、协会、企业作用，要特别关注申请人与使用人的关系，发现地标推进过程中存在的问题，寻找解决问题的关键点，为将来地标工作的方向思路、政策制定提供论据，最终实现农产品地理标志“从产品到名品，最终成为名牌”的品牌价值。

来自中国人民大学、中国农业大学、零点研究咨询集团的专家们与课题组就研究内容及技术路线进行了深入沟通与交流，对研究项目的调查方式、调查对象、研究目标等提出了建议及意见。江苏、山东、四川等地的业务主管部门负责人介绍了当地农产品地理标志发展情况及所遇问题，并对课题调研和资料收集提出了具体建议。

（三）网站建设

1. 国家地理标志网——地理标志（原产地域）产品保护系统工程 http：//www.npgi.com.cn

“国家地理标志网”是以国家“十五”科技攻关项目《农副产品地理标志保护信息系统》科研成果为基础，在国家质量监督检验检疫总局的领导下，在科技司地理标志管理处全程指导下研发建设，并与地理标志保护工作紧密结合的综合型网络。

“国家地理标志网”地理标志频道供查询的地理标志为国家质量监督检验检疫总局批准登记的地理标志。展示内容包括地理标志产品名称、产品图示、生产工艺、许可生产企业。目前网站收录的地理标志只有 2005—2011 年间批准的部分产品，展示的产品内容也不完整。

2. 中国商标网 http://sbj.saic.gov.cn/

中国商标网是国家工商行政管理局商标局官方网站。“中国商标网”地理标志频道围绕国家工商总局批准注册的地理标志商标设置了新闻报道、地理标志、知识讲堂、他山之石、文化典故 5 个栏目。其中文化典故栏目收录了许多地理标志的故事、传说和典故，较具特色。网站只公布了 2012 年 6 月 30 日前已注册和初步审定地理标志名录，没有提供地理标志商标产品的详细信息。

3. 中郡世纪地理标志研究所中华地理标志网 http：//www.chinapgi.org/

“中华地理标志网”是全国地理标志的门户网站。“中华地理标志网”提供了完整的国家质监总局、农业部和国家工商总局 3 个部门发布的地理标志产品及商标批准公告，建立了地理标志网上博物馆，可按区域进行地理标志查询，地理标志产品信息提供了文字说明和图片。遗憾的是没有提供批准部门和批准时间信息，也不能按部门或时间进行地理标志查询。

综上所述，近十几年来虽然中国目前还没有建立专门针对特产类农业文化遗产保护的法律、法规和制度，但有 1 349 个特产类农业文化遗产通过申报国家地理标志产品获得了保护。获准地理标志登记后的特产类农业文化遗产带动了所在地区由传统农业向高效农业的转变，在农业传统资源保护、产业发展、品质升级、农民增收和促进特色农业发展等方面取得较大成就。同时也应看到中国特产类农业文化遗产保护在制度建设、保护力度、保护内容、保护数量、保护方式上仍须进一步完善提高，有关特产类农业文化遗产保护理论研究相对滞后。2012 年农业部启动了“中国重要农业文化遗产”发掘工作，随着国家对文化遗产保护工作的重视程度日益加强，我们期待在政府主管部门与社会各界的共同努力下，特产类农业文化遗产也能受到越来越多的关注，尽快建立起专门的保护制度。

景观类农业文化遗产调查与研究

一、景观类农业文化遗产概念和价值

（一）景观类农业文化遗产的内涵和外延

“景观”一词来自德文“Landschaft”，它的原意是“地方的风景”。[①]19世纪中叶，德国地理学家洪堡将“景观——某个地理区域的总体特征”引入地理学，后被德国和原苏联地理学家当作“地理综合体”的同义词使用至今。1939年，德国生物地理学家Troll把景观引入生态学，把景观看作是人类生活环境中的“空间的总体和视觉所触及的一切整体”。[②]之后，景观概念被应用于包括园林、建筑、文化、艺术、哲学、美学在内的多种学科，对其理解也发生了重大变化，更加强调景观的文化意义，并开始有学者对文化景观及其概念进行研究和探讨。

文化景观概念的正式提出源于1984年世界遗产大会对乡村景观的讨论。在讨论中，与会代表认为纯粹的自然地已经十分稀少，更多的是在人为影响之下的自然地，即人与自然共存的区域，且这些区域有相当一部分具有重要价值（如东南亚、地中海的梯田景观，欧洲的葡萄酒庄园）。[③]于是，1992年12月，在美国圣菲召开的联合国教科文组织世界遗产委员会第16届会议决定在《世界遗产名录》现有的自然遗产、文化遗产和自然遗产与文化遗产混合体的基础上纳入文化景观。1995年起，菲律宾安第斯山脉的稻米梯田、荷兰的金德代客—埃尔斯豪特的风车系统、法国圣艾米利昂葡萄园、法国的卢瓦尔河谷、瑞典的奥兰南部农业景观、古巴东南最早的咖啡种植园考古景观、葡萄牙的阿尔托杜劳葡萄酒地区、匈牙利的托考伊葡萄酒产区历史文化景观、德国莱茵河上游中部河谷、葡萄牙的皮克岛酒庄文化景观等农业景观均作为“文化景观”相继被列入《世界遗产名录》。

① 舒波：《成都平原的农业景观研究》，成都：西南交通大学博士学位论文，2011年，第8页

② 俞孔坚：《论景观概念及其研究的发展》，《北京林业大学学报》1987年第4期

③ 周年兴，俞孔坚，黄震方：《关注遗产保护的新动向：文化景观》，《人文地理》2006年第5期

所谓农业景观是由自然条件与人类活动共同创造的一种文化景观，主要指一些具有观赏价值、但规模较小的农业设施或农业要素（如梯田、莲田、牧草地等），是农业文化遗产中最具观赏性和旅游价值的一种。[①] 作为农业文化遗产的重要组成部分，农业景观反映了当地居民长期生产生活下形成的与自然和谐共处的土地利用方式，生产价值、生态价值与审美价值和谐统一。保持这种独特的农业景观是农业文化遗产地农业的重要功能之一。根据稀有性、代表性、真实性、差异性或多样性以及固有价值等景观保护标准，农业景观可分为 3 种类型：①具有极高保护价值的特殊文化景观；②具有特殊价值的文化景观；③普通农业景观。[②]

根据农业的发展过程，农业景观有原始农业景观、传统农业景观和现代农业景观之分。其中，传统农业景观体现出自然与文化的综合作用，它包含了除农业文化和技术等一般意义以外的农业生产系统，是一类典型的社会—经济—自然复合生态系统（李文华）。其中以古代哲学观点为基础的“天人合一”思想应用在传统农业中，形成了自然与农业的整体性结构，这种结构是现代生态农业发展的基础，是现代农业可持续性研究的主要内容。除自然景观在内的农业景观元素外，传统的农业景观还包括文化遗产中的传统民居和农业生产活动、劳动者和民俗风情，这些内容是随着人类农业历史的发展对古老农耕技术和文化的传承，不同地区的传统农业文化各不相同，为研究农业历史和农业文化提供了广阔的空间。[③]

2002 年，联合国粮农组织联合其他国际组织，开始推动“全球重要农业文化遗产项目”，目的是建立一个全球共识的持续发展动态保护系统。不仅保护一般意义上的农业文化和技术知识，更关注历史悠久、结构合理的传统农业景观和农业生产系统。为对农业文化遗产进行保护，联合国粮农组织于 2005 年在世界范围内评选出 5 个古老的农业系统，作为首批“全球重要农业文化遗产”保护试点，中国浙江省青田县的传统农业系统或景观——稻鱼共生系统名列其中。

截至目前，全球已有 14 个国家的 32 个传统农业系统被列入 GIAHS 保护试点，其中中国最多，共计 11 个（其他国家：日本 5 个、韩国 2 个、印度 3 个、菲律宾 1 个、伊朗 1 个、秘鲁 1 个、智利 1 个、坦桑尼亚 2 个、阿尔及利亚 1 个、突尼斯 1 个、摩洛哥 1 个、肯尼亚 1 个、阿联酋 1 个），它们分别是：浙江青田稻鱼共生系统、云南红河哈尼稻作梯田系统、江西万年稻作文化系统、贵州从江侗乡稻鱼鸭系统、云南普洱古茶园与茶文化系统、内蒙古敖汉旱作农业系统、浙江绍兴会稽山古香榧群系统、河北宣化城市传统葡萄园系统、福建福州茉莉花和茶文化系统、陕西佳县古枣园系统和江苏兴化垛田传统农业系统。

总之，作为农业文化遗产的重要组成部分，传统农业景观反映了当地居民长期生产生

① 《生命的图腾 盘点中国最美的稻田》，新华网（http://news.xinhuanet.com/photo/2011-03/28/c_121240450_7.htm），2011 年 03 月 28 日

② 何露，闵庆文，张丹：《农业多功能性多维评价模型及其应用研究——以浙江省青田县为例》，《资源科学》，2010 年第 32 卷第 6 期：第 1 057-1 064 页

③ 马婧：《现代农业景观的审美性研究》，西安：西北农林科技大学，2011 年，第 12 页

活下形成的与自然和谐共处的土地利用方式，生产价值、生态价值与审美价值的和谐统一。与一般的自然和文化遗产不同，农业文化景观遗产是一种活态遗产，是农业社区与其所处环境协调进化和适应的结果，它保护的是一种生产方式，一种农民仍在使用并且赖以生存的耕作方式。[①]

（二）景观类农业文化遗产的特点与价值

1. 景观类农业文化遗产的特点

从农业景观的形成和构成来看，它具有以下一些特点：[②]

一是生产性。农业景观与人们的生产、生活息息相关，使用者为了满足生产的需要对原有土地进行完善、修正和创造，这种行为本身是以生产、实用功能为目的的，因此，生产性是农业景观最基本的特点。

二是自发性。农业景观并非“设计”出来的，也并非天然形成的。“设计”难免会经过设计师的手笔，带有先入为主的个人思想的支配，看似完美，却难免矫揉造作。农业景观的形成是“劳作”出来的，是农民使用他们所能获得的知识和技能，在最低能耗下去满足生产、生活和居住的需要。尽管某些局部的景观或许带有使用者的主观意愿，但最终形成的整体确是一种“集体无意识”的形态，因此，传统农业景观的形成具有自发性。

三是地域性。农业生产的对象是动植物，需要热量、光照、水、地形、土壤等自然条件。不同的生物，其生长发育所要求的自然条件不同。世界各地的自然条件、经济技术条件和国家政策差别很大，因此，农业生产具有明显的地域性。正因为农业本身地域性的特点，使得农业景观也随着自然条件的变化而变化。不同地域的人民根据不同的自然条件和自己的风俗习惯选择了不同的农业生产方式，形成了不同的农业景观。如水稻是中国南方的主要粮食作物，但由于人口多、耕地不足，出现了稻田与水争地、与山争地的现象，导致中国太湖流域的圩田、洞庭湖地区的坑田和西南山区的梯田大量出现，成为这些地区独特的风景。类似的景观还存在于亚洲东南部其他国家的水稻种植区。而西欧大部分国家几个世纪以来一直延续着圃制业，以耕种、休耕、放牧来循环使用土地，不仅获得了农业的高产丰收和充足的生活资料，而且保持了土壤的肥力，获得了农业长期的可持续发展，其结果是在这些国家的国土上形成了均匀的斑块状的土地格局，或绿或黄的庄稼地、绿色的草场和褐色的休耕地交替出现在连绵起伏的低丘陵上，形成了美丽的田野风光。

四是季节性。动植物的生长有着一定的规律，并且受自然因素的影响。自然因素（尤其是气候因素）随季节而变化，并有一定的周期。随着一年四季气候条件的周期性变化，农业景观也相应地表现出不同的季节特征。

五是审美性。长期以来，农民在与自然力的不断较量、探试过程中，懂得了如何去回避自然的暴躁，又如何享受大自然的温存。农业景观的形成及农业景观所体现出来的大自

---

① 《农业文化景观遗产及其动态保护》，http://www.ccnh.cn/zt/ycbh/bhyj/3095273682.htm，2010 年 06 月 13 日

② 于晓森：《农业相关要素与风景园林规划设计的关系研究》，北京：北京林业大学博士学位论文，2010 年，第 9–11 页

然的欣欣向荣与亲切宜人的田园风光，正反映了人们对自然的适应和人们对自然的依存，具有审美性的特点。

六是生态性。理想的农业景观显示出良好的生态保护状况。农民们在进行农业耕作的时候，因地制宜，充分尊重当地的独特特征，发展和自然环境相协调的土地利用方式，融入更多的自然因素，促成了景观的丰富性和各种要素的协调。生物多样性、景观丰富性和各种要素的协调性共同构成了农业景观的生态美。

七是文化性。良好的生态环境和田园风光也是人类的一个生活和生产的重要空间，人是农业的主体，农业景观是人们为适应环境所形成的直接结果，是社会与文化的直接载体，讲述着人与土地、人与人以及人与社会的关系。农业景观作为当地居民的“自传”，它反映了当地的社会文化发展状况，记载着一个地方的历史，富含着地域发展的历史信息。

2. 景观类农业文化遗产的价值

景观类农业文化遗产是农业文化遗产的一种重要和特殊类型，不仅具有一般农业文化遗产的共同价值，而且具有区别于其他类型农业文化遗产的特殊价值。

（1）美学观赏价值

相对于其他类型的农业文化遗产而言，景观类农业文化遗产的价值首先体现在它的美学观赏价值上。农耕文明或农业生产是农业景观的主要特征，体现了农民耕作的智慧和大地的自然之美。从神农尝百草开始，人们对于农业的重视程度就从来没有下降过，由农业文明而形成的大地之美，也是目前旅游的一个亮点。云南元阳哈尼梯田正是由于千百年来农民的智慧积累所形成的农业景观之美，而被评为世界文化遗产。这里的梯田随山势地形变化，因地制宜，大者有数亩，小者仅有簸箕大，往往一坡就有成千上万亩，绵延整个红河南岸的红河、元阳、绿春及金平等县，仅元阳县境内就有 17 万亩梯田，规模宏大，气势磅礴，营造出独特的结构、风格、意境等，带给人们情感上的沟通和精神上的感染，并由此激发出强烈的审美愉悦，体现出极高的美学观赏价值。[①]

（2）经济利用价值

作为一种“活态”遗产，农业景观遗产系统内有多种产出，如稻鱼、稻鸭、古茶、林果等，加之采用传统的农作方式，化肥、农药投入较少，成本较低，品质较好，可创造更高的经济效益，增加当地居民的收入。同时，农业景观遗产本身具有较高的观赏价值，可以通过发展旅游带动当地经济的发展。以稻鱼共生系统为例，它不仅极大地提高了水稻产量和生产收入，而且节约了人力成本，并带动了有机产品生产、鱼类制品产业化和旅游开发等相关经济效益的产生。据统计，稻鱼共生系统中的稻米产量可较单一种植水稻系统提高 5%~15%，每公顷节省劳力 120~180 人，增加利润 300~750 元 / 公顷，所产稻谷穗大、粒饱，有机产品价格更是普通农产品的若干倍，因此，通过合理利用可产生 2~3 倍于目前的经济效益。[②]

① 《云南元阳梯田》，http://www.cnwhtv.cn/show-50366-1.html，2012 年 12 月 17 日

② 闵庆文，何露，孙业红，等：《中国 GIAHS 保护试点：价值、问题与对策》，《中国生态农业学报》2012 年第 6 期

（3）历史文化价值

农业景观遗产作为自然条件与人类活动共同创造的一种文化景观遗产，大多有较长的历史，保留有自身的原始信息（所谓“化石功能”）和历史活动信息（所谓“文件功能”）。在漫长的历史演变过程中，文化影响着农业景观遗产的形成和发展，反过来农业景观遗产中沉淀和凝结着丰富的历史文化内涵。中国农业历史悠久，几千年的农业文明在农业景观中都有着广泛的体现：大地连绵的景观艺术、聚落的组织、耕作方式、生活习俗都与自己本土的文化相关联，进而衍生出源远流长、内容丰富的中国农耕文化，形成中华文化之根基。因此，深入挖掘农业景观遗产的精粹并以动态保护的形式加以展示，能够向社会公众宣传农业文化的精髓及承载于其上的优秀哲学思想，进而带动全社会对民族文化的关注和认知，促进中华文化的传承和弘扬。

（4）科学研究价值

景观类农业文化遗产能够给人类提供重要的、不可替代的知识和信息，无论是稻田养鱼、桑基鱼塘，还是梯田耕作、旱地农业、农林复合，均是劳动人民在长期的生产实践中，创造的具有鲜明特色的“天人合一”的传统农业系统或模式，其中蕴含的丰富的生态智慧、传统农耕技术、知识和经验，人与自然和谐发展的思想等，具有很高的理论价值及实践意义，是当前农业生物多样性保护研究和解决现代农业技术难题的试验场和研究样本，可为现代生态农业的发展提供很多有益启示和借鉴。事实上，作为一个传统的农业大国，中国类似的农业文化遗产还很多，其中的“秘密”尚未被人们完全知晓，仍值得我们去探索、去研究，在多个学术领域中都可能呈现出其独特的科研价值。

（三）中国景观类农业文化遗产的类型及分布

景观类农业文化遗产的类型可从不同的角度加以划分：

从农业结构来看，景观类农业文化遗产可分为种植业景观遗产、林业景观遗产、畜牧业景观遗产、渔业景观遗产、副业景观遗产等6个类型。[①]

从中国的气候特征及地理位置来看，景观类农业文化遗产大致可分为东北旱地—水田—林地农业景观、北方旱地农业景观、南方水田农业景观、山区梯田农业景观、陇中地区砂田农业景观等类型。[②]

闵庆文基于狭义农业文化遗产的角度，将中国潜在的农业文化景观遗产大致划分为4个类型：复合农业系统、水土资源管理系统、庭院生态系统、特色农作文化系统。其中较典型的系统有稻作与旱作梯田系统、稻作文化系统、桑基鱼塘系统、旱作农业系统、草原游牧系统和特色农作系统等。[③]

王思明等基于广义农业文化遗产的视角，并结合农业结构分类，将景观类农业文化遗

---

① 黄欢:《农业景观在风景区建设中的价值与应用研究》，昆明：昆明理工大学硕士学位论文，2010年，第46页

② 舒波:《成都平原的农业景观研究》，成都：西南交通大学博士学位论文，2011年，第74页

③ 《农业文化景观遗产及其动态保护》，http://www.ccnh.cn/zt/ycbh/bhyj/3095273682.htm，2010年06月13日

产分为农（田）景观、林业景观、畜牧业景观、渔业景观、复合农业系统。[1]

根据王思明等的分类方法，结合实地调查与文献查阅，现将中国景观类农业文化遗产的基本类型、分布及典型代表归纳如下表（表 9-1）。

表 9-1　景观类农业文化遗产类型、分布及典型代表

大类	类	亚类	基本类型	分布	典型代表
农（田）地景观	梯田	旱作梯田		黄河流域黄土高原地区	陕西凤堰古梯田、甘肃庄浪梯田、山西大寨梯田等
		稻作梯田		中国南方亚热带、热带的丘陵和山地	云南哈尼梯田、广西龙脊梯田、湖南紫鹊界梯田、浙江梅源梯田、福建联合梯田等
	垛田			江苏中部里下河地区	江苏兴化垛田
	圩田			长江中游鄱阳湖、洞庭湖流域和长江下游及太湖流域地区	塘浦圩田
	架田（葑田）			南方水网密集地区（江浙、淮南、两广、云南、海南等），但目前已不多见	
	八卦田				杭州南宋八卦田
	石砂田			西北干旱区，集中分布在青海、甘肃一带	陇中地区石砂田
	台田			盐碱地区（黄河下游覆盖山东、河北、河南等省，特别集中在黄河三角洲及周边区域，此外，东北、宁夏、珠江三角洲等地也有所应用）	
园地景观	园艺作物		古葡萄园		河北宣化古葡萄园、山西清徐古葡萄园
			古石榴园		陕西临潼古石榴园
	花卉		古荷园		河北白洋淀元妃荷园，江苏金湖荷花荡
			古牡丹园		菏泽古今牡丹园
			古梅园		武汉东湖古梅园、贵州荔波古梅园
			古杜鹃群落		湖北麻城中国杜鹃园、贵州百里杜鹃等
林业景观	经济林	果林	古梨林		北京庞各庄平原古梨林群落、甘肃皋兰什川古梨园、莱阳西陶漳古梨园等

① 王思明，李明:《江苏农业文化遗产调查研究》，北京：中国农业科学技术出版社，2011 年

（续 表）

大类	类	亚类	基本类型	分布	典型代表
			古板栗林		江苏沭阳古栗林、江苏邳州炮车古板栗园、江苏新沂邵店古板栗园、河南桐柏古板栗园、山东郯城古板栗林等
			古枣林		河南新郑中华古枣园、天津崔庄皇家枣园、
			古核桃林		新疆和田皮山古核桃园
			古荔枝林	华南地区的广东、福建、广西等	广东从化古荔枝林
			古柑橘林	长江以南地区	江苏苏州东山橘林
			古梅林		江苏苏州西山梅林
			古银杏林		湖北随州安陆古银杏园、江苏泰兴古银杏森林公园
			古香榧林	长江流域以南的浙江、江苏、安徽、江西、福建、湖南、湖北、四川、云南、贵州等10余省	浙江诸暨、嵊州和东阳古香榧群落
		茶树		西南地区	云南普洱古茶园、湖南保靖黄金寨古茶园
		桑树			山东滨州无棣千年古桑园
	用材林	竹林		长江流域及南方各省	河南焦作博爱古竹群落、四川蜀南竹海、江苏溧阳南山竹海等
		松林			河北易县清西陵古松林、浙江嵊州黄泥岗古松林
畜牧业景观	草原文化景观			北方干旱区和青藏高原	内蒙古呼伦贝尔草原游牧景观、新疆伊犁那拉提草原游牧景观、那曲高寒草原游牧景观
渔业景观	淡水养殖景观			太湖流域、珠江流域	江苏太湖珍珠养殖景观
	海水养殖景观			滨海地区	广西合浦珍珠养殖景观
复合农业系统	基塘农业景观			珠江三角洲地区，集中分布在顺德、南海等市；浙江地势低洼地区	浙江桐乡余家湾桑基鱼塘、浙江湖州荻港桑基鱼塘
	稻鱼共生系统				浙江青田、云南从江

二、景观类农业文化遗产保护利用实践

（一）各类相关法律、法规的公布与实施

法律法规是农业文化遗产保护的基础，直接关系到农业文化遗产的保护和可持续利用。

目前尚缺乏关于 GIAHS 保护的专门法律，支持 GIAHS 保护的法律是零散的。

在国际法层面上，关于农业文化遗产保护的法律主要有《联合国生物多样性公约》（CBD）、《联合国防止沙漠化公约》（CCD）、《联合国气候变化框架协议》（FCCC），以及《粮食和农业植物遗传资源国际条约》（ITPGR）、《土著和部落人民公约》（ILO No.169）、《国际湿地公约》（Ramsar Convention）、《世界遗产公约》（WHC）和《华盛顿公约》（CITES）。而支持 GIAHS 保护的国际宣言和决议主要有《21 世纪议程》、《关于森林问题的原则声明》、《约翰内斯堡可持续发展宣言》、《联合国土著人民权利宣言》、《联合国千年宣言》等。

在国内法层面上，与农业文化遗产保护相关的法律主要包括全国人大或人大常委会所制定的法律中的相关法律规范，如《中华人民共和国环境保护法》、《中华人民共和国文物保护法》、《中华人民共和国文物保护法实施细则》、《中华人民共和国刑法》、《中华人民共和国城市规划法》等；国务院制定的行政法规中的相关法律规范，如《风景名胜区条例》，国务院各部、委制定的部门规章中的相关法律规范，如《世界文化遗产管理办法》等。此外，还有一些宣言与呼吁加强世界遗产保护的文件，如第 28 届世界遗产委员会会议于 2004 年 7 月在中国苏州举行，发表了《世界遗产青少年教育苏州宣言》。部门文件如国务院九部委联合发布的《关于加强和改善世界遗产保护管理工作的意见》；国家环保总局、建设部、文化部和国家文物局联合下发的《关于加强涉及自然保护区、风景名胜区、文物保护单位等环境敏感区影视拍摄和大型实景演艺活动管理的通知》；国务院发布的《关于加强文化遗产保护的通知》等。

在地方法层面上，仅限于对各地具体的农业景观文化遗产保护的法律、法规或条例的颁布，且主要集中在农业文化遗产比较丰富的地区。如：2001 年 10 月，云南红河州政府根据《世界遗产文化遗产与自然遗产公约》，研究出台了《云南省红河哈尼族彝族自治州红河哈尼梯田管理暂行办法》，2002 年初，组织编制了《红河哈尼梯田保护管理规划》（下称《管理规划》）。2008 年，在州政府的指导下，元阳县结合本地情况，确定了 132 平方千米的保护范围，颁布了《元阳红河哈尼梯田保护管理实施细则》；2010 年 8 月《红河哈尼族彝族自治州哈尼梯田保护管理办法》（下称《管理办法》）公布施行（《云南省红河哈尼族彝族自治州红河哈尼梯田管理暂行办法》，下称《办法》同时废止）。《管理规划》覆盖了包括元阳核心区在内的哈尼梯田保护区，《管理办法》为哈尼梯田的管理提供了法律依据，对保护哈尼梯田特别是核心区文化和生态的真实性和完整性起到了举足轻重的作用。近年来，随着保护区生产生活状况的快速变化和梯田遗产保护利用形式的发展，原有的《办法》已不能适应加强遗产保护管理工作、切实维护遗产真实性和完整性的需要。2011 年 5 月，红河州正式启动了《哈尼梯田保护管理条例》（下称《条例》）的立法工作，经过举行听证会广泛征求意见，州人大常委会集思广益并经过十多次的修改。2012 年 2 月 25 日，州第十届人民代表大会第五次会议审议通过《条例》（草案），报请省大人常委会审议批准。此次《条例》得以正式颁布施行，无疑为哈尼梯田保护管理提供了法律保障，为助推“申遗”成功增添了重要砝码，具有十分重要的现实意义。

2005 年，皋兰县政府制定了《什川镇古梨树保护管理办法》（下称《办法》），共计 18

条。该《办法》明确规定，什川镇被划入保护范围的古梨树一律不能砍伐，村民或有关单位对遭受病虫害、枯死的梨树准备砍伐时，必须向镇政府写出书面申请，镇政府派员查看后上报县林业部门，林业部门指派专人实地查看并批准后才可砍伐。

2005年，普洱市出台了《云南省澜沧县古茶园保护条例》、《普洱哈尼族彝族自治县古茶树资源保护管理暂行办法》、《云南省宁洱县困鹿山古茶树原生境保护区管理规定》等相关保护法规，有效遏制了对野生古茶树群落和原生境的破坏行为，为开展野生古茶树基因遗传资源的研究提供了基础信息。

2007年7月，澜沧县制定了《澜沧拉祜族自治县景迈芒景古茶园风景名胜区管理暂行规定》，以保护该县景迈芒景这一世界上唯一的千年万亩古茶园的生态环境、保证各项旅游活动的顺利开展。该条例共五章37条，主要包括总则、保护管理机构、规划和建设、保护和管理、法律责任等内容。①2009年7月，《云南省澜沧拉祜族自治县古茶树保护条例》公布，该条例明确所称古茶树为分布于自治县内百年以上野生型茶树、邦崴过渡型茶树王和景迈、芒景千年古茶园及其他百年以上栽培型古茶树，并对古茶树的保护范围、保护部门的职责、保护管理资金的来源、保护古茶树的宣传教育、技术指导与服务、禁止行为、奖惩措施等进行了规定。②

2011年2月25日，经西双版纳州第十一届人民代表大会第六次会议审议通过，2011年5月26日，经云南省第十一届人民代表大会常务委员会第二十三次会议批准，《云南省西双版纳傣族自治州古茶树保护条例》自2011年8月1日起正式施行。该条例的主要内容包括：①明确界定保护范围和对象。即自治州行政区域内野生型茶树和树龄在100年以上的栽培型茶树。②明确界定职责。一是界定州、县（市）两级政府共同的职责和需要遵循的原则；二是界定执法主体单位为州、县（市）两级林业行政主管部门，并界定其职责；三是明确其他协管部门、有关社会组织的要求。③明确保护方式和要求。一是划定古茶树保护范围、设置保护标志或者保护设施；二是设置了八项“禁止”，并相应设置处罚条款以及对行政不作为、乱作为责任的处罚规定；三是明确了在保护区范围进行科研、教学以及开展旅游等活动的有关要求；四是明确了对在古茶树的保护管理和开发利用工作中做出显著成绩的单位和个人给予表彰奖励的要求；五是明确了保护专项资金的来源和用途。该条例的施行，将在指导和规范西双版纳州古茶树资源保护方面发挥积极的作用。

（二）相关农业文化遗产保护体系及技术标准、建设情况等

1. 保护体系

自从联合国教科文组织于1972年制定和实施《保护世界文化和自然遗产公约》以来，世界性的遗产保护运动方兴未艾，并逐渐从仅保护单一要素遗产向同时注重保护多要素集成遗产，从仅保护有形的、可触摸的、物质形态的自然和文化遗产发展到对无形的、不可

① 澜沧县政府信息公开门户网站（http://xxgk.yn.gov.cn/canton_model17/newsview.aspx?id=1028040）

② 中国普洱茶网（http://www.puercn.com/puerchanews/hyzz/13920.html）

触摸的所谓非物质文化遗产和文化景观、历史环境等的保护。与此同时，相关国际组织或机构也先后提出了保护世界“工业遗产”、“农业遗产”等“与人类有关的所有领域”、使传统的注重保护“静态遗产”向同时注重“活态遗产”保护的方向发展。正是在这些世界性思潮和实践的推动下，中国在 30 余年的时间里，先后开始了对有形的文化和自然遗产以及无形文化遗产等的保护，并建立起了从中央到地方，涵盖自然与文化、有形与无形的相对完备的保护体系。从自然遗产的保护来看，有世界自然遗产、世界地质公园和众多国家级、地方各级（如省级、市县级等）的自然保护区、风景名胜区、地质公园等；从文化遗产的保护来看，则有世界文化遗产、世界非物质文化遗产和国家级、地方级的文物保护单位、历史文化名城（街区、村镇）以及国家级非物质文化遗产等。

鉴于农业文化遗产是一种新的文化遗产类型，其保护体系尚不完善，基本沿用中国的遗产保护体系，可概括为纵向的三个层次和横向的三大系列。纵向的 3 个层次为：世界级、国家级、地方级（主要是省级）的遗产保护等级；横向的三大系列即按照管理部门的不同，大体可划分为：文化管理和文物保护部门所管理的文化遗产（主要是可移动文物、文物保护单位与非物质文化遗产），城乡建设管理部门所管理的遗产地类遗产（涵盖文化遗产、自然遗产和复合遗产）以及国土资源、环境保护、林业、海洋、农业等环境资源管理部门所管理的自然遗产（包括珍稀物种和自然遗产地）。具体到农业景观遗产而言，中国目前的世界级和国家级遗产状况如表 9-2、表 9-3 所示。

表 9-2　中国目前主要世界级农业景观文化遗产

类型	主要文件	世界数量	中国有关组织及主管部门	中国现有数量
世界自然和文化遗产	1972 《保护世界文化和自然遗产公约》	962 项 其中：文化遗产 745 项（含文化景观遗产），自然遗产 188 项，文化与自然双重遗产 29 项	中国联合国教科文组织全国委员会（教科文全委会目前由 28 个国务院职能部门、国家级公共机构和全国性非政府组织和机构组成，教育部牵头领导，主要涉及文化部、国土资源部、建设部、水利部、国家海洋局、国家文物局）	2 项 哈尼梯田、杭州西湖（西湖龙井茶园为其 5 大类景观组成要素之一）
全球重要农业文化遗产	2002 联合国发展计划项目——全球重要农业文化遗产	32 项试点	农业部	11 项试点

数据来源：根据相关网站资料整理

表 9-3　中国目前主要国家级农业景观遗产

类型	自然遗产		自然和文化遗产	文化遗产	中国重要农业文化遗产
	珍稀物种	自然保护区	文物保护单位	风景名胜区	
数量	国家Ⅰ、Ⅱ级保护植物：1 682 种	国家级自然保护区：198 处（仅含森林生态、草原草甸、荒漠生态、野生植物四种类型）	全国重点文物保护单位：1 处（河北省黄骅市聚馆古贡枣园）	国家重点风景名胜区：3 处（紫鹊界梯田—梅山龙宫风景名胜区、蜀南竹海风景名胜区、杭州西湖风景名胜区）	入选项目：20 个
主管单位	林业部、农业部等	环境保护部、国土资源部、农业部、林业局、海洋局等	文物局、文化部	住房与城乡建设部	农业部

数据来源：根据中华人民共和国环境保护部数据中心、中国植物物种信息数据库、国家文物局网站、住房和城乡建设部网站等相关资料整理

2. 技术标准

与保护体系相适应，世界遗产的标准、国家重点风景名胜区标准、自然保护区标准、珍稀物种标准、全国重点文物保护单位的标准，同样适用于景观类农业文化遗产的评定。

（1）世界遗产标准

1972 年 11 月 16 日，联合国教科文组织大会第 17 届会议在巴黎通过了《保护世界文化和自然遗产公约》，《公约》明确规定了申报遗产项目是否被列入《世界遗产名录》的评定准则。该标准有两个基本前提，即真实性和保护管理，包括“世界文化遗产”、“世界自然遗产”、“世界文化与自然遗产”和“文化景观”四类。提名的遗产必须具有“突出的普适价值”以及至少满足以下十项基准之一：①表现人类创造力的经典之作；②在某期间或某种文化圈里对建筑、技术、纪念性艺术、城镇规划、景观设计之发展有巨大影响，促进人类价值的交流；③呈现有关现存或者已经消失的文化传统、文明的独特或稀有之证据；④呈现人类历史重要阶段的建筑类型，或者建筑及技术的组合，或者景观上的卓越典范；⑤代表某一个或数个文化的人类传统聚落或土地使用，提供出色的典范——特别是因为难以抗拒的历史潮流而处于消灭危机的场合；⑥具有显著普遍价值的事件、活的传统、理念、信仰、艺术及文学作品，有直接或实质的连结（世界遗产委员会认为该基准应最好与其他基准共同使用）；⑦包含出色的自然美景与美学重要性的自然现象或地区；⑧代表生命进化的纪录、重要且持续的地质发展过程、具有意义的地形学或地文学特色等的地球历史主要发展阶段的显著例子；⑨在陆上、淡水、沿海及海洋生态系统及动植物群的演化与发展上，代表持续进行中的生态学及生物学过程的显著例子；⑩拥有最重要及显著的多元性生物自然生态栖息地，包含从保育或科学的角度来看，符合普适价值的濒临绝种动物种。

按照《保护世界文化和自然遗产公约》的规定，列入联合国教科文组织的《世界文化与自然遗产预备名单》是申报世界遗产的先决条件，至少每 10 年修订一次。中国首批《中

国世界遗产预备名单》于 1996 年向联合国教科文组织递交。第二批《中国世界文化遗产预备名单》由国家文物局于 2006 年 12 月 15 日公布并报送联合国教科文组织世界遗产中心，其中包括文化遗产 35 项。最新一版的 45 项不同类型文化遗产，被国家文物局列入更新的《中国世界文化遗产预备名单》，于 2012 年 11 月 17 日正式公布。其评审标准参照世界遗产的申报标准，每个项目不仅在所在地区，而且在全国、全世界范围内都应具有突出的价值。其真实性、完整性，保护管理状况要处于良好状态。文物遭受的自然破坏，经历的修缮等活动必须有确切的记录。要有对遗产的规范管理及实施有力的保护措施等。

（2）全球重要农业文化遗产标准

2002 年起，联合国粮农组织发起了“全球重要农业文化遗产动态保护与适应性管理的国际计划，计划在全球环境基金的支持下，经过 5 年左右的时间，在全世界建立包括 100~150 个不同类型的农业文化遗产地 / 系统在内的农业文化遗产保护网络，旨在为这些全球重要农业文化遗产及其农业生物多样性、知识体系、食物和生计安全以及文化的国际认同、动态保护和适应性管理提供基础。为此，FAO 专门制定了 GIAHS 项目试点遴选标准：一是基本标准；二是关联标准；三是实施标准。每一标准又由不同的方面及其具体指标构成。[①] 该标准不仅为相关研究和全球重要农业文化遗产申报工作提供了参考，而且为国家级农业文化遗产评选标准的制定和保护试点的选择提供了借鉴。

（3）中国重要农业文化遗产标准

为贯彻落实党的十七届六中全会精神，保护和弘扬中华传统文化，进一步促进农业农村文化大发展、大繁荣，2012 年 3 月 13 日，农业部下发了《农业部关于开展中国重要农业文化遗产发掘工作的通知》（下称《通知》），正式启动中国重要农业文化遗产发掘工作。《通知》指出，中国悠久灿烂的农耕文化历史，加上不同地区自然与人文的巨大差异，创造了种类繁多、特色明显、经济与生态价值高度统一的重要农业文化遗产。但由于缺乏系统有效的保护，一些重要农业文化遗产正面临着被破坏、被遗忘、被抛弃的危险。为加强中国重要农业文化遗产的挖掘、保护、传承和利用，农业部决定开展中国重要农业文化遗产发掘工作。《通知》要求，中国重要农业文化遗产发掘工作要以挖掘、保护、传承和利用为核心，以筛选认定中国重要农业文化遗产为重点，不断发掘重要农业文化遗产的历史价值、文化和社会功能，并在有效保护的基础上，与休闲农业发展有机结合，探索开拓动态传承的途径、方法，努力实现文化、生态、社会和经济效益的统一，逐步形成中国重要农业文化遗产动态保护机制，为繁荣农业农村文化、推进现代农业发展、促进农民就业增收做出积极的贡献。《通知》并就中国重要农业文化遗产的有关认定标准，做出了详细规定。该认定标准由基本标准和辅助标准两部分组成。其中，基本标准主要包括，其所包含的物种、知识、景观等在中国使用的时间至少有 100 年历史；产品具有独具特色和显著地理特征；在生态系统服务方面，具有在遗传资源与生物多样性保护、水土保持、水源涵养、气候调节与适应、病虫草害控制、养分循环等方面的价值；在知识与技术体系方面，具有生物资

① 闵庆文：《全球重要农业文化遗产评选标准解读及其启示》，《资源科学》2010 年第 6 期

源利用、种植、养殖、水土管理、景观保持、产品加工、病虫草害防治、规避自然灾害等方面知识与技术，并对生态农业和循环农业发展以及科学研究具有重要价值；在自然适应方面，通过自身调节机制，具备对气候变化和自然灾害影响的恢复能力。辅助标准包括示范性、保障性两项指标。[①] 根据这一标准，分别有 20 项传统农业景观或系统入选。

（4）其他标准

1999 年 4 月，中华人民共和国环境保护部根据《中华人民共和国自然保护区条例》，制定了《国家级自然保护区评审标准》。该指标由自然属性、可保护属性和保护管理基础三个部分组成，其下又分为 11~12 项具体指标，并赋予不同的分值，分别对自然生态系统类、野生生物类、自然遗迹类等三类国家级自然保护区进行评审。[②] 在此基础上，各省、市还制定了相应的省级、市级自然保护区评审标准。

2004 年 1 月，为进一步规范国家重点风景名胜区申报审查工作，中华人民共和国建设部制定了《国家重点风景名胜区审查办法》、《国家重点风景名胜区审查评分标准》。评分标准由资源价值、环境质量和管理状况 3 个部分组成，其下又分 14 项具体指标。[③] 之后，有不少省、市制订了相应的省级、市级重点风景名胜区审查评分标准。

为保护中国遗产资源，完善工作机制，加强世界自然遗产和自然与文化双遗产申报、管理和保护工作，按照《保护世界文化和自然遗产公约》、《世界遗产公约操作指南》及相关法律、法规的要求，结合中国遗产管理的实际需要，中华人民共和国建设部于 2005 年 4 月决定设立《中国国家自然遗产、国家自然与文化双遗产预备名录》，作为申请列入《世界自然遗产、自然与文化双遗产预备名单》的候选项目。同时公布了《国家自然遗产、国家自然与文化双遗产预备名录标准》。[④]

1961 年，国务院公布了第一批 180 处国家重点文物保护单位。目前，国务院已公布了六批国家重点文物保护单位，第七批全国重点文物保护单位推荐名单正在审定当中。根据《中华人民共和国文物保护法》[⑤] 的规定，文物认定的标准和办法由国务院文物行政部门制定，并报国务院批准。其确定标准是：具有历史、艺术、科学价值的古文化遗址、古墓葬、古建筑、石窟寺和石刻、壁画；与重大历史事件、革命运动或者著名人物有关的以及具有重要纪念意义、教育意义或者史料价值的近代现代重要史迹、实物、代表性建筑；历史上各时代珍贵的艺术品、工艺美术品；历史上各时代重要的文献资料以及具有历史、艺术、科学价值的手稿和图书资料等；反映历史上各时代、各民族社会制度、社会生产、社

---

① 《农业部办公厅关于做好中国重要农业文化遗产候选项目有关工作的通知》http://www.moa.gov.cn/zwllm/tzgg/tfw/201212/t20121207_3099416.htm（2012 年 12 月 07 日）

② 《国家级自然保护区评审标准》http://sts.mep.gov.cn/zrbhq/pxbz/199904/t19990415_85000.htm（1999 年 04 月 15 日）

③ 《关于印发〈国家重点风景名胜区审查办法〉的通知》.http://www.mohurd.gov.cn/zcfg/jsbwj_0/jsbwjcsjs/200611/t20061101_157102.html（2004 年 03 月 23 日）

④ 《关于做好建立〈中国国家自然遗产、国家自然与文化双遗产预备名录〉工作的通知》.http://www.mohurd.gov.cn/zcfg/jsbwj_0/jsbwjcsjs/200611/t20061101_157128.html（2005 年 04 月 20 日）

⑤ 《中华人民共和国文物保护法》于 1982 年 11 月 19 日第五届全国人民代表大会常务委员会第二十五次会议通过，后经 2002 年 10 月 28 日第九届全国人民代表大会常务委员会第三十次会议、2007 年 12 月 29 日第十届全国人民代表大会常务委员会第三十一次会议两次修订

会生活的代表性实物。对古文化遗址、古墓葬、古建筑、石窟寺、石刻、壁画、近代现代重要史迹和代表性建筑等不可移动文物，根据它们的历史、艺术、科学价值，可分别确定为全国重点文物保护单位，省级文物保护单位，市、县级文物保护单位。对历史上各时代重要实物、艺术品、文献、手稿、图书资料、代表性实物等可移动文物，可分为珍贵文物和一般文物，珍贵文物又分为一级文物、二级文物和三级文物。[①] 为确保第七批全国重点文物保护单位申报工作如期顺利开展，2008 年 5 月，国家文物局委托中国文化遗产研究院按照文物保护单位的类别，制订第七批全国重点文物保护单位分类申报标准和信息采集标准，要求标准的制订应积极吸收近年来文化遗产保护理论的研究成果，充分体现文化遗产保护内涵与外延的深化和扩大，将乡土建筑、工业遗产、20 世纪遗产、文化景观、文化线路等新品类文化遗产涵盖其中，并力求细化量化，便于实际操作。[②] 参照全国重点文物保护单位申报标准，各省、市（县）也制订了本省、市（县）的文物保护单位申报信息采集标准。

为构建科学有效的文化遗产保护体系、落实国务院提出的 2010 年初步建立比较完备的中国文化遗产保护制度提供依据。2007 年 6 月，由国务院普查领导小组办公室组织制订了《第三次全国文物普查实施方案及相关标准、规范》，该规范和技术标准共包括 4 个方面：《第三次全国文物普查不可移动文物登记表》和《第三次全国文物普查消失文物登记表》及其著录说明；第三次全国文物普查不可移动文物的技术标准，包括文物的认定标准、分类标准、定名标准、年代标准、计量标准；第三次全国文物普查信息、资料的采集、存储、汇总、建立档案和数据库的规范；第三次全国文物普查不可移动文物名录编制和普查工作报告编制的规范。[③]

作为全球重要农业文化遗产的重要组成部分，2010 年 10 月 7 日，中国村社发展促进会首次推出了中国乡村文化遗产地标评价体系。其根本宗旨是：遵循联合国教科文组织之《保护和促进文化表现形式多样性公约》、联合国粮农组织“全球农业遗产”保护的基本精神，以社会独立第三方联合研究评价机构身份，对“中国乡村文化遗产地标”进行科学定义、多样性分类、细分化价值研究与评估，以促进其分类保护与保护性开发利用。[④]

（三）相关农业文化遗产保护项目立项情况

1. GIAHS 保护试点

中国是最早参与这个项目并实施最成功的国家之一。目前，入选“全球重要农业文化

① 《中华人民共和国文物保护法》（全文）.http://www.china.com.cn/policy/txt/2007-12/30/content_9456761.htm（2007 年 12 月 30 日）

② 《关于委托制订第七批全国重点文物保护单位申报标准和信息采集标准的函》.http://www.sach.gov.cn/tabid/337/InfoID/10120/Default.aspx（2008 年 06 月 20 日）

③ 《第三次全国文物普查实施方案及相关标准、规范》，.http://pucha.sach.gov.cn/tabid/84/InfoID/7029/Default.aspx（2008 年 11 月 24 日）

④ 《中国乡村文化遗产地标评价体系发布》，http://www.lcvlcv.com/newsInfo.do?method=exec&id=12988&count=14312&model=2010%E6%9D%91%E9%95%BF%E8%AE%BA%E5%9D%9B（2010 年 10 月 09 日）

遗产”保护试点的中国11个传统农业系统包括：浙江青田“稻鱼共生系统”（2005年）、云南红河“哈尼稻作梯田系统”（2010年）、江西万年“稻作文化系统”（2010年）、贵州从江县“侗乡稻鱼鸭系统”（2011年）、云南“普洱古茶园与茶文化系统”（2012年）、内蒙古“敖汉旱作农业系统”（2012年）、河北“宣化传统葡萄园”（2013年）、浙江绍兴“传统香榧群落”（2013年）、江苏兴化垛田传统农业系统（2014年）、福建福州茉莉花种植与茶文化系统（2014年）和陕西佳县古枣园（2014年）。

2. 中国重要文化遗产候选项目

自2012年4月起，农业部在全国范围组织开展了中国重要农业文化遗产的申报和评选认定工作，先后分三批认定了62个传统农业系统入选中国重要农业文化遗产名单。其中，2013年5月17日，农业部公布了第一批19项中国重要农业文化遗产名单；2014年6月12日，农业部公布了第二批20项中国重要农业文化遗产名单；2015年10月10日，农业部公布了第三批23项中国重要农业文化遗产名单。

3.《世界遗产名录》

2011年6月24日，包括龙井茶园等5大类景观要素在内的“杭州西湖文化景观”被正式列入世界遗产名录。

2000年，云南红河哈尼族彝族自治州启动境内的哈尼梯田申报世界文化景观遗产的工作；2004年7月，哈尼梯田被列入中国5个申报世界文化遗产预备项目之一；2006年12月，哈尼梯田再次进入中国政府最新公布的35家世界文化遗产预备项目名单；2007年11月，哈尼梯田被国家林业局批准为国家湿地公园，提升了哈尼梯田的科学价值，推进了哈尼梯田的生态环境保护和世界文化遗产的申报工作；2012年2月，哈尼梯田被确定为中国2013年世界文化遗产申报项目。2013年6月22日，在柬埔寨首都金边举行的第37届世界遗产大会表决，中国红河哈尼梯田文化景观成功入选《世界遗产名录》。

4.《中国世界文化遗产预备名单》

中国首批《中国世界遗产预备名单》于1996年向联合国教科文组织递交。第二批《中国世界文化遗产预备名单》由国家文物局于2006年12月15日公布并报送联合国教科文组织世界遗产中心，其中包括文化遗产35项，杭州西湖・龙井茶园、哈尼梯田（云南省元阳县）名列其中。最新一版的45项不同类型文化遗产，被国家文物局列入更新的《中国世界文化遗产预备名单》，于2012年11月17日正式公布。新《中国世界文化遗产预备名单》的一个显著特点是类型得到了扩展。名单中除传统的古建筑、考古遗址等类型外，历史村镇、文化景观、文化线路、工业遗产等新类型数量大大增加。尤其值得一提的是，名单中首次出现了农业遗产类型，共有4项，其中哈尼梯田（云南省元阳县）、普洱景迈山古茶园（云南省澜沧拉祜族自治县）等景观类农业文化遗产名列其中。[①]

5. 各级各类重点文物保护单位

2006年5月25日，国务院公布了第六批全国重点文物保护单位，共1 080项，与农

① 《农业文化遗产：逐渐步入保护视野》http://sannong.newssc.org/system/20121206/000159593.html，2012年12月06日

业景观遗产有关的共有 3 项，共涉及申报地区或单位 3 个。分别是：由河北省黄骅市申报的“聚馆古贡枣园”（明至清，“其他”类别，开创了植物列为“国保”的先河）、由浙江省磐安县申报的“玉山古茶场”（清，“古建筑”类别）、由江苏省无锡市申报的“荣氏梅园”（民国，“近现代重要史迹及代表性建筑”类别）。

2007 年 4 月 4 日，国务院下发了《关于开展第三次全国文物普查的通知》。本次全国文物普查与以往普查的不同之处，是除了过去人们耳熟能详的古遗址、古建筑等传统意义上的文物之外，至今仍存在于我们身边的、与我们生活息息相关的农业遗产首次纳入了文化遗产保护范畴。到 2011 年 12 月底，在各省、市、自治区发现了不少农业景观遗产，如山西昔阳大寨梯田、清徐白石沟古葡萄园；陕西安康汉阴凤堰古梯田；四川六丰村梯田；重庆黔江高坪梯田；山东海阳当道村梯田、莱阳照旺庄镇西陶漳村梨园；贵州贵阳市花溪区高坡乡扰绕村、石门村高原台地梯田；云南哈尼梯田、景迈古茶园；四川绵阳游仙区龙王沟村农业学大寨梯田、湖南保靖拱桥农业学大寨示范田；天津太平镇崔庄古枣园；浙江诸暨千年香榧王、泰顺县三滩红枫古道；江苏金湖万亩荷花荡、沭阳古栗林；河南信阳董家河乡车云山村古茶园、李家寨镇旗杆村大茶沟古茶树等。其中，山西昔阳县大寨、甘肃庄浪梯田被列入“2008 年第三次全国文物普查重要新发现”，江苏兴化垛田、浙江丽水市云和县梅源梯田被纳入“2009 年第三次全国文物普查重要新发现”；天津太平镇崔庄古枣园已正式申报“中国重要农业文化遗产”；2012 年 9 月 26 日，山东照旺庄镇西陶漳村梨园（莱阳贡梨园）获中国文化遗产标志。

这些在普查或调查中发现的农业景观遗产有的被确定为省级或市、县级的重点文物保护单位。2011 年 3 月，湖南省政府公布了第九批省级文物保护单位，娄底市的紫鹊界古梯田作为“其他类”入选。其保护范围为金龙村、石丰村、龙普村，总面积 13.3 平方公里；2012 年 12 月，安徽省政府公布了第七批计 80 处省保单位，歙县蜈蚣岭梯田榜上有名；2009 年 4 月，保靖县将在第三次全国文物普查中发现的黄金寨古茶园，公布为县级重点文物保护单位 2011 年 1 月 24 日，黄金寨古茶园被批准为湖南省第九批重点文物保护单位；2010 年，凤堰古梯田被评为“陕西省第三次全国文物普查十大新发现”之一，2012 年 5 月 5 日，凤堰古梯田被汉阴县政府确定为县级重点文物保护单位，目前正在申报中国重要农业文化遗产保护项目。2011 年 1 月 7 日，浙江省公布了第六批省级文物保护单位，与景观类农业文化遗产有关的有三处，分别是南尖岩梯田、俞家湾桑基鱼塘、梅源梯田。

此外，1999 年 5 月，广西灵山县将本县新圩镇邓家村一棵距今 1 500 年以上树龄的“灵山香荔”母树列为第二批重点文物保护单位；2011 年 12 月 26 日和 12 月 30 日，浙江省绍兴县和嵊州市分别将各自所辖区域内古香榧群公布为县（市）文物保护单位。

2009 年 4 月，国家文物局下发了《关于开展第七批全国重点文物保护单位申报工作的通知》，甘肃庄浪梯田、浙江遂昌大坑梯田、湖南保靖黄金寨古茶园等农业景观遗产被推荐申报。

6. 其他名录立项情况

主要包括各级自然保护区、森林公园、旅游景区、农业旅游示范点、古树名木保护名录等。

2002 年 5 月，江苏邳州银杏博览园被批准为省级银杏森林公园，2004 年 4 月，被批准为国家级银杏博览园，2005 年 8 月，被确定为国家农业旅游示范点，2006 年 10 月，被评为国家 3A 级旅游景区。2003 年 9 月 26 日，江苏省林业局正式行文立项，同意泰兴市在宣堡镇建立省级古银杏群落森林公园。2004 年 11 月 23 日，国家环保总局发布了全国自然保护区名录，作为世界六大古银杏群落之一的湖北随州银杏林入选，并以 171 400 平方公里的面积，成为全国最大的野生植物银杏自然保护区；2009 年 11 月 18 日，首届中国银杏节在湖北安陆举行，全国首家古银杏国家森林公园在安陆钱冲古银杏群落挂牌成立。

2008 年，刘墉古板栗园被评为山东省农业旅游示范点，2009 年被评为国家 3A 级旅游景区。2010 年 1 月，江苏邳州炮车古栗园被省林业厅评为省级古栗森林公园。

2009 年，河南新郑孟庄镇黄帝古枣园被林业部评为全国古枣园林保护区。

2004 年 12 月 6 日，国家林业局正式批准大兴古桑国家森林公园建立。古桑国家森林公园，总面积 1160 多公顷，分万亩次生林、御林古桑园、百年梨园及科普教育、军体训练基地和青少年户外活动基地等 6 大景区 22 个景点，共有林木近 70 万株，其中桑树 42 万多株，百年以上的古桑将近千株，是目前华北最大、北京地区独有的千亩古桑园。2005 年，御林古桑园被评为 2A 级景区。2012 年 6 月，山东无棣车王镇千年古桑园成功申报国家 3A 级景区，该古桑园约成林于隋炀帝年间，有桑树 2 000 余株，其中千年以上古桑树近 300 余株，分布在 400 亩的土地上，是鲁北地区仅存的一处古桑树群。

2002 年景迈芒景千年古茶园被澜沧县人民政府划为保护区，2007 年 3 月，由联合国教科文国际民间艺术组织、中国民间文艺家协会牵头组织的中国民间文化遗产旅游示范区评审活动，经过一年多的调查研究，评选出中国民间文化遗产储存量丰厚、品味价值高、保护工作卓有成效的 15 个著名景区为中国民间文化遗产旅游示范区，澜沧县景迈芒景千年万亩古茶园以其独特优势和合理保护利用民间文化遗产成效显著，被评定为“中国民间文化遗产旅游示范区”。

2002 年诸暨香榧自然保护区在诸暨市设立，2004 年浙江省诸暨香榧省级森林公园被批准设立，2009 年 12 月诸暨香榧省级森林公园被认定为国家级森林公园，规划总面积 3 869.2 公顷。目前，公园内香榧栽培面积已达 3 万余亩，拥有香榧古树群 126 个，占地 1 万余亩，百年以上香榧古树达 28 771 株，出产香榧占全国总产量的 60% 以上，是国内最大的香榧集聚地。

2001 年，兰溪市将其西北部山区与建德市交界的黄店镇蒋塔村一棵女真树（树龄有三四百年历史，根部周围长 1.9 米，直径 60 厘米，树冠直径 4 米，高约 10 米，每年的农历四月和八月，会开两次像桂花一样的黄花，被称为“女真树王”），列入珍贵古树保护名录；2003 年 10 月，余姚市农林局、市绿化办会同浙江省林业勘察设计院专家将“白桃花树”鉴定为稀有名贵的 800 多年亚热带蔷薇科小乔木樱桃族水果类植物（现已确定为野山樱桃树），列入古树名木清单，并受国家一类植物保护。

（四）相关农业文化遗产开发利用情况

1. 调查与普查

调查和普查工作是农业文化遗产开发利用的基础。建国以来，由国家组织的文物和文化遗产调查与普查工作已进行了多轮，而各地进行的相关调查就更多，但针对农业文化遗产进行的调查则是近几年来的事情。

（1）全国性调查和普查

到目前为止，全国性的专门针对农业文化遗产的调查工作首推 2012 年 3 月由农业部牵头组织的中国重要农业文化遗产发掘工作。2012 年 3 月 13 日，农业部下发了《关于开展中国重要农业文化遗产发掘工作的通知》（农企发〔2012〕4 号），该通知在阐明开展中国重要农业文化遗产发掘工作重要意义的基础上，指出开展本次中国重要农业文化遗产发掘工作的目标任务，提出了中国重要农业文化遗产的相关标准条件，规定了中国重要农业文化遗产申报程序、确定、管理及有关工作要求。本次工作以各县级人民政府为申报主体，各省（自治区、直辖市）及计划单列市、新疆生产建设兵团休闲农业行政主管部门负责本地遗产项目的审核和上报，上报的候选项目原则上不超过 2 个，最后经农业部组织有关专家综合评审后择优认定为中国重要农业文化遗产。2012 年 12 月 7 日，农业部办公厅下发了《关于做好中国重要农业文化遗产候选项目有关工作的通知》（农办企〔2012〕36 号），该通知公布了列为中国重要农业文化遗产候选项目的 20 个传统农业系统。

其次，对全国性农业文化遗产进行调查的工作是国务院组织开展的第三次全国文物普查。2007 年 4 月 4 日，国务院下发了《关于开展第三次全国文物普查的通知》（国发〔2007〕9 号），要求对中国境内（不包括港澳台地区）地上、地下、水下的不可移动文物进行普查。普查的内容以调查、登录新发现的不可移动文物为重点，同时对已登记的近 40 万处不可移动文物进行复查。全部普查工作从 2007 年 4 月开始，到 2011 年 12 月结束，历时近 5 年。和前两次全国文物普查相比，本次文物普查理念新，涵盖面广，特别注重对包括农业遗产在内的一些新型文物资源进行了调查，不少农业遗产得到充分重视，首次纳入了保护范畴。

（2）区域调查和普查

2010 年 1 月，南京农业大学中国农业历史研究中心依托江苏高校哲学社会科学重点研究基地重大招投标项目“江苏农业文化遗产调查研究”，对江苏省农业文化遗产开展了系统性的调查工作，整个调查工作历时近 1 年，涉及江苏省境内 13 个地市的 10 类农业文化遗产，调查内容包括各类农业文化遗产的名称、类别、分布区域、历史发展沿革、品质特征、保存现状、价值评价等。最后从中筛选出最具典型性和重要价值的农业文化遗产 396 项，其中，景观类农业文化遗产 20 项。本次调查是国内有关农业文化遗产在区域层面上的首次调查，也是最系统、最全面的一次调查，通过调查，不仅摸清了江苏省农业文化遗产的“家底”，为江苏省农业文化遗产的保护与利用提供了翔实的基础资料，而且为其他省份开展农业文化遗产调查提供了经验和“蓝本”。

（3）典型调查与专题调查

2002 年，联合国粮农组织发起了全球重要农业文化遗产（GIAHS）保护项目，中国作为最早积极参加的国家之一，自 2004 年起，由农业部和中国科学院地理资源所合作，不断加强对中国重要农业文化遗产的调查工作，浙江青田稻鱼共生、云南哈尼梯田、江西万年稻作系统、贵州从江侗乡稻鱼鸭系统等相继跻身全球 19 个重要农业文化遗产保护试点。

2002 年，绍兴市对全市古树名木进行了一次普查，共调查登记古树名木 68 192 株，其中散生古树名木 6 952 株，古树群树木 61 240 株。树木种类包括香樟、香榧、枫香、马尾松、银杏等 16 个。

2004 年 3 月 23 日起，云南省西双版纳州农业局、州茶业协会组织普查队分 3 个小组，开展了西双版纳茶叶产业发展史上规模最大、人员与项目最多、时间最长的古茶树、古茶园资源普查工作。经过连续 1 个半月的实地考察，至 2004 年 5 月中旬，各普查组全部按计划完成了全州古茶树、古茶园资源的野外普查工作，共采集古茶树枝叶标本 80 多份、古茶园土样 30 份，拍摄古茶树、古茶园、茶马古道等相关照片 1 500 余张，摸清了全州境内现存古茶树、古茶园的分布、品种、种植历史及生长情况等资源家底，为有效保护及合理开发利用云南古茶树资源提供了科学的决策依据。

2009 年 7 月 27 日，甘肃省老科学技术工作者协会组成由王吉庆、叶绍裘任组长和副组长的 9 人调研小组，开展了对“什川镇古梨树保护与发展”为期五个月的现场调查，共走访省、市、县单位 14 个，市、县领导 6 人（次），召开专题座谈会 4 次，查阅资料 36 份，最终完成《皋兰县什川镇古梨树保护与发展调研报告》。

2. 旅游开发

旅游开发是当前很多景观类农业文化遗产开发利用的普遍做法，主要表现为各地不断加强的旅游项目规划、开发、建设和各类旅游宣传与节庆活动的举办等方面。

（1）项目规划、开发与建设

2003 年，云南省澜沧县开始对古茶园进行旅游规划开发，把古茶园作为古茶文化旅游景点来打造。2007 开始大规模打造，并提出“打造普洱茶精神圣地，世界精品旅游景区”的理念。

作为中国唯一保留完整的传统生态农业模式——桑基鱼塘的集中地，浙江南浔区和孚镇荻港村于 2005 年以对外招标的方式进行“荻港桑基鱼塘古村落”项目的开发建设活动，总投资 2 亿元人民币。该项目融人文、自然景观为一体，以老镇底蕴、埠头沧桑、家族文化、河街风情、桑基鱼塘为背景，开发体验江南水乡风情、荻港千鱼宴美食和农耕劳作的旅游活动。

2006 年 11 月 9 日，中国第一个古银杏生态博览园在著名的银杏之乡桂林灵川海洋乡开园迎客，吸引了 1 000 多名中外游客前来观赏。该生态博览园的开园，结束了中国作为世界银杏生产大国，没有银杏繁育、生产、科研和可持续发展的科研平台的历史，也为桂林这一国际旅游名城增添了一处独具魅力的人文旅游景观。

2008 年，元阳县国有资产经营管理有限责任公司与云南世博集团有限公司共同组建

“云南世博元阳哈尼梯田旅游开发公司”，对哈尼梯田的核心区域进行旅游开发。

2010 年 2 月 6 日，经过近半年精心筹备，中国唯一一座古梅花园在武汉东湖建成开放，园中汇集从全国各地移植而来的百年以上古梅 200 多株，300 年以上树龄的梅树 18 株，其中最古老的一株古梅树龄达 800 年。古梅园位于中国四大梅园之首的武汉东湖磨山梅园内，由大连万达集团投资 600 万元人民币打造扩建，分古梅花区和古蜡梅区两部分，总建设面积 150 亩。

为继承和保护全球重要农业文化遗产——稻鱼共生系统，并在此基础上充分利用这一独特的休闲观光资源，发挥其最大的生态、经济与社会效益，青田稻鱼共生系统遗产文化体验博物园区建设被列入青田县 2010 年“三十工程”实施项目。2010 年 6 月 12 日，全球重要农业文化遗产——稻鱼共生农业文化遗产博物园奠基仪式在方山乡五地垟村举行。该博物园以综合博物馆建设为主，内部设立稻鱼文化展览中心、稻鱼共生系统研究中心、科技文化培训中心、农产品展示展销中心，建成后将成为展示稻鱼文化和农耕文化、提供稻鱼共生系统研究场所以及展示青田特色农产品基地。园区将利用现代化科学技术，对传统稻鱼共生系统的原生态景观进行保护和升级开发，展示传统农业文化遗产的魅力，并融入青田县独特的华侨文化、石雕文化等元素，开发稻鱼文化观光旅游，提升青田县的乡村旅游品牌。

2011 年 4 月 28 日，宣堡古银杏群落森林公园旅游总体规划通过评审。2011 年 11 月 11 日，宣家堡古银杏群落森林风景区暨中明国际养生旅游度假区开工奠基仪式举行。该项目将依托银杏做足生态文章，围绕银杏做强产业特色，努力将古银杏群落森林公园打造成国内水平最高、生态最优、竞争力最强的生态休闲项目和最具影响力的生态旅游品牌，力争早日建成国家级的森林公园。

2011 年 10 月 26 日，湖南省溆浦县人民政府与湖南晨晟有限公司正式签署合作协议，晨晟公司将投资 3 亿元，对溆浦山背花瑶梯田旅游项目进行开发。合作开发协议签订后，湖南省晨晟有限公司将严格按照山背景区控制性规划要求，按国家 4A 级景区标准建设山背花瑶梯田景区，加大对梯田的保护和对花瑶文化的深入挖掘，将山背花瑶梯田景区打造成为集休闲观光、民风展示为一体、具有显著地方特色的旅游景点。2011 年 11 月 16 日，溆浦县山背花瑶梯田景区旅游开发项目正式启动。

2012 年 6 月 22 日，临沂市郯城县新村银杏产业开发区和澳门林氏房地产投资集团就新村古银杏园旅游开发项目进行签约。根据协议内容，澳门林氏房地产集团将结合该县沂河景观带旅游开发总体规划，对郯城县新村万亩银杏园进行开发，项目占地 700 亩，总投资 1.2 亿元人民币。新村古银杏园旅游项目的开发将进一步发挥郯城县旅游资源优势，提升旅游业发展水平，促进郯城县经济与社会的发展。

2012 年 8 月 23 日，张家界永定区人民政府与本土知名民营企业——张家界锦华药业（集团）有限公司就张家界龙凤梯田旅游景区开发项目签订了框架协议书。该项目作为永定区“十二五”期间经济发展的重点建设项目，坐落于该区享有“中国民文化艺术之乡”美誉之称的罗水乡境内，项目辐射罗水乡的龙凤村、大明村、马鞍山村、中南村及天泉山国家森林公园风景区等范围。项目整体估算总投资约 1 亿元人民币。

近年来，陕西省汉阴县把加快旅游产业发展，作为统筹城乡发展的重要抓手，以藏在深山人未识的凤堰古梯田为核心，整合两合崖景区、龙寨沟奇石景区、龙岗园林、大木坝森林公园等旅游景区资源，全力打造该县首个 4A 级旅游景区品牌。

甘肃省庄浪县在《国民经济和社会发展第十二个五年纲要规划》中提出要以“中国梯田化模范县”为载体，加快梯田景区基础设施建设，大力发展乡村生态旅游，打造梯田旅游品牌，建成具有鲜明特色的西部梯田旅游观光景区。

（2）旅游节庆活动开展

2004 年 9 月 20~23 日，由江西省文化厅、江西省旅游局和上饶市政府联合主办的“首届中国万年国际稻作文化旅游节”在江西省万年县隆重举行。文化旅游节围绕万年自身独特的文化资源安排了一系列丰富多彩的活动，包括大型民间文艺表演、万年仙人洞和吊桶环遗址陈列馆揭牌、中国米业市场奠基、万年县招商引资项目推介签约仪式和全国商品、美食及粮食博览会等内容，对万年文化旅游对外宣传推介起到了积极推动作用。

2007 年 9 月 20 日至 10 月 10 日，第六届中国 · 内黄红枣文化节在素有“中国红枣之乡”之称的内黄县举行。本届红枣文化节以“拜华夏人文始祖，游中国最美枣乡”为主题，突出文化与生态的和谐统一，按照“搞好一个总体规划，打亮一张旅游品牌，展示一方民俗文化”的工作思路，努力在旅游品牌打造、旅游宣传推介、旅游景区建设、地方文化展示、旅游接待能力、旅游项目招商六个方面取得新突破。

2009 年 4 月 2~25 日，首届中国兴化千岛菜花旅游节在缸顾乡千岛菜花风景区成功举办，吸引中外游客近 10 万人。同年 5 月，在人民网旅游频道主办的“中国最美油菜花海”评选活动中，江苏兴化千岛菜花荣获第二。2012 年 4 月 2 日，中国兴化第四届千岛菜花旅游节隆重开幕，截至 5 月 3 日一个月的菜花节期间，兴化市共接待游客 75 万人次，与 2011 年相比，同比增长 13.6%，实现旅游总收入 3.9 亿元，同比增长 11.4%。

2010 年 5 月 29 日，雪花“自然之美”景区风景啤酒系列之一——丹寨“自然之美”开酒仪式在贵州省丹寨县举行，自此，印有丹寨高要梯田景观的雪花“自然之美”啤酒在贵州省全面上市销售。

2005 年 4 月 10~12 日，由云南省红河州人民政府主办的首届“红河民族文化旅游节暨元阳哈尼梯田旅游节”在元阳县隆重举办，旨在借助哈尼梯田这一极具震撼力的世界级旅游品牌，展示元阳多姿多彩的哈尼风情及历史悠久的农耕文化。到目前为止，该节已举办了 4 届。在节会举办期间，海内外游客不仅欣赏了万亩元阳梯田的美丽景色，品尝具有浓郁民族风味的长街古宴，还可欣赏由著名舞蹈家杨丽萍参与制作的大型农耕表演——《元阳梯田》（2009 年推出）。

2011 年 9 月 24 日，紫鹊界首届国际稻谷节暨梯田户外生活节隆重举行，本次活动由省旅游局和娄底市人民政府主办，娄底市旅游外事侨务局、新化县人民政府承办，新化县旅游局、紫鹊界梯田旅游开发有限公司等单位执行承办，各项主题活动紧紧围绕“锦绣潇湘，快乐湖南”这一主题，让所有的来宾和选手在神秘神奇美丽的梯田王国，深入田园，置身金黄稻海；融入大自然，放飞美丽情致。活动内容精彩纷呈，除“骑吧梯田”首届梯田山地车登顶赛，“谷舞紫鹊”割穗速度赛、生态扮禾赛、谷进粮仓赛等重大比赛活动外，还有竹茶筒送水赛、世界小姐湖南佳丽梯田走秀，“祭谷神 · 祈盛世”民俗文化表演、紫鹊界生态漂流等民俗趣味活动。

2009 年 12 月 4 日，福建省尤溪县联合梯田旅游总体规划通过专家组评审。根据规划，联合梯田旅游区分为生态休闲、乡村度假、文化科普、森林康体、农事体验、祭祀朝圣 6 个功能区，重点开发雄鹰展翅、大地流金、腾云耕雾、天浴奇田、猛虎回头、彩霞辉映、金鸡报晓、旌旗在望、三云齐聚、恐龙下蛋等十大景观；2010 年 5 月 18 日，尤溪县在联合乡联合梯田景区举行了联合梯田旅游线路现场推介会，向公众推出了该县第一条以联合梯田特色农业游和连云烈士墓红色游相结合的旅游线路。2011 年 3 月 30~31 日，由尤溪县委、县政府主办，联合乡党委、政府，尤溪县文体局，尤溪县旅游局承办的“金色大地”尤溪县首届联合梯田与民俗文化旅游节在尤溪县联合乡盛大举行。期间举行了形式多样、丰富多彩的活动：水田趣味运动会、“金色大地”乡村文艺晚会暨烟花晚会、伏虎岩民俗巡游踩街、联合风光摄影展、土特产品展销会等，参会人数达 5 000 多人。

甘肃省皋兰县从 2003 年开始连续举办“兰州 · 什川之春”旅游节，借助这一平台，皋兰县打造出一条以梨花、梨园、生态游为主打品牌的乡村“生态古镇”旅游经济产业链。2012 年 4 月 17 日，第十届“兰州 · 什川之春”旅游节开幕，本届旅游节按照“梨花搭台、文化唱戏、经济主演、市场运作”的原则，突出“生态古镇、梨韵水乡”主题，依托“中国第一古梨园”和“兰州最美丽乡村”的旅游品牌，推动城乡、区域文化平衡发展，构建乡村旅游发展新的支撑平台。并举办文化下乡、开心农场、文体比赛、乡村旅游推介、家庭趣味运动会及摄影博文大赛等系列活动。

元阳高度重视哈尼梯田旅游的宣传，千方百计扩大哈尼梯田的影响力，先后在北京、上海、昆明等城市开展广告宣传，连续举办了 4 届中国红河 · 元阳梯田文化旅游节，到国内外客源地开展宣传营销，并在旅交会、推介会、博览会上进行推介，吸引更多的游客到元阳观光、旅游。组织参加了中国北方旅游交易会、中国西部旅游交易会、越南沙巴旅游产品推介会等国内外旅游会展，发放各种宣传手册 3 万余册，宣传光碟 500 本，达到了让元阳走出世界，让世界了解元阳的目的，提高了元阳梯田的知名度。出版发行了《元阳风情》、《元阳——哈尼梯田的故乡》等画册，吸引了姜文、张国立等一批著名导演、演员到景区拍摄影视作品，《长街宴》MTV，纪录片《梯田边的孩子》，影视作品《婼玛的十七岁》、《山间铃响马帮来》等在全国传唱、热播。

2012 年 9 月 28 日，以“探世界遗产，品田鱼文化，游魅力方山”为主题的青田—方山田鱼文化节在浙江青田方山乡拉开大幕，来自全省各地的农业专家和嘉宾目睹了“稻鱼共生”这一全球重要农业文化遗产的独特魅力，共同探讨了稻鱼共生系统的发展前景。文化节举办期间，主办方开展了鱼灯表演、割稻抓鱼、田鱼摄影展、金秋恳谈会、方山美食汇、风情乡村游等一系列丰富多彩的活动，对全面打造“田鱼之乡”文化品牌、推动当地乡村生态休闲旅游的发展起到了积极的作用。

3. 展览与展示

2012年3月2~8日，由农业部主办，中国农业博物馆、全国农业展览馆承办的“中华农耕文化展”在全国农业展览馆展出，包括主题馆、专题馆两个部分。其中主题馆展示内容共分4个单元：第一单元为综合展区，重点展示党和国家领导人，特别是毛泽东、邓小平、江泽民、胡锦涛等领导同志在保护、传承和利用传统农耕文化方面的指示精神；展示中华传统农耕文化的主要特征及其现代价值，以及中国在传承、保护、利用和弘扬传统农耕文化方面的概况；第二单元为传统农耕文化重点类型展区，分别从精耕细作、传统农业技术、治水、物候与节气、农业生态、农产品加工、茶文化、蚕桑文化、古代农学思想与农书，以及民间艺术共十个部分，全面展示中华农耕文化的博大精深和丰富多彩；第三单元为农业文化遗产保护成果展区，主要包括中国全球重要农业文化遗产保护项目及候选项目、中国169个历史文化名村和农业非物质文化遗产展演3个部分。其中，在“中国全球重要农业文化遗产保护项目及候选项目”部分，具体介绍了浙江青田稻鱼共生系统、云南哈尼稻作梯田系统、江西万年稻作文化系统以及贵州从江侗乡稻鱼鸭复合系统等4个已获得联合国粮农组织正式命名的“全球重要农业文化遗产保护试点”，此外还对中国一些独具特色的，具备成为全球重要农业文化遗产保护试点候选项目，如云南普洱茶农业系统、内蒙古敖汉旗旱作农业系统、河北宣化传统葡萄园、陕西佳县传统枣园系统、浙江绍兴古香榧群落系统等作了介绍；第四单元为农耕文化的传承与发展展区，主要有秉承精耕细作、保障粮食安全，深化生态理念、促进永续发展，加快技术创新、转变生产方式，开发文化资源、拓展农业功能，传承民间工艺、繁荣乡村经济，弘扬乡土艺术、建设和谐农村等6个部分。“中华农耕文化展”的举办，是贯彻落实党的十七届六中全会精神、弘扬中华文化、培养主流文化的体现，也是传承中国悠久的农业文明，提升农耕文化在中国文化领域的地位、推动农村文化建设和经济建设的协调发展，更好地服务“三农”工作、服务现代农业发展的重要举措。本次展览开幕当天便吸引了约6 000名观众，另外原定3月8日闭幕的中国农耕文化展，应观众要求延展至3月15日。

2011年3月16日下午，云南红河州举行哈尼梯田数字化保护开发项目方案介绍会，同时启动实施这一项目。该项目主要以互联网传播为手段，以数字哈尼梯田软件为平台，立体展示哈尼梯田独特的农耕稻作文化，通过具有活态营销功能的媒体循环体系，使哈尼梯田在世界范围内得到认可和保护，成为中国传统产业文化的典范。同时，该项目还包括拍摄以红河文化、风光等为元素融入现代故事的电影。

为了保护和推广世界重要农业文化遗产，青田县委、县政府要求县邮政局等相关部门全力做好宣传工作，向中国邮政集团公司推荐，争取将青田“稻鱼共生”列入国家邮票发行选题。2007年10月，青田县委县政府首次召开“世农遗产稻鱼共生”邮票申报研讨会。2008年12月，青田县政府发文向中国邮政集团公司正式申报要求发行“中国世农遗产稻鱼共生”特种邮票。

2010年5月26日，由西北农林科技大学创建的中国农业历史博物馆在杨凌农林博览园正式开馆。全馆展览面积4 000平方米，为国内目前展示内容最为系统的农业历史博物馆。农史馆分为上下两层，按照历史顺序布展，分为“原始农业厅”、“三代农业厅”、“汉唐农业厅”、“宋元农业厅”、“明清农业厅”和“近现代农业厅”六部分，系统、全面地展现了中国农业历史发展的基本脉络与辉煌成就。

2012 年 8 月 16 日，全球重要农业文化遗产地摄影作品展在内蒙古自治区敖汉旗开展。此次影展由敖汉旗与全球重要农业文化遗产中国项目办共同举办，农业部国际合作司、中国科学院地理科学与资源研究所、农业部国际交流服务中心、联合国粮农组织驻中国办事处、农业文化遗产地领导和专家等应邀出席开展仪式。本次展会共有反映坦桑尼亚马赛游牧系统、浙江青田稻鱼共生系统、敖汉旗旱作农业系统等 10 多个国家的农业文化遗产摄影作品精彩亮相。展览分两个阶段，第一阶段从 8 月 16 日起至 8 月末结束，在敖汉旗会议中心展出；第二阶段自 9 月初起在北京对外展出。

2012 年国庆期间，投资 4 000 多万元的箐口哈尼梯田展示基地正式对外开放。该基地由哈尼梯田文化展示馆、哈尼梯田监测中心、哈尼梯田管理中心 3 部分组成。游客可通过展示馆的大量生动的图片、视频，了解 1 300 多年的哈尼梯田农耕文化的演变过程，并可通过手触式电子展示屏查阅自己想了解的各类哈尼梯田资料。通过电子监测系统，哈尼梯田得到有效的电子数据管理。

2012 年 11 月 23 日，2012 浙江农业博览会、全国名优果品交易博览会在浙江新农都会展中心隆重开幕。该届农博会以“生态、精品、安全”为主题，采取“一会两馆”形式，从 11 月 23~27 日在浙江新农都会展中心与杭州和平国际会展中心举行。在新农都会展中心，包括青田稻鱼共生系统等在内的农业文化遗产展示成为展会的一大亮点。

美国东部时间 2012 年 11 月 28 日起，以“水润江苏”为主题的江苏形象片在美国《纽约时报》广场新华社电子屏持续滚动播出，由江苏省委宣传部与新华社江苏分社联合制作的形象片通过展现在邮票上的兴化垛田等江苏经典元素亮相“世界十字路口”，旨在以“水润江苏、邮票传情”为主题向国内外展现天蓝、地绿、水净的美好江苏新形象，邀请国内外朋友来了解江苏、感受江苏的开放和包容。

4. 保护方式和手段

（1）立法保护

即颁布专门的法律或条例进行保护。如云南省西双版纳傣族自治州对古茶树的保护。2011 年 6 月 29 日，西双版纳傣族自治州第十一届人民代表大会常务委员会第三十三次会议通过《云南省西双版纳傣族自治州古茶树保护条例》，该《条例》规定，纳入保护范围的古茶树是指野生型茶树和树龄在 100 年以上的栽培型茶树，其保护范围由县（市）政府划定，设置标志，并向社会公布。在保护范围内不得新建影响古茶树生长的建筑物或构筑物，对影响其生长的原有建筑物或构筑物要逐步搬迁，并按有关规定给予补偿。在保护区内不能种植未经批准的植物，超标排放废气和污水，倾倒或堆放垃圾等废弃物，探（采）矿、采石、取土等。违反以上规定的，将由林业行政主管部门责令停止，给予处罚，构成犯罪的将依法追究刑事责任。

（2）名录保护

即通过申报各级各类遗产名录、文物保护单位、自然保护区、风景名胜区、森林公园、古树名木保护名录等进行保护。如，绍兴市正在积极推进古香榧群的申遗工作；2010年，郯城县将神舟古栗园内树龄百年以上的板栗树列入“郯城县古树名木保护名录”，对公园内古板栗树进行调查，编号挂牌，建立档案和数据库。同时加大对破坏古板栗树违法行为的打击力度，下发了《关于加强神舟古栗园栗树保护管理的紧急通告》，并对多起群众或村集体非法砍伐板栗树的案件进行了查处；临沂不仅是银杏的故乡，而且也是栽培、利用和研究银杏最早、成果最丰富的地区之一。生生园作为在中国城市中心生长的、国内独有的丛生古银杏群落，树型古老，枝叶茂盛。为此，临沂市园林部门将该地列为古树名木群保护区；1972年，广东省佛山市南海区西樵镇七星村被联合国教科文组织评为“桑基鱼塘”农田示范区，目前村内绝大部分土地都被国家限定为农田保护区；河南新郑市孟庄镇中华黄帝古枣园则被林业部列为全国古枣园林保护区。①

（3）登记造册与挂牌保护

河北省邯郸县林业局对2007年在河沙镇小堤村发现的连片古枣树群实行了挂牌保护；②为更好地保护有“中国第一古梨园”美誉的兰州市皋兰什川古梨园近万株百年以上的古梨树，什川镇镇政府将所有老树进行编号、登记造册，进而实现对古树的全生命周期的跟踪管理；2009年12月16日，云南景洪市基诺农业综合服务中心对亚诺村1 500亩古茶园中6棵相对较大的古茶树挂上了“古茶树保护”牌。通过该项工作，进一步增强了茶农保护古茶树及传承弘扬六大普洱茶茶山之一的“攸乐古茶”茶文化的责任意识；针对近年来不合理采摘、过度开发，甚至大面积毁茶种粮、种蔗，古茶树未能得到合理保护和利用的状况，由北京万茗堂商贸有限公司发起的“保护古茶树”行动，得到了云南省政府和社会各界人士的支持和响应，并于2012年11月13日在西双版纳勐宋茶区举行了古茶树保护挂牌仪式。

（4）生态博物馆保护

生态博物馆建设是景观类农业文化遗产保护的重要内容。

2010年6月12日，浙江省青田县在中国科学院地理资源研究所及有关单位的大力支持下，启动了稻鱼共生农业文化遗产博物园建设，并将其列入全县“三十工程”重点建设项目。稻鱼共生农业文化遗产博物园规划面积2.5万平方米，将建设稻鱼共生博物馆区、稻鱼共生系统保护区、稻鱼农耕文化体验观光区和稻鱼文化长廊等区块。它的建成将更有利于稻鱼共生系统农业文化遗产的保护和弘扬，对带动青田县农业文化休闲观光产业发展、促进城乡统筹和谐发展具有重要意义。

2010年11月16日，广西龙胜各族自治县在龙胜龙脊梯田建立了以保护和展示梯田文化为主的龙脊壮族生态博物馆。作为广西民族生态博物馆“1+10”工程的重要组成部分，

① 《河南张一：古枣园创业之梦》http://www.ha.chinanews.com/newcnsnews/70/2008-04-02/news-70-76711.shtml

② 《邯郸奇特古枣群已被挂牌保护》http://www.he.xinhuanet.com/zfwq/2007-11/21/content_11726571.htm

它的建设不仅可以保护与传承民族文化，强化旅游区内的人文内涵，为当地旅游业的发展提供文化支持，同时也为壮族民族文化在现代化冲击中的恢复与变迁进行学术上的深入研究提供资料。

2011 年 10 月，陕西省安康市做出开建凤堰古梯田移民生态博物馆的决定。2012 年 3 月，中国首座以自然山水为背景、以古梯田为展品、以移民风俗为辅助、保护和展示原生态生产方式的开放式移民生态博物馆在陕西汉阴揭牌。该生态博物馆的建成不仅为保护、展示、探究中国传统农耕文化铺设了绿色阶梯，也为探索农村文化遗产保护提供了试验样本。

三、景观类农业文化遗产保护利用理论研究

（一）相关科研课题立项情况

近年来，在国家自然科学基金委立项的国家自然科学基金项目中，有关景观类农业文化遗产的项目共 11 项（表 9-4）。

表 9-4 1999-2012 年国家自然科学基金项目有关景观类农业文化遗产的项目立项情况

序号	项目批准号	项目名称	项目负责人	依托单位	项目起止年月
1	41201580/D011201	农业文化遗产地旅游社区灾害风险认知及适应过程研究：以云南红河为例	孙业红	北京联合大学	2013-01 至 2015-12
2	40401022/D011201	哀牢山区哈尼梯田景观空间格局与水生态过程及其保护研究	角媛梅	云南师范大学	2005-01 至 2007-12
3	31070631/C161302	哈尼梯田水源区森林涵养功能与梯田保水保土机理研究	宋维峰	西南林业大学	2011-01 至 2013-12
4	41271284/D010505	梯田对坡度坡长因子的扰动特征研究	赵牡丹	西北大学	2013-01 至 2016-12
5	41271203/D0103	哈尼梯田景观结构—水文连接度与世界遗产保护研究	角媛梅	云南师范大学	2013-01 至 2016-12
6	41205113/D0512	增强 UV-B 辐射对元阳梯田稻田甲烷排放的影响与机理研究	何永美	云南农业大学	2013-01 至 2015-12
7	31200376/C030801	哈尼梯田适应极端干旱的生态水文学机制研究	白艳莹	中国科学院地理科学与资源研究所	2013-01 至 2015-12
8	31161140345/C020601	滇西北藏区传统农业生态系统中的食用植物多样性与管理	龙春林	中央民族大学	2012-01 至 2016-12
9	41101178/D0103	基于景观功能协调平衡院里的绿洲农业景观多功能性研究	朱磊	新疆农业大学	2012-01 至 2014-12
10	40971108/D010204	绿洲农业系统对农业用水变化的响应与机理研究：以新疆渭干河流域为例	杨德刚	中国科学院新疆生态与地理研究所	2010-01 至 2012-12
11	30070463/C130401	淮河上游地区史前稻作农业的起源与发展	张居中	中国科学技术大学	2001-01 至 2003-12

在全国哲学社会科学规划办公室立项的国家社会科学基金项目中，与景观类农业文化遗产相关的研究项目共 3 项（表 9–5）。

表 9–5　1991–2012 年国家社科基金项目有关景观类农业文化遗产的项目立项情况

序号	项目批准号	项目类别	学科分类	项目名称	立项时间	项目负责人	工作单位
1	08XMZ035	西部项目	民族问题研究	滇藏茶马古道文化遗产廊道研究	2008–07–04	王丽萍	昆明大学
2	08XMZ033	西部项目	民族问题研究	云南哈尼族传统生态文化研究	2008–07–04	黄绍文	红河学院
3	03CZX004	青年项目	哲学	哈尼族传统哲学研究	2003–08–11	李少军	北京大学
4	04BZS013	一般项目	中国历史	7~19 世纪长江下游圩田开发与生态环境变迁	2004–05–09	庄华峰	安徽师范大学

此外，2009 年 12 月，江苏高校哲学社会科学研究基地重大招投标项目“江苏农业文化遗产调查研究”被江苏省教育厅立项；2007 年 11 月 29~30 日，由中国和德国的 14 家大学、研究所和当地的政府和非政府组织组成的中德合作研究项目“西南山区农业景观保护与生态系统资源利用的策略和技术”正式启动。

（二）相关著作出版情况

1. 著作

2005 年 6 月，《文明的圣树——哈尼梯田》由黑龙江人民出版社出版。该书全面描述了哈尼梯田的形成与发展的历史轨迹，并且从神林文化、神圣家族、迁徙历史、原声歌唱等侧面展现了梯田文明的灿烂文化。

2008 年 11 月，《农业文化遗产与“三农”》由中国环境科学出版社出版。该书将农业文化遗产划分为农业景观类遗产等十大类型，探讨了梯田类遗产的产生与发展，并以广西龙胜梯田、浙江杭州的南宋“八卦田”为例分析了传统农业景观的保护与利用。为揭示农业文化遗产在“三农”中所处的地位和产生的作用，本书还分析了一些具有丰富内涵的农业景观遗产在利用和保护方面的情况，它们是：浙江青田县龙现村“稻鱼共生系统”，贵州从江复合农业文化系统、云南元阳梯田景观。

2009 年 6 月，《哈尼梯田自然与文化景观生态研究》由中国环境科学出版社出版。该书综合运用土地利用调查资料、遥感影像数据、野外采样、GIS 技术，对元阳县及其典型流域的景观格局、水资源、营养物质时空变化进行了分析，探讨了哈尼梯田文化的特质——哈尼梯田文化景观、哈尼梯田文化的形成、哈尼梯田文化生态系统的结构与功能、哈尼文化与自然环境的矛盾、相互作用模式与机制，构建了梯田景观多功能价值评价指标体系并对元阳梯田进行具体评价，最后对哈尼族传统资源管理知识和梯田景观保护问题作了分析和探讨。

2010 年 7 月,《梯田文化论：哈尼族生态农业》由云南人民出版社出版。该书是中国第一本系统研究哈尼族梯田农业文化的专著。该书作者基于长期的田野考察及历史文献分析，运用人类学及历史学的理论和方法，以梯田的形成原因、农耕样式，雄奇壮伟的姿容，文明形成等为切入点，深层次地探讨了哈尼族社会的农耕文化、社会架构、物质生活、民族性格、宗教信仰等时下有关生态文明的课题。

2011 年 9 月,《农业文化遗产地旅游发展潜力研究》由中国环境科学出版社出版。该书从地理学角度出发，结合社会学、人类学、心理学、管理学等学科的理论和方法，以浙江青田和贵州从江两个全球重要农业文化遗产试点地为案例，系统地探讨了农业文化遗产地的旅游资源潜力、社区潜力、客源潜力，对比分析了两地旅游发展潜力的差异及主要原因，并基于旅游潜力差异探讨了处于不同旅游地生命周期阶段的农业文化遗产地旅游发展对策。

2011 年 10 月,《江苏农业文化遗产调查研究》由中国农业科学技术出版社出版。该书基于文献研究和实地调查的方法，对江苏省 13 个地市的 20 处重要农业景观遗产进行了系统梳理和总结，建立了江苏省景观类农业文化遗产的名录和资料库。

2011 年 12 月,《农业文化遗产地农业生物多样性研究》由中国环境科学出版社出版。该书选择从江稻—鱼共生系统和稻—鱼—鸭共生系统为研究对象，通过实地调查和试验研究相结合的方法，从促进自然资源利用、提高抵抗有害生物入侵能力、改善土壤肥力和降低环境压力的 4 个与农业可持续发展最相关的方面入手，研究了农业文化遗产地农业生物多样性的作用和生态功能；选择从江稻—鱼共生系统和森林生态系统，通过生态经济学、环境经济学的方法，从直接使用价值和间接使用价值两方面，对其农业生物多样性的价值进行了评估。

2012 年 8 月,《神奇垛田》由东南大学出版社出版。该书以研究垛田的最新成果、通俗易懂的语言文字和图文并茂的编排样式，向人们叙说了垛田的历史渊源、村庄概貌、渔耕特色、风物特产、多彩文化、乡风民俗、历史人物、掌故传说及忆明珠、冯亦同、陆星儿等文学大家赞美垛田的美文诗歌。是一部系统介绍江苏省兴化市垛田镇及垛田农业景观遗产的文化读本，共包括 9 辑 74 篇文章。

2012 年 9 月,《成都平原的农业景观研究》由西南交通大学出版社出版。该书以成都平原的农业景观为研究对象，探究其形成原因，剖析其价值。认为成都平原农业景观的形态既不同于北方农业景观、也与江南农业景观有着明显的差异，这种差异主要表现在水系结构、聚落形态、农田格局上。

2012 年 9 月,《农业遗产地社区的旅游开发研究》由旅游教育出版社出版。《农业遗产地社区的旅游开发研究》以稻作梯田——广西龙胜龙脊平安寨梯田为案例地，采用田野调查法、模糊综合评价法、利益相关者分析等方法，分别对农业文化遗产地社区的旅游开发适宜性、旅游开发影响、利益相关者的利益保护与实现、影响遗产地旅游开发的难题等问题进行了深入探讨，并提出相应的解决方案与政策路径。

2. 论文集

2006年以来，由中国科学院地理科学与资源研究所自然与文化遗产研究中心组织编撰的系列论文先后出版，包括《农业文化遗产保护的多方参与机制》、《农业文化遗产及其动态保护探索》、《农业文化遗产及其动态保护探索（2）》、《农业文化遗产及其动态保护探索（3）》、《农业文化遗产及其动态保护探索（4）》、《农业文化遗产及其动态保护前沿话题》、《农业文化遗产及其动态保护前沿话题2》、*Dynamic Conservation and Adaptive Management of China's GIAHS: Theories and Practices*（Ⅰ）等共8本。

2011年10月，南京农业大学中华农业文明研究院编撰的《农业：文化与遗产保护》，由中国农业科学技术出版社出版。

上述论文集中收录了近年来国内外学者公开发表的学术论文及在各次学术研讨会上交流的论文，涉及梯田、古茶园、古葡萄园、桑基鱼塘、垛田、风水林等不同的农业景观遗产研究。

（四）相关论文发表情况

以“农业文化景观遗产”为主题在中国知网上跨库检索，发现截至2012年年底，直接以“农业景观文化遗产”或类似表述为题的研究文献并不多，仅有4篇。如：闵庆文等的《农业文化景观遗产及其动态保护》、单霁翔的《乡村类文化景观遗产保护的探索与实践》、贾鸿键的《试论青海门源自然环境和农业文化景观保护》、许静波的《中国农业文化景观地域分布特征及其地理背景分析》。

如果以景观类农业文化遗产的重要表现形式“梯田”、“古茶园（树）”、“古梨园”、“古葡萄园”、“古枣园”、“古银杏园（群落）”、“古香榧群落”等为主题进行跨库检索，2012年之前的相关文献共有100余篇。归纳起来，学者们主要围绕景观类农业文化遗产的自然地理特征、景观类农业文化遗产的空间分布、景观类农业文化遗产调查、景观类农业文化遗产的价值评价、景观类农业文化遗产的利用与保护、景观类农业文化遗产的旅游开发等方面开展了卓有成效的研究。

在景观类农业文化遗产的自然地理环境研究方面，多采用地理学、生物学、景观生态学方法对梯田、古茶园等的土壤、水文、遗传多样性、景观稳定性及美学特征进行分析。哈尼梯田景观是云南亚热带山地农业景观的独特代表，具有世界自然文化遗产价值。同时，它又是哈尼族人生存和生产的核心场所，其自然地理环境的优劣直接关系到区域社会经济的可持续发展。《哈尼梯田景观空间格局与美学特征分析》以地处哀牢山南段的元阳哈尼梯田景观为研究区，分别应用FRAGSTATS和ArcView计算景观格局指标、斑块粒度及景观各类型间的空间邻接长度和数目比例，据此分析哈尼梯田的景观格局与美学特征的关系。结果表明：元阳哈尼梯田以旱地、有林地、灌木林和水梯田的比例较高，缺乏水域、裸岩或裸地等景观组分；居民地具有斑块数目多且小而分散的格局特征；景观中水梯田面积比重大，平均斑块面积大且斑块间距小，是形成梯田规模美的重要格局特征；耕地与林地在景观中的均衡构架，林寨田的立体分布格局是梯田格局和谐美的重要表征。《元阳梯田土壤碳氮的垂直分布特性》对元阳梯田 3 个海拔梯度表层土壤（0~30 厘米）碳氮组分的含量现状与分布特征进行了研究，结果表明：元阳梯田表层土壤有机碳含量总体达到二级水平，有效性较高，可部分弥补氮素和微生物量含量较低对水稻生产的影响。具有典型的水稻土和山地土壤垂直变化特征。《元阳哈尼梯田景观稳定性评价》从梯田景观垂直格局特征、景观格局变化等因素综合评价了近 30 年来元阳哈尼梯田景观的稳定性。结果表明：在研究时段内，元阳梯田景观基本稳定。其中，"森林—村庄—梯田—河流"四位一体的垂直空间结构形成了梯田景观内独特的能量和物质流动，是保证哈尼梯田景观稳定的前提条件；元阳哈尼梯田景观结构及类型的变化也说明其在研究时段内，景观结构是相对稳定的，从而形成了元阳哈尼梯田农业景观的稳定性。《云南澜沧县景迈古茶园土壤养分和土壤酶活性研究》选择古茶园区内大平掌处相邻的古茶园、台地茶园和天然林 3 种利用类型的土壤，进行了土壤养分和土壤酶活性的调查。结果表明：3 种类型的土壤都呈明显的酸性，有机质含量都很高；古茶园的有机质、氮、磷和土壤酶活性均高于台地茶园，说明古茶园在土壤肥力上有着自我维持的明显优势。但因普洱茶日益增长的经济价值，古茶园受到的人为干扰越来越大，对其土壤的破坏也会增加，因此，如何可持续地利用和保护古茶园，让其土壤肥力得以维持从而保持茶叶的优良品质亟需得到重视。《云南古茶树（园）遗传多样性的 ISSR 分析》采用 ISSR 分子标记技术对云南省十个有代表性的古茶园遗传多样性进行了分析，基于观察到的居群遗传信息，建议采取就地保护和迁地保护的保护策略。

在景观类农业文化遗产空间分布研究方面，《中国农业文化景观地域分布特征及其地理背景分析》依据不同的农业区域文化划分条件，将中国划分为若干类型的农业文化景观区域，并阐述了各区域的文化景观特征。《世界葡萄园文化遗产的地理分布特征及其成因分析》基于《世界遗产名录》中葡萄园文化遗产的有关信息，对世界葡萄园文化遗产的地理分布特征及其成因进行研究。结果表明：葡萄园文化遗产的入选时间跨度较小，其数量随着时间的变化呈阶段性递增趋势，2000—2005 年是葡萄园文化景观入选《世界遗产名录》最为集中的阶段；葡萄园文化遗产的空间分布呈组团状；但分布不均衡；主要以欧洲国家居多；葡萄园文化遗产的地理分布受生态因子、国家经济发展水平和对遗产的重视与保护程度、世界遗产评选的政策导向和行动等因素的影响。

在景观类农业文化遗产调查研究方面，《贵州古茶园调查及其茶树的理化成分分析》采用文献查阅与实地调查相结合的方法，对黔南州、黔东南州和铜仁地区古茶园的分布、生境及茶树种质生长势、形态特征、抗逆性和利用现状等进行调查。结果表明：在调查的 18 个古茶园中，从海拔上看，贵定县岩下乡铁索岩村茶山组最高，达 1 574 米，从江县西山镇滚郎村最低，仅 268 米，其中，< 500 米的古茶园 1 个，占 5.6%；500~1 000 米的古茶园 7 个，占 38.9%；> 1000 米的古茶园 10 个，占总数的 55.6%。从类型上看，野生型古茶园 12 个，占 66.7%；栽培型古茶园 6 个，占 35.7%%。从生态环境看，大部分野生型古茶园周围均有古树，植被较丰富。《诸暨市香榧古树资源调查》采用实地逐株逐片每木检尺的方法，对浙江省诸暨市 100 年生以上的树木和 10 株以上成片生长的古树群进行了调查，调查结果显示，诸暨全市共有香榧古树 40 754 株，以香榧为主要保护对象的古树群

188个，总株数40 356株，占全市香榧古树的99.02%；香榧古树以300年生以下的为主，保存了1 000年生以上的香榧古树27株；分布于璜山镇、陈宅镇、陈蔡镇、斯宅乡、东和乡和赵家镇6个乡镇47个行政村；主要集中在海拔300~600米区段，阳坡比例略高，生境条件十分优越，这也是香榧古树得以大面积保存，且产量和品质长期雄踞全国第一的重要原因之一。《兰州古梨树群调研与保护初探》结合兰州市古树名木调查，通过现场实测、访谈、查阅资料等方法，分别对什川镇、安宁区、青城镇的古梨树群进行了调查，结果表明，兰州现存古梨园面积约183公顷，古梨树2 570株，多为国家二级和三级古树，主要以古树群聚集分布，生长状况良好，但面临利用不当、被挤占砍伐、保护困难等问题，需有关方面特别关注。《江苏农业文化遗产调查研究》首次对江苏20项重要景观类农业遗产进行了调查研究，摸清了资源家底，为今后的开发利用和保护提供了基础数据和详实资料。《西双版纳布朗族古茶园传统知识调查》运用民族植物学原理，采用野外面上调查、定点社区入户调查和文献研究相结合的方法，调查了西双版纳地区布朗族认知、管理、利用与保护古茶园的传统知识和经验，结果显示：在1 700年前，布朗族就以原始宗教信仰为基础，逐渐形成对茶树种植的禁忌崇拜，通过"习惯法"、"头人"等来规范古茶树的种植与管理，形成了一套具有一定科学意义的古茶树种植系统，并演绎出丰富的传统制茶方法和饮茶习俗，形成独特的古茶树资源保护与利用的传统文化知识。

在景观类农业文化遗产的价值分析与评价方面，《"稻鱼共生系统"全球重要农业文化遗产价值研究》指出作为全球首批重要农业文化遗产，浙江青田"稻鱼共生系统"不仅具有提高农业生产收入，降低生产成本，产生相关经济效益等经济价值；同时，作为一种复合农业生态系统，还具有突出的生态价值，如维持农田生态平衡、保护农田生态环境、保护生物多样性等。另外，"稻鱼共生系统"还具有社会价值、文化价值、科研价值和示范价值。这些价值的研究对农业文化遗产的保护和合理开发利用具有重要意义。《山地梯田景观的灾害防御机制与效益分析——以紫鹊界梯田为例》运用科学的理论解析了湖南新化县紫鹊界梯田景观中的灾害防御机制及其效益，指出该景观整合了稻田隐形水库的集雨功能和分级截流分散蓄水模式的优点，成就了农田景观中独特的灾害防御机制，该区无人工灌溉系统，但全年丰产无灾害，区域植被覆盖好，这对湖南农村山地景观生态安全规划具有现实的借鉴意义。《澜沧江中下游古茶树资源、价值及农业文化遗产特征》通过实地考察和现有研究资料分析了澜沧江中下游古茶树资源的现状，认为其具有生态、经济和文化价值等多重价值，具有活态性、动态性、适应性、复合性、战略性、多功能性、可持续性等农业文化遗产的特征，符合全球重要农业文化遗产的申报标准，可作为农业文化遗产进行动态保护。《哀牢山区梯田景观多功能的综合评价》以哀牢山区梯田景观为例，从景观的生产价值、生态价值、文化价值与美学价值等4个方面提出其多功能价值综合评价的体系和标准，并分析和评价了梯田景观的多功能价值，结果表明：梯田景观4种价值的排列顺序是文化价值 > 美学价值 > 生态价值 > 生产价值，而从景观价值的总体水平看，其价值仅为良好状态。

在景观类农业文化遗产的利用与保护研究方面，《农业文化遗产保护性开发模式研究——以青田 GIAHS 旅游资源开发为例》一文，基于农业文化遗产价值的突出性、农业文化遗产保护性开发的重要性和研究的迫切性，探讨了农业文化遗产保护性开发的模式，并以中国首个 GIAHS 示范点浙江青田县为案例进行了实证研究，旨在为农业文化遗产保护和可持续旅游开发提供参考。[①]《从科迪勒拉水稻田濒危看元阳梯田保护》以菲律宾科迪勒拉水稻田和元阳梯田为研究对象，分析了科迪勒拉水稻田濒危原因及其政府对策，揭示了元阳梯田目前面临的森林破坏、居民对自身文化价值的认同度偏低、旅游开发无序等隐患，提出应健全保护机构、制订保护开发规划、优先开展针对性项目、争取多方资金援助和人力支持等建议。《云南古茶树、古茶园法律保护机制研究》对当前古茶树、古茶园保护的主要法律法规缺失状况进行了分析，指出应通过建立专门的立法和监督机制，以保护云南的古茶树和古茶园。

在景观类农业文化遗产的旅游开发研究方面，《遗产视角下的元阳哈尼梯田旅游开发——基于国内外梯田旅游发展模式的研究》总结了国内外梯田旅游发展的模式，提出元阳哈尼梯田必须在改善可进入性、产品和市场开发、模式创新、社区利益分配机制的完善、梯田的科学管理和保护等方面有所作为。《旅游业发展对山地少数民族村寨文化遗产保护的影响——以广西龙脊梯田景区为例》在深入广西龙脊梯田景区的山地少数民族村寨调研的基础上，以翔实的基础资料结合旅游人类学中相关理论，对旅游业的发展对山地少数民族村寨文化遗产保护的现实影响进行分析，并结合实际情况，提出相应的改善措施和建议。《农业文化遗产旅游资源开发与区域社会经济关系研究——以浙江青田“稻鱼共生”全球重要农业文化遗产为例》通过文献分析和问卷调查，讨论了“稻鱼共生”全球重要农业文化遗产旅游资源开发和区域社会经济发展之间的相互关系，研究表明，目前遗产地旅游资源的开发和地区 GDP 增长、居民生活水平提高、旅游就业以及传统文化等因素密切相关；而青田县区域经济较为落后、华侨之乡带来的适龄劳动力缺乏对于旅游资源有保护作用，瓯越文化、石雕文化、名人文化、华侨文化与田鱼文化综合形成的特定地域背景和文化形态，对于青田县旅游资源的开发具有明显的促进作用。[②]

（五）相关学术交流平台建设情况

1. 学术会议

近年来，不少国际、国内组织和机构，围绕农业文化遗产的保护与开发利用等召开了一系列的学术研讨会和座谈会，其中很多内容涉及景观类农业文化遗产。

2005 年 6 月 9 日，由联合国粮农组织（FAO）、联合国大学和农业部、中国科学院、浙江省农业厅、青田县人民政府等单位联合举办的全球重要农业文化遗产保护项目（GIAHS）——青

① 孙业红:《农业文化遗产保护性开发模式研究——以青田 GIAHS 旅游资源开发为例》，山东师范大学硕士学位论文，2007 年

② 孙业红，闵庆文，成升魁，等:《农业文化遗产旅游资源开发与区域社会经济关系研究——以浙江青田“稻鱼共生”全球重要农业文化遗产为例》,《中国生态学会 2006 学术年会论文荟萃》// 中国生态学会 2006 学术年会，辽宁沈阳，2006 年 8 月

田稻鱼共生系统项目启动研讨会在杭州召开，标志着中国首批全球重要农业文化遗产保护项目正式启动。

2009 年 6 月 13 日，在中国第 4 个文化遗产日，由联合国粮农组织、农业部支持，全球环境基金资助，中国科学院地理科学与资源研究所自然与文化遗产研究中心和浙江省青田县人民政府联合主办的“农业文化遗产保护与乡村博物馆建设研讨会”在中国第一个全球重要农业文化遗产保护试点——浙江省青田县召开。来自联合国粮农组织、中国科学院地理科学与资源研究所、中国农业博物馆、贵州省民族民俗博物馆、西南林业大学、浙江省社科院、丽水市农业局等单位的专家，云南红河州哈尼梯田管理局、贵州省从江县人民政府、江西省万年县人民政府等候选单位的代表，青田县人民政府和有关部门、乡镇的代表近 80 人参加了会议，会议由闵庆文研究员、钟秋毫副县长主持。本次会议的目的是配合国家文化遗产日的宣传活动，进一步弘扬中国传统农业文化，促进农业文化遗产地保护和全球重要农业文化遗产项目在中国的执行，加强不同类型农业文化遗产地的交流与合作，探讨农业文化遗产地博物馆的发展模式并推动青田稻鱼文化博物馆的建设。在研讨会上，来自联合国粮农组织的项目官员 Maryjane Dela Cruz 博士介绍了全球重要农业文化遗产项目执行情况，来自中国农业博物馆的曹幸穗研究员、刘德雄研究员，贵州省民族民俗博物馆的曾丽馆长，西南林业大学的王东焱副教授，浙江省社科院历史所林华东研究员先后就中国农业文化遗产保护、乡村博物馆建设的功能与建设等方面作了专题报告。与会专家还分别就青田稻鱼文化博物馆选址、布展以及世界农业文化申报等问题进行了交流。

2009 年 12 月 1~2 日，“哈尼梯田农业文化遗产保护与发展论坛”在云南省蒙自县举办。来自联合国粮农组织水土资源处和北京办事处、联合国教科文组织北京办事处、中国科学院地理科学与资源研究所、中国社科院文化研究中心、中国艺术研究院、中国农业博物馆、中国政法大学、北京文化遗产研究中心、云南省社科联、云南省社科院、华中科技大学的领导和专家，云南省红河哈尼族彝族自治州及相关委办局的领导，浙江省青田县、贵州省从江县、江西省万年县、云南省元阳县、绿春县、红河县、金平县的代表共 70 余人参加了本次论坛。与会代表分别就全球重要农业文化的主要进展，中国农业文化遗产保护的现状、机遇、挑战与近期任务，遗产保护与地方经济发展，农业文化遗产地的研究，农业文化遗产的法律制度保护，新农村建设与传统农业遗产保护，文化 + 产品——哈尼梯田文明的可持续性，浙江省青田县农业文化遗产保护的经验与体会等作了精彩报告。论坛期间，与会专家还对贵州从江传统农业系统、江西万年稻作文化系统、云南红河哈尼稻作梯田系统全球重要农业文化遗产保护试点申报文本、从江农业文化遗产保护与发展规划大纲进行了讨论。

2010 年 4 月 10~11 日，由国家文物局主办的中国文化遗产保护论坛在无锡召开。会议选定文化景观遗产作为论坛 5 周年的主题，吸引了来自中国、日本、韩国的百余位专家就文化景观遗产保护的理论与实践问题进行了探讨和交流。中国文化遗产研究院规划设计研究所张谨以哈尼梯田为例，分析了农业类文化景观遗产的突出的普遍价值。清华大学建筑学院吕舟以“文化景观与文化价值”为题，将列入《世界遗产名录》的 69 处文化景观遗产分为 6 类：居住与景观、信仰与景观、农业景观、工矿业景观、设计的景观、岩画与景观，并对它们所使用的世界遗产价值标准进行了分析。作为文化遗产保护的宣传、研究、探讨、交流的良好平台，本届论坛对于文化景观遗产的研究、立法、规划及整体保护观念的普及是一个有力的推动。[①]

2010 年 6 月 15 日，首届中国农民艺术节重要活动之一“世界农业文化遗产保护学术研讨会”在北京农展宾馆召开。农业部副部长陈晓华、联合国粮农组织驻北京代表处代表维多利亚·赛奇托莱科、联合国教科文组织驻北京代表处代表阿比曼纽·辛格、菲律宾环境与自然资源部区域执行主任卡拉伦·巴古勒、中国科学院院士李文华、文化部社会文化司副巡视员孙凌平、中国农业博物馆党委书记沈镇昭、中国农业博物馆馆长唐珂、中国民间文艺家协会秘书长向云驹、中国农业博物馆副馆长张力军等领导、国际机构官员和 80 多名国内外专家出席了研讨会开幕式。开幕式上，陈晓华副部长、维多利亚·赛奇托莱科女士、阿比曼纽·辛格先生等领导和官员做了重要讲话。开幕式结束后，来自中国、菲律宾、韩国和联合国粮农组织的 20 位知名专家、学者围绕研讨会主题“世界农业文化遗产保护”，进行了全面而深刻的研讨。

2010 年 10 月 23~25 日，首届中国农业文化遗产保护论坛在南京农业大学召开。中国农业历史学会常务副会长王红谊，中国农业科学院副院长、中国工程院院士刘旭以及来自中科院、省政协、南京农业大学、各农业文化遗产保护地的近百位专家学者出席论坛。本次论坛针对当前中国农业文化遗产保护理论和实践中的一些热点和难点问题，展开了跨学科、跨地域的研讨，搭建了一个农业文化遗产理论建设和实践发展的交流平台。

2011 年 6 月 9~12 日，由联合国粮农组织主办、中国科学院地理资源研究所承办的“全球重要农业文化遗产（GIAHS）国际论坛”在北京举行，这是首次在 GIAHS 保护试点国举行且规模最大的一次 GIAHS 国际论坛。有 19 个国家以及联合国教科文组织、环境规划署、欧盟等国际组织的 50 多位外国专家学者，与上百位国内专家学者及地方官员共同围绕本次论坛的主题——“农业文明之间的对话”展开交流讨论。本次论坛旨在建立国际、国家和地方的合作伙伴以及来自决策者、社会、农业社区、科学家、科研机构以及政府间发展合作机构代表间的合作，促进不同地域和国家在农业文化系统发展方面的经验分享与最佳途径的交流，总结发展中的教训。论坛期间，主办方确定中国贵州从江侗乡稻鱼鸭系统、日本佐渡岛朱鹮乡村景观、日本能登岛乡村景观和海洋景观、印度克什米尔地区藏红花农业系统、摩洛哥阿特拉斯山脉绿洲农业系统为全球重要农业文化遗产保护试点，并通过《农业文化遗产保护北京宣言》。论坛期间，还举办了“全球重要农业文化遗产保护的理论、方法与实践”研讨会，与会者就农业文化遗产活力保持、传统乡村景观管理和发展、重要农业文化遗产全球合作等话题进行了讨论，会后对张家口宣化古葡萄园（GIAHS 候选点）进行了实地考察。

2011 年 10 月 23~25 日，中国农业历史学会第五届会员代表大会暨第二届中国农业文

① 《无锡论坛聚焦文化景观遗产》，http://www.86garden.com/fjms_show.php?id=18，2010 年 07 月 06 日

化遗产保护论坛在南京农业大学举行。该次会议由中国农业历史学会、中国科学技术史学会农学史专业委员会、江苏省农史研究会、中国农业科学院中国农业遗产研究所和南京农业大学中华农业文明研究院共同主办。来自中国社会科学院、中国艺术研究院、中国农业博物馆、日本北海道大学、南京大学、复旦大学、中国农业大学、西北农林科技大学等50多家研究机构的近200位代表参加了会议。论坛上，中国农业博物馆徐旺生做了《关于梯田的历史、现实与未来：问题与思考》的学术报告，从历史学的角度比较了几种农（田）地景观类农业文化遗产——黄土高原地区的旱地梯田（梯地）、南方丘陵地区的冲田和西南山地的高山梯田，探讨了存在的差异及可能的联系。华南农业大学周晴从地理环境、池塘养鱼结构、排水结构、养鱼方法等方面分析了广东省南海县九江地区传统桑基鱼塘这一重要景观类农业文化遗产的历史变迁、系统构成及循环生产过程中各环节之间的联系，并探讨了目前的保护困境。

2011年11月1~3日，由中国科学院地理科学与资源研究所自然与文化遗产中心、云南省红河州哈尼梯田管理局、云南省红河县人民政府主办的“农业文化遗产保护与旅游发展论坛”在云南省红河县举行。联合国粮农组织水土资源司司长、全球重要农业文化遗产（GIAHS）项目总协调人Parviz Koohafkan先生和项目官员Maryjane Dela Cruz女士，联合国粮农组织驻中国、蒙古和朝鲜代表处代表Percy Misika先生和项目官员戴卫东先生，中共红河州委常委、宣传部部长伍皓，红河州副州长谭萍，中共红河县委书记朱家伟，红河县县长黄德亮，农业部乡镇企业局休闲农业处张博、中国科学院地理科学与资源研究所自然与文化遗产中心副主任闵庆文研究员，以及来自比利时、加拿大和中国香港等地专家和中国GIAHS保护试点与候选点的代表100多人参加了论坛。与会代表分别以“乡村旅游发展动态”、“遗产、旅游与可持续性”、“文化旅游，红河准备好了吗”、“中国休闲农业发展情况”、“农业文化遗产旅游及其规划探讨”为题作了专题报告。

2011年12月22日，“农业文化遗产保护与乡村文化发展专家座谈会暨GIAHS中国项目专家委员会2011年度工作会议”在中科院地理科学与资源研究所召开。会上，中国云南大学院士朱有勇、华南农业大学原校长骆世明教授、中国农业博物馆研究所曹幸穗研究员分别以“元阳梯田经久不衰的水稻品种”、“发掘中国传统农业的‘秘密’”、“‘文化兴农’的思考与建议”为题作主题报告，闵庆文研究员代表GIAHS中国项目办公室向与会专家汇报了项目主要进展。与会专家审查了拟于2012年向粮农组织申报的“云南普洱茶文化系统”和“内蒙古敖汉旱作农业系统”两个GIAHS保护试点的申报文本编写情况和两地申报工作准备情况，并对如何落实中国共产党第十七届六中全会会议通过的《中共中央关于深化文化体制改革推动社会主义文化大发展大繁荣若干重大问题的决定》精神、促进农业文化遗产保护与乡村文化发展等问题进行了深入讨论。

2012年8月29日至9月1日，“全球重要农业文化遗产（GIAHS）保护与管理国际研讨会”在绍兴市召开。该次研讨会由农业部国际合作司、联合国粮农组织和中国科学院地理科学与资源研究所联合主办。来自联合国粮农组织、中国和日本的政府官员、专家学者、GIAHS保护试点及候选点的管理人员、农民代表和媒体记者100余人参加。与会代表佐渡市山本雅明先生、珠州市泉谷满寿裕市长、浙江大学李娜娜博士、青田县农业局徐光春局长、绍兴市张校军副秘书长分别作了“佐渡岛人与朱鹮和谐共处的乡村景观”、“能登半岛乡村景观和海洋景观”、“青田稻鱼共生系统生态评估分析”、“青田稻鱼共生系统保护经验”和“会稽山香榧的价值及保护”的报告。[①]

2012 年 9 月 22~23 日，“宣化传统葡萄园农业文化遗产保护与管理研讨会”在河北宣化召开。此次会议在联合国粮农组织和农业部的支持下，由中国科学院地理科学与资源研究所自然与文化遗产研究中心联合九三学社、北京市委人口资源环境委员会、中国科学院委员会、中国科学院第四支社、宣化区人民政府等联合举办，100 多位专家、地方政府人员和有关媒体记者参加了会议。会议上，中国科学院地理科学与资源研究所研究人员为宣化传统葡萄园的保护建言献策。程彤研究员认为，宣化传统葡萄园作为一类具有重要意义的农业文化遗产，不仅是宣化的更是世界的，宣化区政府应从全球、全人类的高度和视角加强对传统葡萄园的保护和管理，杜绝单纯追求眼前经济利益和地方狭隘思想。何书金副研究员建议加强法规层面上的工作，并注意通过替代产业的发展增加农民的收入。王英杰研究员提出发展旅游是宣化传统葡萄园保护和发展的有效途径，目前葡萄旅游资源和文化挖掘不够、线路安排不合理、旅游产品档次不高是宣化目前旅游业存在的主要问题，应在延长游客旅游时间、针对传统葡萄园景观特点加强配套观景台等服务设施建设方面加大力度。程志刚副研究员建议进一步协调好城市化与古城特色、传统葡萄园保护之间的关系。鲁春霞副研究员认为应当加强传统葡萄园生态功能、生产功能、文化功能、生活功能等全方位的科学评估，保护中突出民居、葡萄园、庭院经济的有机结合，注重品牌效应和专业合作社等发展模式。

2. 网站建设

为了促进休闲农业的发展，农业部乡镇企业局于 2011 年 5 月 19 日启动实施“全国休闲农业服务信息进城入户工程”，该工程以“服务农民、方便市民、信息互通、城乡融合”为目标，联合中国移动、诺基亚等国际一流电信运营商和信息终端制造商，委托国内领先的农业信息综合服务运营商——北京农信通科技开发运营，共同打造中国最权威的休闲农业信息公共服务平台“魅力城乡”，旨在让消费者在任何时间、任何地点，使用任何终端都可以享受到权威、便捷的服务，全面促进休闲农业发展，引领休闲消费新业态的形成。该网站除主要向休闲农业经营者 / 消费者提供“新闻资讯获取、宣传推介、预定促销”、为管理者提供“科学管理、整体宣传”等 10 项服务外，还对全球重要农业文化遗产保护试点进行介绍，是向公众普及农业文化遗产知识的一个窗口。

---

① 《全球重要农业文化遗产保护与管理国际研讨会召开》，http://www.igsnrr.ac.cn/xwzx/zhxw/201209/t20120910_3640690.html，2012 年 09 月 10 日

聚落类农业文化遗产调查与研究

中国幅员辽阔、民族众多，地理多样、气候多样、文化多元，5 000 年的农耕文明给中国大地留下了灿若星河的聚落类农业文化遗产，它们真实地反映了农业文明时代的乡村经济和极富人情味的社会生活，承载着农耕时代的人类生活，对于历史的传承，比文字记载更准确、真实，它们是中国宝贵的文化遗产，蕴含深厚的历史文化信息。

一、聚落类农业文化遗产的概念和特点

（一）聚落类农业文化遗产的概念

“聚落”一词在中国起源甚早。《汉书·沟洫志》记载了贾让呈书哀帝奏折云：“（黄河流域之水）时至而去，则填淤肥美，民耕田之。或久无害，稍筑室宅，遂成聚落。”这是中国典籍中最早将“人们聚居的地方”称之为“聚落”之处。《史记·五帝本纪》有“一年而所居成聚，二年成邑，三年成都”。其注释中称：“聚，谓村落也。”“聚落”的本义指人类居住的场所，后来扩展为人类生活地域中的村落、集镇和城市，即人类聚居的场所，概因为聚居人口增多，聚落形态发生了变化，出现了村庄和城市以及介于两者之间的集镇。[①]

聚落是在一定地域内发生的社会活动、社会关系和特定的生活方式，并且是由共同的人群所组成的相对独立的地域生活空间和领域。它既是一种空间系统，也是一种复杂的经济、文化现象和社会发展过程，是在特定地理环境和社会经济背景中，人类活动与自然相互作用的综合结果。聚落的基本类型为乡村聚落和城市聚落。乡村聚落广义上指除城市以外，位于农村地区的所有居民点，包括村庄和集镇；狭义专指村庄，即以农业（包括耕作业或林牧副渔业）生产为主的居民点。而城市聚落为规模大于乡村和集镇的以非农业活动和非农业人口为主的聚落。城市一般人口数量大、密度高、职业和需求异质性强，是一定

① 刘沛林：《古村落：和谐的人聚空间》，上海三联书店，1998 年，第 1 页

地域范围内的政治、经济、文化中心。按聚落建筑的年代、结构和装饰，聚落可分为传统聚落和现代聚落。传统聚落作为人居环境特定农业社会时期的载体，而呈现稳定性和鲜明的时代性。蕴涵的人居优质亦为现代人居环境建设提供有益的线索、借鉴。同时，传统聚落总是周密考虑着人的情思，社会生活与天时、地利的统一，从理性上的追求，直至精神上的满足。[①] 传统聚落作为人类居住文化的历史载体，是人类各个历史时期的生活见证。

（二）聚落类农业文化遗产的特点

聚落是在一定地域内发生的社会活动、社会关系和特定的生活方式，并且是由共同的人群所组成的相对独立的地域生活空间和领域。它既是一种空间系统，也是一种复杂的经济、文化现象和社会发展过程，是在特定地理环境和社会经济背景中，人类活动与自然相互作用的综合结果[②]。

聚落类农业文化遗产反映了中国不同地域、不同民族、不同经济社会发展阶段聚落形成和演变过程，真实记录了传统建筑风貌、优秀建筑艺术、传统民俗民风和原始空间形态，具有极高的历史文化价值、建筑艺术价值。作为典型代表的中国历史文化名镇（村）有深厚历史文化内涵，是在历史上有过重要影响的地方，它的建设能反映当时当地的最高水平，能折射出经济、文化、技术的发达程度，而重大历史事件和重要历史人物的遗存可以包含有更多的重要历史信息，直观生动地说明事件或人物的历史文化意义，这样，与之相关的历史文化村镇也就会有更高的价值。

聚落类农业文化遗产是人类集体智慧的结晶，其间经历了漫长和复杂的蜕变过程，得以形成独特的地域文化与建筑规划。其特点可归纳如下[③]：

1.“天人合一”的有机思想

聚落的营建和规划基于“天人合一”的传统世界观。中国传统哲学的“天人合一”有两层含义，“天人相类”和“天人感应”，“天人感应”即认为“天”“神”是有意志的，可以与人交流感情的。“物我交流”便是其要义之一，即物及我与我及物的双向交流、建构活动。“哀乐之触，荣悴之迎，互藏其宅”（《诗绎》），明确揭示了其特点[④]。由此，聚落作为人居住的小环境，被诠释为沟通人与自然环境（或神）的载体，其建构活动必然约定俗成，按传统的模式和精神进行。这样的营造实践活动，更多的折射出一种传统文化的教化，贯穿“天人合一”的有机思想。

其一，尊重自然，因地制宜。故而聚落多因地制宜，重视对周边自然环境的保护和利用，借助聚落选址、空间布局、建筑形制以及建筑材料等与地方环境紧密衔接，求得和谐统一。村镇规划与自然融为一体，由此形成了顺应山势的山地城镇或临水跨溪的沿江城镇等独特的聚落景观。石柱西沱整个城镇顺应山势，从江边垂直向上攀岩，建筑亦沿千步云

① 陆元鼎编：《中国民居学术会议论文集》，中国建筑工业出版社，1991 年，第 16 页
② 陆琦，梁林，张可男：《传统聚落可持续发展度的创新与探索》，《中国名城》2012 年第 2 期
③ 金涛，张小林：《中国传统农村聚落营造思想浅析 》，《人文地理》2002 年第 5 期
④ 祁志祥：《中国美学的文化精神》，上海文艺出版社，1996 年，第 76 页

梯爬沿而建，整个城镇契合地形高低起伏，与自然完美结合。村镇布局契合地形、地貌多采取曲轴线处理的手法，街道随地势随弯就弯，遇转则转，成为城镇发展的主要轴线，城镇亦沿道路两侧展开布局；村镇规模也由于受地形、交通方式、生产活动、土地供给能力和农业耕作半径等因素制约，规模相对较小，故而聚落尺度宜人，空间环境亲切、舒适。

在长期历史发展的过程中多就地取材，巧用自然。如西南山区，盛产石材、木材等资源，故而城镇多以干栏式木结构和羌族石砌建筑群为主；闽西、闽南等地，由于采石用土较为方便，于是呈现出大批方形或圆形的土楼建筑群。在房屋形式的选择上，各地表现出不同的地域风格，草原的蒙古包、西南的吊脚楼、青海的庄巢、陕北的窑洞均与自然环境紧密衔接，如中国南方地区建筑普遍小巧宜人、姿态轻盈，屋檐出挑深远，适应了多雨、炎热的气候特点。因借自然，强调与自然环境和谐共生。

其二，风水意识强烈。在选址上比较讲究“风水”，遵循古代堪舆学的理论，要求有山为依托，依山面水。靠山即“龙脉”所在，称玄武之山，左右护山分别称作“青龙”、“白虎”前方近处之山称作“朱雀”，远处之山为朝、拱之山；中间平地称作“明堂”，为村基所在；明堂之前有蜿蜒之流水或池塘。这种由山势围合形成的空间利于藏风纳气，是一个有山、有水、有田、有土、有良好自然景观的独立生活空间。因“风水”表现出的聚居空间特点为枕山可挡冬季寒潮侵袭，面水利于生产、生活、灌溉、行船，又可迎纳夏日凉风，调节区域小气候；坐北朝南可获得充足的日照，良好的植被既可涵养水源、保持水土，又利于调节小气候，丰富聚落景观。

在重视聚落选址的同时，聚落形态和空间布局方面亦大有文章，往往形成特殊的空间格局。如芙蓉村为期望后代人才辈出，子孙发迹，以“七星八斗”立意构思，整个村落以七颗“星”加以控制，联系东、西、南、北 4 条道路，构成完整的道路系统；又以“八斗”为中心分别布置村落的公共活动中心和住宅区，并通过流水系统将 8 个区域沟通串联，构成一幅大型的图案景观。

2. 宗族礼制观念突出

中国古代是一个典型的以血缘关系为纽带的宗法社会，遵循以父系血缘关系区分嫡庶亲疏的宗族礼制。以血缘关系为纽带而组建的聚落，在原始聚落中已有明显表现。这种由血缘派生的“空间”关系，使得宗族关系在古代礼俗社会中占有重要地位，因此，村落的布局首先强调的是宗祠位置的布局。虽然说宗祠的普遍兴建是在唐宋以后，但从原始半坡聚落开始的氏族首领位居村落中心的传统却一直沿袭，因此，宗族祠堂或宗族首领族长住房的位置通常被首先考虑。整个村落的布局便习惯地以宗祠或族长房为中心展开，在平面形态上形成一种由内向外自然生长的村落格局图，故而聚落多以宗祠为中心，呈“向心式”的空间布局模式。

不仅如此，宗祠建筑在建筑形制、建筑体量、建筑材料和建筑色彩等方面，也均与其他建筑存在明显的差异，使其在众多建筑中脱颖而出，成为整个家族的“精神空间”和“引力场”，具有压倒一切的优势。

血缘宗法关系在村落空间布局中有着明显反映。族中长老居最上层，统管全村，下面分出若干个支系，支系之长统领着各房后人。常有村东为长房，村西为次房……的尊卑大小之分。皖南西递村，以规模最大的总祠（敬爱堂）为全村中心，下分个支系，各据一片领地，每个支系都有一个支祠作为副中心，整个村落分区明显。许多少数民族村落的布局，也充分体现出宗族血缘的凝聚力，如分布于广西、贵州一带的侗族山寨，每个宗族都有宗祠，宗祠、鼓楼、戏台、歌圩的结合，形成村中广场，村中建筑便以此为中心进行布局，中心广场有道路通往各处①。

3. 历史文化信息蕴含丰富

聚落类农业文化遗产的建成时间一般都比较长，少至百年以上，多则千年以上历史。他们作为自给自足独立的生活、生产单元保持着小农经营、世代累居的特点，使村落中人口流动率极低，活动范围受地域限制，各自保持独立的社会圈子。这种特点，一方面由于农民的传统意识根深蒂固，使城市文明难以快速渗透到广大村镇；另一方面，则无意识中较少受到外来文化冲击，因而保留了相当的传统型。在其长期发展中，聚落也会随着环境逐渐改变，不同经济发展阶段影响程度不同，在历史时期某一较高的经济基础上，会有很多历史、文化以物质的形式得到良好的反映，包括典型的文物古迹、民居、街巷广场、村落总体布局等均可能完整地保持着某一时期或某几个时期积淀下来的特征。

如徽州古村落独具一格的民居、牌坊、书院、祠堂等建筑如同徽州文化的缩影，来源于徽州特殊的社会环境和经济基础。独特的自然风貌、相对封闭的地理环境、浓郁的民俗习惯、典型的宗法制度，特别是古徽州人讲究的“富而张儒，仕而护贾”，他们经过艰苦努力，创造了绰有余裕的精神与物质生活的发展条件，便投资故里，仅歙县在明代就有徽商投资兴建的祠堂、牌楼、佛寺、道观、桥梁、路亭等 200 多处。在当地古村落今天依然保存着物态的徽州文化，包括徽州古建三绝（民居、祠堂、牌坊）、徽派三雕（砖雕、木雕、石雕）、徽州村落水口布局等，虽然在历史进程中，因经济、政治、文化等因素受到过冲击，但在自然衰落中依然保持着一定的原型。

居民世俗的乡野及市井生活也是历史文化的活见证，他们有一定的传统生活内容，保持着传统的生活氛围，包括日常生活方式、民俗、风土人情、宗教信仰、礼仪，而且包括文字、语言（方言）等，传承着代表性和典型性的历史文化信息，是见证中华各民族各地区人民生存、生活和生产的空间环境物质载体。

4. 诗画般的审美意境

意境是一种感应和感觉，是人与环境中情感的统一、时间与空间的统一。只有在协调统一的条件下，在具有完整形式的环境空间中才能产生，然后在潜移默化中影响和作用于人的情感和思想。中国古代的理想村落以田园山水、青山绿野为背景，与自然环境融与一体。形态各异、耐人寻味的村落营建往往反映出中国以意为美的艺术审美观。正如绘画中“绘水绘其声，绘花绘其馨”，意境的完美是中国传统农耕文化追求的最高境界。古时擅长山水诗画的文人常参与古村落以及乡村园林的创意和规划，提高了古村落的意境内涵。中

---

① 刘沛林:《论中国古代的村落规划思想》,《 自然科学史研究》1998 年第 1 期

国古村落普遍盛行的“八景”、“十景”，诸如“壶山倒影’、“龙岗夕照”等景，构成了一幅幅村落山水画的点景，表达了“山深人不觉，全村同在画中居”意境。意境美除了体现于聚落与毗邻环境的完美和谐，在乡村建筑群及其空间秩序的组织上也常常具有起、承、转、合的韵律效果。民居建筑形式、局部的雕凿亦重视整体的神韵气度。

（三）聚落类农业文化遗产的类型

由于自然条件、风土民情、文化背景的差异，中国各地聚落的类型、样态异彩纷呈，各具特色。山西村落里的院落大都青砖灰瓦，气派大方，这不仅与当地的建筑材料和气候相关，也与其历史上的生产生活背景紧密相连；江南一带的水乡村落浑然天成，多以青瓦白墙、临水而居为主要特色。每一座聚落，都是一个完整的生命体，往往有整套的建筑风格、生活配套以及文化习俗。作为“记录历史的活化石”，历经千百年传承，这些聚落都蕴藏有海量的历史文化信息。

中国聚落类农业文化遗产的类型可分为农耕、林、畜牧、渔、农业贸易五大类别，具体到各村落，根据形成历史、自然和人文以及他们的物质要素和功能结构等特点，以最能体现村落特色为原则，可分为六大类（表 10-1）。

表 10-1　聚落类农业文化遗产综合特色的类型划分

类型名称	代表特征	实　例
建筑遗产型	典型运用中国传统的选址和规划布局理论并已形成一定规模格局，较完整保留了一个或几个时期积淀下来的传统建筑群的村落	俞源村、上甘棠村
民族特色型	能集中反映某一地区民族特色和风情的传统建筑的村落	田螺坑村、莫洛村
革命历史型	在历史上因发生过重大政治事件或战役的村落	英谈村、杨家沟村
传统文化型	能代表一定历史时期地域传统文化或在历史上曾以文化教育著称的村落	宏村、张谷英村
环境景观型	自然生态环境的形成或改变对村镇特色起决定性作用的村落	西湾村、南长滩村
商贸交通型	历史上曾以商贸交通作为主要职能，并对区域经济发展有较大影响的村落	爨底下村、渔梁村

此类型划分可体现聚落类农业文化遗产的特色，有时同一个聚落可能同时兼具几个特色，如田螺坑村的土楼群，在反映福建客家文化特色和风情的同时，倚靠山脉，南面为大片梯田，五座土楼依山势起伏、高低错落，像一朵朵盛开的梅花点缀在大地上，兼有环境景观型的代表特征；宏村则同时兼有传统文化型、建筑遗产型和环境景观型的代表特征。

二、聚落类农业文化遗产保护实践

中国幅员辽阔、历史悠久、民族众多，多样地理、多种气候、多元文化，在漫长历史进程中形成了众多聚落类农业文化遗产，这些朴实、生动、鲜活、极富文化内涵的聚落，真实地反映了农业文明时代的乡村经济和极富人情味的社会生活。它凝聚了劳动人民的智慧，沉淀了民族的优秀文化，传承了丰富的历史信息，是中国农耕文明和传统文化的典范，是中国农业文化遗产的重要组成部分。

在经济高速发展和大规模建设的现代化进程中，在发展建设大潮的背后，是聚落类农业文化遗产面临的生存的窘境。2013 年 10 月，国务院新闻办公室改善农村人居环境工作等情况新闻发布会披露了一组数据：全国经调查上报的 1.2 万余个传统村落仅占国家行政村的 1.9%，自然村落的 0.5%，其中有较高保护价值的村落已经不到 5 000 个。这并非危言耸听。相关调查数据表明，在 2000 年时，中国还拥有 360 万个自然村，到了 2010 年，已减少到 270 万个，7 年间消失了约 90 万个村庄。而中国村落文化研究中心提供的数据显示，颇具历史、民族、地域文化和建筑艺术研究价值的传统村落，2004 年总数为 9 707 个，至 2010 年仅存 5 709 个，平均每年递减 7.3%，每天消亡 1.6 个传统村落。

（一）中国历史文化名镇（村）

中国在漫长历史进程中形成的聚落类农业文化遗产，尤其是其中被列入“中国历史文化名镇”、“ 中国历史文化名村” 名录的历史文化村镇，是遗留和保存下来的珍贵农业文化遗产。“历史文化村镇” 的提法是中国独有的，国外一般称历史小城镇（Smaller Historic Town）、古村落（Old Village and Hamlet）等。中国的提法突出了这一类村镇的历史文化价值。

1986 年，国务院提出 “对文物古迹比较集中，或能较完整地体现出某一历史时期传统风貌和民族地方特色的街区、建筑群、小镇、村落等也予以保护，可根据它们的历史、科学、艺术价值，核定公布为地方各级 “历史文化保护区”。自此不少地方政府如江苏、浙江等省市开始加强对历史村镇的保护。由于一些历史村镇的文物古迹丰富或传统建筑（群）保存较完整，被列入全国重点文保单位加以保护。1996 年中国将安徽省黟县西递、宏村作为 “古村落” 类型，列入申报世界遗产预备名单，并于 2000 年以 “皖南古村落” 名义被正式列入世界文化遗产。在 2002 年新颁布的《中华人民共和国文物保护法》中，第一次明确提出了历史文化村镇的概念，即 “保存文物特别丰富并且有重大历史价值或者革命纪念意义的城镇、村庄”。2003 年，建设部和国家文物局又联合公布了第一批共 22 个中国历史文化名镇（村），标志着中国历史文化村镇保护制度的正式建立。同时对历史文化名镇（村）的概念作了进一步完善，即 “保存文物特别丰富并且有重大历史价值或者革命纪念意义，能较完整地反映一些历史时期的传统风貌和地方民族特色的镇（村）”。这一定义凸显了传统乡村聚落所具有的历史见证性和文化代表性，从这个定义中可以看出能够被认可为历史文化名镇（村）的传统乡村聚落应具备以下内涵：（1）遗产、文物古迹比较集中；（2）能较完整反映某一历史时期的传统文化、历史风貌、地方特色或民族风情；（3）具有较高的历史、文化、艺术价值或革命纪念意义。

2003 年住房和城乡建设部、国家文物局公布第一批中国历史文化名镇 10 个，村 12 个；2005 年公布第二批中国历史文化名镇 34 个，村 24 个；2007 年公布第三批中国历史文化名镇 41 个，村 36 个；2008 年公布第四批中国历史文化名镇 58 个，村 36 个；2010 年公布第五批中国历史文化名镇 38 个，村 61 个。2014 年 3 月公布第六批中国历史文化名镇 71 个，名村 107 个。共 528 个中国历史文化名镇名村，其中名镇 252 个，名村 266 个，分布范围已覆盖全国 31 个省、直辖市、自治区。它们在很大程度上代表了中国不同区域传统乡村聚落的地貌特点、文化类型以及民居形态特色（表 10-2）。

表 10-2　中国历史文化名镇名村名单（前五批）

区域	历史文化名镇（村）名称	数量	文化区系	民居建筑类型
东北区	辽宁省永陵镇、牛庄镇；吉林省叶赫镇、乌拉街镇；黑龙江省横道河子镇、爱辉镇	6	满洲文化 关外文化	合院民居 井干式民居
华北区	北京市古北口镇、爨底下村、灵水村、琉璃渠村、焦庄户村；天津市西井峪村；河北省暖泉镇、广府镇、大社镇、天长镇、固新镇、冶陶镇、鸡鸣驿村、于家村、冉庄村、英谈村 、偏城村、北方城村、大梁江村；山西省静升镇、碛口镇、汾城镇、娘子关镇、大阳镇、新平堡镇、润城镇、西湾村、张壁村、皇城村、西文兴村、梁村、良户村 、郭峪村 、小河村、师家沟村、李家山村、夏门村、窦庄村、上庄村、店头村、大阳泉村、西黄石村、苏庄村 、湘峪村 、王化沟村、北洸村 、冷泉村、阎景村 、光村；内蒙古自治区王爷府镇、多伦淖尔镇、美岱召村、五当召村	53	燕赵文化 三晋文化 齐鲁文化	四合院 窑洞民居 蒙古包
华中区	河南省神垕镇、荆紫关镇、赊店镇、朱仙镇、古荥镇、竹沟镇、冢头镇、临沣寨（村）、张店村；湖北省周老嘴镇、七里坪镇、瞿家湾镇、程集镇、上津镇、汀泗桥镇、龙港镇、枝城镇、熊口镇、大余湾村、滚龙坝村、两河口村、羊楼洞村 、庆阳坝村；湖南省里耶镇、靖港镇、芙蓉镇、寨市镇 、浦市镇、张谷英村、上甘棠村、高椅村、干岩头村、坦田村、龙溪村、板梁村、五宝田村；江西省瑶里镇、上清镇、葛源镇、富田镇、流坑村、陂村、理坑村、贾家村、燕坊村、汪口村、罗田村、严台村、白鹭村、陂下村、延村、天宝村、钓源村 、竹桥村 、关西村、虹关村、沧溪村	57	荆楚文化 徽文化	合院民居 徽派民居
华东区	上海市枫泾镇、朱家角镇、新场镇、嘉定镇、南翔镇、高桥镇、练塘镇、张堰镇；江苏省周庄镇、同里镇、角直镇、木渎镇、沙溪镇、溱潼镇、黄桥镇、淳溪镇、千灯镇、安丰镇、锦溪镇、邵伯镇、余东镇、沙家浜镇、东山镇 、荡口镇、沙沟镇、长泾镇、凤凰镇、陆巷村、明月湾村、礼社村；浙江省西塘镇、乌镇、南浔镇、安昌镇、慈城镇、石浦镇、东浦镇、前童镇、佛堂镇、廿八都镇、皤滩镇、岩头镇、龙门镇、新市镇、鹤溪镇 、盐官镇、俞源村、郭洞村、澳村、吴村、三门源村、新叶村 、屿北村、山头下村 、高迁村 、大济村 、南阁村 、许家山村、寺平村 、冢斜村；安徽省三里河镇、毛坦厂镇、许村镇、万安镇、水东镇、西递村、宏村、渔梁村、江村、唐模村、棠樾村、屏山村、呈坎村、查济村、南屏村、黄村 、关麓村；福建省古田镇、和平镇、嵩口镇、霍童镇 、九峰镇、五夫镇 、元坑镇、田螺坑村、培田村、下梅村、福全村、城村、桂峰村、廉村、下村、赖坊村、三洲村、中心村 、漈头村、芷溪村 、琴江村、大源村 、闽安村；山东省新城镇、朱家峪村、东楮岛村、雄崖所村、李家疃村	106	吴越文化 徽文化 齐鲁文化	水乡民居 徽派民居

（续 表）

区域	历史文化名镇（村）名称	数量	文化区系	民居建筑类型
华南区	广东省沙湾镇、吴阳镇、赤坎镇、唐家湾镇、碣石、石龙镇、秋长镇、洪阳镇、黄圃镇 、百侯镇、大旗头村、鹏城村、镇石塘村、茶山村、自力村、南社村、上岳古围村、松塘村；广西壮族自治区大圩镇、镇黄姚镇、兴坪镇、崖城镇、大芦村、高山村、秀水村、扬美村；海南省中和镇、铺前镇、定城镇、碧江村、大岭村、塘尾村、翠亨村、歇马村、南岗古排村、前美村、保平村 、十八行村、高林村	39	岭南文化	客家土楼 合院式民居
西北区	甘肃省哈达铺镇、青城镇、连城镇、大靖镇、陇城镇、新城镇、金崖镇；青海省郭麻日村、电达村；新疆维吾尔自治区鲁克沁镇、惠远镇、麻扎村、阿勒屯村、博斯坦村、琼库什台村；陕西省陈炉镇、青木川镇 、凤凰镇、党家村、杨家沟村；宁夏回族自治区南长滩村	21	边塞文化 民族融合文化	窑洞民居 夯土民居 碉楼民居 合院式民居
西南区	西藏自治区昌珠镇、萨迦镇；四川省平乐镇、安仁镇、老观镇、李庄镇、黄龙溪镇、仙市镇、尧坝镇、太平镇、恩阳镇、洛带镇、新场镇、昭化镇、福宝镇、罗泉镇、龙华镇、赵化镇 、清溪镇、莫洛村 、迤沙拉村、萝卜寨村、天宫院村；重庆市涞滩镇、西沱镇、双江镇、龙兴镇、中山镇、酉阳土家族苗族自治县、龙潭镇、金刀峡镇、唐河镇、东溪镇、走马镇、丰盛镇、安居镇、松溉镇、路孔镇、白沙镇、宁厂镇；云南省黑井镇、沙溪镇、和顺镇、娜允镇、州城镇 、凤羽镇、新安所镇、白雾村、诺邓村、郑营村 、东莲花村、云南驿村；贵州省青岩镇、土城镇、旧州镇、西江镇、旧州镇、天龙镇、云山屯村、隆里村 、肇兴寨村、丙安村、增冲村 、马头村 、楼上村、怎雷村、鲍屯村 、上郎德村、龙潭村	67	边塞文化 巴蜀文化 滇贵文化	合院式民居 吊脚楼

这些中国历史文化名镇（村）反映了中国不同地域、不同民族、不同经济社会发展阶段聚落形成和演变过程，真实记录了传统建筑风貌、优秀建筑艺术、传统民俗民风和原始空间形态，具有极高的历史文化价值、建筑艺术价值，是遗留和保存下来的珍贵农业文化遗产。

作为聚落类农业文化遗产典型代表的中国历史文化名村有着深厚的历史文化内涵，是在历史上有过重要影响的地方，它的建设能反映当时当地的最高水平，能折射出经济、文化、技术的发达程度，而重大历史事件和重要历史人物的遗存可以包含有更多的重要历史信息，直观生动地说明事件或人物的历史文化意义。被列入“中国历史文化名镇”、“ 中国历史文化名村” 名录的历史文化村镇，是遗留和保存下来的珍贵农业文化遗产。与镇相比，村更能体现聚落类农业文化遗产的特点和价值。以 169 个中国历史文化名村为代表的聚落承载着中华传统文化的精华，是农耕文明不可再生的文化遗产。

（二）传统村落

随着中国快速城镇化、工业化的进程，聚落类农业文化遗产衰落、消失的现象日益加剧。在这样的背景下，2012 年 4 月，住建部、文化部、国家文物局、财政部印发的《关于开展传统村落调查的通知》中，提出了传统村落保护的概念，“是指村落形成较早，拥有较丰富的传统资源，具有一定历史、文化、科学、艺术、社会、经济价值，应予以保护的村落”，并提出符合传统建筑风貌完整、选址和格局保持传统特色、非物质文化遗产活态传承3个条件之一，即可认定为传统村落。这相对于要求历史建筑集中、传统格局完整的历史文化名村来讲，传统村落的范围则更宽泛，除包括历史文化名村外，还包括一些虽然历史建筑规模不具备历史文化名村条件，但集中成片历史建筑规模超过村庄建筑规模1/3，或是选址和格局有特色，或是有非物质文化遗产的村落。

2012年12月，住建部、文化部、国财政部公布了第一批列入中国传统村落名录的村落名单，北京市水峪村、天津市西井峪村、河北省大梁江村等646个村落被列入名录。2013年8月，住建部发通知公示第二批中国传统村落名录，包括北京市门头沟区斋堂镇马栏村、北京市昌平区流村镇长峪城村、密云县新城子镇吉家营等915个村落列入其中。这是在城镇化和新农村建设中，一种更宽泛的保护，对保护聚落类农业文化遗产具有积极的意义。

传统村落保护发展工作，至今有了一定起色。全国经过调查，上报了1.2万个传统村落。这些村落形成年代久远，其中清代以前的占80%，元代以前的占1/4，包含2 000多处重点文物保护单位和3 000多个省级非物质文化遗产代表项目，涵盖了少数民族的典型村落；成立保护发展专家委员会，冯骥才为主任委员；建立了中国传统村落名录。目前两批，1 561个传统村落中云南最多，有294个，贵州次之，有292个，东部一些经济发达省如浙江、广东、福建也不少，相对而言东北等一些地区较少。这些村落中，既有云南元阳的哈尼族村落、贵州黎平的苗族侗寨等拥有世界文化遗产的少数民族村落，也有浙江兰溪的八卦村、福建南靖的田螺坑村、山西祁县的乔家堡等凝结着具有传统智慧的精美村落。最南边的有海南三亚的保平村，最北的有黑龙江黑河的新生村，充分体现了我们国家文化的多样性。

在未来3年内，全国将有270处传统村落纳入整体保护利用项目，传统村落的保护除了国家要加大财政投入，还得继续提高地方政府的保护意识，避免无序和盲目建设，禁止大拆大建。只有先守住它们，才可能“留住乡愁”。有些地方的政府和村民对传统村落保护重视不够，缺乏传统村落整体保护意识，也缺少保护管理的法律法规、保护管理机制和保护发展规划。在这种大背景下，拆了老房盖新房，拆了老街建新街，传统村落遭受破坏的状况日益严峻。再加上管理薄弱、保护资金投入不足，导致基础设施落后，生态环境未能改善，传统村落空巢化现象进一步加剧。那些保留了丰富传统资源、以活态方式承载着传统文明的村落，仍在继续消失。“加强对传统村落的保护迫在眉睫，只有先保住、守住，不让这些村落消失，才可能谈发展。”

聚落类农业文化遗产是人类不可再生的宝贵资源，是中国遗产保护体系的重要组成部分。虽然国家近年陆续公布了中国历史文化名镇（村）、中国传统村落名录，相关保护力度明显加大，但在实际保护中常常由于认识的不足和观念的偏差，忽略对历史文脉、自然环境以及遗产原真性的科学保护，导致自然环境、建筑遗产及其传统风貌的损害，地方的民俗文化特色也在衰退。因此，系统分析其价值特色以及所采取的保护措施，建立切实可行的保护评价体系和方法，对及时发现保护中存在的问题，科学制定保护对策，促进中国优秀农业文化遗产的保护都将起到十分重要的意义。

对于星罗棋布的传统村落而言，它们有着各自不同的历史渊源、文化习俗和地域风光，如果按照一套统一的标准去推进，也许操作起来会容易很多，但肯定会形成许多形式雷同、相貌相似的“孪生兄弟”，这显然有悖于我们的初衷。一个正确的做法，就是按照“一村一品”的要求，因地制宜，因势利导，抓好前期规划，着力发掘地方元素，体现地方特色，使开发更好地融入保护其间，而不是打破其原有生态。文化对于民族而言是灵魂，对于地方而言更是灵魂。每个传统村落都有自己的文化，这种文化需要保护、需要挖掘。文化是取之不尽、用之不竭的宝贵遗产，善用文化，不仅可以彰显地方特色，还可以从思想高度提高开发建设的整体品位。2014 年文化遗产日的主题“让文化遗产活起来”，也许是路径之一。聚落类农业文化遗产的保护不仅仅是传承文化遗产，归根到底是在保护的基础上让当地居民受益，改善当地民生。传统村落里的文物资源是最能为村落带来收益的动力，只有充分发挥它们的资源和价值优势，才能把文化传承、生态保护、经济发展、改善民生有机结合起来，实现聚落类农业文化遗产的整体保护和可持续保护。

三、聚落类农业文化遗产保护利用的理论研究

（一）相关研究的发展进程

中国学者对聚落类农业文化遗产保护利用的研究大致可分为三个阶段：

1. 20 世纪 80 年代

主要由规划领域的学者倡导和发起了对传统村镇的保护。80 年代初期，阮仪三主持开展了江南水乡古镇的调查研究及保护规划的编制，开创了中国聚落类农业文化遗产保护的先河，为以后各学科开展相关研究积累了宝贵的经验。

2. 20 世纪 90 年代

90 年代初始，在规划领域继续关注的同时，建筑领域的学者逐渐加入进来，主要从聚落景观、乡土建筑、民居改造等方面着手，彭一刚关于传统村镇聚落景观的研究，单德启关于贫困地区民居聚落改造的研究，陈志华组织的楠溪江中游古村落乡土建筑的调查研究，都是这一时期的代表之作。并且研究由聚落空间形态拓展到聚落空间特征与文化内涵，90 年代末期，地理领域的学者开展了古村落空间意象等内容的系列研究。

3. 21 世纪以来

随着相关“历史文化村镇”保护政策的出台，学术领域对聚落类农业文化遗产的关注也随之空前高涨起来。保护及发展是一个永恒的话题，也是农业文化遗产必须面对而又难以解决的问题，因此也引起了学术界的普遍关注，许多学者从保护及发展的角度、保护规划设计以及保护对策措施、模式机制等方面，针对传统乡村聚落展开了广泛而深入的研究。

近年来，对于聚落类农业文化遗产的研究，突破了以往仅从聚落某一元素或某个侧面着眼，割裂建筑与居民生产生活的“文物论”视角，抢救性挖掘了许多传统聚落的优秀理念及营造技术，深入研究聚落的文化内涵，并已初步形成了以规划学、建筑学、地理学、

历史学、人类学、社会学、经济学等多学科协同探讨的良好开端。聚落类农业文化遗产的形成演变、文化价值、保护发展以及旅游开发等方面研究不断深入，相关课题研究、著作、论文以及学术会议（论坛）日益增多，尤其是案例性研究广泛开展，学者们收集整理了大量较为翔实的第一手资料，对传统乡村聚落的保护及发展也有了很多探索性实践。

（二）相关科研课题立项情况

自 2001—2011 年，由国家部委立项的关于聚落类农业文化遗产保护及利用的重要科研课题达数十项（表 10-3）。

表 10-3 2001—2011 年聚落类农业文化遗产相关科研课题立项情况

项目名称	项目来源	项目负责人	依托单位	立项时间
西南丝绸之路驿道聚落与建筑的传统和发展研究	国家自然科学基金项目	施维琳	昆明理工大学	2002 年
中国北方堡寨聚落研究及其保护利用策划	国家自然科学基金项目	张玉坤	天津大学	2002 年
中国申报世界文化遗产的村镇空间生长模型研究	国家自然科学基金项目	段进	东南大学	2003 年
中国朝鲜族民居与聚落模式演变研究	国家自然科学基金项目	李佰寿	延边大学	2004 年
历史文化名镇（村）评价指标体系研究	建设部重点研究课题	赵勇	清华大学	2004 年
中国风土聚落保护与再生的适应性模式研究	国家自然科学基金项目	常青	同济大学	2006 年
明清移民通道上的湖北民居及其技术与精神的传承	国家自然科学基金项目	谭刚毅	华中科技大学	2006 年
沁河中游古村镇研究	国家自然科学基金项目	刘捷	北京交通大学	2007 年
历史文化村镇保护的动态监测体系研究	国家自然科学基金项目	赵勇	清华大学	2007 年
晋商传统聚落的形态特征与可持续利用模式研究	国家自然科学基金项目	王金平	太原理工大学	2007 年
南方汉民系传统聚落形态比较研究	国家自然科学基金项目	潘莹	华南理工大学	2008 年
喀什文化区聚落遗产保护与环境可持续发展研究	国家自然科学基金项目	张杰	清华大学	2009 年
北京地区古村落空间解析	国家自然科学基金项目	张大玉	北京建筑工程学院	2009 年
汉江流域文化线路上的聚落形态变迁及其社会动力机制研究	国家自然科学基金项目	李晓峰	华中科技大学	2010 年
中国历史镇村文化遗产保护利用的实证研究	国家社会科学基金项目	周乾松	中共杭州市委党校	2010 年
民族村寨文化遗产保护与社会发展案例研究	国家社会科学基金项目	王学文	文化部民族民间文艺发展中心	2010 年
新农村建设中少数民族传统村落保护与更新研究	教育部人文社会科学研究项目	李茹冰	浙江理工大学	2010 年
新疆吐鲁番传统聚落人居空间模式研究	教育部人文社会科学研究项目	闫飞	新疆师范大学	2010 年

（续 表）

项目名称	项目来源	项目负责人	依托单位	立项时间
徽州历史文化村镇环境艺术设计与更新研究	教育部人文社会科学研究项目	贺为才	合肥工业大学	2010 年
西南传统乡土聚落中的“文化空间”变迁与保护研究	国家自然科学基金项目	余压芳	贵州大学	2011 年
层楼式石碹窑洞聚落形态及其保护利用研究	国家自然科学基金项目	王崇恩	太原理工大学	2011 年
北方地区典型泉水聚落保护与可持续发展研究	国家自然科学基金项目	张建华	山东建筑大学	2011 年
功能转型期历史文化村镇适应性发展研究	国家自然科学基金项目	肖建莉	同济大学	2011 年
遗产性村落保护与更新的可视化技术方法研究——以西递、宏村为例	国家自然科学基金项目	吴永发	合肥工业大学	2011 年
基于“拟合”理念的历史村镇区域保护研究——以巴蜀地区为例	国家自然科学基金项目	戴彦	重庆大学	2011 年

自 2002 年开始至 2011 年立项的各相关国家级研究课题陆续结题或正在进行中，学者们科研所获颇丰。其中：

2003 年由段进教授带领团队承担的《中国申报世界文化遗产的村镇空间生长模型研究》课题研究成果有：出版专著《空间研究 1——世界文化遗产西递古村落空间解析》，该书以西递古村落为研究对象，更加深入、全面地进行村镇空间发展规律的探索和实证研究，研究调研细致深入，有许多第一次发表的资料。研究方法与内容上有进一步发展，不仅对物质空间的构成进行了解析，还对形成空间形式的社会、文化、经济等因素进行了全面的研究，采用了自下而上和自上而下两条线索全面综合分析，在案例实证研究方面作出了重要的探索；期刊发表论文《江南传统村镇空间要素的装饰性及其文化内涵》、《徽州古村落——宏村空间形态影响因素研究》、《宏村古村落空间构成模式研究》、《江南古镇空间的多重阅读与思考》、《西递古村落空间构成模式研究》等。

由赵勇作为项目负责人承担的 2004 年建设部重点研究课题《历史文化名镇（村）评价指标体系研究》成果中，《历史文化村镇保护评价体系及方法研究——以中国首批历史文化名镇（村）为例》一文，针对当时国内相关研究薄弱，缺乏对脆弱文化遗产资源保护和继承的理论指导和依据之情况，以 2002 年中国首批历史文化名镇（村）为例，从物质文化遗产和非物质文化遗产两个方面遴选了 15 项指标构建历史文化村镇保护评价指标体系，对中国首批历史文化名镇（村）保护状况进行社会调查的基础上，运用因子分析方法对首批名镇（村）的保护状况进行分析评价，证明了环境风貌、建筑古迹、民俗文化、街巷空间和价值影响是决定历史文化村镇保护状况的主要因素，并运用聚类分析法按照保护状况将首批名镇（村）划分为 4 种类型并做出相应评价；其后在 2007 年负责的《历史文化村镇保护的动态监测体系研究》课题中，继续跟进研究，结合中国历史文化名镇（名村）的评选，从价值特色和保护措施两方面进一步构建了历史文化村镇评价指标体系，为公布中国历史文化名镇（名村）提供了技术和方法依据，在文化遗产定量评价方面进行了有益探索。发表了《历史文化村镇保护规划研究》、《中国历史文化村镇保护的内容与方法研究》、《历史文化村镇保护预警及方法研究——以周庄历史文化名镇为例》、《历史文化名镇规划编制内容与方法研究——以河北省蔚县代王城历史文化名镇为例》等相关论文。

由太原理工大学王金平教授负责的《晋商传统聚落的形态特征与可持续利用模式研究》课题在2007年由国家自然科学基金立项后，陆续发表了《宋家庄聚落与民居形态浅析》、《右卫古镇聚落与民居形态浅析》、《旧广武村聚落与民居形态分析》、《中村聚落与民居形态浅析》等论文以山西省宋家庄、右卫古镇等地域特色鲜明、文化形态独特的晋商传统聚落为研究对象，试对这些聚落及其民居的结构布局、空间组织和形态特征等进行初步分析和探讨，为中国传统聚落的规划技术、实践的研究以及利用提供可参考的资料。

近年来关注到聚落保护与利用的学者愈多，据不完全统计，在2012年立项的相关重要科研课题有11项（表10-4）。

表10-4　2012聚落类农业文化遗产相关科研课题立项情况

项目名称	项目来源	项目负责人	依托单位
历史文化村镇遗产及其文化生态保护的研究与示范	国家自然科学基金项目	杨大禹	昆明理工大学
云南洱海地区乡村聚落空间演变机理与优化研究	国家自然科学基金项目	武友德	云南师范大学
快速城市化进程中岭南传统村落空间重构的微观探察：从形态到社会	国家自然科学基金项目	陶伟	华南师范大学
北京传统村落风貌特色的传承与创新研究	国家自然科学基金项目	欧阳文	北京建筑工程学院
岭南汉民系乡村聚落可持续发展度研究	国家自然科学基金项目	陆琦	华南理工大学
基于历史空间信息系统的河西走廊传统村镇形态变迁研究	国家自然科学基金项目	刘奔腾	兰州理工大学
面向乡村建设可持续发展的徽州传统村落集群研究	国家自然科学基金项目	龚恺	东南大学
古建聚落砖木结构类传统居住环境居民“自助式”保护与功能改善研究	国家自然科学基金项目	张鹰	福州大学
江南传统聚落濒危建筑构造与技术研究	国家自然科学基金项目	吴尧	江南大学
川西北嘉绒藏族传统聚落与民居建筑研究	国家自然科学基金项目	李军环	西安建筑科技大学
川藏“茶马古道”文化线路上的传统聚落与建筑研究	国家自然科学基金项目	陈蔚	重庆大学

2008年，由科技部联合建设部、国土资源部、教育部、国家标准化管理委员会、地方科技厅（委）等部门，共同启动“十一五”国家科技支撑计划“农村住宅规划设计与建设标准研究”重大项目。该项目的两项子课题与聚落类农业文化遗产保护与利用的研究有关，为“历史文化村镇保护规划技术研究”与“历史文化村镇保护规划技术标准模式示范研究”，分别由华南理工大学与湖南师范大学作为主要承担研究单位。

子课题“历史文化村镇保护规划技术研究”的研究内容为：针对中国不同地域地形地

貌、经济发展水平及文化差异大的特点以及历史文化村镇资源数据不详、保护不力、开发无序、受损严重等问题。开展典型历史文化村镇的实态调查，对不同类型历史文化村镇开展保护规划与利用技术研究，编制历史文化村镇保护规划技术标准，为历史文化村镇保护与建设提供科学依据，促进历史文化村镇保护和可持续发展。已有研究成果《历史文化村镇保护规划技术路线研究》、《“力”的重构——传统村落的嬗变与新农村建设》、《碎片整理——历史文化村镇街区形态保护研究》、《历史文化村镇文化空间保护研究》、对已有的历史文化村镇保护规划案例进行分析与调研，用以指导历史文化村镇保护规划的编制工作。

子课题“历史文化村镇保护规划技术标准模式示范研究”的研究内容为：针对历史文化村镇保护性规划缺失、开发无序、破坏严重、基础设施不足、居民生活不便等问题，构建不同地区村镇历史文化资源保护开发模式，研究历史文化村镇保护地方标准规范，建设国家级历史文化村镇保护的技术集成示范工程。该课题研究以湖南省张谷英村、里耶镇、黄丝桥村为示范点，以历史文化村镇的个性为基础贯穿“景观信息链”理念，采取科学合理的保护和规划措施，从而实现更好地保护历史文化村镇的目的。

（三）相关著作、论文的核心观点及内容综述

回顾近年中国聚落类农业文化遗产研究的进展，可将已有研究分为特征价值、形成与演变、保护与发展、旅游开发以及国外经验借鉴等 5 个领域。

1. 特征价值研究

聚落类农业文化遗产相较于传统城市聚落，有其特有的农业文化历史背景。刘沛林认为古村落或传统村落，又称为历史文化村落，主要指宋元明清时期遗留下来的古代村落，村落地域基本未变，而环境、建筑、历史文脉、传统氛围等均保存较好①。朱晓明归纳中国古村落普遍具有以村落为主的聚居形态、强烈的地缘特点、完整地规划布局和反映传统生活真实性等特征②。王路认为传统村落在接近自然风景、小尺度和可识别性、功能混合与多重利用、特色与不可替代性、独立与自助、公共生活等方面具有与城市不同的特征③。

中国众多的聚落因其地域自然条件和文化背景、形成原因等体现不同的价值特色。阮仪三认为江南水乡古镇的价值特色在于历史文化、规划与建筑艺术、经济发展史中的地位、城镇风貌的保存等④。徐坚从乡土建筑、地方文化、景观资源三方面分析了中国山地传统村落价值特色⑤。吴晓勤以皖南古村落为例，探讨作为文化遗产的古村落其物态环境、文态环境、建筑工艺以及村落选址、引水排水系统等方面的特色价值⑥。何重义通过对于中国古代村落沿革的探讨，以及中国各地域五类聚落的实例分析（讲究礼制的村落、婺源古村群落、

① 刘沛林:《古村落：亟待研究的乡土文化课题》,《衡阳师专学报（社会科学）》1997 年第 2 期
② 朱晓明:《历史环境生机——古村落的世界》，北京：中国建筑工业出版社，2002 年
③ 王路:《村落的未来景象——传统村落的经验与当代聚落规划》,《建筑学报》2000 年第 11 期
④ 阮仪三，邵甬，林林:《江南水乡城镇的特色、价值及保护》,《城市规划汇刊》2002 第 1 期
⑤ 徐坚:《浅析中国山地村落的聚居空间》,《山地学报》2002 第 2 期
⑥ 吴晓勤，陈安生，万国庆:《世界文化遗产——皖南古村落特色探讨》,《建筑学报》2001 第 8 期

防御设施的村落、结合自然环境的村落、 沪宁杭地区——水乡古镇），讲述了中国各类聚落文化形态、环境构成以及各自存在的审美特质①。

2. 形成演变研究

聚落的形成及演变受到诸多因素的影响。金涛通过对中国传统农村聚落的选址格局、建筑形态分析，指出传统村镇营造思想中的“天人合一“理念，并解释为生态观、形态观、情态观和意态观。董虹认为地理环境封闭、自然资源丰富、宗法制度较严和文化的认同是中国古村落形成的原因②。陆建伟从文化角度探讨了江南古镇的形成原因，认为水乡生态环境、明清以来商品经济的发展和自身的历史文化传统式其文化成因③。罗德启则认为军事防御需要、商业贸易发展、民族歧视是贵州民族村镇形成的历史背景④。而李小波认为风水思想对中国古代村落的规划和形成发展有着极大影响⑤。

陆林等探讨并实例考据了徽州古村落的演化过程及其机理，认为其经历了形成期、稳定发展期、鼎盛期和衰落期，徽商在其中起了重要作用⑥。张杰对浙江省南阁村古村落行政制度的演替、自然环境、历史文化以及建筑格局进行解读，揭示了古村落空间的演变过程⑦。李立对乡村聚落进行交叉、整合研究，选取中国经济、文化素来发达的江南地区作为研究对象，对乡村聚落形态的内涵与整体特征进行了全面剖析，进而以乡村变迁为主线，再现该地区乡村聚落演变的历史脉络，探寻其演化的主导动力与运作机制，剖析其中各种现象的规律性和真实性，引导人们正确看待乡村聚落的更新与建设，以期保留、恢复、发展乡村特有的健康的生活图景，为解决当今中国社会主义新农村建设中普遍存在的诸多问题和促进乡村聚落可持续发展提供理论基础与现实策略⑧。

3. 保护与发展研究

聚落类农业文化遗产记录着历史文化和社会的发展，是珍贵的农业文化遗产。但是在经济高速发展和大规模建设的现代化进程中，农村的历史文化遗产资源地区经济发展的同时，往往由于简单粗放的经营，因缺少科学保护使聚落遗产自身的价值受到不同程度的影响和破坏。学者们从保护与利用、保护规划设计以及保护对策措施、模式机制等方面展开了研究探讨。

单德启认为历史文化名镇名村的核心价值，是传承和传递真实的历史文化信息。而“历史”是流动的演变的，一座村庄一个城镇，本来就是不断生长的，聚落”有一个选址、发展、演变的历史过程，数百年乃至上千年，至今仍然聚居和生活着大量乡民。他提出保

① 何重义：《古村探源——中国聚落文化与环境艺术》，中国建筑工业出版社，2011 年
② 董虹，马智胜：《中国古村落保护与开发的经济思考——以流坑村为例》，《 科技进步与对策》2003 第 7 期
③ 陆建伟：《试论江南六大古镇的文化成因》，《 湖州职业技术学院学报》2003 第 6 期
④ 罗德启：《中国贵州民族村镇保护和利用》，《建筑学报》2004 第 6 期
⑤ 李小波：《中国古代风水模式的文化地理视野》，《人文地理》2001 第 6 期
⑥ 陆林，凌善金，焦华富，等：《徽州古村落的演化过程及其机理》，《地理研究》2004 第 5 期
⑦ 张杰，庞骏，董卫：《古村落空间演变的文献学解读——以南阁村保护性规划设计的调研为例》，《规划师》2004 第 1 期
⑧ 李立：《乡村聚落：形态、类型与演变——以江南地区为例》，东南大学出版社，2007 年

护“历史过程的原真性”和“动态发展的整体性”[①]。陆琦在参与多个历史文化名村镇项目的评审、改造实施与执行效果评估中，发现以往保护的失败案例充分证明，若没有考虑到当地居民生产、生活与环境三者间的长远平衡，在改善物质生活条件和追逐经济指标的巨大冲动之下，以保护为目的注入的资金反而可能加速对传统聚落的破坏[②]。

赵勇通过社会调查和实证研究，分析了中国历史文化名镇（名村）的概念特征、类型差异及空间分布，研究了名镇（名村）保护的内容和方法，建立了历史文化名镇（名村）保护评价体系，以中国第一、第二批名镇（名村）为例进行了实证评价；对名镇（名村）保护规划的原则、内容和方法进行了系统研究，并将预警研究引入遗产保护领域，建立名镇（名村）保护预警系统和预警指标体系，以及提出保护的对策措施[③]。吴晓勤、田利分别以皖南古村落和浙江省廿八都镇为例探讨了保护规划的原则和方法，认为保护规划应坚持真实性、整体性、完整性和动态保护、公众参与、改善生活以及注重发展、适当优先的原则，保护规划的内容应包括分析价值特点、制定保护框架、突出保护重点、划定保护层次及控制范围、明确保护发展的使用及限制要求以及环境风貌整治及旅游发展规划等[④⑤]。胡力骏以浙江省佛堂镇保护规划为例，说明名镇保护规划的编制应充分体现名镇价值特色，它既是保护工作的核心，也是名镇发展的重要竞争力；规划编制需要更多地关注环境背景、保护与发展利用的平衡、在保护的前提下鼓励创新，并应针对地方管理能力注重规划的可操作性[⑥]。

严钧认为对传统聚落的保护必须要解决好文化遗产保护与居民生活、生存之间的矛盾，其关键是保护好人居环境，坚持保护的整体性和积极性原则，保护传统生活方式、注重生态和环境保护以及改善人居环境及基础设施条件，鼓励传统聚落居民生活在原居住地，稳定经济，延续其文脉，制定长期的“循环式”发展改善计划[⑦]。仇保兴论述了开展历史文化名镇（名村）保护工作的必要性和迫切性，指出中国进行历史文化名镇（名村）的评选保护活动，就是要吸取国内外城市化高潮的正反两方面教训，吸取国内外在遗产保护方面的经验，防止“建设性”破坏在历史文化名镇（名村）的继续蔓延；并从政府管理角度提出完善法规制度、、改善人居环境及基础设施条件、多渠道筹集保护资金、通过乡规民约鼓励公众参与保护[⑧]。

林琳以广东省中山市古村镇规划为例，探讨了经济发达地区城郊型历史村镇的发展，认为其往往经历一种由乡村型向城市型转变的线性发展模式，即从初始阶段——自然原生型、中期阶段——发育街坊型、后期阶段——分化突变型到未来发展阶段——有机融合

① 单德启:《历史文化名镇名村保护与利用三议》,《 小城镇建设》2010 年第 4 期
② 陆琦:《传统聚落可持续发展度的创新与探索》,《 中国名城》2012 年第 2 期
③ 赵勇:《中国历史文化名镇名村保护理论与方法 》, 中国建筑工业出版社, 2008 年, 第 9 页
④ 吴晓勤, 万国庆, 陈安生:《皖南古村落与保护规划方法》,《 安徽建筑》, 2001 年第 3 期
⑤ 田利:《廿八都镇保护规划的实践与思考》,《 规划师》, 2004 年第 4 期
⑥ 胡力骏:《华东地区历史文化名镇保护规划编制特点——以义乌市佛堂镇为例》,《新建筑》, 2011 年第 4 期
⑦ 严钧, 黄颖哲, 任晓婷:《传统聚落人居环境保护对策研究》,《 四川建筑科学研究》, 2009 年第 5 期
⑧ 仇保兴:《中国历史文化名镇村的保护和利用策略》,《城乡建设》2004 年第 1 期

型[①]。吴承照对古村落发展模式进行了分析，提出古村落空间布局发展的模式，即互补型与共生型（古村落与新区分离或合为一体）；从旅游发展角度来看古村落有 3 种模式：大城市依附型（如周庄、同里、乌镇等）、风景区依附型（如西递村、歙县等）、规模自主型（如平遥遥古城、丽江古城等）。认为古村落可持续发展的前提是文化保护与发展经济，以文化经营与社区旅游为动力，注重生态安全与容量控制的约束[②]。

4. 旅游开发研究

聚落的旅游开发研究是近年学术界的热点，学者们从旅游影响、开发机制、发展对策等不同角度进行了探讨。

熊侠仙通过对江南古镇旅游状况的实际调查，分析了古镇在旅游开发中存在的旅游容量过饱和、过度商业化倾向等问题，并对正确处理遗产保护与旅游开发的关系提出了对策建议[③]。卢松以西递、宏村为例探讨了古村落旅游客流时间分布特征及其影响因素，讨论了不断攀升的客流给古村落带来的负面影响，如破坏古村落生态环境、黄金周期间超载严重等[④]。仇保兴认为名镇村旅游业的发展是一柄双刃剑，在初步认识到历史村镇的文化价值的前提下，以经济效益为单纯追求的目标，使保护利用变成了开发旅游的措施，将遗产保护与旅游开发本末倒置，呈现旅游开发性破坏。

刘昌雪分析皖南古村落可持续旅游发展中的限制性因素，探讨了皖南古村落不同旅游开发模式的三种特征（分别以村镇、开发公司、合资协作为主体）对旅游和社会发展带来的不同影响[⑤]。余华玲通过对四川古镇的旅游前景和现状的分析，提出了不同类型古镇应有相应的开发模式。由于古镇所携带的历史信息、文化价值以及在居民心理上的认同作用，超过单独的文物建筑，开发小镇旅游资源要保护特定的生活方式、文化氛围和风尚习俗[⑥]。

5. 国外经验借鉴

国外开展历史小城镇、古村落保护较早，美国、法国、英国和日本等纷纷开展历史小城镇、古村落的保护工作，建立乡村建筑遗产登录制度、成立保护协会、筹集保护资金等，取得了较好的保护效果。朱晓明分析英国和日本古村落保护的经验和做法，对比了中、日、英三国的古村落保护制度，提出中国历史文化村镇保护应借鉴的经验：一是国家和地方的紧密协作，二是国家和地方政策法规的有效衔接，三是加强基础设施和环境适应性投资，四是广泛的公众参与，五是从社会、经济和文化等多方面开展保护工作。[⑦] 仇保兴以第二次世界大战后英国的重建为例，指出历史文化风貌得以保存和延续的重要性，对名镇（村）

① 林琳，陈洋，余炜楷：《城乡有机复合的规划理念——中山市古镇村镇规划实践》，《建筑学报》2001 年第 9 期

② 吴承照，肖建莉：《古村落可持续发展的文化生态策略——以高迁古村落为例》，《城市规划汇刊》2003 年第 4 期

③ 熊侠仙，张松，周俭：《江南古镇旅游开发的问题与对策——对周庄、同里、角直旅游状况的调查分析》，《城市规划汇刊》2002 年第 6 期

④ 卢松，陆林，凌善金，等：《皖南古村落旅游开发的初步研究》，《国土与自然资源研究》2003 年第 4 期

⑤ 刘昌雪：《皖南古村落可持续旅游发展限制性因素探析》，《旅游学刊》2003 年第 6 期

⑥ 余华玲，周密：《四川古镇开发模式初探》，《新西部》2008 年第 9 期

⑦ 朱晓明：《古村落保护发展的理论与实践》，上海：同济大学学位论文，2000 年

复兴的促进作用。

可以看出，国内关于聚落类农业文化遗产的研究对古村落、传统民居、形成与演变以及特征价值等方面较为系统和全面；注重具体的保护案例研究，发现问题、分析原因、提出对策措施，着重提出生态环境保护、可持续发展等，并在研究中吸收前人在保护规划实施过程中的经验与教训，明确了保护规划的定位；梳理出能够真实反映传统乡村聚落规律和特点的保护规划技术路线。研究地域主要集中在东部沿海发达地区、江南水乡古镇、皖南古村落及西南少数民族村镇，其他地域涉及较少；在借鉴国外经验方面，有待于进一步深入研究。

（五）相关学术交流平台建设

中国学者关于聚落类农业文化遗产保护及利用的研究已经有一定的积累，学术交流活跃。除了发表论文、出版著作外，学术会议的召开、网络交流、科学考察等相关学术交流活动形式也颇为广泛。

1. 有关学术会议

2005 年，由中国城市规划学会和山西省建设厅主办的“中国古村镇保护与发展国际研讨会”在山西省临县碛口古镇召开，来自国内外的 50 多位相关专家学者以及一些镇村代表参加了研讨会，与会专家学者共同签署发表了《中国古村镇保护与发展碛口宣言》。《碛口宣言》指出，在经济快速发展过程中，由于盲目开发建设、保护意识淡薄等原因，给许多古村镇造成了不可逆转的破坏，并有快速消失的趋势。必须清醒地意识到，这些独特的建筑历史文化遗产是极其脆弱和不可再生的。护古村镇已成为国际社会广泛共识的迫切任务，势在必行、刻不容缓。通过宣言呼吁：各级政府应高度重视古村镇的保护，建立健全法律法规和规章制度，为古村镇保护提供有效的法制保障。各地政府要提高认识、讲求方法，坚持“科学规划、严格保护、合理开发、永续利用”的原则，处理好保护和发展的关系，促进古村镇可持续发展。

从 2008 年开始，由周庄人民政府发起主办的“古镇保护与发展周庄论坛”已连续举办 4 届。论坛通过聚焦以江南水乡古镇为代表的中国历史古镇近 30 年来在保护与发展过程中遇到的各种问题，邀请全国的专家和各地古镇的代表共同参加，旨在为中国古镇的保护和发展创立一个专门的交流平台，从而切实推动中国古镇的保护与发展。2010 年，论坛中由住建部召开的“中国历史文化名镇保护与发展研讨会”发表了《周庄宣言》，引导和鼓励历史文化名镇挖掘本地传统文化资源，弘扬、传承优秀文化精髓，努力促进保护发展的学术研究，搭建交流与服务的技术平台，在理论与实践相结合的前提下，探索发展的新路径。 坚持“科学规划、严格保护、合理利用”原则，因地制宜，保护名镇历史文化遗产的真实性和完整性。以保护指导发展，以发展促进保护，形成保护与各项事业协调发展的良好局面。

2012 年，英国政府为推动中英之间的文化交流设立了大型文化交流计划“2012 UK NOW”，其中包括中英之间在文化遗产保护方面的文化交流，在上海阮仪三城市遗产保护基金会的推动下，2012年4月，专门交流中英文化遗产保护经验的论坛在周庄举行，来自英国和中国的遗产保护方面的专家和机构齐聚论坛，就论坛所设的主题进行了深度交流和探讨，作为国际上遗产保护较为成功的英国，在文化遗产保护方面的经验为中国的古镇管理者和专业人士带来多方面的启迪。

2009年，住建部城乡规划司在上海市金山区枫泾镇主持举办了世博——中国历史文化名镇保护与发展论坛，来自全国143个中国历史文化名镇的代表及相关领导和专家齐聚枫泾，对当前加快推进城市化进程中，如何实现历史名镇的传统风貌保护和功能开发的完美嫁接，保持名镇历史的底色和文化底蕴进行了全面探讨。会后形成了《中国历史文化名镇保护与开发枫泾宣言》。宣言指出，名镇的保护，要政府主导、民众参与、专家指导、多方配合、形成优秀历史文化遗产保护的合力。

1999年，由中国城市经济学会、新华社上海分社会电视新闻中心、上海市城市经济学会共同发起，在浙江省永嘉县召开了首届《中国古村落保护与发展研讨会》，至2008年共举办四届。希望弘扬中国华民族优秀的历史文化，继承和保护民族丰富的历史遗产，探讨古村落在改革开放和城镇现代化经济建设中的开发思路，避免古村落在走向城市化道路进程中的曲折和失误，防止对古村落的湮没和破坏，从根本上促进古村落所在地区经济与文化的建设与发展。认为中国古村落的保护与发展的研究是综合性、交叉性研究，是中国学术界一项重要和迫切的任务，需要史学、建筑、经济、社会、文化、地理等多学科、多领域共同努力、协同研究，以推动古村落文化宝库的发掘、保护和开发。

由中国建筑学会建筑史学分会民居专业学术委员会、中国民族建筑研究会民居建筑专业委员会、中国文物学会传统建筑园林委员会传统民居学术委员会共同主办，“中国民居学术会议”自1988年来至2012年共举办十九届。中国传统民居研究自新中国成立以来已经60个年头，民居研究范围逐步完善，研究观念和研究方法不断充实、更新，中国民居学术会议是地域建筑文化与传统民居保护研究的最高学术峰会。在各地区的一些城乡村镇街区和民居中仍然保留着浓厚的传统文化和丰富的建筑肌理特色，它是中国社会、民族、家族的组成部分，蕴藏着中国优秀的传统文化，传统民居反映了地域性建筑的文化特征民居建筑，除反映各地生活习惯，地理环境，功能组织与施工技术之外，还蕴含各地不同的文化特征，十分丰富。历届会议主题、与会学者的学术交流为中国民居研究和村镇保护发展提供了大量理论和实践信息。第十九届学术会议以“传承与创新”为主题。会上，来自内地及港澳台地区的建筑、规划领域专家学者以及全国各地高校学生代表就“城市更新中的历史文化街区保护与利用”、“传统民居元素在地域性现代建筑设计中的应用”、“民居生态技术在绿色建筑设计中的应用”、“传统民居与地域文化”等四个分议题进行了交流与探讨。

1995年起由中国建筑学会建筑史学分会民居专业学术委员会、中国民族建筑研究会民居建筑专业委员会、中国文物学会传统建筑园林委员会传统民居学术委员会共同主办，至2011年共举办了九届。第九届会议主题“中国民居建筑与文化的延续与创新”，分议题为：历史建筑及其保护研究、传统聚落文化与城市新社区营建、传统民居中生态智慧与低碳模式研究、传统民居与海峡西岸经济建设。

2. 有关网站

中国古村落（http://www.gucunluo.net/）由中国人类学民族学研究会中国古村落保护与发展专业委员会建立，该委员会认为保护古村落是历史赋予我们一代人的责任；是现实与未来交臂的时代必须担负的使命。古村落和古村落价值的发现与发掘，还远远没有达到应有的广度和高度；而古村落的生存现状和命运，却充满着危机和悲剧色彩。该网站设有：中国景观村落、村落风貌、走进古村落、学术研讨等栏目，2007 年开始举办“中国景观村落”评选活动，每两年一届。

云南数字乡村（http://ynszxc.gov.cn/szxc/ProvincePage/default.aspx）由中共云南省委、云南省人民政府主办，通过建设省、州（市）、县（市、区）、乡（镇）、行政村、自然村六级网页，开发基本概况、基础设施、自然资源、农村经济、发展重点等栏目，以文字、数据、图片、视频等方式全面展示和反映云南全省各地以自然村为起点和建设重点的农村基本情况。

其他相关网站还有中国世界遗产网、中国历史文化遗产保护网、华夏遗产网、文化遗产保护科技平台等。

第11章

民俗类农业文化遗产调查与研究

民俗类农业文化遗产是农业文化遗产的一部分，指一个民族或区域在长期的农业发展中所形成的生产生活习惯风尚。它包括生产民俗、生活民俗与民间信仰。民俗类农业文化遗产以其特定的审美情趣和价值观念，潜移默化地影响和规束人们的道德意识和生活行为。它不仅是一个地区在历史积淀中形成的农业文化，而且是一种约定俗成并世代传承的农业生产制度和乡村行为规则。

一、民俗类农业文化遗产的历史境遇

以整体观之，自近代以来民俗类农业文化遗产的历史境遇是较为坎坷的，从知识话语生产的角度看，在整个现代性话语中，民俗类农业文化遗产是被当作"历史遗留物（survival）"来对待，英国人类学学者泰勒在其《原始文化神话、哲学、宗教、语言、艺术和习俗发展之研究》著作中对原始人类的精神文化现象进行了研究，特别在第三章"文化的遗留"中把野蛮人的信仰和行为与现代社会的农民的民俗联系起来，认为各种类型的民俗都是原始文化留存在现代社会的残余。[①] 西方的民俗学被移植到中国后，中国学者开始在中国社会发现、界定民俗类农业文化遗产，在话语生产中总体遵循传统 / 现代，先进 / 落后，城市 / 乡村，市民 / 农民等二元划分方式，遵循现代性的文化等级与社会空间排序，把原先起源于农业生活土壤但实际上早已为全民所享、甚至成为民族共同体凝聚剂的民俗类农业文化遗产狭义地归结为传统与落后的代名词。从现实政治的角度看，在"现代中国"的建构中，民俗类农业文化遗产一直处于不断被边缘化的命运中，"从 20 年代到 40 年代，民国政府和知识分子倡导了层出不穷的'民众教育'、'乡村建设'的运动，反复用'民

① 参见 [英] 爱德华・泰勒：《原始文化神话 . 哲学 . 宗教 . 语言 . 艺术和习俗发展之研究》，连书声译，广西师范大学出版社，2005 年

俗'、'旧俗'或'陋俗'来操作改造农民所代表的生活方式的方案。"①

举个典型的例子，农历新年即春节是农耕文化中最重要的文化符号之一，它是民众生活中隆重的仪式与盛大的庆典，标示着生活景观与历史框架里的中国性。然而，到了近代以来，在现代性知识生产中，它屡被看作是代表落后生活方式与社会价值的"旧俗"，成为现代化进程中需要"革命"的对象。在 1928 年 5 月 7 日，南京政府内政部终于决定"实行废除旧历，普用国历"，企图改变 1912 年以来公历、农历并存的制度。1930 年 4 月 1 日，南京政府又强令把贺年、团拜、祀祖、春宴、观灯、扎彩、贴春联等习俗"一律移置国历新年前后举行"。政府的严令只渗透到国家公职人员层面，大多数老百姓依然把农历新年作为最盛大的节日。南京政府的回应是采取更为激进的手段，在 1930 年旧历年到来之际，开始严禁私售旧历，旧月份牌及附印旧历之皂神画片等。而民间社会反应依然冷淡，"言者谆谆，听者藐藐"的二元分裂格局并未改变。准确地说，这次失效的国家动员不仅仅是政府与民间的拉锯战，而是牵涉到政府、知识精英与民众的三者博弈。以鲁迅先生的日记为例，从 1912 年 5 月到 1936 年 10 月的漫长时间中，日记只有在 1920 年春节前夕记载他自己简单地过了旧历新年。鲁迅对待旧历新年的方式典型地反应新兴学人对待"旧俗"的深层心态。在现代性知识话语的生产中，陈独秀、李大钊、胡适等新文化的代表人物都曾激烈地批判代表普通中国人日常生活与传统文化价值的"旧俗"。简单地说，这场博弈的起源在于彼时的政府与知识精英一再干涉、形塑普通人的日常生活，力图朝夕之间将民众的节庆礼俗整个转轨。他们之间最大的分歧在于农历新年——这一农业文化遗产究竟是是处于社会下层和边缘的农民的生活方式，还是整个社会共同体的生活选择？在这场博弈背后，政府、精英与民众之间争夺的不仅仅是一个日期，而是附属于这个日期上的一套民俗文化和生活习惯。

新中国成立后，民俗类农业文化遗产特别是其中民间观念与信仰被历次政治运动排斥、打击，以至一度在公共文化领域彻底消失。当然，从宏观角度看，这不仅仅是民俗类农业文化遗产的个体遭遇，而是传统文化在遭遇现代性激进话语、文化上全盘性反传统主义后所面对的被放逐的命运。当下，随着政策的宽松与转向，学界对现代性话语的反思以及传统文化元素日益成为民族国家文化软实力的重要组成部分，民俗类农业文化遗产在逐步复兴。

二、民俗类农业文化遗产的类型

生产民俗是在各种物质生产活动中产生和遵循的民俗，主要围绕粮食种植、蚕桑养殖、田歌号子以及渔民风俗等核心方面展开。如太湖流域的水稻种植方式、江南米谷收成的农谚预测包含了丰富的生产经验和生产技能，记载了传统耕种的方式，是千余年来先民精耕

① 高丙中：《日常生活的现代与后现代遭遇：中国民俗学发展的机遇与路向》，《民间文化论坛》，2006 年第 3 期

细作的智慧结晶，具备很高的生态意义和科学价值。再如河南的“打春牛”又称作鞭春之礼，民俗可追溯至神农氏，据说他尝百草、分五谷，开始了农业，三皇五帝，都很重视农业，到周朝的时候，务农的事被提到朝议上，一面制历，一面责令地方官每年举行一次迎春的仪式。据《礼记·月令》记载，先秦时期，每逢孟春之月，天子就要率领三公九卿到郊外迎春。立春的前一天，各地的官吏们都要洗澡，穿素服，不坐轿子不骑马，步行到郊外，聚集乡民，设桌上供。焚香叩头之外，还要在供桌前做一个土牛，让扮作勾芒神的人举鞭打土牛，这土牛被称为“春牛”，打春牛，意在唤醒冬闲的耕牛，以备春耕，并寄托着对丰收的期盼。数千年间，此俗得到官方与民间的双重推动，从中原地区扩散至遍布全国，是农业立国意识、农业文明传承的反映。

生活民俗包括服饰民俗、饮食民俗、节庆民俗、娱乐民俗等。生活民俗最直观地反映出某一地域多姿多彩的文化性格，如四川的都江堰放水节这一重要的旅游节庆活动，将源远流长的都江堰水文化贯穿始终，以都江堰的自然景观、人文景观和民风民俗为亮点，通过独具浓郁的地方特色和地域文化表现形式，用良好的视觉效果和巨大的轰动效应向游客充分展示古老神秘的都江堰水文化、古蜀文化底蕴，营造出隆重、热烈、喜庆、祥和的节日气氛，实现了传统文化的传承、弘扬和延续。再如苏州的五月端午活动，历史悠久，内容丰富，全民参与，久盛不衰，对研究民间习俗的发展有重大价值。由于端午节是多民族共享的节日且包含跨国习俗，因此对研究民族文化往来、国际间文化交流、传统体育竞技、饮食文化等均有重要价值。

民间观念与信仰是指民众自发地对具有超自然力的精神体的信奉与尊重。它包括原始宗教在民间的传承、人为宗教在民间的渗透、民间普遍的俗信等等。如舞等。寄托驱妖镇魔、祈福禳灾等民间信仰弥散在民俗之中，学者高丙中认为“各种民间信仰是使人与人、群体与群体之间的紧密联系成为可能的一种重要因素。”[①]隐含着一个民族深层的文化心理结构和精神密码。民间观念与信仰集中在与农业生产与日常生活紧密相关的主题方面，如羌族的“羌年”，羌族是中国最古老的民族之一，被称为有着寻根文化价值的民族。羌族文化对藏缅语族各民族文化有着很大的影响，它是中国文化的重要组成部分。“日麦节”（羌历年）活动，无论从形式和内容上看，无疑都是研究羌族历史、文化、艺术和习俗等的活材料。羌年是集宗教信仰、历史传说、歌舞、饮食于一体的综合性民间节庆活动，它充分体现了羌族自然崇拜、先祖崇拜的宗教情怀，并把人们的劳动结果自觉地归因于天地的 恩赐和先祖的恩德，体现了朴素的唯物主义思想。之所以在农历十月举办，这和羌族所居住的环境息息相关，和她们的生产、生活、文化等有着紧密联系，羌历年反映了羌族已经由游牧民族步入了农耕社会。

① 高丙中：《作为非物质文化遗产研究课题的民间信仰》，《江西社会科学》2007 年第 3 期

三、民俗类农业文化遗产的保护与利用

（一）重返民众的日常生活

民俗类农业文化遗产指向民族身份认同的宏大议题，当一个现代国家、一个民族要在今天趋同的全球化语境中强调自己的历史记忆与文化身份时，民俗类农业文化遗产也就有了更加重要的地位和价值。然而，置身在传统与当代的之间，现代性与后现代性的混杂中，传承与开发的两极思维之间，民俗类农业文化遗产究竟该往何处去？其实，它的复兴途径不在于只是进入学者研究的理论神龛中，也不仅仅是文化产业、旅游景点中惊鸿一瞥的民俗风景与点缀。民俗类农业文化遗产从苍茫的历史中来，应真正走向民众的日常生活，而这种复兴途径的终极意义在于，可以从日常生活理解中国社会的希冀与愿望，能够切实尊重普通民众的生活主张与文化权利，在全球化的文化景观中绽放中国性的图景。

只有重返民众的日常生活，民俗类农业文化遗产才能找到属于自身的意义场域。从近代史的风云变幻看，意识形态话语与现代性的知识生产总是试图将日常生活割裂、重组，纳入到自己非黑即白的权力逻辑与文化意义网络中。在民众的日常生活中，文化与生活是一体的，他们有传承的文化模式、稳定的生活习惯，民俗类农业文化遗产就不需随着某种话语生产与权力意志被随意贴上各种标签，其结果是“在民众中传承并有着生机的文化，可能与主流意识形态之间有些抵触，但它随时都会关注主流意识形态和强势话语，并部分地将其内化为自我的一部分。”[①]

对于当代中国乡村，“离土”是时代的主旋律，这不仅指大量的青壮年农村劳力离开乡村、成为城市的流动人口，还意味着整个乡村在经历滕尼斯所说的从“共同体”到契约型社会的更迭，现代社会关系将瓦解并取代传统自然关系，而农村的“共同体”也因内部自然关系淡化而向“社会”转变。在共同体成员不得不离开“共同体”而进入“社会”时，精神世界常常会迎来剧烈的震荡，“由于过度强调单方面对乡村文化的改造，文化认同的危机由此不断地生发出来。”[②] 面对乡村文化主体的虚无化与意义网络的碎片化，民俗类农业遗产不啻为一剂良药，它不仅是对过去乡村共同体生活的深情回望，更可以为农民提供一种精神福利，缓解乡村社会秩序解体所带来的动荡，无论是汉族的竹马、舞龙、赛龙舟，还是少数民族的“火把节”、“跳曹盖”、“茅古斯”等，其精神核心都在于社群共享的情感交流与意义分享，就像斯图亚特·霍尔所言“文化首先关注的是在一个社会或群体的成员之间的生产与交换——意义的给予与获取。”[③] 人们正是通过与社群成员共享意义，产生对社群的认同，满足了人们依附集体的心理需求。从这个维度看，民俗类农业文化遗产植根的是乡村社群文化的发展，重建的是乡村社区精神共同体。因此，民俗类农业遗产为乡村居

① 刘铁梁:《庙会类型与民俗宗教的实践模式——以安国药王庙会为例》，2005 年第 4 期

② 王先锋:《目前中国农村城市化的主要问题和解决对策》,《中国农村经济》2001 年第 3 期

③ Stuart Hall，D. Hobson，A. Lowe and P.Willis，ed.，Culture，Media，Language，London: Hutchinson.1980 : 128

民提供一个可以支撑他们特殊情感的载体，一个符合乡村实际情况的文化系统和价值系统，一股可以重新整合乡村本体价值的力量，这对新农村文化建设有重要作用。

（二）真正走向公共文化空间

民俗类农业文化遗产的复兴除了重返日常生活，还需真正走向公共文化空间。从有利的一面看，农业民俗本是一种标示自在状态的文化资源，当其被命名为遗产时就是一种公共文化的选择—产生机制，整个社会已将其选定为本民族的文化身份和文化标识之一，完成了对其价值评估与社会命名而成为公共文化。但是，从不利的一面看，民俗类农业文化遗产要真正走向当下的公共文化空间，并蓬勃兴旺，必须回应时代的挑战。正如马克思在《政治经济学批判》导言中提出的一连串的疑问："阿基里斯能够同火药和弹丸并存吗？或者，《伊利亚特》能够同活字盘甚至印刷机并存吗？随着印刷机的出现，歌谣、传说和诗神缪斯岂不是必然要绝迹，因而史诗的必要条件岂不是要消失吗？"[①] 不少学者正是根据这一原理提出质疑，产生于农耕社会的乡土文化如何在数字化了的后工业社会环境中生存？

这样的质疑提醒我们选择一种怎样的历史逻辑去看待问题，是选择一元论历史发展观还是多元论乃至相对主义文化观念，在后工业的社会环境中，产生于农耕文明的整个乡土文化符号体系就要被连根拨起吗？历史未必真的如此单一与无情，就像雷蒙·威廉斯曾在《马克思主义与文学》中指出，一个社会的文化的复杂性不仅表现在它的多变的进程和社会定义中，而且也表现在其历史的多样和变化的各种因素的动态关联中。威廉斯在理论上将一种文化的构成因素划分为"遗存的"、"主导的"和"新兴的"3种。简单地说，"遗存的"是指曾经占主导地位但如今影响力下降，却又在某种程度上暗中影响文化的形塑的因素。[②] 民俗类农业文化遗产在当今社会公共空间就属于遗存的文化，依然有它生存与发展的社会意义价值与心理需求空间。在剧烈的社会转型中，在日益走向城市化、商业化的当代文化生活中，现代人开始把乡土文明当作需不时回望、寻求心灵慰藉的"家园"，很多歌舞类农业民俗，如山歌、花鼓灯等在城市特定社群中的传播与勃兴，许多都市时尚产品在设计中频频向民间剪纸、农民画等汲取灵感，这些都表明都市人在心理需要中仍然保留着传统的乡土文化情结。有了这样的历史前提与心理存在基础，离开农耕文明土壤的民俗类农业文化遗产依然有可能在公共文化空间中开枝散叶。

走入公共文化空间的民俗类农业文化遗产需积极从农民之俗走向公民之俗，成为全民共享的"新民俗"，而民俗类农业文化遗产中蕴涵着特定民族的文化基因、精神特质，本就是一个民族共有的精神家园。起源于农耕文明的民俗类农业文化遗产已逐渐在官方、知识界、民间三方的协作下逐渐成为当代社会文化生态环境中的一个有机成分。例如苏州的农业民俗"端午祭胥王"是一个典型的成功案例，从历史遗存上看源于古代吴越民族龙图腾的祭祀仪式，春秋后又融入了纪念伍子胥的内容；从品质特征看，它主要有龙舟竞渡、展

---

① ［德］马克思:《政治经济学批判导言．马克思恩格斯选集》第2卷，人民出版社，1972年，第113-114页

② ［英］雷蒙·威廉斯:《文化与社会》，吴松江，张文定译，北京大学出版社，1991年，第177页

现苏州悠久的丝织文化和特有的服饰文化、采集草药、挂艾叶菖蒲、包粽子与吃端午饭等，这些元素是对苏州水乡农业生产、农民娱乐习俗的集中体现。在当代社会，古老的“端午祭胥王”逐渐演化成苏州甚至江南地区一年一度的盛大狂欢节，重视的是文化共同体中个体之间的交流和了解。2009 年，苏州“端午祭胥王”被文化部打包至三省四地的端午习俗中，与湖北秭归县的“屈原故里端午习俗”、黄石市的“西塞神舟会”，湖南汨罗市的“汨罗江畔端午习俗”一起，成功进入联合国教科文组织制定的人类非物质文化遗产名录中。传统民间艺术的核心民俗因子被植入新的文化活动和传播空间，成为一种标志该地域乃至本民族文化身份的新民俗。

（三）多重结合，跨域保护

民俗类农业文化遗产的复兴，可以着眼于与乡村旅游结合，并带动区域经济的整体发展。民俗类农业文化遗产与旅游产业结合，能够将自然遗产与人文遗产相结合，城市资源与农村资源相统筹，并将所有的利益相关者联系起来，为遗产的保护与开发寻求新的发展途径。从核心价值上看，工业化、城市化的进程使得农业民俗日益稀缺、急需保护，这正是旅游资源吸引力形成的关键。因此，旅游本身应该是对农业民俗价值的肯定，而非对落后景观、价值的猎奇性、否定性观赏，更不是将之作为博物馆橱窗里的古旧展品和逝去岁月的装饰性贴图。旅游本身应该定位为文化寻根，准确地说，是进入 21 世纪，人类在“后工业时代”普遍产生的“去工业化心态”驱使下，对民族传统文化的重新发掘与继承。因此，民俗类农业文化遗产旅游的核心是对农耕文化的复习，“是旅游者前往农业文化遗产地进行体验、学习和了解农业文化遗产的旅游活动，属于文化旅游的范畴，其重要功能是确立遗产地的文化身份”[①] 这一核心使之区隔于乡村旅游、农业旅游等旅游形式，更不同于目前盛行的农家乐旅游。对于民俗类农业文化遗产而言，“有效管理的旅游发展应该成为农业文化遗产保护的有效手段，从而充分发挥旅游在遗产保护、教育、文化、科研以及经济方面的功能。”[②]

从开发途径看，民俗类农业文化遗产旅游的着眼点应植根于农业文化遗产这一母体的特殊性，“农业文化遗产与一般文化遗产不同，农业文化遗产是一个开放、动态的系统，在保护过程中，既要对传统生产方式、传统物种等遗传资源进行保护，也要让当地经济有所发展，百姓生活有所提高。”[③] 可以看到，“旅游化”是方向，“产业化”是基础，因为具有活态性、流动性与参与性等特质，民俗类农业文化遗产在创意农业中往往具有枢纽作用，其文化空间景观的“黏性”使之更容易通过产业嫁接、形成以民俗旅游业为核心的综合产业群，打造传统农业地区的新型业态，实现传承与发展的平衡，获得经济与文化的双赢。

① Jansen-Verbeke M，Priestley G K，Russo A P. Cultural Resourcesfor Tourism: Patterns，Processes and Policies，New York: Nova Science Publishers，2008. 25

② FAO.Globally Important Agricultural Heritage Systems（GIAHS）[EB/OL] .http://www. fao.org/sd/giahs/2009 年 10 月 15 日

③ 闵庆文:《全球重要农业文化遗产——一种新的世界遗产类型》,《资源科学》2006 年第 4 期

民俗类农业文化遗产的复兴，正积极与新媒体技术及影像资料等新手段相结合。作为对网络时代的适应，大量相关主题的专业网站建设有力地解决了农业民俗文化资源的稀缺性与共享性的难题，如中华农业文明研究院创办的专题文化网“中华农业文明网”以及中央民族大学民俗文化中心主要承办的“中国民俗网”等，它们在网站中对农业民俗都有详尽的介绍与立体型的呈现，为专业研究人员和民俗爱好者提供全面、权威的信息资料及文献检索服务，方便于用户对民俗资源的获取，在普及民俗知识、促进学术交流、提升农业民俗在公共文化空间的显示度方面起到了不可估量的作用。

需要注意的是，农业民俗是在特定时空中主体的情境表演，特别强调以传承人为中心的活态保护，因此影像化记录是较优的选择，也符合国际上对民俗文化保护的新方式、新潮流，这一点可参考西方民俗学者、人类学者用多媒体方式记录民族志的方式即“民俗影像”（folkloric film）。民俗影像是用镜头记录民俗事件和表达性行为的，它一方面是忠实地保存，对即将逝去的农业民俗文化遗产进行抢救性的记录，通过影像进行动态展示，比起以前单纯的器物陈列、图片展示要丰富、活泼，无限靠近传承人与参与者的表演空间，是“现实的渐近线”；另一面是积极地保护与传播，在影像中给农业民俗文化遗产以生存空间，使它获得生命力，传承下去。拍摄与记录农业具体情境中的民俗表演本身就是强调人们的创造性、审美感，同时也是一种赋权的过程，“增加弱势社区和边缘群体在发展活动中的发言权和决策权，使他们充分认同并接受发展决策与选择，把外来支持变成自己内在的发展动力。”[①] 正如罗尼（F.T.Rony）所说的，“这意味着主体不必再从其本土被搬走而置于世界博览会中的展览亭子里。影像可成为一种新的创造“主体”的方法，使这些主体重新回到公众的注视中。”[②] 同时，这些影像又可以便捷地在新媒体空间传播，如在专业网站、视频网站甚至微博、微信中以受众喜闻乐见的方式出现，这种传播与互动在新媒体的环境中鼓励农业民俗传承者与参与者积极发声，记录和表达自身的民俗仪式与生活理念，并与社会公众互动，吸引更多的参与者，这是一个创造社会对话、强化文化共同体与促进农业民俗文化广泛传播的先进途径。

总之，民俗类农业文化遗产是活态的历史，隐含着一个民族深层的文化心理结构与情感密码；它又是重要的文化资源，维系、保存和促进着人类文化的多样性。回到日常生活，可以给民俗类农业文化遗产自正、前进的时空，作为一种古老的民间智慧，它本就有与时俱进的能力；走入公共文化空间，可以回归民俗类农业文化遗产的本义，它原先就是群体创造和共享的，有利于促进人与自我、人与他人、人与社会、人与自然以及族群与族群、地区与地区之间的和谐。在多重途径结合的思路下，进行跨域保护。从这些理念出发，民俗类农业文化遗产就有可能摆脱想象的困境而获得更大的发展空间。

① 韩鸿:《参与式影像与参与式传播》,《新闻大学》2007 年第 4 期

② Ginsberg, Faye. 1991. Indigenous Media : Faustian Contract or Global Village.Cultural Anthropology 6 : 92- 112

四、民俗类农业文化遗产保护利用的理论研究

（一）相关著作出版情况

顾军、苑利在 2005 年出版了《文化遗产报告：世界文化遗产保护运动的理论与实践》，从文化遗产保护史、组织建构、法律建设以及成功经验等多个角度，对意、法、英、美、日、韩等遗产保护先进国、联合国教科文及相关国际组织近百年来的文化遗产保护经验，进行了翔实解读。对于指导今天的中国文化遗产保护事业，将起到事半功倍的作用。该书介绍了西方几个重要国家、中国、中国台湾和联合国的文化遗产保护的理论和实践，包括介绍各国文化遗产保护的历史，政府和民间机构在文化遗产保护中发挥的作用以及立法状况，同时通过介绍以上情况而总结各国的文化遗产保护的经验。[①]

《民俗学概论》是由钟敬文主编、32 位学者共同参与编写的民俗学重要著作，2009 年由高等教育出版社出版，全书共 16 章，系统论述民俗学研究的对象、性质、结构、理论特征和方法论，全面讲解中国民俗事象，包括精神民俗、物质民俗、语言民俗和社会组织，并对各地各民族民俗的共性和差异作了大体分析，介绍了中国民俗学简史，同时对世界民俗学发展史作了初步描述。该书提出了完整的中国民俗学体系，不仅纵述民俗历史、民俗事象，而且对民俗学的基本理论、研究方法以及海外民俗学发展状况进行了充分的论述，为中国民俗学学科的建设提供了重要范本。目前，它已是高等院校文科专业基础理论教材。[②]

《中国非物质文化遗产保护发展报告（2012）》是由中山大学中国非物质文化遗产研究中心主持编写，该报告总结了 2011 年中国非物质文化遗产保护工作所取得的成绩，并分析了保护工作存在的问题。《报告》称，2011 年中国非遗保护的最大亮点是《中华人民共和国非物质文化遗产法》的颁布实施，其次是从制度层面为实现从“重申报”向“更重保护”的转化提供保障，再次是非遗的数字化保护。《报告》分析了中国非遗名录的公布情况，指出 2011 年新公布的项目在数量上大为减少，速度也明显放缓。2011 年 9 月，文化部印发了《关于加强国家级非物质文化遗产代表性项目保护管理工作的通知》，提出了国家级名录项目的“退出机制”。从此，国家级名录项目不再是“终身制”，“有进有出”的动态管理将成为常态化的工作。这些现象表明，中国的非遗保护已进入“后申遗时期”，非遗保护工作的核心从“重申报”转为“更重保护”。 同时，《报告》指出非遗保护工作存在的四个问题：第一，“重申报、轻保护”的问题仍然没有得到解决，不少地方的非遗保护常常与生活脱节，打上了政绩化、体制化、功利主义、商业化的印记。第二，文化生态保护实验作为不大，效果不明显。第三，非遗保护不均衡的现象非但没有得到缓解，而且有愈演愈烈

---

① 顾军，苑利：《文化遗产报告：世界文化遗产保护运动的理论与实践》，社会文献出版社，2005 年版

② 钟敬文等：《民俗学概论》，高等教育出版社，2009 年版

之势。第四，国家级名录中分类不确切、名实不符的情况困扰着保护工作，其中传统体育、游艺与杂技类非遗项目的情况尤为严重。[①]

（二）相关论文发表情况

目前，学者对于民俗类农业文化遗产的研究论文专门性论述较少，往往是作为农业文化遗产的子课题展开，在切入视角方面或是与农业民俗相勾连，或是与文化遗产的开发与保护相关涉。

1. 农业民俗

以农业民俗为主题的研究，从中国知网的统计数据看，从1995—2012年共有12篇相关文章，具有代表性的有以下这些观点：宋金平等在《中国山区可持续发展模式研究——以北京市山区为例》中通过对北京市山区深入调查研究，归纳出山区可持续发展的6种典型模式：观光农业+民俗、生态旅游发展模式；生态农业与绿色有机食品加工业协调发展模式；小流域综合治理与生态经济沟建设相结合模式；休闲度假、会议旅游+房地产开发模式；城镇建设与劳动力转移相结合模式；农林牧复合生态农业发展模式。[②] 毅松在《达斡尔族的农业民俗》中提到达斡尔族是在中国最北方从事农业的民族，有着很久远的农业历史。达斡尔族在农业的大田耕作、园田耕作、农产品加工、节气、测农事、禳灾祭祀等民俗中，具有浓郁的民族特色。在达斡尔族农业民俗中承传着古老农业民俗中物质及精神的成分，有着丰富的内涵，凝结了世代达斡尔人在生产实践中的探索与创造，是对人类文化的一份贡献。[③] 刘勇在《农业主题公园景观规划探析——以杨凌水运公园为例》提到由于城市建设的迅猛发展，主题公园在改善城市生态环境、休闲娱乐、科普文化教育、特色功能展示方面起到了重要的作用。该研究以规划中的陕西杨凌示范区水运公园为例，从规划理念、景点布局设计和民俗文化设计3个方面对以农业为主题的公园进行了深入探讨，较全面地分析了农业主题公园的园林景观、特色景点、生态农业、民俗文化和高科技农业新成果，较深入地研究了农业主题公园的规划与设计，对农业主题公园的理论研究和建设具有指导意义。[④]

2. 农业文化遗产视域下的民俗类研究

中国民俗类研究近来呈井喷趋势，2003年中国知网上民俗类非物质文化遗产的研究仅有8篇，2004年6篇，到2005年增至12篇，2006年28篇，2007年39篇，2008年39篇，2009年48篇，2010年55篇，2011年58篇，2012年56篇。在农业文化遗产视域下的民俗类研究中，有对民俗类农业文化遗产的本体性思考，如吴存浩在《城市民俗文化与农村民俗文化差异论》中提到在民俗文化研究中，城市民俗文化研究正以一种不可阻挡的

---

① 康宝成等：《中国非物质文化遗产保护发展报告（2012）》，社会科学文献出版社，2012年版

② 宋金平：《中国山区可持续发展模式研究——以北京市山区为例》，《北京师范大学学报（社会科学版）》2005年第6期

③ 毅松：《达斡尔族的农业民俗》，《黑龙江民族丛刊》2003年第5期

④ 刘勇：《农业主题公园景观规划探析——以杨凌水运公园为例》，《安徽农业科学》2010年13期

势头蓬勃兴起。这种原因不仅在于伴随着中国城市化进程的不断加速，城市民俗文化越来越成为当今中国民俗文化的重要组成部分而引起学者们的注意，而且还在于城市民俗文化因具有与农村民俗文化极为不同的风格而激发着学者们的兴趣。对城市民俗文化与农村民俗文化的差异不仅仅是地理环境，还有价值取向、审美方式的诸多不同[①]。学者翁晓华在《云南农村民间民俗的传承与发展》中提到民间传承场与民俗是紧密联系在一起的，前者是后者得以展示和传承的场所，后者则是前者得以存在的文化内核。面对现代化大潮的冲击，民间传承场在迅速地趋向萎缩、消失、转移或扩大的同时，相应的民俗也萎缩、消失、转移或扩大。

“村落”成为重要的民俗类农业遗产的研究单位，这个关键词强调研究对象的具体限定性，标志着一种解释性的学术取向转向田野观察的调查，摆脱传统的从文本到文本的研究范式，而是以表演过程中的民俗为中心，通过田野调查，考察民俗的传承与社会、历史、文化之间的关系。如张士闪的博士论文《乡土社会与乡民的艺术表演以山东昌邑地区小章竹马为核心个案》，“小章竹马”是山东昌邑地区西小章村在年节期间举行的一种仪式性表演活动。该村马氏家族以历史记忆为工具，借助于一年一度跑竹马的形式，表达了一种尊重秩序与推崇强悍的文化，其目的在于强化家族文化的内部认同，谋求与外部社区的融合。鉴于该文所选择的单姓家族村的特殊性，使得对村落信仰体系的描述不仅必要，而且必须“深描”。本章以 1996 年该村族谱续修、祠堂重建与竹马翻新这“三件大事”为坐标，描述了“家族”在村落生活中隆重出场的过程，与神鬼精怪信仰的式微状况。并将之视为国家权力从乡土社会回缩的背景下，村落传统自治资源的再造与复兴[②]。戴嘉艳的博士论文《达斡尔族农业民俗及其生态文化特征研究；以莫力达瓦达斡尔族自治旗阿尔拉村为个案》，本文在田野调查的基础上，选取中国达斡尔族的主要聚居地——内蒙古莫力达瓦达斡尔族自治旗的一个典型的农耕村落为个案，从特定族群和区域出发，以生态文化特征为视角，运用生态人类学的相关理论着重考察农业生产技术过程民俗和农事信仰、仪礼民俗的表现形态、社会功能、生态价值以及发展变迁状况，在此基础上揭示农业民俗的本质以及生成、演进的基本规律和相关文化内涵。[③]张晓舒的博士论文《湖北红安张家湾舞龙研究全国舞龙》是关于大别山南麓一个家族村落舞龙习俗的民俗志报告，张家湾的舞龙习俗由 3 个基本要素构成：神龙信仰、仪式过程和文艺表演。该博士论文旨在将有关舞龙的宏观知识通过地方性知识的形式呈现出来，并在为民俗世界中提供鲜活个案的同时，力图以历时视角动态考察该习俗是如何融入区域社会发展的历史之中，及其在当地人的日常生活建构中发挥怎样的作用。[④]

① 吴存浩：《城市民俗文化与农村民俗文化差异论》，《民俗研究》2004 年第 4 期

② 张士闪：《乡土社会与乡民的艺术表演——以山东昌邑地区小章竹马为核心个案》，北京师范大学博士学位论文，2005 年

③ 戴嘉艳：《达斡尔族农业民俗及其生态文化特征研究：以莫力达瓦达斡尔族自治旗阿尔拉村为个案》，中央民族大学博士论文，2010 年

④ 张晓舒：《湖北红安张家湾舞龙研究全国舞龙》，武汉：华中师范大学博士论文，2011 年

此外，从新农村文化建设的角度切入，也是诸多学者研究的选择，具有代表性的有张士闪在《温情的钝剑：民俗文化在当代新农村建设中的意义》中提到20世纪的中国民俗文化，经过矫枉过正的“移风易俗”与现代经济大潮的淘洗后，近年来在乡土社会中不断发生重构与再造。这主要表现为，以群体参与为特征的乡土公共领域重新焕发生机，并以民间精英为核心，与乡村政治权力系统之间形成了一定的磋商关系。民俗文化是民族的宝贵精神财富，具有适应现代社会发展、不断自我更新的能力。在社会主义市场经济中，研究其运动规律，因势利导，适应社会的发展有序地开发民俗文化产业，有益于中国现有文化产业结构的优化调整，促进城乡互动，这在当今新农村建设中具有治根治本的意义。[①] 范正根等在《新农村建设中的民俗文化保护》提到党的十六大提出要“扶持文化遗产和民间艺术的保护”，又提出要“按照生产发展、生活宽裕、乡风文明、村容整洁、管理民主的要求，扎实稳步地加以推进”，随着中国新农村建设如火如荼地进行，农村地区现代化进程将日益加快，经济、科技与人文之间的冲突将日益加剧。如何调和这种现实矛盾？民俗作为整合社会文化的基础，将发挥其重要作用。[②] 王国勇等在《贵州少数民族地区新农村建设：问题与举措》中以贵州少数民族地区为例，提到一些地区经济发展水平低、农村贫困人口多、农业人口比例过大等实际，从加强基础设施建设、加大财政投入、促进农民增收、提高农民素质、优化乡风民俗、建立民主管理的治理机制等方面，论述了贵州少数民族地区新农村建设所遇到的问题、困难及其相应的举措。[③] 周智生在《西部新农村文化建设与游艺民俗资源开发》阐释西部新农村文化建设中多层次公共文化服务体系的构建，既需要考虑文化建设中的一般性需求，同时也需要兼顾因地域、民俗、民族等相关因素制约而导致的特殊性。西部少数民族多姿多彩的游艺民俗资源，既是农村特色文化的重要组成部分，也是滋养西部各民族传统文化生活中重要养分。各民族游艺民俗的创新性继承和开发，在西部民族地区新农村文化建设中有着突出的重要意义和特殊价值，应是西部民族乡村多层次公共文化服务体系构建中的重要源泉，同时也是探索走出有中国特色公共文化服务创新之路的重要实践[④]。

3. 文化遗产的保护与开发

李永乐在《世界农业遗产生态博物馆保护模式探讨》中指出生态博物馆的理论与实践为世界农业遗产的保护提供了新思路；李刚发表的《浅议农业文化遗产的法律保护》认为保护农业文化遗产当务之急是尽快制定《农业文化遗产保护条例》，通过法制来保护农业文化遗产；王际欧的《生态博物馆与农业文化遗产的保护和可持续发展》中提出生态博物馆在农业遗产保护事业中的价值重大，有益于农业文化遗产的可持续发展；喻学才（2005）认为，目前中国的文化遗产保护普遍存在8大难题：体制上多头管理；管理上法律依据不足；执法不严，学术研究上基础研究工作缺乏；在干部政绩考察上缺少必要的行政督察机

① 张士闪：《温情的钝剑：民俗文化在当代新农村建设中的意义》，《中国农村观察》2009年第2期
② 范正根等：《新农村建设中的民俗文化保护》，《农业考古》2006年第2期
③ 王国勇等：《贵州少数民族地区新农村建设：问题与举措》，《贵州社会科学》2007年第12期
④ 周智生：《西部新农村文化建设与游艺民俗资源开发》，《西南民族大学学报》2009年第2期

制，对于行政作为错误而导致遗产破坏的决策者，国家缺少惩罚规范；在人才结构上遗产保护人才严重缺乏；在保护对象上着重物轻人等。这些问题的存在，阻碍了遗产的保护的进程和旅游业的可持续发展。

郭焕成等在《海峡两岸观光休闲农业与乡村旅游发展》一文中指出，农业文化遗产具有三大功能：观光旅游、农业高效和改善环境；孙业红等在资源科学上发表了《农业文化遗产旅游资源开发与区域社会经济关系研究》，只要是从经济学角度研究农业文化遗产的功能，提出与可持续保护、生物多样性、地方传统文化相容的新的农业发展模式；2008 年王红谊在《古今农业》上发表的《新农村建设要重视农业文化遗产保护利用》，指出农业文化遗产是传统农业以不同形式延续下来的精华部分，反映了传统农业的思想理念、生产技术、耕作制度和文化内涵，在许多方面值得现代农业借鉴，应该给予足够的重视和保护。它的主要价值具体表现在：第一，农业文化遗产反映了人类文明的演进的历史，具有十分明显的人文价值；第二，农业文化遗产当中所表达的观念构成了当代生态农业的基础，具有一定的生态伦理价值；第三，农业文化遗产对人类未来的生存和发展具有重要影响；第四，这种系统与景观具有丰富的生物多样性，而且可以满足当地社会经济与文化发展的需要，有利于促进区域可持续发展。孙业红在《农业文化遗产保护性开发模式研究——以青田 GIAHS 旅游资源开发为例》发表了自己的观点，指出农业文化遗产地具有非常丰富的旅游资源，其合理开发能对区域经济、社会、文化、生态等产生积极的影响，认为保护性旅游开发是一个动态变化的过程，是在综合考虑本地资源优势和所处环境（包括自然环境和人文环境）的基础上所采取的相对优化的旅游开发形式；崔峰在《农业文化遗产保护性旅游开发刍议》中结合当前农业文化遗产的实际情况，提出保护性旅游开发的三种基本模式：生态旅游模式、社区参与模式、生态博物馆模式，也有学者以具体地域为核心，探讨民俗类农业遗产的保护与开发，如路璐、王思明在《江苏民俗类农业文化遗产的现状调查与保护对策研究》提到江苏民俗类农业遗产资源丰富，主要集中在生产民俗、生活民俗与民间观念。从整体特色上看，江苏民俗类农业遗产具有丰厚的地域历史内涵与地域文化特色，它是非物质文化遗产的富矿，反映了江苏和全国其他地区的文化关联性，是江苏文化具有多重文化交汇、多元共生的重要见证。从保护对策上，应该在尊重与了解的基础上，重视江苏民俗类农业遗产的全面传承与发展；重视文化重构，强化其文化内生力；文化产业介入与公共文化建设双管齐下，做好保护与开发的双重工作。[①]

4. 总结

通过对资料和文献的研读，编者发现对民俗类农业文化遗产的研究大致有如下几个特点：

（1）研究农业遗产现状及问题的文章相对较多，而专门研究中国民俗类农业遗产价值属性的文章相对较少。

（2）集中、系统、精确地研究目前较为匮乏，如研究民俗类农业遗产本身的价值属性、

① 路璐，王思明：《江苏民俗类农业文化遗产的现状调查与保护对策研究》，《中国农史》2011 年第 3 期

结构问题的文章基本没有。

（3）研究民俗类农业遗产旅游开发模式的文章较多，但是这些集中的研究虽然数量众多，而相当一部分是基于基础概念的一般的分析和论述，研究方法和研究的学科背景也比较单一，因此，关于民俗类农业文化遗产的研究，需有多学科交叉、系统深入研究。

（三）学术交流平台建设

1.“第二届中美非物质文化遗产论坛：个案研究”

该论坛于 2012 年 4 月 29 至 5 月 1 日（The 2nd China-US Forum on Intangible Cultural Heritage: Case Studies）在田纳西州纳什维尔市的范德堡大学（Vanderbilt University，Nashville，Tennessee）顺利召开。本次会议得到了中美民俗学界的高度重视，中国民俗学会会长朝戈金、美国民俗学会会长戴安·高斯丁、中山大学非物质文化遗产研究中心主任康保成、范德堡大学柯尔柏研究中心主任比尔·艾伟等专家共同出席了会议。此次会议得到了美国鲁斯基金会、中国岭南基金会、中国教育部的资金支持。作为中美民俗学界之间长期、制度性合作的系列成果之一，本次会议以“两个学会、两所机构”之间的合作为主导，由中国民俗学会、美国民俗学会、中山大学非物质文化遗产研究中心、范德堡大学柯尔柏研究中心四个学术机构共同组织参与，旨在进一步推进和夯实首届论坛成功召开后所确立的合作内容及交流框架，在中美两国的非物质文化遗产领域形成深度互访及经验借鉴，从而有效指导两国在非物质文化遗产保护领域的相关实践。

通观本次会议，参会学者在话题选择上呈现出了多元化的特点：参会学者的发言虽然在内容上没有可比性，但基本上都围绕着本国非物质文化遗产的保护与实践展开。因此，所有发表可以分为以下两大类：一是非物质文化遗产保护的实践及经验：安伯·瑞丁顿（纽芬兰纪念大学），帕特·加斯帕（休斯顿大学），朝戈金（中国社会科学院民族文学研究所），黛博拉·柯迪什（费城民俗项目）；二是非物质文化遗产理论研究及其他：詹姆斯·李瑞（威斯康星大学），蒋明智（中山大学），王霄冰（中山大学），施爱东（中国社会科学院文学研究所），黄永林（华中师范大学）。上述每个主题发言在会议召开之前已经互译为中英双语文稿，提前发给了参会学者，同时每场发言均设有专人负责主持和点评，点评完毕还有专题讨论。因此，虽然存在语言壁垒，中美两国的民俗者还是在两天时间中进行相对深入和充分的交流，相互之间的学习和讨论也达到了前所未有的高度。

2.“中国民俗学会 2012 年年会”

该年会由中国民俗学会与内蒙古师范大学共同主办、赤峰学院承办的 8 月 3~7 日在内蒙古自治区赤峰市召开，来自全国 24 个省市自治区 60 余个高校和科研单位的 90 余位民俗学者出席了这次盛会。会议由中国民俗学会副会长叶涛主持。来自美国印第安纳大学的苏独玉（Sue M.C. Tuohy）教授、中太平洋艺术研究院的王思蕾（Sally A.Van de Water）教授、东卡罗来纳大学的柯安蕊（Andrea Kitta）教授和北京大学的陈咏超教授、北京师范大学的康丽教授、中国社会科学院的朝戈金教授、施爱东教授、安德明教授等中外学者以及来自中国社科院、华东师范大学、辽宁大学的年轻学子们参加了座谈会。学者们就中美两国民俗学近年来的发展态势和两国的青年学者在学科互访中的所见所得和发现的问题进行了探讨和深入交流。在本届年会设立的蒙古语专场研讨中，来自内蒙古师范大学、内蒙古大学、赤峰学院的学者，就胡尔奇布仁巴雅尔说唱的《胡仁·乌力格尔达那巴拉》的创新性、蒙古民歌与民俗学的关系、科尔沁乡土传说中体现出的生态观、关于史诗《江格尔》“总论”中的“三”数、鄂尔多斯祝颂词的几点特征、关于蒙古族饮食禁忌的多维度考察、关于蒙古民俗搜集与研究中的几点思考、萨满诗歌的演唱习俗、蒙古族祭火习俗等专题展开深入研讨。

3.《保护非物质文化遗产公约》缔约国大会第四届会议

2012 年 6 月 4 日至 8 日在法国巴黎的联合国教科文组织总部召开的《保护非物质文化遗产公约》(以下简称《公约》) 缔约国大会第四届会议上，中国民俗学会被联合国教科文组织认定为咨询机构，获得向保护非物质文化遗产政府间委员会提供咨询意见的地位。2010 年 6 月，缔约国大会在第三届会议上对政府间委员会推荐的 97 个组织进行了认证，中国工艺美术学会、中国科学技术史学会名列其中。在已通过认证的两批 156 个非政府组织咨询机构中，中国及总部位于中国、获得委员会推荐并经缔约国大会复核批准的学术团体已有 4 家。缔约国大会是《保护非物质文化遗产公约》的最高权力机构，每两年举行一次大会，该届大会的主要议程包括审议政府间委员会的工作报告和秘书处的工作报告、修订实施《公约》的《操作指南》、认定向委员会提供咨询协助的非政府组织、提出关于《保护非物质文化遗产公约》十周年纪念活动的建议以及选举保护非物质文化遗产政府间委员会委员国等。该本届大会有关认证具有向委员会提供咨询意见地位的非政府组织的议程中，对中国民俗学会提出的向委员会提供咨询意见地位申请材料进行了认证复核。根据《公约》要求，政府间委员会向缔约国大会提出认证在非物质文化遗产领域确有专长的非政府组织具有向委员会提供咨询意见地位的建议。推荐建议由委员会在每年召开的常会上提出；复核认证则在每两年一届的缔约国大会上完成。被教科文组织认定为咨询机构，从而获得向政府间委员会提供咨询意见的地位，是中国民俗学会发展进程中具有重大意义的事件。这不仅表明中国民俗学会作为专业学术团体，在多个非物质文化遗产特定领域所具有的能力、专业知识和经验得到了保护非物质文化遗产政府间委员会的充分认可，也意味着中国民俗学界近年来在非物质文化遗产保护中的学术实践和工作成绩，得到了联合国教科文组织的肯定。中国民俗学会通过教科文组织资质认证，正值中国第七个“文化遗产日”到来，学会将进一步运用好教科文组织和政府间委员会提供的这一平台，学会正式进入委员会专业咨询机构库后，将在推广《公约》精神、参与地方和国家及国际非物质文化遗产保护工作、为相关利益方的非遗保护实践及策略制定提供智力支持等方面发挥更加重要的作用，为保护人类共同的文化遗产和精神家园，贡献中国民俗学界的专业知识、集体智慧和团队力量。

4. 中国—东盟非遗保护研讨会召开

2012 年 8 月 29 日，由中国—东盟中心、中国非物质文化遗产保护中心和联合国教科文组织亚太地区非物质文化遗产国际培训中心（下称亚太中心）联合举办的“中国—东盟非物质文化遗产保护研讨会”在北京召开。东盟十国驻华外交官，文化部非遗司和外联局相关负责人，广东、广西、云南、海南等省区文化厅及非遗中心的负责人、非遗领域的20余位专家等出席会议。研讨会上，与会代表围绕中国—东盟非物质文化遗产研究和保护工作在国家层面上的进展情况以及《保护非物质文化遗产公约》相关问题两大主题展开探讨和交流。会议期间还举办了中国—东盟“人类非物质文化遗产代表作项目公益性图片展”和蒙古族长调、昆曲、古琴等人类非物质文化遗产代表作项目的小型演出。此次研讨会的召开是中国—东盟中心、中国非物质文化遗产保护中心和亚太中心在区域性非物质文化遗产保护领域的首次合作，今后，3个中心将继续加强沟通与合作，努力为推动和拓展该区域内非物质文化遗产保护事业作出贡献。中国与东盟成员国各民族异彩纷呈的非物质文化遗产充分体现了该区域的文化多样性，然而，很多宝贵的非物质文化遗产在区域经济崛起和一体化的过程中受到了不同程度的威胁和冲击。如何在推动经济和科技发展的同时继续传承和发扬包括非物质文化遗产在内的优秀传统文化，实现传统与现代的完美结合，从而探索出符合本区域特点的发展之路，是中国与东盟成员国共同关注的问题。

5.有关网站

民俗文化网（http://www.mswhw.cn/）由湖北省十堰市民俗学会主办，设有民俗新闻、民风民俗、民间文化、民俗常识、、民俗研究、饮食文化、民俗旅游、民俗收藏、民间医药、民俗书林、民歌之乡、民间艺术、民俗摄影、文化遗产、文化生态 、九州民俗、荆楚民俗、武当文化、房陵文化、汉水文化 、民间歌曲、民间谚语、民间故事、武当武术等栏目。

中国民俗网（http://www.chinesefolklore.com/）创建于1999年，正式开通是当年的“中秋节”。该网站由北京大道文化节目制作有限公司和中央民族大学民俗文化中心联合主办。属于学术性和公益性网站。网站由著名喜剧表演艺术家陈佩斯先生和国际亚细亚民俗学会名誉会长、中国民俗学会副理事长、中央民族大学教授陶立璠先生共同主持。其宗旨是通过互联网交流中外民俗学研究成果；传播民俗文化信息，博览民俗文化事象，透视民俗文化内涵。是一个集知识性、趣味性、学术性于一体，服务于不同年龄层次、不同学术和知识需要的专业性网站。网站开设有二十多个主要栏目，涵盖了民俗学研究动态、民俗研究、民俗史话、民俗趣谈、民俗书林、民俗大家、民俗地理、衣食住行、岁时节日、人生仪礼、民间信仰、民间叙事、民间禁忌、民俗考察、民间艺人、民俗收藏以及非物质文化遗产等栏目、力求通过网络传播，让民俗回归民间。

五、民俗类农业文化遗产的保护利用实践

（一）各类相关法律、法规的公布与实施

目前，民俗类农业文化遗产保护的立法主要与农业文化遗产、非物质文化遗产的立法保护相关。在国际法层面上，值得一提的是，《土著和部落人民公约》(Convention concerning Indigenous and Tribal Peoples in lndependent Countries（ILO No.169））《土著和部落人民公约》(第169号公约)，又称《土著和部落民族公约》，是国际劳工组织大会第76届

会议在 1989 年 6 月通过的，1991 年 9 月 5 日生效，是国际劳工组织公约文件之一。因为农业文化遗产大多是千百年来生活在该地区的土著人民和社区创造的适应于当地自然、地理、气候条件的农业系统，其独特的社会、文化和经济状况使之“区别于其国家社会的其他群体”，因此构成了该条规定的“土著和部落人民”。由于他们在经济、政治和文化上处于劣势，所以对他们的认同和尊重是必要的。与农业文化遗产相关的土著人民和社区也应当受到该公约的保护和支持。承认这些土著人民的独立存在，确认他们在某些方面的不利地位，尊重他们作为一个群体存在和发展的权利，是农业文化遗产保护、发展和利用的必要条件。

其次，《联合国生物多样性公约》(UN Convention on Biological Diversity，CBD) 是一项保护地球生物资源的国际性公约，于 1992 年 6 月 1 日，由联合国环境规划署发起的政府间谈判委员会第七次会议在内罗毕通过，1992 年 6 月 5 日，由签约国在巴西里约热内卢举行的联合国环境与发展大会上签署。该公约是一项有法律效力的公约，旨在保护濒临灭绝的植物和动物，最大限度地保护地球上多种多样的生物资源。同时该公约也是农业文化遗产项目准备阶段的遴选标准中提出“应当已经加入”的公约，意味着农业文化遗产的保护应当遵从该公约的规定，这也是农业文化遗产保护的目标之一。

再次，《21 世纪议程》是 1992 年 6 月在世界环境与发展大会在里约热内卢召开时通过的三个不具有法律效力的文件之一，但是截至 2002 年全球已有 80 多个国家将其列入国家发展规划，6 000 多个城镇将其作为自己的《21 世纪议程》，具有较为广泛的影响力。通过该议程对农业文化遗产保护具有一定的现实可能性。

在国内立法与保护方面，从中央政府的角度看，2004 年，中国加入联合国教科文组织《保护非物质文化遗产公约》。2004 年 2 月，国务院办公厅转发文化部、建设部、文物局等部门关于加强中国世界文化遗产保护管理工作意见的通知，通知指出中国目前的保护管理的形势十分严峻，一些地方世界文化遗产保护意识淡薄，重申报、重开发，轻保护、轻管理的现象比较普遍；其次少数地方对世界文化遗产进行超负荷利用和破坏性开发，存在商业化、人工化和城镇化倾向，使世界文化遗产的真实性、完整性受到损害，面对目前形势，第一要提高认识，端正世界文化遗产保护管理工作的指导思想；第二要强化责任，加强对世界文化遗产保护管理工作的领导；第三要加大力度，全面推进世界文化遗产的保护管理工作。

2011 年 2 月 25 日，《中华人民共和国非物质文化遗产法》经全国人大常委会会议三次审议，非物质文化遗产法于获表决通，并于同年六月执行。在这部法律的具体内容设置中，民俗成为非物质文化遗产的重要组成部分。这部法律标志着中国非物质文化遗产保护工作的重大进展。为推进非物质文化遗产保护工作的开展，中国出台了一系列重要政策规定，通过开展非物质文化遗产资源普查、建立国家四级名录保护体系、加强传承人保护等一系列重要举措，非物质文化遗产保护工作取得了显著成效。但是，在全球经济一体化和现代化进程中，中国经济社会发生了急剧的变迁，非物质文化遗产依存的社会环境日益狭窄，许多珍贵的非物质文化遗产濒临消亡，大量具有历史、文学、艺术、科学价值的珍贵实物流失。同时，由于非物质文化遗产保护制度建设特别是立法滞后，保护工作无法可依。

出台非物质文化遗产法，为中国非物质文化遗产保护提供了根本性的依据，使经费投入、传承人扶持等得到有效保障，会有力地提升非物质文化遗产保护工作的科学水平。这部法律的立法思路：一是对不同的非物质文化遗产采取不同的措施，对所有的非物质文化遗产采取认定、记录、建档等措施予以保存，对具有历史、文学、艺术、科学价值的非物质文化遗产采取传承、传播等措施予以保护。二是发挥政府主导作用，鼓励和支持社会各方面积极参与。三是正确处理保护、保存与利用的关系。四是与《公约》的有关规定保持一致。这部法律的出台是文化立法取得的突破性进展，对全面促进中国非物质文化遗产保护，弘扬中华民族优秀传统文化，建设中华民族共有的精神家园，推动文化大发展大繁荣，促进经济社会全面协调可持续发展，将产生积极而深远的影响。

从地方政府的角度看，江苏在全国最早立法保护非物质文化遗产，2006 年 9 月颁布施行的《江苏省非物质文化遗产保护条例》(下称《条例》)，对全面、扎实地推进非物质文化遗产保护工作，继承和弘扬中华民族优秀传统文化，传承江苏文脉，发挥了重要的主导和推动作用，也为国家非物质文化遗产保护制度建设和立法提供了实践经验和借鉴。《条例》实施 6 年多来，全省各地认真组织实施，广泛宣传发动，积极推进非物质文化遗产保护制度建设、基础建设和队伍建设，在全国率先创立代表性传承人命名资助制度；“人类非物质文化遗产代表作”项目全国最多，国家级项目名列前茅；基本建成四级项目名录和传承人保护体系；展示和传承馆（所）等基本设施建设全国领先；全面完成非遗资源大普查；工作机制逐步健全，保护机构和队伍建设不断加强，经费投入不断加大，理论研究逐渐深入，初步形成了以国家级项目保护为重点，以濒危项目抢救为优先，以传承人保护为核心，以生态化保护为方向，以传承发展为目标的江苏特色保护体系，全社会自觉保护非物质文化遗产的意识日益增强。保护工作从无到有、从小到大，已成为江苏文化发展战略的重要内容，成为文化强省建设的重要组成部分。目前，全省普查记录非物质文化遗产项目 28 922 个、已有联合国教科文组织“人类非物质文化遗产代表作”10 项、国家级项目 108 项、省级 369 项、市级 1 480 多项、县区级 2 740 多项，建成国家级项目传承及生产性保护示范基地 7 个、省级文化生态保护区 4 个、各类非遗展示馆（厅）和传习所（传承基地）513 个，尚有 31 个在建、拟建。

2011 年 10 月，江苏省人大、省政府就将修订《条例》列入了 2012 年度立法计划和省政府重点工作。江苏省文化厅协同省政府法制办和省人大教科文卫委、法工委经过近一年的调查研究，广泛征询各地、各界意见，在全面总结全省非物质文化遗产保护工作实践和经验的基础上，对原《条例》进行了重新修订。2013 年 1 月 15 日，江苏省第十一届人民代表大会常务委员会第三十二次会议审议通过了新修订的《江苏省非物质文化遗产保护条例》，决定自 2013 年 4 月 1 日起在全省正式施行。新《条例》在立法理念、法条设置、立法技术等方面既与上位法相衔接，又体现了江苏特色的保护制度、措施和方法；既立足于本省实际，又借鉴了其他省、市、区相关立法经验。进一步强化了各法律主体，尤其是地方各级政府和有关部门的法律责任和工作职责，进一步完善了非物质文化遗产的“调查、代表性项目名录、保护单位和代表性传承人、传承和传播”等四项基本制度。其中，县级以上地方人民政府应当建立“两个名录”（代表性项目名录、濒危项目名录）、对项目、保护单位、传承人实行动态管理的“三个退出”规定，系全国首创，不仅与原《条例》和相关法规政策相衔接，较好地保持了连续性，也是对国家大法的补充和完善，体现了立法的创新性、科学性和前瞻性。新《条例》还对利用非物质文化遗产发展文化经济、鼓励公民、法人和其他组织保存、传承、传播非物质文化遗产和推荐、申报代表性项目等，分别作了规定和细化。

（二）民俗类农业文化遗产保护项目

2004 年“中国农业文化遗产保护项目”正式启动。这是文化部、财政部发布的“中国民族民间文化保护工程”第二批 29 个试点项目之一，该项目以贵州从江和威宁的 2 个典型村庄为样本，通过对传统农业社会的文化特征、地域文化的结构要素、民族文化的形成与交流、农耕文化与信仰习俗、行为习惯、价值取向等方面进行分析、研究，并全方位地保存这些物质的和非物质的农业文化遗产。

文化部于 2011 年 10 月 31 日命名公布了 41 家第一批国家级非物质文化遗产生产性保护示范基地。今年 2 月，文化部将制定印发《文化部关于加强非物质文化遗产生产性保护的指导意见》，对非物质文化遗产生产性保护的概念、意义、原则、措施、工作机制等提出明确要求，为科学开展生产性保护工作提供指导。

2012 年 1 月 31 日，国家级非物质文化遗产生产性保护示范基地颁牌仪式在文化部举行，北京市珐琅厂等 41 家企业和单位被授予第一批国家级非物质文化遗产生产性保护示范基地称号。文化部党组副书记、副部长赵少华，副部长王文章，部长助理、人事司司长高树勋等出席仪式，并为入选首批示范基地的企业和单位颁发了牌匾。王文章在颁牌仪式上宣读了《文化部关于公布国家级非物质文化遗产生产性保护示范基地名单的通知》。高树勋主持颁牌仪式。赵少华指出，近年来全国非物质文化遗产保护工作呈现出了良好的发展势头，保护非物质文化遗产成为全社会的普遍共识。文化部在非物质文化遗产保护工作中，按照“保护为主、抢救第一、合理利用、传承发展”的方针，根据非物质文化遗产的自身特点和内在规律，积极探索科学的保护方式和方法，对生存状态濒危和传承困难的代表性项目，提出了抢救性保护的方式；对非物质文化遗产代表性项目集中、特色鲜明、形式和内涵保持完整的特定区域，提出了整体性保护的方式；对部分具有生产性质和特点的代表性项目，提出了生产性保护的方式。生产性保护符合非物质文化遗产自身传承发展的特定规律，不仅可以增强非物质文化遗产自身的生命力和活力，也能够帮助各地的传承人和群众获得收益，提高传承的积极性，培养更多的后继人才，为非物质文化遗产保护和传承奠定深厚的、持久的基础。

附录 中国农业文化遗产保护大事记

1921 年　金陵大学大图书馆与美国农业部组织合作部合作汇编中国古代农书索引，由王德女士负责，后扩为金陵大学图书馆农史研究室，开始从事祖国农学遗产的搜集与整理工作。此即中国农业遗产研究室最早的前身。

1924 年　万国鼎先生任南京金陵大学农经系农业图书部主任，开始系统收集整理农业历史资料。

金陵大学农学院及金大图书馆毛雝、万国鼎等编辑出版了《中国农书目录汇编》。

1928 年　9 月，南京国民政府内政部颁布《名胜古迹古物保存条例》，共 11 条。

在蔡元培主持的国民政府大学院内设立了第一个现代意义上的文物保护机构——中央古物保管委员会。委员会共有委员 20 名，包括陈寅恪、张静江、林风眠、易培基、胡适、傅斯年、李四光、徐悲鸿等文化、科技和政界著名人士。

1929 年　在北京创建了研究中国传统营造学的民间学术研究机构——中国营造学社，朱启钤任社长，梁思成、刘敦桢分别担任法式、文献组的主任。学社从事古代建筑实例的调查、研究和测绘以及文献资料搜集、整理和研究。

1930 年　6 月 2 日，国民政府颁布《古物保存法》，共 14 条，对古物的含义、保存要求、文物发掘等做了规定，明确要求将在考古学、历史学、古生物学等方面有价值的古物作为保护对象。在中国历史上第一次把文物保护事业纳入法律的轨道。

1931 年　7 月 3 日，国民政府行政院公布了《古物保存法施行细则》19 条，增加了保护古建筑的内容。

1932 年 国民政府设立“中央古物保管委员会”，裁撤原隶属教育部的古物保管委员会，同时还制定了《中央古物保管委员会组织条例》。
金陵大学农业图书部改组为农业历史研究组，并入金陵大学农业经济系，开始农业史资料收集研究工作。

1939 年 11 月，中共陕甘宁边区政府训令各分区行政专员和各村村长调查保护古物、文献和古迹。

1947 年 9 月，中共颁布《中国土地法大纲》规定：名胜古迹，应妥为保护。之后相继成立了胶东文物管理委员会、山东古代文物管理委员会和东北文物管理委员会，并颁布了《东北解放区文物古迹保管办法》。

1948 年 清华大学梁思成先生主持编写了《全国重要文物建筑简目》，共 450 条，它是后来公布全国第一批重点文物保护单位的基础。

1949 年 10 月，中华人民共和国中央人民政府成立，在政务院设文化部，下设文物局，负责管理全国文物、博物馆、图书馆事业，郑振铎任局长。

1950 年 5 月，中央人民政府政务院颁布《古迹、珍贵文物、图书及稀有生物保护办法》，并颁发《古文化遗址及古墓葬之调查发掘暂行办法》令和《禁止珍贵文物图书出口暂行办法》令。
同月，中国科学院考古研究所成立，郑振铎任所长。
7 月 6 日，中央人民政府政务院颁布《关于保护古文物、建筑的指示》。

1951 年 5 月 7 日，经政务院批准，内务部、文化部公布《关于管理名胜古迹职权分工的规定》，及《关于地方文物名胜古迹的保护管理办法》、《地方文物管理委员会组织通则》。
10 月 27 日，文化部发布对地方博物馆的方针、任务、性质及发展方向的意见。

1952 年 南京农学院金善宝院长提出恢复金陵大学农史资料整理工作，受到中央人民政府的高度重视。
西北农学院根据辛树帜的倡议成立了古农学研究小组。

1953 年 3 月 24 日，中国人民政治协商会议全国委员会文化教育组开会讨论革命建筑及名胜古迹的保护、修整，保护地下文物及考古发掘等问题。
8 月 14 日，政务院颁发《中央人民政府政务院命令》，重申 1950 年 5 月 24 日政务院颁发的《古文化遗址及古墓葬之调查发掘暂行办法》，规定各单位进行各种工程时发现遗址和古墓葬，不得擅自发掘，违者要根据情节轻重予以处分。

10 月 12 日，政务院颁发《中央人民政府政务院关于在基本建设工程中保护历史及革命文物的指示》，规定各级人民政府对历史及革命文物负有保护责任，应加强文物保护的经常工作。

1955 年　4 月，农业部“中国农业科学院筹备小组”在北京主持召开“整理祖国农业遗产座谈会”，出席会议的有农业部副部长杨显东，竺可桢、顾颉刚、夏玮瑛、金善宝、万国鼎、辛树帜、石声汉、王毓瑚、陈恒力、吕平等一批知名专家学者，会议交流了整理农业遗产的经验。

7 月，经农业部批准，在南京农学院农史组的基础上成立了中国农业遗产研究室，由中国农业科学院和南京农学院共同领导，万国鼎任主任。该室是中国第一个国家级农史专门研究机构。

华南农学院梁家勉教授开始在该校图书馆中开辟“中国古代农业文献专藏”，从事农业历史文献的征访、选购、典藏、保护、整理等工作。

1956 年　4 月 2 日，国务院发布《关于在农业生产建设中保护文物的通知》。文件中第一次提出了文物普查和建立文物保护单位制度，要求文物普查与公布文物保护单位同时进行。

8 月 4 日，《人民日报》发表了万国鼎的《祖国的丰富的农学遗产》一文。中国农业遗产研究室在万国鼎的领导下开展了规模宏大的资料搜集工作。

西北农学院古农学研究小组改为古农学研究室，由石声汉任主任。

王毓瑚受中共中央农村工作部的委托编写的《中国农学书录》由中华书局出版，其中收录农书 524 种。

1958 年　中国农业遗产研究室创办了我国农史学科最早的学术刊物《农业遗产研究集刊》。

农业部组织了大规模的农谚收集工作，后由吕平整理编辑《中国农谚》一书，该书 1965 年编就，因“文化大革命”的缘故，至 1980 年才由农业出版社正式出版。

1959 年　9 月 3 日，文化部、全国供销合作总社发布《关于加强保护文物工作的通知》。

10 月，中国历史博物馆新馆建成，开始预展接待观众。

中国农业遗产研究室开始从全国 8 000 多部方志中搜集农史资料，至文革前摘抄了 3 600 多万字的农史资料，辑成《方志综合资料》120 册，《方志分类资料》120 册,《地方志物产》449 册，共计 689 册。
中国农业遗产研究室创办了第二种学术刊物《农史研究集刊》。

1960 年　3 月，文化部召开全国文物博物馆工作会议，总结了十年来文物博物馆工作的成绩。
11 月 17 日，国务院全体会议第一〇五次会议通过了《文物保护管理暂行条例》和第一批全国重点文物保护单位名单。

1961 年　3 月 4 日，国务院发出《关于进一步加强文物保护和管理工作的指示》，颁布了《文物保护管理暂行条例》，奠定了我国文物保护法律体系的基础。
同日，国务院发出《关于公布第一批全国重点文物保护单位名单的通知》，公布了全国第一批重点文物保护单位 180 处名单。实施了以命名“文物保护单位”来保护文物古迹的制度。

1962 年　8 月 22 日，文化部文物局《关于博物馆和文物工作的几点意见（草案）》中提出:“迅速实现第一批全国重点文物保护单位的‘四有’工作（有保护范围，有标志说明，有科学记录档案，有专人管理）”。这四项工作，是 1961 年《文物保护管理暂行条例》中规定的。

1963 年　4 月 17 日，文化部文化部根据《文物保护管理暂行条例》制定，颁布了《文物保护单位保护管理暂行办法》。
8 月 27 日，文化部颁布《革命纪念建筑、历史纪念建筑，古建筑，石窟寺修缮暂行办法》。

1964 年　3 月，文化部文物局在河北省易县召开了全国重点文物保护单位中大型古遗址保护工作座谈会，交流了勘察大型古遗址、划定保护范围、树立保护标志、建立科学记录档案等经验，进一步推动了全国重点文物保护单位的保护管理工作。
8 月 29 日，国务院批准发布《古遗址、古墓葬调查、发掘暂行管理办法》。对考古发掘的任务、要求、审批出土文物的处理等做出了明确规定。

1966 年　中国农业遗产研究室机构撤销，少数研究人员寄寓于江苏省农业科学院。

1972 年　1 月，在周恩来总理的关怀下，“文化大革命”中停办的《考古学报》、《文物》、《考古》三大杂志复刊。

1973 年　8 月 1 日，国家文物事业管理局发出《关于进一步加强考古发掘工作的管理的通知》。
10 月 31 日，国家文物事业管理局发出《关于严禁将馆藏文物图书出售作外销商品的通知》。

1974 年　8 月 8 日，国务院发布《关于加强文物保护工作的通知》。强调地下埋藏的一切文物，都属于国家所有。任何单位和个人，都不得私自发掘。坚决打击文物走私和投机倒把的活动。

1975 年　9 月，中国历史博物馆通史陈列经过修改后重新开放。

1977 年　2 月 15 日，国务院批转国家文物事业管理局《关于在农业学大寨运动中加强文物保护管理的报告》
10 月 19 日，国家文物局颁发《对外国人、华侨、港澳同胞携带邮寄文物出口境定、管理办法》，我国开始实施文物出境鉴定制度。1989 年 2 月，文化部发布了《文物出境鉴定管理办法》，2007 年文化部又发布了《文物进出境审核管理办法》和《文物出境审核标准》。

1978 年　1 月 20 日，国家文物局颁布了《博物馆藏品保管试行办法》和《博物馆一级藏品鉴选标准 (试行)》。
中国农业遗产研究室经国务院批准，恢复原来建制，更名为中国农业科学院农业技术史研究室，室址设在江苏省农科院内。
北京农业大学、华南农业大学成立了农业历史研究室。

1979 年　4 月 3 日，中国考古学会成立大会及考古学规划会在西安召开。大会选举王冶秋、容庚，于省吾、徐中舒、商承祚，陈邦怀为名誉理事，夏鼐为理事长。
6 月 29 日，国家文物局印发《省、市、自治区博物馆工作条例》。对中国博物馆的性质、任务作了明确规定。

1980 年　4 月 16 日，公安部，文化部、国家文物局联合发出《关于加强文物安全保卫工作的通知》。
5 月 17 日，国务院批转国家文物局、国家基本建设委员会《关于加强古建筑和文物古迹保护管理工作的请示报告》。
5 月 17 日，国务院发出《关于加强历史文物保护工作的通知》。重申埋藏在地下的历史文物统属国家财产，任何单位、任何个人不得擅自挖掘古墓、古遗址。
6 月 4 日，中共中央、国务院发布《关于收回文化革命期间散失的珍贵文物和图书的规定》。

1981年 4月28日，国家文物局颁布《文物工作人员守则》。

10月30日，国务院批转国家文物事业管理局《国家文物事业管理局关于加强文物市场管理的请示报告》。

中国农业科学院农业技术史研究室迁回南京农学院卫岗校区，同年被批准设立了农业史硕士学科点。

中国农业历史学会筹委会和中国农业遗产研究室联合创办了《中国农史》季刊，它是中国农史学科第一份专业性学术期刊。

中国农业考古中心主办（后与中国农业博物馆合办）的《农业考古》半年刊创刊。

1982年 2月8日，国务院批转国家建委等部门《关于保护我国历史文化名城的请示》，并正式公布中国第一批历史文化名城24个，标志着历史古城保护制度的创立。

2月23日，国务院公布第二批全国重点文物保护单位62处。

3月，中国博物馆学会成立。

11月19日，全国人大常委会第25次会议通过了《中华人民共和国文物保护法》，奠定了国家文物保护法律制度的基础，标志着我国文物保护制度的创立。

1983年 2月4日，国家文物局根据《文物保护法》制订颁布了《中华人民共和国考古发掘申请书》和《中华人民共和国考古发掘证照》。

1984年 1月，国务院颁布《城市规划条例》，规定城市规划应当切实保护文物古迹，保护和发扬民族风格和地方特色。此后我国一些相关法规中也都相应的规定的文物保护的内容。

3月30日，国务院办公厅转发文化部《关于加强文物保护制止破坏的紧急报告》。

5月10日，文化部颁布《田野考古工作规程(试行)》，对野外考古工作进行规范。

8月10日，文化部文物局，中国历史博物馆主办的全国拣选文物展览在中国历史博物馆正式展出。

9月26日，文化部文物局，故宫博物院举办的全国出土文物珍品展览在故宫开幕，展出1976—1984年各地出土的文物珍品820件。

12月11日，文化部颁发《关于使用文物古迹拍摄电影，电视故事片的暂行规定》的通知。要求确保文物古迹的安全。

中国农业科学院农业技术史研究室更名为中国农业科学院·南京农业大学中国

农业遗产研究室。

1985 年　11 月 22 日，中国政府正式加入《保护世界文化和自然遗产公约》，文化遗产保护工作开始与国际接轨。
同月，中国农业遗产研究室举办了建室三十周年学术讨论会。

1986 年　7 月 12 日，文化部发布《纪念建筑、古建筑、石窟寺等修缮工程管理办法》。
中国农业遗产研究室被批准设立农业史博士学科点，成为当时国内唯一的农业史博士学科点。
中国农业博物馆正式开馆，馆内有中国古代农业科技史的常年陈列。

1987 年　中国农业博物馆创办了《古今农业》半年刊。
2 月 3 日，文化部颁发《文物藏品定级标准》。
5 月 26 日，国务院发布《关于打击盗掘和走私文物活动的通告》。
11 月 24 日，国务院发布《关于进一步加强文物工作的通知》
12 月，中国有了首批“世界文化遗产”长城、故宫、秦始皇陵及兵马俑等，泰山首批列入“世界文化和自然遗产”。

1988 年　1 月 1 日，《中国文物报》全文发表最高人民法院，最高人民检察院《关于办理盗窃、盗掘、非法经营和走私文物的案件具体应用法律的若干问题的解释》。

1989 年　3 月 1 日，文化部颁发《文物出境鉴定管理办法》。
10 月 20 日，国务院发布《中华人民共和国水下文物保护管理条例》，对水下文物考古和文物保护做出了规定。
12 月，全国人大颁布《中华人民共和国城市规划法》，其中规定编制城市规划应当保护历史文化遗产、城市传统风貌、地方特色和自然景观，城市新区开发应当避开地下文物古迹。

1990 年　8 月 2 日，国家文物局印发《关于丝绸文物研究复制问题的通知》，决定从 1991—2000 年 10 年间研究复制丝绸文物约 100 个品种。
12 月，安徽黄山被列入世界文化与自然双重遗产。

1991 年　2 月 22 日，国务院批准颁布了《中华人民共和国考古涉外工作管理办法》。
6 月 20 日，中国第一个大型现代化博物馆陕西历史博物馆建成开放。

1992 年　2 月 26 日，中国丝绸博物馆正式开放。这是第一座全国性的丝绸专业博物馆，也是世界上最大的丝绸博物馆。
4 月 30 日，国务院批准国家文物局发布了《中华人民共和国文物保护法实施细则》。
中国农业遗产研究室建立农学类博士后流动站农业史站点。

1993 年　中国农业遗产研究室农业史学科被评为农业部重点学科。
中国农业遗产研究室承办中国农业历史学会第二届会员代表大会。

1994 年　12 月，湖北武当山古建筑群、山东曲阜的孔庙、孔府及孔林、河北承德避暑山庄及周围寺庙和西藏布达拉宫（大昭寺、罗布林卡）被列入世界文化遗产名录。
农业部当代农业史室编辑出版了《中国当代农业史研究》。

1995 年　江西万年仙人洞和吊桶环遗址被列入 1995 年十大考古发现。
6 月 7 日，中国代表团在《关于被盗或者非法出口文化财产公约》和最后文件上签字。公约规定了在国际范围内归还被盗文物或退还非法出口文物的原则。这是中国直接参与制订的第一个国际保护文物公约。
中国农史学会在郑重会长的倡导下，开始组织编写全面反映中国农业生产力和生产关系历史发展《中国农业通史》。

1996 年　12 月 5 日，庐山风景名胜区（文化景观）、峨眉山和乐山大佛（文化与自然双重遗产）在第 20 届联合国教科文组织世界遗产委员会会议上被批准列入《世界遗产名录》。

1997 年　3 月 7 日，国务院批复同意加入《国际统一私法协会关于被盗或者非法出口文物的公约》（公约于 1997 年 11 月 7 日在中国生效）。
3 月 30 日，国务院发出了《关于进一步改善和加强文物工作的通知》，要求各级政府和部门要把文物保护纳入当地经济和社会发展计划，纳入城乡建设规划，纳入财政预算，纳入体制改革，纳入各级领导责任制，所有这些，都对文物事业的发展产生了极大的推动作用。
同月，全国人大公布的新《中国人民共和国刑法》，专节规定了妨害文物管理罪。
9 月，中国国家文物局与联合国教科文组织联合在河北省承德市世界遗产地承德避暑山庄及周围寺庙举办中国首次“世界遗产保护管理培训班”。
11 月 26 日，山西平遥古城、云南丽江古城和苏州古典园林在第 21 届联合国教科文组织世界遗产委员会会议上被批准列入《世界遗产名录》。

1998 年　5 月 25 日，世界遗产证书、“中国世界遗产标牌”颁发仪式在北京人民大会堂隆重举行。这是我国世界遗产管理工作进一步规范化、科学化的一个标志。

7 月 15 日，国家文物局颁布了《考古发掘管理办法》，对考古发掘的资格审定、考古项目的申请和审批、考古发掘项目的实施与监管、考古资料管理与发掘报告的编写等方面做出了具体规定，与此同时还发布了《考古发掘品移交管理办法（试行）》，对考古发掘品的移交内容、程序等提出了明确要求。

12 月 2 日，北京颐和园、天坛在联合国教科文组织第 22 届世界遗产委员会会议上被批准列入《世界遗产名录》。

12 月 28 日，中国第一个世界遗产高级专业研究机构——北京大学世界遗产研究中心成立，标志着中国的世界遗产研究进入新阶段。

中国农业遗产研究室农业史学科获科学技术史一级学科博士学位授权并被评为科学技术史博士后流动站，成为国内唯一的理学类博士后流动站科学技术史站点。

1999 年　12 月 1 日，大足石刻（文化遗产）、武夷山（文化与自然双重遗产）在联合国教科文组织第 23 届世界遗产委员会会议上被批准列入《世界遗产名录》。

南京农业大学科学技术史学科再度被评为农业部重点学科。

2000 年　1 月 5 日，中国加入联合国教科文组织《武装冲突情况下保护文化财产的公约》。

2 月 12 日，文化部、国家民委印发《关于进一步加强少数民族文化工作的意见》的通知，要求各地抓好民族文化艺术遗产的收集整理，保护少数民族老歌手、老艺人。

5 月 23 日，由中国联合国教科文组织全国委员会、建设部、国家文物局共同举办的首次中国世界遗产地工作会议在苏州召开。

6 月 14 日，中国加入国际文化财产保护与修复研究中心（ICCROM）。

11 月 29~30 日，青城山与都江堰、龙门石窟、明清皇家陵寝、安徽古村落在联合国教科文组织第 24 届世界遗产委员会会议上被批准列入《世界遗产名录》。皖南古村落西递、宏村成为我国首次列入世界文化遗产的聚落类农业文化遗产。

2001 年　2 月 18 日，由中国民间文艺家协会倡导和发起的“中国民间文化遗产抢救工程”在北京启动，包括对中国民间文化遗产的抢救性普查、登记、分类、整理、出版等系列工作。

4 月 9 日，《文物藏品定级标准》（文化部令第 19 号）开始施行。

4 月 16 日，国家文物局与日本美穗博物馆举行中国被盗文物返还问题的签字仪式。日本美穗博物馆将馆藏一尊中国被盗北齐石造像无偿返还中国，是中国首次通过民间友好协商途径解决中国被盗文物返还问题。

5月18日，联合国教科文组织宣布第一批“人类口头和非物质遗产代表作”，19项代表作获得通过，中国昆曲艺术入选。

6月25日，国务院批准公布第五批全国重点文物保护单位518处和23处与现有全国重点文物保护单位合并项目名单。全国重点文物保护单位总计1271处。

6月，南京农业大学在“中国农业遗产研究室”基础上组建了“中华农业文明研究院”，成为中国最大的农业历史研究及教育机构。

2002年

4月25日，文化部、国家文物局、国家计委、财政部、教育部、建设部、国土资源部、环保总局、国家林业局联合下发《关于改善和加强世界遗产保护管理工作的意见》，提出要树立“公约意识”，遵守国际规则，正确处理世界遗产保护与利用的关系，进一步加强对世界遗产的保护管理工作。

8月，联合国粮农组织（FAO）在全球环境基金（GEF）支持下，联合有关国际组织和国家发起了全球重要农业文化遗产（GIAHS）保护试点项目，旨在建立全球重要农业文化遗产及其有关的景观、生物多样性、知识和文化保护体系，并在世界范围内得到认可与保护，使之成为可持续管理的基础。

9月，联合国教科文组织召开了第三次国际文化部长圆桌会议，会议通过了保护非物质文化遗产的《伊斯坦布尔宣言》，《保护非物质文化遗产公约》进入起草阶段。

10月22~23日 由教育部、联合国教科文组织全委会、文化部、联合国教科文组织驻京代表处等各方支持的《中国高等院校首届非物质文化遗产教育教学研讨会》在中央美术学院召开，是新中国成立以来第一次中国非物质文化遗产教育传承实施的动员大会。会议正式通过并推出《非物质文化遗产教育宣言》，揭开了中国非物文化遗产教育的序幕。

10月28日，第九届全国人民代表大会常务委员会第三十次会议通过了修订后的《中华人民共和国文物保护法》，确立了保护文物保护单位、历史文化街区（村、镇）、历史文化名城三个层次的保护体系。

2003年

1月20日，文化部与财政部联合国家民委、中国文联启动了中国民族民间文化保护工程，颁布了《中国民族民间文化保护工程实施方案》。

3月19日，中国21家世界遗产地在四川都江堰共同发起成立了世界遗产工作委员会。这个组织旨在加强对中国世界遗产地的保护、规划、建设和管理，并为国内外世界遗产地、联合国教科文组织世界遗产中心、国际上相关保护组织提供多种形式的科技与信息交流。

5月18日，国务院总理温家宝签署国务院第377号令，公布了《中华人民共和国文物保护法实施条例》。

8月4日，国家文物局批复通过《吐鲁番文物保护与旅游发展总体规划》，这是中国规模最大的第一部区域性文化遗产与地方发展相结合的专项规划。

10月8日，建设部和国家文物局开始共同组织评选第一批共10个中国历史文化名镇（村）。

10月，联合国教科文组织第32届全体大会通过《保护非物质文化遗产公约》。

10月，文化部公布中国民族民间文化保护工程第一批10个试点，云南省、浙江省和宜昌市被列入全国首批3个综合性试点单位。

11月，全国人大教科文卫委员组织起草了《中华人民共和国民族民间传统文化保护法》（草案），提交全国人大常委会审议。这部法律草案主要涉及民族民间文化传承人的保护、民族民间文化遗产的保护和相关的精神权利、经济权利等方面问题，明确确定民间文化遗产在国家社会生活中的法律地位。

11月7日，联合国教科文组织宣布第二批"人类口头和非物质遗产代表作"，28项代表作获得通过，中国古琴艺术入选。

11月29日，广州广裕祠获亚太地区文化遗产保护奖（杰出项目奖第一名），这是中国第一次获得联合国亚太地区文化遗产保护奖。

2003年11月，建设部公布了《城市紫线管理办法》，将历史文化名城中的"历史文化街区"及经县以上人民政府公布的"历史建筑"划出保护界线，称为"紫线"。《办法》规定，紫线包括核心保护地段和外围建设控制区，紫线范围内确定的保护建筑不得拆除，紫线范围内所有建筑物的新建和改建不得影响该区的传统格局和风貌。

2004年　2月，国务院办公厅转发文化部、建设部、文物局等部门《关于加强中国世界文化遗产保护管理工作意见》的通知，提出要确保世界文化遗产的真实性和完整性，建立国家文物保护部际联席会议，负责审定世界文化遗产保护规划，协调解决保护管理工作中的重大问题。

4月，文化部、财政部决定在全国实施中国民族民间文化保护工程。保护工程的总体目标是：通过"保护工程"建设，使中国珍贵、濒危并具有历史、文化和科学价值的民族民间文化得到有效保护，初步建立起比较完备的中国民族民间文化保护制度和保护体系，在全社会形成自觉保护民族民间文化的意识，基本实现民族民间文化保护工作的科学化、规范化、网络化、法制化。

6月28日，第28届世界遗产委员会会议在苏州举行，发表了倡导世界遗产青少年教育的《苏州宣言》。

8月，中国古迹遗址保护协会（即国际古迹遗址理事会中国国家委员会）在北京正式成立。国际古迹遗址理事会（ICOMOS）是世界遗产委员会的三大专业咨询机构之一。

8月，一项由农业部、文化部支持的贵州农业文化遗产保护项目，在黔东南苗族侗族自治州从江县、毕节地区威宁彝族苗族回族自治县等地启动。这一项目是文化部确定的第二批29个民族民间文化保护试点项目之一，由农业部中国农业博物馆联合贵州省博物馆、贵州省民族研究所等机构组织实施。计划通过为期2年的实地调查，全面了解贵州民族民间农业传统文化遗产状况，积累和探索民族传统文化保护经验和模式，为配合全面系统地启动中国农业文化遗产保护工程做好试点。

10月20日，中华农业文明博物馆在南京农业大学正式揭牌，这是国内第一座系统展示中华农业文明和历史渊源的大型专题博物馆，由南京农业大学、南京博物院和中国农业科学院共建。

2005年

3月26日，国务院办公厅下达《关于加强中国非物质文化遗产保护工作的意见》，同时成立由文化部、国家发改委、教育部等九部委参加的非物质文化遗产保护工作部际联席会议机构。

5月10~15日，第35届国际考古学术讨论会在北京举行。这是首次在亚洲国家举办国际科技考古会议。

6月9日，由联合国粮农组织（FAO）、联合国大学和农业部、中国科学院、浙江省农业厅、青田县人民政府等单位联合举办的全球重要农业文化遗产保护项目（GIAHS）——青田稻鱼共生系统项目启动研讨会在杭州召开，标志着中国首批全球重要农业文化遗产保护项目正式启动。

6月11日，中国首个全球重要农业文化遗产项目保护地落户青田县方山乡龙现村，并在当地举行揭牌仪式。

6月，文化部部署了全国非物质文化遗产普查工作。这次普查是中国21世纪开展的一次大规模的文化资源普查。

7月19日，国家文物局前顾问谢辰生联名11名学者致电国家主席胡锦涛倡议设立“文化遗产日”。

7月，在第29届世界遗产委员会会议上，“澳门历史城区”被列入《世界遗产名录》。这个体现中西方文化交融的历史建筑群及相关街区成为中国的第31处世界遗产。

8月16日，国家文物局发布公告，决定采用四川成都金沙遗址出土的金饰图案作为中国文化遗产标志。

9月16日，建设部和国家文物局组织评选第二批中国历史文化名镇（村），共34个。

9月16日至10月15日，首届华夏民俗文化节在北京高碑店地区华夏民俗文化园举行。

10月，国际古迹遗址理事会第15届大会在西安举行，通大会发表了“保护历史建筑、古遗址和历史地区的环境”的《西安宣言》。

11 月 25 日，联合国教科文组织宣布第三批“人类口头与非物质文化遗产代表作”，43 项代表作获得通过，中国维吾尔木卡姆艺术以及与蒙古国联合申报的蒙古长调民歌入选。

12 月 22 日，国务院正式下发《关于加强文化遗产保护的通知》，国务院专门成立了由 15 个部委组成的全国文化遗产保护领导小组，并要求各省、市、县政府设立相应机构。

12 月，国务院下发了《国务院关于加强文化遗产保护的通知》，决定从 2006 年起，将每年六月的第二个星期六，定为“文化遗产日”。第一次在正式文件中用“文化遗产”代替了过去常用的“文物古迹”，它涵盖了文物保护单位、历史文化街区（村、镇）、历史文化名城，也包括了可移动文物、非物质文化遗产以及未来可能发展的新品类。

2006 年

4 月 20 日，《保护非物质文化遗产公约》生效。

5 月 23 日，国务院公布首批国家非物质文化遗产名录共 518 项，公布第 6 批国家级重点文物保护单位 1 080 处。

6 月 10 日，为推动农业文化遗产的保护及研究，中科院地理资源所特别成立了自然与文化遗产研究中心。李文华院士担任主任。

6 月 18 日，中国政府宣布设立全国性的“文化遗产日”，即 2006 年起每年 6 月份的第二个星期六为“全国文化遗产日”。全国各地都举行了规模盛大的首个“文化遗产日”活动。

7 月 28~31 日，由联合国粮农组织、中国农业部国际合作司主办，浙江省青田县人民政府、中国科学院地理科学与资源研究所自然与文化遗产研究中心承办的“全球重要农业文化遗产‘稻鱼共生系统’多方参与机制研讨会”在浙江省青田县召开。

9 月 14 日，中国非物质文化遗产保护中心正式挂牌成立，一些地方也陆续建立了省级非物质文化保护中心和一批国有或民间的非物质文化遗产专题博物馆。

10 月 24~26 日，联合国粮农组织 FAO 组织的“全球重要农业文化遗产保护论坛”在意大利罗马召开。该次论坛由 GIAHS 项目的协调单位——FAO 可持续发展部农村发展司主办，会议主题为“一项关乎未来的遗产：传统农业文化遗产动态保护的经验”。农业部国际合作司赵立军先生、中国科学院地理科学与资源研究所自然与文化遗产研究中心副主任闵庆文研究员和浙江省青田县人民政府县长助理叶明儿等三位中国代表参加了会议。

10 月，文化部以“中华人民共和国文化部令”的形式公布了《国家级非物质文化遗产保护与管理暂行办法》，并于 2006 年 12 月 1 日起施行。

11 月 14 日，文化部公布《世界文化遗产保护管理办法》，规定“因保护和管理不善，致使真实性和完整性受到损害的世界文化遗产，由国家文物局列入《中国世界文化遗产警示名单》予以公布。

12 月 29 日，经全国人民代表大会常务委员会批准，中国加入《保护非物质文化遗产公约》。

2007 年　5 月，第三次全国文物普查工作正式启动，时间长达 5 年，普查的范围是中国境内（除港澳台地区外）地上、地下、水下的不可移动文物。普查内容以调查、登录新发现的不可移动文物为重点，同时对已登记的不可移动文物进行复查。

6 月 9 日，中国首届文化遗产日颁奖仪式在京举行。文化部正式批准设立闽南文化生态保护实验区，仪式上文化部为闽南文化生态保护实验区授牌。这是中国第一个国家级文化生态保护区，实验区包括福建的泉州、漳州、厦门三地，这里是台胞的主要祖籍地，也是闽南文化的发祥地和保存地。

6 月 9 日，建设部和国家文物局组织评选第二批中国历史文化名镇（村），共 41 个。

2008 年　2 月 8 日，中国科学院地理科学与资源研究所自然与文化遗产研究中心主办了“传统稻鱼共生农业系统 GIAHS 动态保护和适应性管理研讨会”。

4 月 2 日，国务院通过了《历史文化名城名镇名村保护条例》。

2009 年　5 月 7 日，联合国—西班牙千年发展目标基金“中国文化与发展伙伴框架——贵州省从江县试点”启动会在贵州省从江县举行。2006 年，联合国开发计划署与西班牙政府签订了一项意义深远的协议，承诺资助中国 600 万美元，促进少数民族地区以文化为基础的发展，项目执行期为 3 年。

6 月 13 日，由联合国粮农组织、农业部支持，全球环境基金资助，中国科学院地理科学与资源研究所自然与文化遗产研究中心和浙江省青田县人民政府联合主办的“农业文化遗产保护与乡村博物馆建设研讨会”在浙江省青田县召开。

9 月，《全球重要农业文化遗产稻田养鱼共生博物园规划》评审会在青田县召开。

11 月，南京农业大学科学技术史一级学科被认定为江苏省一级学科国家重点学科培育建设点。同月，江苏高校哲学社会科学重点研究基地“中国农业历史研究中心”在南京农业大学正式挂牌成立。

12 月 1~2 日，“哈尼梯田农业文化遗产保护与发展论坛”在云南省蒙自县举办。

2010年　3月11日，全球环境基金项目“全球重要农业文化遗产保护与适应性管理（GEF/FAO-GIAHS）—中国青田稻鱼文化保护试点”和联合国—西班牙千年发展目标基金项目（UN-Spain MDG Fund）“文化与发展—贵州从江农业文化遗产保护规划编制”执行座谈会在中科院地理资源所召开。

4月10~11日，由国家文物局主办的中国文化遗产保护论坛在无锡召开。会议选定文化景观遗产作为论坛5周年的主题，吸引了来自中国、日本、韩国的百余位专家就文化景观遗产保护的理论与实践问题进行了探讨和交流。

5月26日，中国的(云南)“哈尼稻作梯田系统”和(江西)“万年稻作文化系统”被正式列入GIAHS保护试点。

6月14日，由FAO/GEF-GIAHS中国项目办公室、中国科学院地理资源所自然与文化遗产研究中心主办的“联合国粮农组织全球重要农业文化遗产保护试点授牌暨专家聘任仪式”在北京人民大会堂浙江厅举行，云南红河“哈尼稻作梯田系统”和江西万年“万年稻作文化系统”被授牌为联合国粮农组织全球重要农业文化遗产（GIAHS）保护项目试点。

6月14日，全球重要农业文化遗产中国专家委员会成立，由FAO代表和中国科学院领导为受聘的顾问和专家颁发了聘书。委员会是经联合国粮农组织建议，并得到农业部国际合作司批准，主要职责是为中国试点工作提供技术咨询，推荐并遴选新的GIAHS保护试点。中国农业科学院院士卢良恕、任继周、张子仪等38位专家接受聘任。担任该委员会主任的是中国工程院李文华院士，担任副主任是7位中国科学院院士，专家委员一共11名，均为来自相关领域的权威专家。闵庆文研究员任秘书长。

6月16日，由农业部、文化部、中国文联联合主办的首届中国农民艺术节在北京全国农业展览馆盛大开幕。“农业文化遗产保护与发展”作为“首届农民艺术节”展览的一部分，回良玉副总理观看展览。

6月15日，首届中国农民艺术节重要活动之一“世界农业文化遗产保护学术研讨会”在北京农展宾馆召开。农业部副部长陈晓华、联合国粮农组织驻北京代表处代表维多利亚·赛奇托莱科、联合国教科文组织驻北京代表处代表阿比曼纽·辛格、菲律宾环境与自然资源部区域执行主任卡拉伦·巴古勒、中国科学院院士李文华等和80多名国内外专家出席了研讨会开幕式。来自中国、菲律宾、韩国和联合国粮农组织的20位知名专家、学者围绕研讨会主题“世界农业文化遗产保护”，进行了全面而深刻的研讨。

10月23~24日，首届“中国农业文化遗产保护论坛”在南京农业大学召开，与会专家学者围绕论坛主题分别从理论研究、现状研究、比较研究和个案研究等方面作了大会报告，进行了全面而深刻的研讨。该次会议旨在促进社会公众各界更多地关注中国农业文化遗产的保护和科学利用，初步搭建一个当代农业文化遗产理论建设和实践发展的交流平台。

2011年　5月，由农业部国际合作司、中科院地理资源所等支持，中央电视台CCTV-7“科技苑”栏目制作的《农业遗产的启示》专题片获国家广播电影电视总局“2010年度科技创新奖一等奖”。

6月1日，《中华人民共和国非物质文化遗产法》正式实施，这标志着中国的非物质文化遗产保护进入有法可依的时代。该法对非物质文化遗产的调查、代表性项目名录、传承与传播和法律责任作了明确规定。

6月9~12日，全球重要农业文化遗产国际论坛在北京举行，论坛在加强全球重要农业文化遗产动态保护达成共识，并于14日在京发布了“农业文化遗产宪章”。在“全球重要农业文化遗产国际论坛”上，由GIAHS项目指导委员会起草并通过了《GIAHS北京宣言》，呼吁各试点国代表应当帮助国家实现国际承诺，各国政府应当跟国际机构共同合作，在机构间建立伙伴关系，支持倡议的实施等。

6月10日，全球重要农业文化遗产国际论坛决定把日本新潟县佐渡市稻田——朱鹮共生的“里山”景观生态系统和石川县能登半岛“里山、里海”景观生态系统列为保护试点，并于11日上午正式公布。这是日本首次入选保护试点。

6月10日，在全球重要农业文化遗产项目指导委员会会议上，中国工程院院士、中科院地理资源所研究员李文华当选为主席。

6月14日，由联合国粮农组织和中国科学院地理科学与资源研究所共同主办的“全球重要农业文化遗产国际论坛”在北京闭幕，论坛在加强全球重要农业文化遗产动态保护达成共识，并于14日在京发布了“农业文化遗产宪章”。

10月23~25日，中国农业历史学会第五届会员代表大会暨第二届中国农业文化遗产保护论坛在南京农业大学学术交流中心隆重召开。本次会议主题包括农业文化遗产保护的理论探索、农业文化遗产分类保护研究、区域农业文化遗产保护研究、农业文化遗产保护的实践探索和个案研究等方面。

11月1~3日，由中国科学院地理科学与资源研究所自然与文化遗产中心、云南省红河州哈尼梯田管理局、云南省红河县人民政府主办的“农业文化遗产保护与旅游发展论坛”在云南省红河县举行。

12月22日，“农业文化遗产保护与乡村文化发展专家座谈会暨GIAHS中国项目专家委员会2011年度工作会议”在中科院地理科学与资源研究所召开。为有效推进GIAHS项目和中国农业文化遗产保护工作，聘请了37位农业历史、农业生态、农业民俗、乡村旅游、农业政策等相关专业的专家组成专家委员会。与会专家审查了拟于2012年向粮农组织申报的“云南普洱茶文化系统”和“内蒙古敖汉旱作农业系统”两个GIAHS保护试点的申报文本编写情况和两地申报工作准备情况。

2012年 3月2~8日，由农业部主办的“中华农耕文化展”，在北京农业展览馆举行。

3月13日，农业部发布通知，决定开展中国重要农业文化遗产发掘工作。从2012年起，每两年发掘和认定一批中国重要农业文化遗产。通知明确了中国重要农业文化遗产的相关标准条件、申报程序、确定和管理等问题。

4月16日，国家住房和城乡建设部、文化部、国家文物局和财政部联合下发《关于开展传统村落调查的通知》（建村[2012]58号），以全面掌握中国传统村落的数量、种类、分布、价值及其生存状态，以推进传统村落保护与改善。

4月19日，农业部在北京召开了中国重要农业文化遗产发掘工作座谈会，向各地农业部门部署中国重要农业文化遗产发掘工作，介绍相关标准、程序，交流各地经验做法，听取相关工作建议。

4月20日，南京农业大学中华农业文明研究院“江苏农业文化遗产调查研究”项目获得“江苏省社科应用研究精品工程”优秀成果一等奖。

6月20~22日，FAO GIAHS秘书处在巴西里约热内卢联合国可持续发展大会（Rio+20会议）期间举办两次全球重要农业文化遗产保护边会，农业部项目官员赵立军出席并介绍了中国的全球重要农业文化遗产保护成就。

8月29日，由联合国粮农组织、农业部国际合作司、中国科学院地理科学与资源研究所联合主办的全球重要农业文化遗产保护与管理国际研讨会在浙江绍兴召开。

9月5日，由农业部国际合作司、联合国粮农组织、中国科学院地理科学与资源研究所联合主办的“全球重要农业文化遗产”（GIAHS）保护试点授牌仪式在北京人民大会堂举行。联合国粮农组织助理总干事穆勒先生和GIAHS项目指导委员会主席、中国科学院李文华院士为中国新近入选的云南“普洱古茶园与茶文化”和内蒙古“敖汉旱作农业系统”授牌。

9月22~23日，“宣化传统葡萄园农业文化遗产保护与管理研讨会”在河北宣化召开。

10月2日，农业部部长韩长赋在会见来访的联合国粮农组织总干事达席尔瓦先生一行。韩长赋积极评价了粮农组织与中国政府的良好合作关系，并就进一步加强双方合作提出了四点建议，包括双方加强“全球重要农业文化遗产”合作，双方共同签署了双方加强合作的谅解备忘录，将加强“全球重要农业文化遗产”合作作为重要建议写入《合作备忘录》中。

10月8日，国务院发布了《关于开展第一次全国可移动文物普查工作的通知》。通知指出，此次普查从2012年10月到2016年12月，分3个阶段进行，所需经费由中央和地方分别负担。此次普查的范围是中国境内（不包括港澳台地区）各级国家机关、事业单位、国有企业和国有控股企业、中国人民解放军和武警部队等各类国有单位所收藏保管的国有可移动文物，包括普查前已经认定和在普查中新认定的国有可移动文物。

11 月 7 日，联合国教科文组织保护非物质文化遗产全球能力建设战略评估会议在北京开幕，40 余位来自亚太、非洲及拉丁美洲地区的专家、学者以及中国非物质文化遗产保护政府机构的官员、相关领域专家和联合国教科文组织官员，就“我们是否在沿着正确的路径前行”的核心议题进行商议，对其全球能力建设战略的实施工作予以评估，并就该战略的今后发展方向展开探讨。

11 月 8 日,《保护世界文化和自然遗产公约》颁布 40 周年纪念大会 8 日在日本京都国际会馆闭幕。大会发表了倡议性文件《京都愿景》。

11 月 17 日，国家文物局公布了最新一版的《中国世界文化遗产预备名单》，名单中首次出现了农业遗产类型，哈尼梯田、普洱景迈山古茶园等景观类农业文化遗产，坎儿井等工程类农业文化遗产以及山陕古民居、侗族村寨、赣南围屋、藏羌碉楼与村寨、苗族村寨等大量的聚落类农业文化遗产名列其中。

12 月 3~4 日，由联合国粮农组织、农业部国际合作司、中国科学院地理所联合指导主办的全球重要农业文化遗产保护与管理经验交流会在江西万年县召开，与会的各方代表总结了全球重要农业文化遗产项目的实施情况，交流了中国各试点基地的保护经验以及国内外对于农业文化遗产保护的经验做法。

12 月 10 日，国家民委印发了《少数民族特色村寨保护与发展规划纲要(2011—2015 年)》(以下简称《规划》)。《规划》指出，“十二五”期间，国家将重点保护和改造 1 000 个少数民族特色村寨。

12 月 19 日，根据住房城乡建设部、文化部、国家文物局、财政部印发的《传统村落评价认定指标体系（试行）》(建村 [2012]125 号)，传统村落保护和发展专家委员会进行了第一批中国传统村落评审认定，提出北京市房山区南窖乡水峪村等 648 个第一批中国传统村落推荐名单。

2013 年

3 月 1 日，农业部国际合作司召开“中国与联合国粮农组织合作研讨会”，“全球重要农业文化遗产”被列为六个重点合作领域之一。

5 月 21 日，中国农业部在北京公布了第一批中国重要农业文化遗产名单，河北宣化传统葡萄园等 19 项农业文化遗产入选，这也使中国成为世界上第一个开展国家级农业文化遗产评选与保护的国家。

7 月，农业部韩长赋部长与欧盟农业委员乔罗什先生举行会谈，将农业文化遗产保护列入《中欧农业及农村发展合作规划纲要》。

7 月 16 日，联合国粮农组织助理总干事王韧先生到中国科学院地理科学与资源研究所，为地理资源所闵庆文研究员颁发“全球重要农业文化遗产特别贡献奖”。

11 月 11~15 日，由 FAO 亚太区域办事处主办的“全球重要农业文化遗产亚太区域研讨会”在曼谷举行，童玉娥主任、闵庆文研究员介绍了中国的 GIAHS 保护经验。

2014年　1月16日，农业部在京成立“全球重要农业文化遗产专家委员会”，农业部副部长牛盾出席成立大会并致辞，为与会专家颁发聘书。聘请李文华院士为农业部“全球重要农业文化遗产专家委员会”主任委员，任继周、刘旭、朱有勇院士以及骆世明、曹幸穗、宛晓春、闵庆文为副主任委员，专家委员会全体委员实行任期制，秘书处设在农业部国际合作司。

3月25日，中国重要农业文化遗产专家委员会在京成立。委员会由农业、生态、环境、经济、历史、文化、社会等领域的27位专家组成，中国科学院李文华院士任主任委员。其成立目的是集聚各领域专家的智慧，为农业部在中国重要农业文化遗产发掘的政策研究、咨询服务、技术指导、评审认定、学术交流等方面提供技术支撑。

4月10日，全球重要农业文化遗产（中国）工作交流会在江苏省兴化市举行，会议主题是：全面展示中国农业文化遗产保护的经验与成果，促进农业文化遗产地之间的交流与合作，加快全球重要农业文化遗产保护试点的申报。

4月28~29日，在意大利罗马召开的联合国粮农组织全球重要农业文化遗产指导委员会和科学委员会会议上，兴化垛田传统农业系统、福建福州茉莉花种植与茶文化系统、陕西佳县古枣园系统被列入全球重要农业文化遗产保护试点。

5月5日，中国农业部农产品加工局（乡镇企业局）公示了第二批中国重要农业文化遗产名单。6月12日，农业部正式发布第二批中国重要农业文化遗产名单，天津滨海崔庄古冬枣园等20项农业文化遗产入选。

5月，全国政协报送调研报告《关于切实保护和利用好中国农业文化遗产的建议》，得到刘延东副总理和汪洋副总理的批示。

9月13~28日，由联合国粮农组织与农业部共同主办的“联合国粮农组织‘粮食安全特别计划’框架下‘南南合作’项目全球重要农业文化遗产高级别培训班”在中国成功举办。

9月19日，“第三届亚太经合组织农业与粮食部长会议”通过《亚太经合组织粮食安全北京宣言》，强调“加大各经济体农业文化遗产的保护力度，支持联合国粮农组织在全球重要农业文化遗产方面所作的努力。”

10月16日，浙江青田农民金岳品因其在农业文化遗产保护方面的贡献，被联合国粮农组织授予“亚太地区模范农民”。

10月25~28日，“全球重要农业文化遗产”首次亮相中国国际农产品交易会，并引起强烈反响，农业部韩长赋部长亲临展区参观。

11月15~16日，“中国农学会农业文化遗产分会成立暨学术研讨会”在昆明召开。李文华院士、唐珂司长等出席。

12月，李文华院士等以中国工程院重点咨询项目“中国重要农业文化遗产保护与发展战略研究”为依托，完成的咨询报告《关于加强中国农业文化遗产研究与保护工作的建议》，得到刘延东副总理批示。

后记

中国农业文化遗产是中国传统文化遗产的核心部分，是中国文化传承发展和创新的基因和重要资源，是中华农业文明的集中体现。对中国农业文化遗产进行调查研究和探索，对于推动我国农业文化遗产保护和合理利用具有重要的意义。

本书得到国家出版基金项目《中国农业文化遗产》资助，也是江苏高校哲学社会科学重点研究基地重大项目“江苏农业文化遗产保护与共同体构建”（2012JDXM015）、教育部人文社科青年项目“农业文化遗产价值评价体系研究”（13YJC850005）的阶段性研究成果。经过两年多的调查和撰写工作，书稿终于完成。参加本书编写的人员分工情况如下：由王思明提出基本构想和写作大纲，第一章由李明执笔；第二章由沈志忠执笔；第三章由夏如兵执笔；第四章由卢勇执笔；第五章由何红中执笔；第六章由丁晓蕾执笔；第七章由刘馨秋、陈少华共同执笔；第八章由谭放执笔；第九章由崔峰执笔；第十章由陈叶执笔；第十一章由路璐执笔；中国农业文化遗产保护大事记由李明执笔。王思明、李明对全书进行了统稿、修改和定稿。本书在撰写过程中，参考了大量地方志、史志、农业志、专著、学术期刊论文、报纸文章和网站发布的资料，参考文献未能一一列举，在此对相关作者表示歉意并致以感谢。

特别感谢国家出版基金对本书出版的资助。

限于编者的学识，疏漏不足之处在所难免，请同行专家和读者予以指正。

是为记。

编 者

2015 年 9 月于南京